# 안전보건관리론
## (Safety and Health Management theory)

# 안전보건관리론

# SAFETY AND HEALTH MANAGEMENT THEORY

위국환 · 방원석 · 장소은 · 김선화
염미숙 · 최보경 · 권시연 · 이현정
김희영 · 홍영숙 · 민윤경 공저

동문사

# 머리말

재난은 자연적 요인(Natural Factors), 인공구조물(Artificial Structure), 사람의 영향(Human Effects)이 상호 간에 결합하여 발생하는 산물이기 때문에 위험과 위해의 종류와 범위가 매우 다양해서 항상 위험요소로부터 위협을 받고 있다. 재난이 발생하면 이는 단순히 인간의 실수 또는 기계적 오류 등 개별적 요인에 기인한다고 보는 경향이 강했다. 하지만 이러한 개별적 요인들은 단지 재난발생의 계기가 되었을 뿐, 실제 이유로는 결국 다양한 개별적 요소들의 결합체인 시스템의 문제라고 보고 있다. 이러한 시스템은 큰 시각으로 보면 결국 우리가 살고 있는 사회 자체가 될 수도 있다. 이렇게 복잡한 대상에 대해 개별적인 요소만을 보는 것에서 벗어나 요소들 간의 관계 등 전체적 시각으로 보아야 할 것이다. 그러기 위해서는 교육, 습관, 배려가 들어가는 생활, 즉 안전에도 철학이 들어가는 가치관을 가져야 할 것이다.

첫째는 교육을 통한 의식 함양이다. 의식은 살아가는 가장 대표적인 관념이라 할 수 있다. 어떤 관념으로 안전을 바라보냐는 문제이다. 안전의 관념은 교육을 통해 이루어지고 다듬어 진다고 볼 수 있을 것이다.

둘째는 습관이다. 습관만이 인간을 변화시킨나고 생각한다. 그리스 철학사 헤라클레이토스가 이런 말을 했다. “습관은 그 사람을 천재로 만든다.” 습관이라는 그리스 단어가 에토스(ethos)이다. 에토스는 “내가 매일 하고 자주 한다”라는 의미가 담겨 있다. 안전도 마찬가지다. 위험에서 벗어나려면 매일 자주 안전습관을 길러야 할 것이다.

셋째는 배려이다. 자연에서는 배려를 찾기가 어려우나 인간에게는 교육과 습관을 통해 배려를 찾아볼 수 있을 것이다. 즉, 인간에게는 도덕적 · 윤리적 · 보편적인 절대적인 진리를 가져야 할 것이다. 소크라테스는 Ergon적인, 즉 “~다운”, “~답다”가 인간에게는 공통적인 기준이 있어야 한다라고 의미를 부여했고, 그렇게 해서 Arete적인 “~을 능숙한 상태”, “~을 유익하게” 해야 德과 善을 가질 수 있다라고 이야기했다. 즉,

배려는 내가 맡은 안전을 충실하게 한다면 능숙한 상태가 되어 나와 다른 사람에게 위험에서 벗어날 수 있는 유익한 사람이 될 것이다.

이 책은 교육, 습관, 배려의 관념을 가질 수 있도록 살펴보고자 한다. 이를 위해 가장 기본적인 안전보건관리의 개념을 이해하고 전문성 부족으로 인한 문제점을 살펴보았다. 또한 이 책이 안전보건관리에 있어서 기초적인 책이 되기를 바라고 계속된 연구로 보다 나은 좋은 책이 될 수 있도록 노력을 다 하겠다.

끝으로 이 책이 발간될 수 있도록 힘써주신 부경대 장성록, 이환우, 조정형, 동아대 조동제, 부산대 최강식, 동서대 정현석, 김대민 등의 많은 교수님들과 그리고 동문사 가족에게도 감사드린다.

2021년 10월

대표저자 위국환

## 차 례

## 제3부 안전교육



## 제4부 안전보건경영시스템

PART 01

# 안전과 관련 이론

CHAPTER 1

# 안전 일반



## 1. 안전개요

### 1.1 세계사망자수 및 원인

지난 COVID-19 이전 세계 인구의 사망원인의 트렌드가 변화하고 있다. COVID-19 이전에는 전염병(communicable diseases)으로 인한 사망비율이 감소하고 있으며, 더 많은 사망원인이 비전염성병(non-communicable diseases)으로 사망자 수가 증가하였다. 하지만 향후 COVID-19와 같은 바이러스 감염으로 인한 사망자가 증가할 것으로 예측된다.

2021년 세계은행이 발표한 세계 인구의 사망원인에 대한 표 1-1을 보면 다음과 같다.

1 - **보라색**: 도로 사고, 살인, 충돌 사망, 익사, 화재 관련 사고, 자연 재해 및 자살로 인한 부상.

2 - **흰색**: 비전염성 질병. 이 질병은 종종 만성적이고 장기적인 질병이며 심혈관 질환(뇌졸중 포함), 암, 당뇨병 및 만성 호흡기 질환(만성 폐질환 및 천식 등, 결핵 및 인플루엔자와 같은 감염성 호흡기 질환 제외)을 포함.

3 - **회색**: HIV/AIDS, 말라리아, 결핵과 같은 전염병(예: 전염병)과 함께 산모 사망, 신생아 사망 및 영양실조 사망.

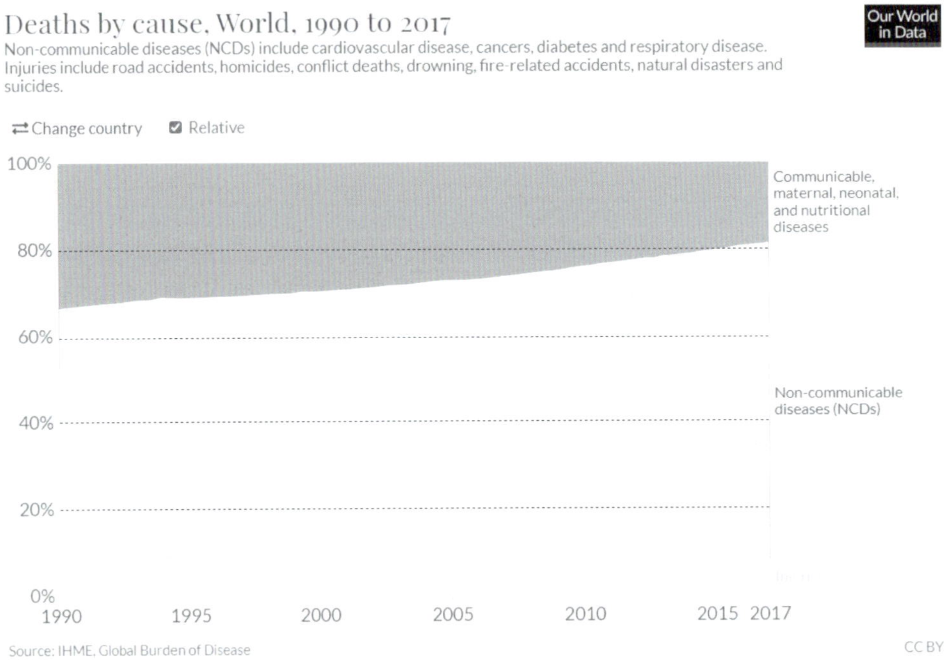


[표 1-1] 세계인구 원인별 사망비율

* Source: world of bank(2021)

2017년에 5,600만 명이 사망했다. 이들은 무엇 때문에 사망했을까?

글로벌 질병 부담(Global Burden of Disease)은 의학 저널 The Lancet.4에 발표된 사망 및 질병의 원인에 대한 주요 글로벌 연구에서, 원인별 연간 사망자 수 추정치가 나와 있다.

이것은 전 세계적으로 사망에 대해 표시된다. 그러나 "국가 변경(change country)"의 탐색어를 구글을 사용하여 모든 국가 또는 지역의 원인별 연간 사망자 수에 대한 데이터를 탐색할 수 있다.

비전염성 질병(NCDs)은 전 세계적으로 많은 사망률을 차지할 뿐만 아니라 고소득 국가에서 사망의 대부분을 차지한다. 반면에 전염병, 영양실조, 영양 결핍, 신생아 및 산모 사망과 같은 원인으로 인한 사망은 저소득 및 중간 소득 국가에서 일반적이며 경우에 따라 지배적이다. 예를 들어, 케냐에서는 주요 사망 원인이 설사병이다. 남아프리카공화국과 보츠와나에서 주요 사망 원인은 HIV/AIDS이다. 하지만 고소득 국가에서는 전염병이나 설사병, 영양실조 등으로 인한 사망의 비율이 매우 낮다.

표 1-1의 타임라인을 사용하여 원인별 사망이 시간이 지남에 따라 어떻게 변했는지 탐색할 수도 있다. 질병 및 기타 건강 요인과 관련된 사망률은 시간이 지남에 따라 상대적으로 천천히 변하는 경향이 있다. 사망률은 일반적인 추세의 일부로 매년 감소하거나 점차적으로 낮아질 수 있지만, 이러한 사망율의 급격한 변화는 일반적으로 드물다. 자연 재해 및 테러 관련 사망은 국가마다 크게 다를 수 있다.

표 1-2는 원인별 사망 비율을 나타내며, 이 표의 숫자는 절대적인 숫자가 아닌 연간 사망자의 비율로 주어진 원인별 전 세계 사망자의 분석을 보여준다.

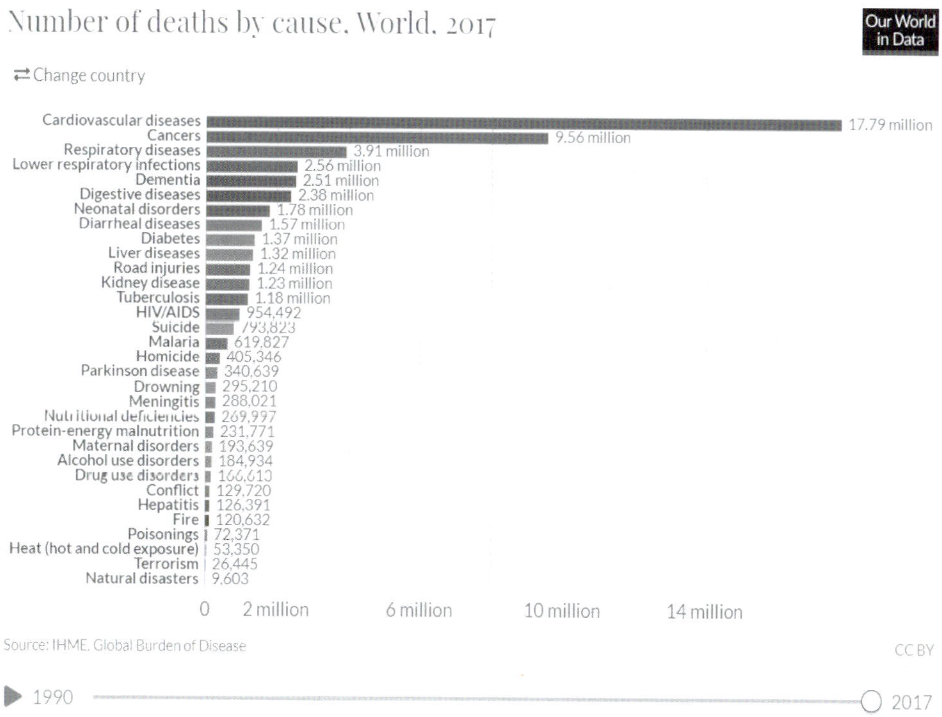


[표 1-2] 세계 인구의 원인별 사망인원

장소별로는 작업이 많은 공장과 창고 등 산업시설이 1812건(31.1%)으로 압도적으로 많았다. 그 다음으로 주택・아파트 등 주거시설(734건), 백화점과 호텔 등 판매・업무시설(520건) 등의 순으로 나타났다. 특히 최근 단독주택에서의 화재가 가파르게 증가하고 있어 각별한 주의가 필요하다. 시간대별로는 작업의 집중도가 다소 낮아지는 점심시간 전후인 오전 11시에서 16시 사이에 주로 발생하였다.[1)]

## 1.2 시대별 안전환경변화

구약성서(신명기 22:8)에 의하면 새집을 건축할 때에 지붕에 난간을 만들게 하여 사람이 떨어지지 않게 규제한 바가 있어 고대부터 안전보건에 대한 관심을 가지고 있었던 것으로 알려지고 있다. 그러나 산업 활동에서 "안전보건이란 도대체 무엇을 말하는가?"라는 질문이 본격적으로 제기된 것은 불과 100년 전 산업혁명의 시기였다.

산업혁명의 확산으로 인해 생겨난 경제활동의 증가는 산업재해 및 직업병 문제를 사회적으로 야기시켰으며, 이에 국가는 안전보건에 대한 규제방안을 검토하지 않을 수 없게 되었다. 1802년도에 세계 최초의 노동법인 "도제의 건강 및 도덕에 관한 법(Apprentices Act)"이 법적인 보호 수단으로 영국에서 태동한 것은 이러한 사회적 분위기를 반영한 최초의 사례이다. 그 후 근로자의 인권과 안전보건을 위하여 여러 가지 제도 및 법규가 개정과 보안을 거듭하면서 여러 나라로 확산되었다. 또한 1919년에는 근로자의 노동 조건개선 및 지위를 향상시키기 위하여 설치한 국제노동기구(ILO)가 발족하면서 산업재해로 인한 재해보상기준과 직업성 질환에 대한 인정기준이 본격적으로 마련되었다.[2)]

21세기 산업을 둘러싸고 있는 노동환경과 고용형태가 변화함에 따라 안전보건에 대한 관심도가 점차 증가되고 있다. 제조업 대비 서비스 산업비중

1) 안전저널(http://www.anjunj.com), 2020.12.24

2) 송창섭(2014), 전문건설업체의 안전보건경영시스템개선방안에 관한 실증적 연구, 명지대학교 대학원 박사학위논문.

증가, 저출산에 따른 고령노동자 증가 및 청년노동자 감소와 같은 인구학적 변화, 세계화에 따른 노동자의 이동반경 확대로 외국인 노동자 증가, 아웃소싱확대 및 비정규직 노동자 증가 등이 주된 변화라고 할 수 있다. 특히 최근에는 인공지능, 사물인터넷, 로봇, 드론, 자율주행 등 4차 산업혁명시대의 기술들이 시도됨에 따라 사회 전반적인 부분에서 커다란 변화(디지털 변혁, Digital Transformation)가 일어나고 있다. 이러한 변화는 안전분야에 있어서도 접목이 예상되고 있으며 기존의 작업장이나 작업환경을 관리하는 안전관리 방식에서 새로운 기술과 기계 관련 전문 지식에 대한 학습이 요구되고 있다.

앞으로의 안전에 대한 인식도 변화될 것이며, 과거부터 현재 4차산업혁명시대 그리고 향후 미래에 대한 안전에 대한 흐름은 어떻게 변화될 것인가에 대해 생각할 필요가 있다. 과거부터 현재까지의 안전에 대한 주요 흐름을 간략히 보면 다음과 같다(그림 1-1 안전과학의 발달과정, 그림 1-2 빅데이터 시대에 있어서 안전 자료 및 정보의 가치 참조).

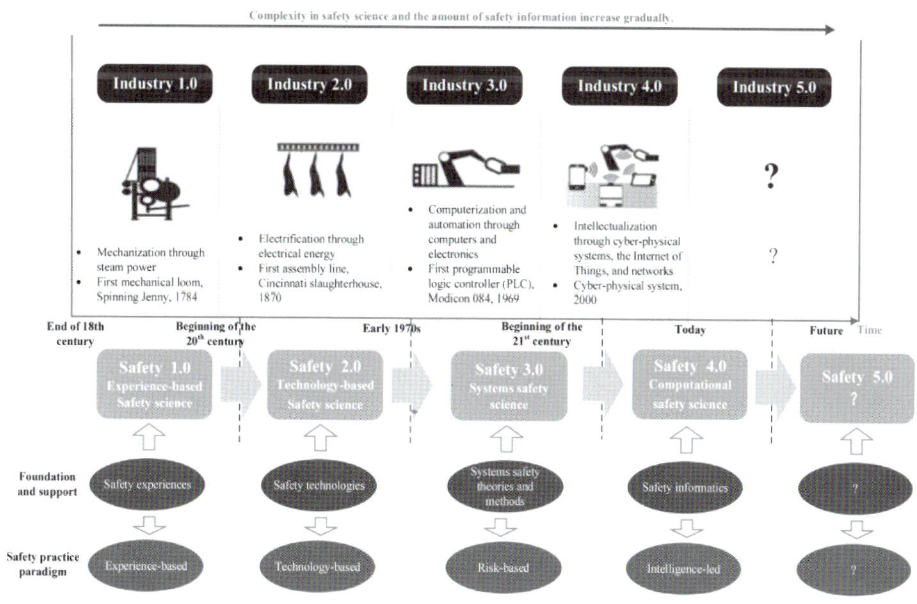


[그림 1-1] 안전과학의 발달과정(revised from Wang and Wu(2020a)[3])

3) Wang, B., Wu, C., 2020a. Safety informatics as a new, promising and sustainable area of safety science in the information age. J. Clean. Prod. 252, 119852, 2020.

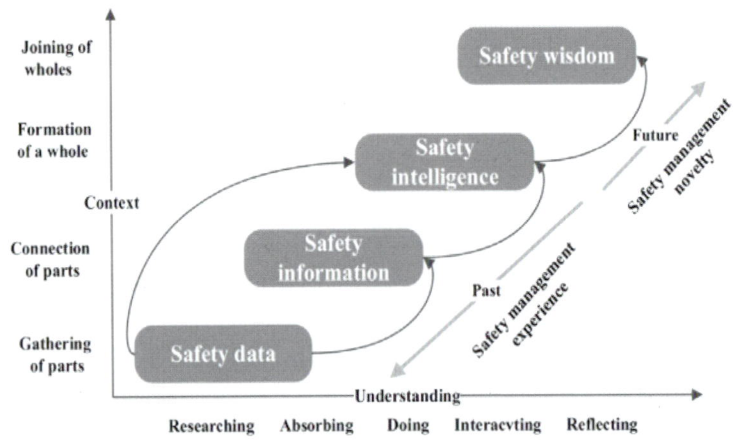


[그림 1-2] 빅데이터 시대에 있어서 안전 자료 및 정보의 가치.4)

한편, 우리나라는 다른 나라들이 부러워 할 만큼 짧은 기간에 눈부신 경제성장을 이루었다. 즉, 1994년에는 드디어 국민소득 1만 불을 넘어서며 가난한 나라에서 잘사는 나라의 기반을 구축하는 계기가 되면서 경제적 강자의 대열에 합류하게 되었다. 그리고 2019년도에 국내 총생산(Gross Domestic Product, GDP)이 1조 6천억 달러에 도달함에 따라 우리나라는 국제통화기금으로부터 명실상부한 경제 선진국가로 분류되게 되었다. 그러나 경제성장의 이면에는 산업재해 등 부정적인 측면의 영향도 크다고 할 수 있는데, 그것은 경제성장률만큼 산업재해 예방 측면에는 발전하지 못했다는 사실이다. 즉, 우리나라는 눈부신 성장을 이루었지만, 동시에 재해발생이라는 어두운 그림자도 함께 했다는 사실은 부인할 수 없는 사실이다.

2015년을 기준으로 우리나라의 인구 10만 명당 산재로 인한 사망자 수는 경제협력개발기구(Organization for Economic Cooperation and Development, OECD) 31개 국가 중에서 25위로 하위권에 위치하고 있으며, 이것은 선진국과 비교할 때 2~3배 수준인 것으로 나타났다. 특히 우리나라의 산업재해 통계를 살펴보면, 우리가 일하는 사업장에서는 평균적으로 6시간마다 1명꼴로 근로자가 사망하고 있으며, 일일 평균 250여명이 다치고 있고, 그중에서 5명은 아

4) Wang, B. Safety intelligence as an essential perspective for safety management in the era of Safety 4.0: From a theoretical to a practical framework. Process Safety and Environmental Protection, 148, 189-199.2020

까운 목숨을 잃는 것으로 나타났다. 이를 연 단위로 계산하면 한 해 동안 9만 여명의 산업 재해자가 발생하고, 이 중에서 2,000여명의 사망자가 발생하고 있다.

2021년도에 공식 발표된 고용노동부 통계조사[5])에 따르면 2020년도 산업재해를 당한 근로자 수는 총 근로자 18,725,160명 중 109,242명이었다. 그중 사고 사망자는 882명으로 전년 대비 27명(3.2%) 증가하였으며, 사고 사망률은 0.46%이었다. 2014년 이후 지속적으로 0.5%대를 유지하고 있으나, 재해율은 0.49%로 전년도 0.50%에 비해 다소 감소하였다

이를 세부적으로 살펴 보면, 규모별로는 근로자 수 50인 미만의 소규모 사업장에서 전체의 80% 이상이 재해가 발생하였으며, 제조업, 서비스업, 건설업 등의 현장에서 기계・설비에 말려들거나, 끼이고, 미끄러지거나, 걸려서 넘어지는 재해, 높은 곳에서 떨어지는 추락 재해의 순으로 아직도 재래형 재해가 많이 발생한 것으로 나타나고 있다.

이와 같이 산업현장에서 지속적으로 반복되는 재해가 발생하는 원인은 다양한 이유가 있겠지만, 무엇보다 지킬 것을 지키지 않고, 위험을 잘 인지하지 못하는 안전 불감증이 그 이유라고 할 수 있다.

이에 따라 급변하는 사회구조와 경제환경, 다양한 고용형태와 환경, 업종의 다양화, 새로운 공정과 설비 등의 여러 요인들은 기존의 정부 주도형 안전관리만으로는 더 이상 산업재해를 감소시키는 데에는 한계를 드러내게 되면서 안전보건의 새로운 패러다임을 요구하게 되면서 안전보건경영시스템의 도입을 가져오게 되었고, 국제표준화기구(International Organization for Standardization, ISO)에서는 품질경영시스템인증(ISO9001)과 환경경영시스템인증(ISO 14001)에 이어 사업장의 안전・환경에 대한 국제기준을 제정하고 있다.

5) 고용노동부. "2020년 산업재해사고", 2020. 12.

# 2. 안전과 기업경영

## 2.1. 안전개념

안전은 포괄적인 개념이다. 안전증진의 기본개념은 지역사회와 지역사회 내 개개인마다 안전의 개념을 이해하고 어떤 수단과 방법들이 행해져야 하는지를 인식하게 하는 것이라고 할 수 있다. 지역사회나 조직 또는 개인이 궁극적인 목표를 달성하기 위한 계획된 노력을 의미하는 것으로, 행동과 태도뿐만 아니라 구조적인 변화를 통해 충분히 안전한 환경을 만드는 데 목적이 있다.

안전이란 주위에 위험요인이 없거나 위험요인이 존재하여도 인간에게 위험이나 해로움이 발생하지 않도록 확인하거나 대책이 세워져 있는 상태를 뜻한다. 안전하다는 것은 사고・재해가 발생하지 않는 것만이 아닌, 위험을 지각하고 있으며 잠재적 위험성에 대한 자료를 기반으로 대책이 수립되어 있는 상태이다. 위험이 전혀 존재하지 않는 완벽한 안전은 있을 수 없는 일이며, 설령 안전이 완벽하게 달성되었다고 해도 그것이 정말 안전한지를 증명할 수 있는 방법이 없다. 안전의 정의는 국제안전규격을 위한 가이드 「ISO/IEC Guide 51」에 기술되어 있다. 「ISO/IEC Guide 51」에서는 안전을 「Freedom from risk which is not tolerable」 또는 「Freedom from risk which is not acceptable」로 정의하고 있다. not tolerable, not acceptable과 freedom을 한글로 번역하면, not tolerable은 「허용 불가능한」으로, not acceptable은 「수용 불가능한」으로, freedom은 「해방 또는 자유」라고 할 수 있다. 따라서 안전의 의미를 직역하면 「허용 또는 수용 불가능한 위험성으로부터의 해방 또는 자유」, 의역하면 「허용 또는 수용 불가능한 위험성이 없는 상태」라고 표현할 수 있다.[6)]

안전이란 사고・재해가 발생하지 않은 현상을 가리키는 것이 아니라, 그와

6) 연진석(2021). 작업장 안전문화의 운영실태 및 개선방안에 관한 연구 -제조업 작업장을 중심으로 -. 서울과학기술대학교 대학원 박사학위논문.

같은 현상을 초래하는 요인이 억제되어 있는 상태를 가리키는 것이다. "안전제일, 품질제이, 생산제삼." 이 모토는 1906년 미국의 U.S Steel의 Gary, G.H. 사장이 주창한 경영방침으로서 재해감소는 물론 품질과 생산성 향상을 가져온 주원인이 되었다.

사망사고로 사회문제가 될 때마다 '안전불감증' 또는 '인재(人災)'라는 호된 질타가 이어지지만, 쉽게 잊히면서 체계적이고 지속가능한 산재예방의 해법을 찾지 못하고 있는 것이 현실이다.

## 2.2. 안전관리의 변천사

덴마크의 Erik은 그 저서 "Safety-1 and Safety-2"에서 안전관리 시대를 관리의 중점사항과 세계적인 대형사고를 중심으로, 제1세대, 제2세대 및 제3세대로 나누어 안전관리의 발전과 초점을 설명하였으며, 이를 관리요소 영역으로 나누어 다시 살펴보면 다음과 같다.

### 2.2.1 기술중심의 안전관리시대(제1세대)

안전에 대한 관심은 농경사회에서도 존재하였으며, 기술이 발달하여 산업화되면서부터 위험요인이 더욱 증가하여 안전에 대한 필요성이 증가하였다. 이러한 현상은 위험과 안전은 일하는 사람들을 위한 관심뿐만 아니라 산업을 디자인하고, 관리하며, 소유한 사람들의 관심거리로 확대되었다.

산업화 초기의 위험은 대부분 사용된 기술로부터 유래되었다. 이때의 기술은 기술 그 자체가 투박하고, 신뢰성이 없었으며, 사람들은 위험을 체계적으로 파악하여 이들 위험이 사고로 전이되지 않도록 하는 사고예방 방법을 알지 못하였다. 이들의 주된 관심사는 기계를 보호하고, 폭발을 막고, 구조물을 붕괴로부터 보호하는 기술적인 방법을 찾는 것이 모두였다. 1931년 미국의 철도안전법이 제정되면서부터 안전과 위험에 대한 사회적 공동 관심사가 이루어져서 오늘날의 조직환경을 특징짓는 조직적인 행동의 사례가 되었다.

제2차 세계대전 말미에는 신뢰성 분석의 필요성이 인식되었는데, 이것은 제2차 세계대전 중에 사용하던 군사 장비의 유지・보수, 야전에서의 심각한 고장문제 해소를 위한 필요성과 과학적・기술적 발전이 대규모 자동화를 포함하여 크고 복잡한 기술시스템을 가능하게 했기 때문이다.

더욱이 디지털 컴퓨터, 제어 이론, 트랜지스터와 IC 기술의 발전과 결함 수분석(fault tree analysis, FTA), 사건 수 분석(event tree analysis, ETA), FMEA (failure mode and effect analysis), 위험과 운전분석(hazard and operability study, HAZOP study), 확률론적 위험성 평가(probabilistic risk assessment, PRA) 등의 위험분석기법의 개발로, 신뢰성 분석과 핵발전소와 같은 고도로 복잡한 설비의 위험성 평가가 가능해졌다. 그러나 이들 기술을 이용한 안전관리의 초점은 인간 또는 조직이 아니라 기술에 있었다.

### 2.2.2 기술 및 인적 요소의 안전관리시대(제2세대)

미국 원자력발전소의 안전은 HAZOP, FTA, ETA, FMEA, PRA 등의 분석기법을 활용하여 위험을 정량적으로 분석하고, 이를 근간으로 한 안전관리를 실시하기 때문에 안전을 보장하는데 충분하다는 공감대가 형성되었다. 미국 Tree Mile Island(TMI) 원전은 자체로 PRA를 실시하여 위험성을 평가하여 안전관리를 실시하고 있으므로, 원자력 규제위원회는 이를 안전하다고 여기어 승인하였다.

그러나 1979년 3월 28일 미국 펜실베이니아주에 있는 스리마일 섬 원자력 발전소 2호기 TMI원전에서 사고가 발생하였다. 이 재난 이후 원전의 안전관리에 문제가 있음을 알고 그 원인을 찾은 결과, 인적요인, 즉 인간공학적인 요인이었음이 밝혀졌다. 인간-기계 시스템이 디자인과 운영분야에서 고려는 하였지만 인간 신뢰성에 대한 요소가 안전관리에 적극적으로 활용되지 못하였던 것이다. TMI 사고 이후 신뢰성 엔지니어링에 대한 기술기반의 사고가 기술적 요소와 인적요소를 다루게 하기 위하여 안전관리 요소가 확대되었다.

따라서 인간 신뢰성평가(human reliability assessment, HRA) 기법이 원자력 안전은 물론 대다수의 산업에도 활발하게 활용되었다. 결국 기술중심의 안전관리는 그 한계가 있으므로, 이를 극복하기 위한 방안으로, 기술적 안전관리에 인간공학적인 요소를 병합한 안전관리로 발전하게 되었다.

### 2.2.3 종합적(기술, 인적 및 조직적 요소) 안전관리시대(제3세대)

1986년에 우주왕복선 Challenger 호가 발사 73초 후 폭발하여 7명의 대원이 희생되는 사고가 발생하였고, 시기는 다소 차이가 나지만 Chernobyl 원전 폭발, Tenerife North 공항의 활주로 보잉 747 여객기가 충돌하는 사고가 발생하였다. 챌린저호의 사고 원인은 고체연료 추진기에 쓰인 SBR(styrene butadiene rubber) 고무재질로 된 O링이 극저온에 탄력 이상으로 연료 유출에 의한 화재 및 폭발로 밝혀졌다. 이들 사고는 기술적 및 인적 요소의 관리는 만족할만한 수준이었으나, 조직적인 점검 등의 엄격함과 치밀함이 부족했던 것이다.

다시 말하면 기술적이고, 인적 요소를 기반으로 하는 안전관리뿐만 아니라 여기에 더하여 조직적 요소관리가 요구되었으나, 그러하지 못하여 발생한 것으로 밝혀졌다. 이들 사고 이후 기술적 및 인적 요소만으로는 안전을 확보할 수 없고, 기술적이고 인적인 요소에 덧붙여 조직을 고려해야 한다는 것이 명백해졌다.

즉, 안전관리는 관리요소 하나하나에 역점을 두는 관리가 아닌 관련 요소를 모두 연계하여 시스템적으로 관리하여야 하는 종합적인 안전관리를 해야 할 필요가 있다.

## 3. 경영과 시스템

경영(Management)은 관리라는 말로 표현되기도 하는데 어떠한 조직에 있어 주어진 목표를 달성하기 위한 활동을 계획, 조직, 통제하는 역할을 가진다.시스템(System)은 여러 가지의 의미를 갖는데 최소의 단위요소는 2개(2명) 이상이며 단위요소에서의 협력적, 보완적, 대립적 등의 상호작용을 하여 시스템이 추구하려는 목적을 달성하는데 최대 효과가 발휘되도록 설정해야 하며, 가장 중요한 것은 시스템에는 명확하고 확실한 목표를 가져 운영하려는 방향성을 갖고 진행해야 하는데, 그러기 위해서는 구성요소와 시스템을 운영하려는 비전과 가치를 공유하여 같은 방향으로 통제, 운영되도록 관리되어야 한다.

한편 기업을 포함한 모든 조직의 활동에서 비롯되는 환경 및 안전보건에 대한 문제가 심각해지고 이에 대한 이해관계자들의 관심이 높아지고 있어 조직 내의 담당자에 의해 운영되어 왔던 사후처리방식 중심의 관리방식에서 벗어나 모든 조직 구성원들의 참여하에 사전적으로 안전보건 문제를 해결할 수 있는 체계적인 접근방법이 필요하게 되었다.

## 4. 산업안전보건경영시스템

### 4.1 산업안전보건경영시스템 개요

안전보건경영이란 사업주가 자율적으로 해당 사업장의 산업재해를 예방하기 위하여 안전보건관리체제를 구축하고 정기적으로 위험성 평가를 실시하여 잠재 유해 위험·요인을 지속적으로 개선하는 등 산업재해예방을 위한 조치 사항을 체계적으로 관리하는 제반활동을 말한다(산업안전보건공단, 2018).

안전보건경영시스템(Occupational Health & Safety Management System, OHSMS)이란 산업재해 예방이라는 목표를 세우고, 이를 이루기 위하여 안전조직의 구축, 책임과 권한, 업무절차를 구축하고 기업의 물적 및 인적 자원을 효율적으로 배분하여 이를 체계적으로 관리하는 경영시스템이라고 볼 수 있다. 즉, 최고경영자는 자사의 경영방침에 안전보건방침을 선포하고, 이를 달성하기 위한 계획을 수립하며(plan), 계획을 실행·운영하며(do), 점검과 시정조치를 통해(check), 최고경영자가 결과를 검토하여, 지속적인 개선을 하는(action) 일련의 체계적인 활동이라 할 수 있다.

재해율을 감소시키기 위한 안전보건관리의 발전단계는 일반적으로, 그림 1-3에서와 같이 처음에는 법률에 의한 강제단계인 설비의 안전장치 등을 설치하는 기술적인 접근방법이고, 두 번째는 스스로 위험을 찾는 절차적 단계로, 안전보건경영시스템과 같이 시스템으로 접근하는 방법이며, 세 번째는 행동을 통한 안전문화를 정착하여 인적오류를 감소시키는 단계이다.

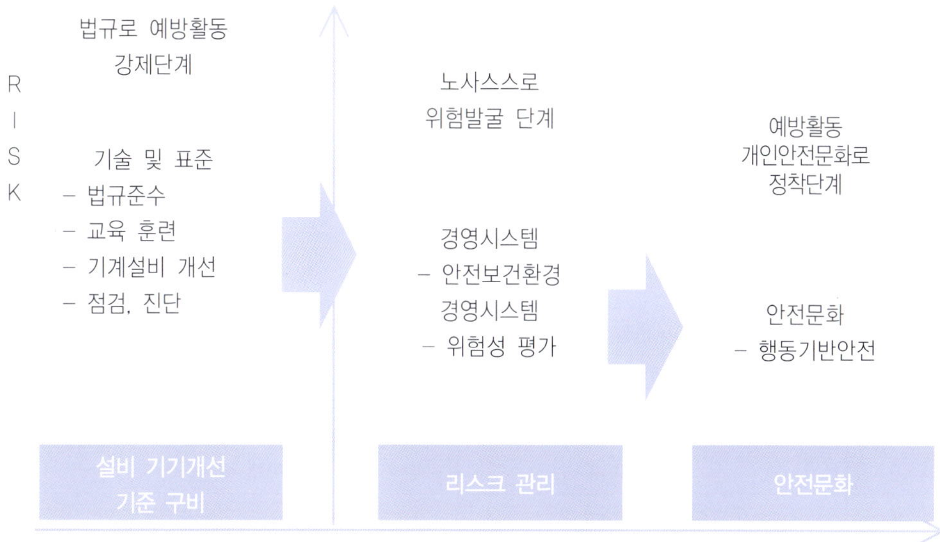


[그림 1-3] 산업안전보건경영 발전 단계

## 4.2 안전보건경영시스템 탄생 배경

주요 사건, 사고에 대한 정밀한 분석으로 인하여 사고와 행동, 문화 간의 관계에 대한 가설이 만들어진다고 주장하였다. 위험요인에 의한 사고발생은 실패에 취약한 시스템 때문이라고 하였다(Reason, 1990).[7] 안전경영을 위한 방법이 바로 안전경영시스템을 구축하는 것이 중요하다.

국제안전등급시스템(ISRS, International Safety Rating System)은 많은 사고를 분석하여 효과적인 Loss 관리와 사고원인을 조사하기 위한 모델로서, 1978년에 Dr. Frank. E. Bird에 의해 개발되어 처음으로 사용하기 시작된 인

7) Reason, J.(1990). Human error. Cambridge university press.

전평가시스템이다. 그리고 국제적으로 요구되고 있는 안전경영체제 요건을 모두 갖춘 시스템이다. 사업장에서의 산업재해와 관련된 직업병, 안전사고 등의 각종 사고로 인해 생산활동의 중지 및 지연 등에 대한 예방과 관리를 통해 경영의 효율성을 높일 뿐 아니라 작업환경의 안전성까지도 보장하는 제도이며, 모든 업종에서 폭넓게 사용할 수 있는 특징을 가지며 안전관리 활동을 전체 취득점을 통해 수준을 평가한다.

평가항목은 다음과 같다.

| 번호 | 항목 | 번호 | 항목 |
|---|---|---|---|
| 1 | 안전관리의 리더십과 관련 업무 | 11 | 개인보호구 |
| 2 | 리더십 교육 | 12 | 산업보건 및 위생관리 |
| 3 | 일반계획 점검 및 계획 | 13 | 안전관리시스템의 평가 |
| 4 | 핵심업무 분석 및 절차 | 14 | 설계 및 변경사항관리 |
| 5 | 사고조사 | 15 | 개인의사소통 |
| 6 | 업무관찰 | 16 | 그룹의사소통 |
| 7 | 비상사태 대응 및 조치 | 17 | 동기부여 |
| 8 | 규정과 작업허가 | 18 | 고용 및 배치 |
| 9 | 사고분석 | 19 | 자재 및 용역, 구매관리 |
| 10 | 업무지식과 기술훈련 | 20 | 업무의 안전 |

ISRS가 개발된 이후 지속적인 업그레이드를 통해 현재 Version7에 이르고 있으며, ISRS7에 포함된 국제규격은 아래와 같다.

- 품질경영인증시스템(ISO 9000:2008)
- 환경경영인증시스템(ISO 14000:2004)
- 안전보건인증시스템(OHSAS 18001:2007)
- Global Reporting Initiative 2002

## 4.3 안전보건경영시스템 발전 흐름

국제표준화기구(이하 ISO)는 ISO 9000(품질경영시스템)을 1987년에, 1996년에는 ISO 14000(환경경영시스템)을 각각 제정하게 되었는데, 제정되는 과정을 통해 OHSMS 제정에 대해서도 준비를 진행하였으나, 환경경영 표준을 제정한 기술위원회(TC207)에서는 환경경영 표준의 개발이 완료된 1994년에 가칭 ISO 18000이라는 안전보건경영시스템의 표준 제정을 안건으로 상정하고 다양한 이해관계자의 의견을 수렴하기 시작하였는데, 1996년 9월 스위스 제네바에서 열린 워크숍에서 규격화 필요여부에 대한 일련의 논의를 거친 끝에 OHSMS 시스템의 필요성은 인정하였으나, "안전보건 국제규격은 현시점에서는 제정 활동을 하지 않는다"는 내용으로 1997년 1월 규격화(표준화)에 대해 보류를 결정하였다. 이후 지속적인 개정과 발전을 통해 ISO 45001로 제정 활용하고 있다(그림 1-4 안전보건경영시스템 발전 흐름(1978~2017) 참조).

[그림 1-4] 안전보건경영시스템 발전 흐름(1978~2017)

우리나라에서도 21세기 초반부터 많은 사업장에서 안전보건경영시스템을 구축하여 운영하고 있다. 이러한 안전보건경영시스템은 새롭게 관리하는 방안이기보다는 문제를 바로 보는 관점을 경영의 관점에서 보고, 이를 체계적으로 접근하는 접근방법론이라고 할 수 있다. 이러한 차원에서 우리나라도 사업장의 안전보건에 관한 문제를 경영의 범주 내에서 접근하지 않으면 결코 해결할 수 없다고 보았으며, 이에 따라 고용노동부는 1999년초 산업안전보건법에 정부의 책무로써 안전보건경영시스템을 명시하였고, 이를 안전보건공단으로 하여금 KOSHA 18001 인증제도를 운영하도록 하여 건설업 및 건설업외 업종으로 구분하여 운영하고 있다.

안전보건시스템을 효과적으로 운영하게 되면 그 기대효과로는 안전보건의 체계적 관리를 통해 재해손실비용을 감소하여 경제적 효과를 극대화할 수 있으며, 노사 스스로 위험을 발굴하여 예방활동으로 연계함으로써 안전문화로 정착할 수 있는 것이라 할 수 있다.

이러한 안전보건경영시스템은 기존 KOSHA(Korea Occupational Safety and Health Agency) 18001외에도 OHSAS(Occupational Health and Safety Assess ment Series) 18001, K-OHSMS 18001이란 명칭으로 각각 안전보건경영시스템 체제인증으로 유지되어 왔다.

ISO 45001규격은 1999년 ISO 18001이란 규격으로 제정작업이 진행되었으나 국제노동기구(International Labour Organization, ILO)의 반대로 최종 부결되어 그동안 OHSAS 18001이란 단체규격에 머물러 있었지만, 2018년에 국제규격으로 결실을 얻게 되었다. 즉, 2018년 3월에 발행된 ISO 45001 규격은 2013년부터 제정이 논의되었으며, 최종적으로 2018년 3월 12일에 국제규격으로 발간되었다. 또한 ISO 45001은 다른 ISO표준과 마찬가지로 상위 레벨 구조(high level structure, HLS)를 적용함으로써 ISO 프레임워크 내에서 안전보건에 대한 새로운 표준을 적용한다는 것은 ISO 9001 및 ISO14001 등 다른 경영시스템과 쉽게 호환되어 다른 ISO 인증을 받은 기업에 큰 이점이 될 수 있다고 할 수 있다.

이에 따라 그동안 OHSAS 18001과 K-OHSMS 18001 인증을 유지하고 있는 기업은 국제규격 발간 후 3년 내 인증전환 심사를 진행해야 하며, 각 인증기관은 심사원 자격에 대한 전환교육도 이루어져야 한다. 또한 안전보건공단에서 시행하는 KOSHA 18001 안전보건경영시스템도 ISO 45001 인증기준을 토대로 KOSHA-MS 명칭으로, 새로운 인증기준으로 규격전환을 하기에 이르렀으며, 2019년 7월 1일부터는 KOSHA-MS 안전보건경영시스템으로 새롭게 인증기준을 제정하게 되었다.

이와 같이 새로운 국제인증의 제정에 따른 변화는 기존 KOSHA-MS 인증 및 OHSAS 18001 인증사업장에 새로운 큰 변화를 불러오게 되었으며, 이에 대한 대응도 절실히 요구되고 있는 상황이다. 따라서 ISO 45001의 국제표준 제정에 따라 현재의 안전보건경영시스템(KOSHA-MS/OHSAS 18001) 인증사업장의 성공적인 인증전환 등을 위한 안전보건경영시스템의 구축 활성화 방안과 발전방향을 모색할 필요가 있다.

한편, 지금까지 살펴본 사고, 재난을 감소시키고 안전경영을 위한 전반적인 산업안전 경영시스템에 대한 Big Picture를 살펴보면 다음 그림과 같다(그림 1-5 참조).

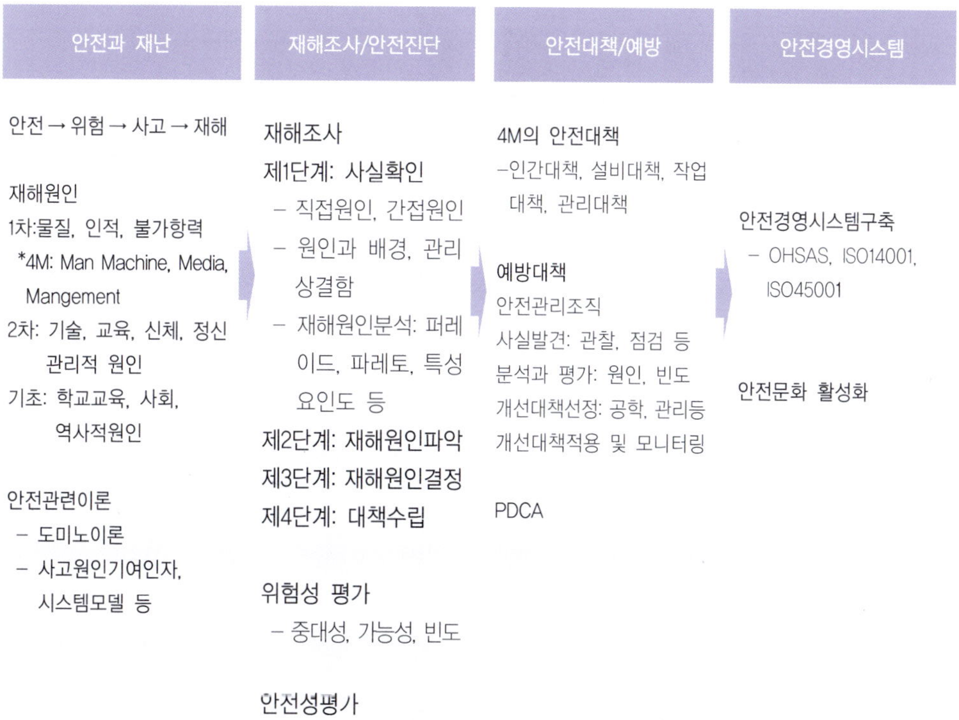


[그림 1-5] 산업안전경영시스템 Big Picture

## 4.4 산업안전보건법상 안전보건경영시스템

개정 전 산업안전보건법에서는 법인의 위반행위에 대하여 현장소장 등이 행위자로서 처벌받게 되고, 대표자는 책임을 묻기 어려운 경우가 대부분이었다. 대표자의 면책에 따라 기업은 대표자가 형사책임에서 회피될 수 있도록 공식적인 안전관리 업무에서 배제한 지휘체계를 둔다면 기업의 산업재해 예방에 부정적 영향을 가져다준다.

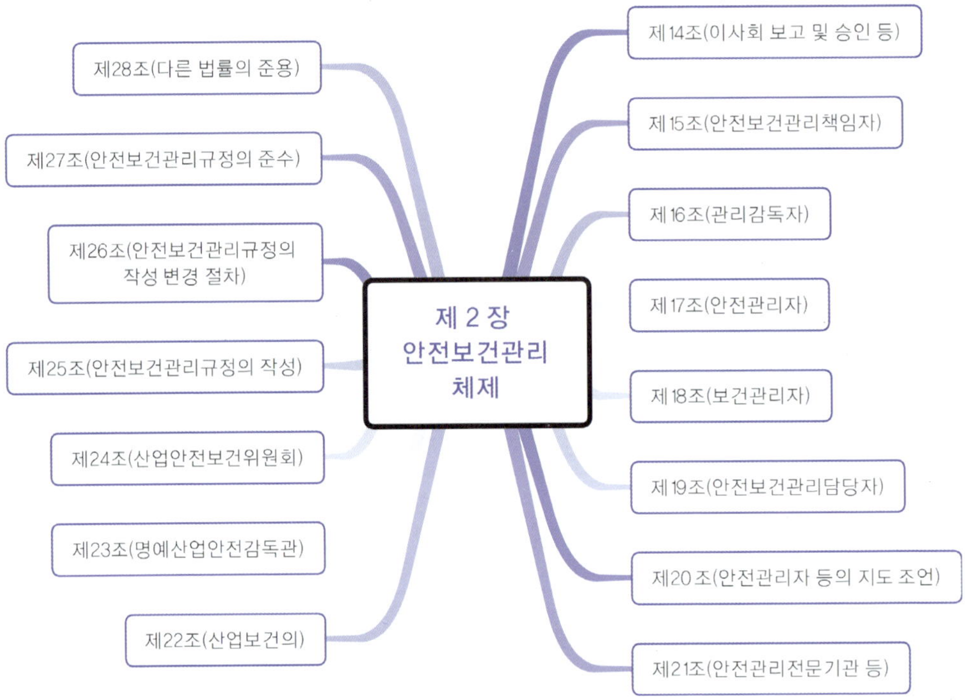


## 4.4.1 안전보건관리체제

법인의 대표이사 등 최고경영진이 산업재해 예방을 위한 일정한 의무를 부담하도록 할 필요가 있어 법 제14조 이사회 보고 및 승인 규정을 두어 사업주의 책임의식을 강화하였다. 이 규정은 사업주의 책임의식 강화를 위하여 사업주 안전보건계획을 작성하도록 한 것이고 이것을 이사회에 보고하도록 한 것이다.[8]

8) 조흠학, "산업안전보건법", 신광문화사, 2020, 236면.

**제14조(이사회 보고 및 승인 등)**

기업차원에서 체계적인 산업재해예방이 작동

안전 및 보건에 관한 계획의 이사회 보고 승인 대상 회사(대통령령으로 정하는 회사)

1. 상시근로자 500명 이상을 사용하는 회사
2. 건설산업기본 제23조에 따른 전년도 시공능력평가액(토목 · 건축공사업에 한함) 상위 1,000위 이내의 건설회사

안전 및 보건에 관한 계획 수립시 포함 내용

1. 안전 및 보건에 관한 경영방침
2. 안전 · 보건관리 조직의 구성 인원 및 역할
3. 안전 · 보건 관련 예산및 시설현황
4. 안전 및 보건에 관한 전년도 활동실적 및 다음 연도 활동계획

대표이사
- 상법제389조에 의한 대표이사와 제408조의2에 의한 대표집행임원을 말한다.

## 4.4.2 안전보건관리책임자

안전보건관리책임자의 총괄 관리업무는 1. 사업장의 산업재해 예방계획의 수립에 관한 사항, 2. 안전보건관리규정의 작성 및 변경에 관한 사항, 3. 안전보건교육에 관한 사항, 4. 작업환경측정 등 작업환경의 점검 및 개선에 관한 사항, 5. 근로자의 건강진단 등 건강관리에 관한 사항, 6. 산업재해의 원인 조사 및 재발 방지대책 수립에 관한 사항, 7. 산업재해에 관한 통계의 기록 및 유지에 관한 사항, 8. 안전장치 및 보호구 구입 시 적격품 여부 확인에 관한 사항, 9. 그 밖에 근로자의 유해·위험 방지조치에 관한 사항으로서 고용노동부령으로 정하는 사항으로 사업장의 포괄적인 예방 책임을 부과하고 있다.

법 제15조 제1항 제9호 그 밖에 근로자의 유해·위험 방지조치에 관한 사항으로서 고용노동부령으로 정하는 사항에 근거하여 법 제36조에 따른 위험성 평가의 실시에 관한 사항과 안전보건규칙에서 정하는 근로자의 위험 또는 건강장해의 방지에 관한 사항이다.

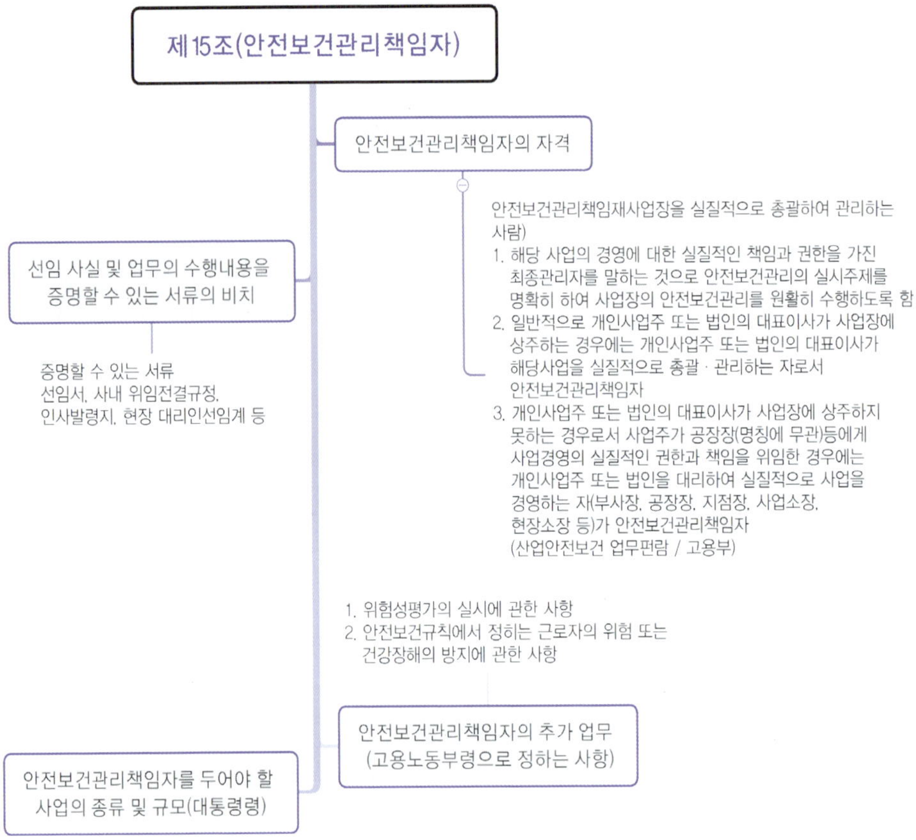


### 4.4.3 관리감독자

관리감독자는 사업장에서 안전관리책임자를 보좌하고 사업장의 부서별 안전관리 업무를 담당하는 사람이다. 관리감독자는 해당 작업을 직접 수행하고 작업하면서 부서의 안전관리업무를 행하는 사람이다.

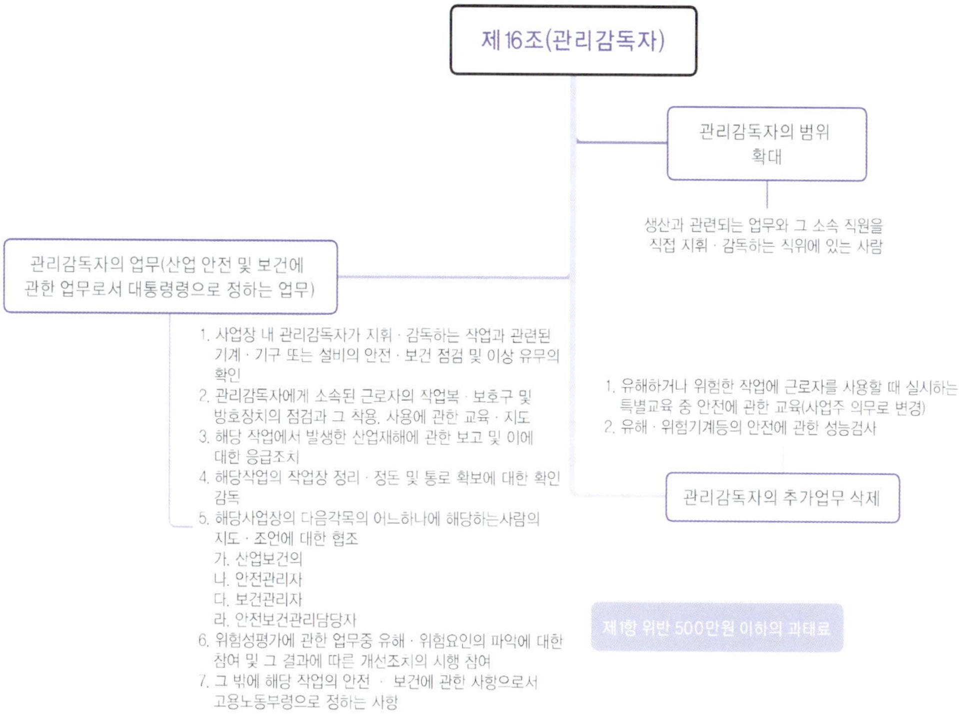


### 4.4.4 안전관리자

안전관리자는 사업장에서 법적 규정사항으로 안전업무를 담당하는 사람을 말한다. 통상적으로 안전관련학과를 나오고 안전기사에 관한 자격증을 가진 자가 사업장에 안전관리업무를 수행하게 된다. 보통 현장에서 안전관리자 선임에 대하여 다양한 의견이 나오고 있다.

안전관리자 선임에 관하여 시행령 제16조에 근거한 선임방법과 내용이 규정되어 있다. 현장의 사업장 규모에 따라 안전관리자를 선임한다. 대기업의 경우 근로자 수에 따른 안전관리자 선임규정으로는 안전보건업무를 수행한다.

동 시행규칙 제12조 안전관리자 등의 증원 • 교체임명 명령을 두어 지방고용노동관서의 장은 사업주에게 안전관리자 • 보건관리자 또는 안전보건관리담당자(이하 이 조에서 "관리자"라 한다)를 정수 이상으로 증원하게 하거나 교체하여 임명할 것을 명할 수 있다.

# 제17조(안전관리자)

안전관리자를 선임 규모를 상시근로자 수로 명확히 함.

안전관리자의 선임방법(대통령령)

시행령[별표3]
안전관리자를 두어야 하는 사업의 종류, 사업장의 상시근로자 수, 안전관리자의 수 및 선임방법(제 16조제1 항 관련)

같은 사업주가 경영하는 둘 이상의 사업장의 경우 상시근로자 수의 합계가 300명 이내인 사업장
같은 사업주가 경영하는 둘 이상의 공사의 경우 공사금액의 합계가 120억원(토목공사는 150억원) 이내인 사업장
공동선임 대상 1. 같은 시 · 군 · 구(자치구를 말한다) 지역에 소재하는 경우 2. 사업장 간의 경계를 기준으로 15킬로미터 이내에 소재하는 경우

도급사업의 안전관리자 선임을 위한 상시근로자

안전관리자 공동 선임 가능 사업장(건설업 추가)

수급인 및 관계수급인의 안전관리자 선임 면제

건설업안전관리자 선임 기준 확대

안전관리자의 업무위탁

안전관리자 선임 보고 기한

안전관리자 증원 ·교체임명 명령

안전관리자의 업무

### 4.4.5 보건관리자

보건관리자의 업무

1. 산업안전보건위원회에서 심의·의결한 업무와 안전보건관리규정 및 취업규칙에서 정한 업무
2. 안전인증대상기계 등과 자율안전확인대상기계 등 중 보건과 관련된 보호구(保護具) 구입 시 적격품 선정에 관한 보완 및 지도·조언
3. 법 제110조에 따라 작성된 물질안전보건자료의 게시 또는 비치에 관한 보완 및 지도·조언
4. 법 제36조에 따른 위험성 평가에 관한 보좌 및 지도·조언
5. 제30조 제1항에 따른 산업보건의의 직무(보건관리자가 별표 6 제1호에 해당하는 사람인 경우로 한정한다)
6. 해당 사업장 보건교육계획의 수립 및 보건교육 실시에 관한 보좌 및 지도·조언
7. 해당 사업장의 근로자를 보호하기 위한 다음 각 목의 조치에 해당하는 의료행위(보건관리자가 별표 6 제1호 또는 제2호에 해당하는 경우로 한정한다)
   가. 외상등 흔히 볼 수 있는 환자의 치료
   나. 응급처치가 필요한 사람에 대한 처치
   나. 부상·질병의 악화를 방지하기 위한 처치
   라. 건강진단 결과 발견된 질병자의 요양 지도 및 관리
   마. 가목부터 라목까지의 의료행위에 따르는 의약품의 투여
8. 작업장 내에서 사용되는 전체 환기 장치 및 국소 배기장치 등에 관한 설비의 점검과 작업방법의 공학 개선에 관한 보좌 및 지도·조언
9. 사업장 순회점검·지도 및 조치의 건의
10. 산업재해 발생의 원인 조사·분석 및 재발 방지를 위한 기술적 보좌 및 지도·조언
11. 산업재해에 관한 통계의 유지·관리·분석을 위한 보좌 및 지도·조언
12. 법 또는 법에 따른 명령으로 정한 보건에 관한 사항의 이행에 관한보좌 및 지도·조언

13. 업무수행 내용의 기록·유지
14. 그 밖에 작업관리 및 작업환경관리에 관한 사항으로서 고용노동부 장관이 정하는 사항

보건관리자의 선임은 법 제18조 제2항에 따라 보건관리자를 두어야 할 사업의 종류 및 사업장의 상시근로자 수와 보건관리자의 수 시행령[별표6]에 두고 있으며, 상시근로자 300명 미만을 사용하는 사업장에서는 보건관리자가 보건관리 업무에 지장이 없는 범위에서 다른 업무를 겸할 수 있다.

보건관리자 업무 위탁은 법 제17조 제1항에 근거하여 안전관리자와 같이 위탁한 경우로 보고 보건관리자를 둔 것으로 본다.

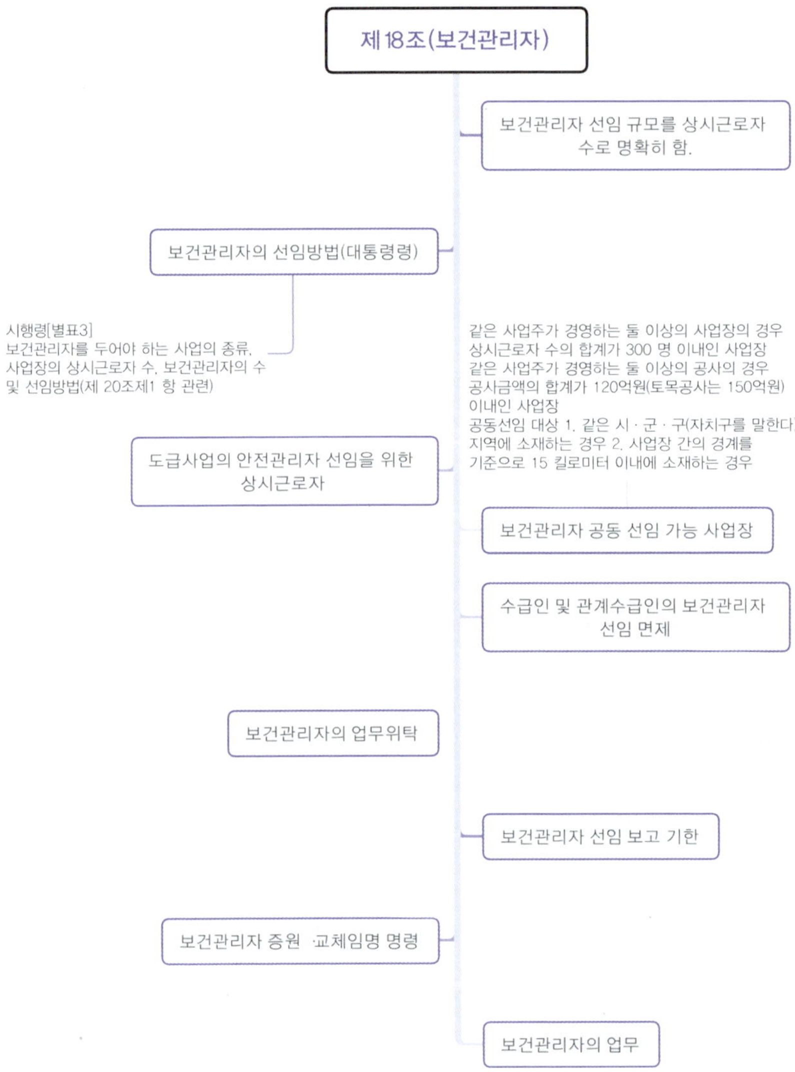

### 4.4.6 안전보건관리담당자

50인 미만 소규모 세 사업장의 경우 안전보건관리자의 고용의무가 없으므로 소규모 사업장 사업주의 경우 안전보건관리자 선임 의무가 없다.

안전보건관리담당자의 위탁은 법 제19조에 따라 사업주는 제21조에 따라 지정받은 안전관리전문기관 또는 보건관리전문기관에 안전보건관리담당자의 업무를 위탁할 수 있다.

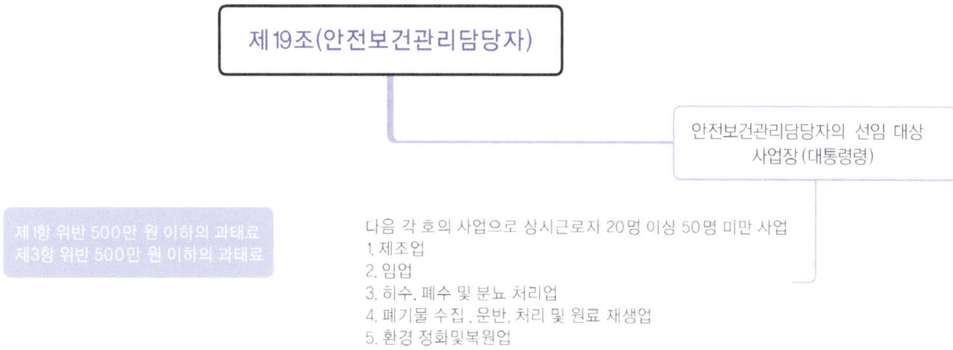


### 4.4.7 안전관리자 등의 지도 · 조언

안전 · 보건관리자에게 지도나 조언을 받아 안전관리업무를 조치하고 재해를 사전에 예방한다는 취지에서 권고하도록 만든 조항이다. 물론 위탁업무를 수행하는 기관에서도 사업주에 지도 · 조언을 할 수 있도록 규정되어 있다.

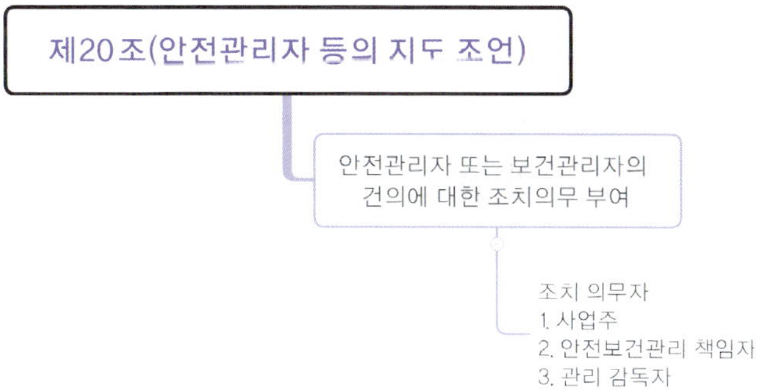

### 4.4.8 안전관리전문기관 등

업무 수행 지역은 안전·보건관리전문기관으로 지정한 지방고용노동청의 관할지역으로 하도록 규정하고 있다. 업무 수행 시 비치서류는 시행규칙 제21조에 따라 법 제21조 제3항에 따라 안전·보건관리전문기관은 1. 안전관리 또는 보건관리 업무 수탁에 관한 서류, 2. 그 밖에 안전관리전문기관 또는 보건관리전문기관의 직무수행과 관련되는 서류를 갖추어 두고 3년간 보존하여야 한다.

최근 개정안 내용 속에는 평가 규정을 두었다. 시행규칙 제17조에 안전·보건관리전문기관의 평가 규정을 강화하고 평가하여 사업 만족도들을 조사하도록 되어 있다.

제21조(안전관리전문기관 등)

대통령령으로 정하는 취소 사유

### 4.4.9 산업보건의

시행령 제29조에는 산업보건의를 두어야 할 사업의 종류 및 사업장은 상시근로자 수가 50명 이상을 사용하는 사업장으로 한다. 동 시행령 제30조에는 산업보건의의 자격은 「의료법」에 따른 의사로서 직업환경의학과 전문의, 예방의학 전문의 또는 산업보건에 관한 학식과 경험이 있는 의사로 한하며 직무는 건강진단 결과의 검토 및 그 결과에 따른 작업 배치, 작업 전환 또는 근로시간의 단축 등 근로자의 건강보호 조치, 근로자의 건강장해의 원인 조사와 재발 방지를 위한 의학적 조치, 근로자의 건강 유지 및 증진을 위하여 필요한 의학적 조치에 관하여 고용노동부장관이 정하는 사항 등이다.

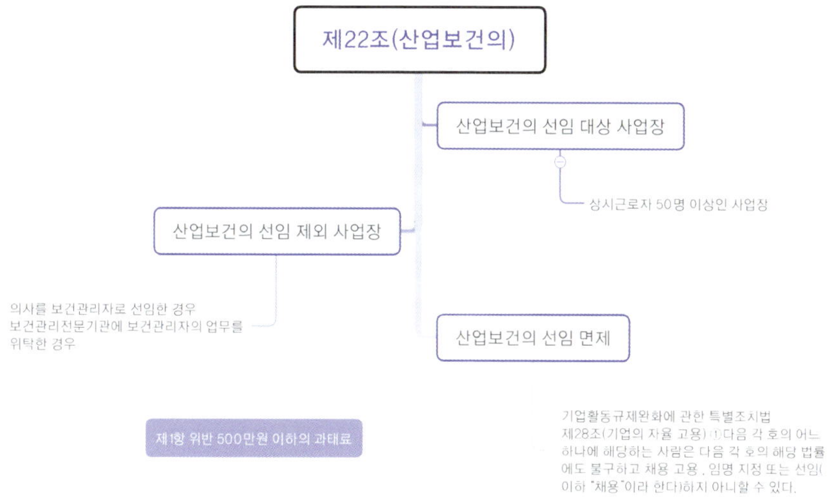


## 4.4.10 명예산업안전감독관

고용노동부장관은 명예산업안전감독관을 두어 사업장의 산업재해를 예방하도록 하고 있다. 동 시행령 제32조에 고용노동부장관은 법 제23조 제1항에 따른 명예산업안전감독관(이하 "명예감독관"이라 한다)을 다음 각 호의 어느 하나에 해당하는 사람 중에서 위촉할 수 있도록 하였다.

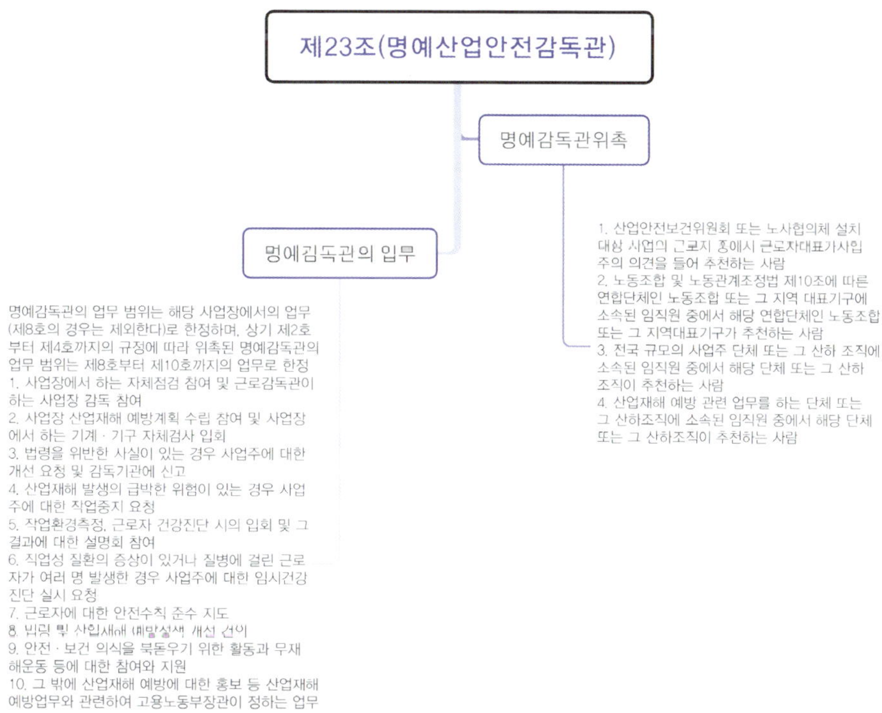

### 4.4.11 산업안전보건위원회

산업안전보건위원회의 구성은 노사동수로 근로자위원 및 사용자위원 각각 10명 이내로 구성한다.

근로자위원은 근로자대표, 명예감독관, 근로자대표가 지명하는 9명 이내의 해당 사업장의 근로자로 구성하고 사용자위원은 해당 사업의 대표자, 안전관리자 1명, 보건관리자 1명, 산업보건의(해당 사업장에 선임되어 있는 경우로 한정한다), 사업의 대표자가 지명하는 9명 이내의 해당 사업장의 부서의 장(상시근로자 50명 이상 100명 미만 사업장은 제외하고 구성 가능)으로 구성한다.

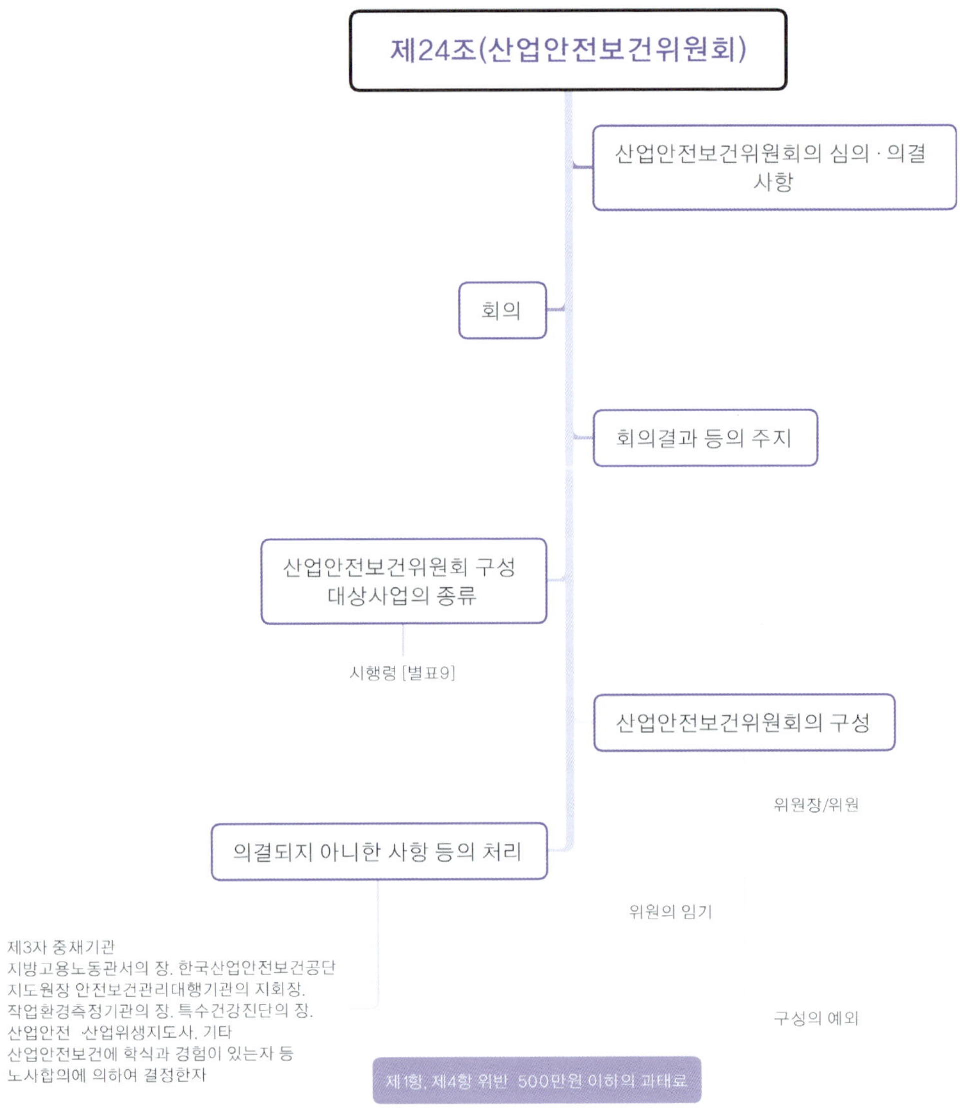

구성의 예외는 대통령령으로 정하는 규모의 건설공사의 건설공사도급인은 해당건설공사 현장에 근로자위원과 사용자위원이 같은 수로 구성되는 "안전 및 보건에 관한 협의체"를 구성한 경우에 해당된다.[9)]

### 4.4.12 안전보건관리규정의 작성

사업장의 안전보건수준을 높여 나가기 위해서는 안전보건활동을 체계적으로 실시하는 것이 중요하다. 안전보건활동이 사업운영의 룰(rule)로서 확실히 이루어지기 위해서는 취업규칙과 같이 안전보건에 관한 일정한 기준인 관리규정을 정하여, 안전보건에 관한 책임의 소재와 권한을 명확히 하고 그것에 근거하어 각종의 안전보건활동을 추진할 필요가 있다.

안전보건관리규정은 기업・사업장 전체의 안전보건관리에 관한 매뉴얼이라고도 부를 수 있는 것으로서, 실제 많은 기업・사업장에서는 안전보건매뉴얼, 안전보건관리규칙, 안전보건관리기준 등이라고도 부르고 있다. 안전보건관리규정의 작성 목적은 산업재해 예방을 위한 관리책임체제의 명확화 및 재해예방기준의 확립, 자율적 활동의 촉진에 의해 안전과 건강을 확보하고 쾌적한 작업환경의 형성을 촉진하는 것을 목적으로 한다. 품질 및 생산성의 향상 등과 아울러 생산・서비스활동 등의 원동력이 되는 근로자의 안전과 건강의 확보, 증진을 행하는 것이 중요하고 사업장에는 안전보건관리규정 필요하다.[10)]

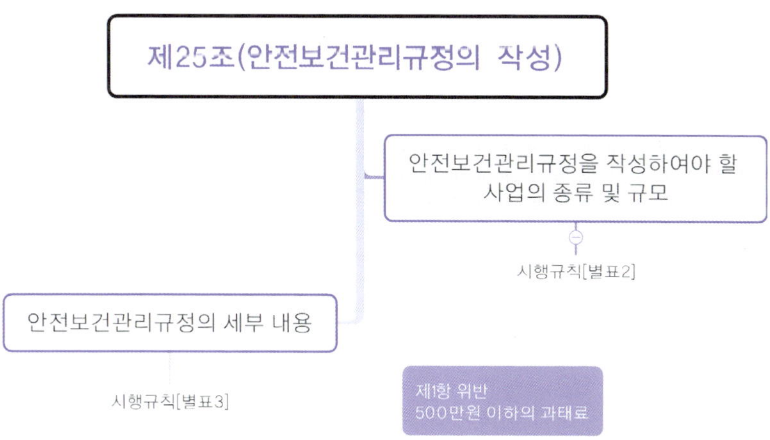


9) 조영수, "전부개정 산업안전보건법 업무 편람", 메이킹북스, 2020, 66~67면.
10) 정진우, "안전관리론", 청문각, 2020, 251면.

### 4.4.13 안전보건관리규정의 작성·변경 절차

사업장에서 일하는 작업과 사업장의 가장 중요한 안전에 관한 내용을 담은 사내 규정으로 사업주가 작성하고 사업장의 구성원이 준수하고 이행해야 한다. 안전관리규정은 시행령 제24조에 근거하여 작성해야 할 사업의 종류와 상시 근로자 수는 [별표2]에 두고 있다.

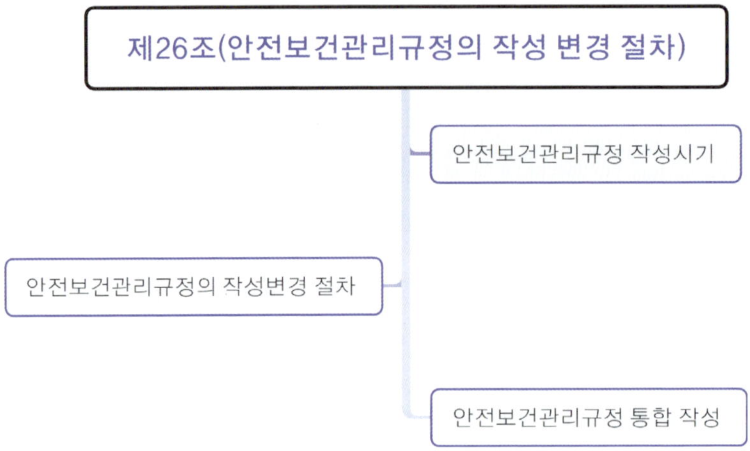


### 4.4.14 안전보건관리규정의 준수

안전보건관리규정은 준수·이행하도록 함으로써 산업재해·사고의 예방과 안전보건수준의 향상을 도모하는 것을 목적으로 한다. 이 목적을 충분히 살리기 위해서는 사업주는 안전보건관리규정의 작성단계에서부터 고려해야 한다.

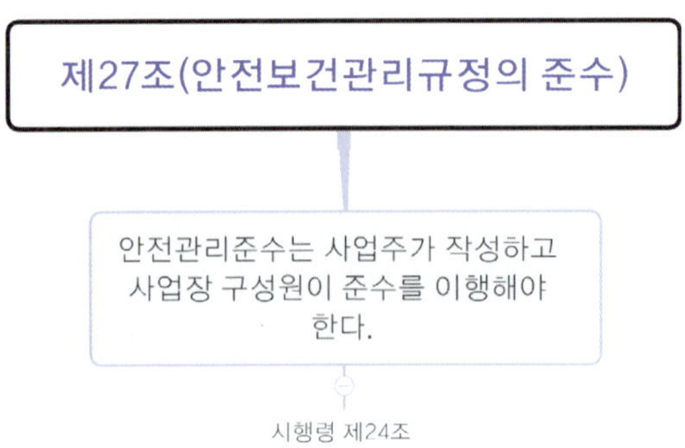

### 4.4.15 다른 법률의 준용

근로기준법 제93조, 제94조, 제95조, 제96조, 제97조의 취업규칙의 규정을 준용하도록 하고 있다.

**제28조(다른 법률의 준용)**

근로기준법 중 취업규칙에 관한 규정

제93조 (취업규칙의 작성, 신고)
제94조 (규칙의 작성, 변경 절차)
제95조 (제재 규정의 제한)
제96조 (단체협약의 준수)
제97조 (위반의 효력)

# CHAPTER 02 사고이론(Accident Theory)

## 1. 사고사례(Maritime Accidents)[1]

해상 사고는 간헐적으로 전 세계를 충격에 빠뜨렸다. 역사적으로 해상 사고는 매우 많이 발생하였으며 광범위하고 사상자 수도 매우 많다. 본질적으로 해양 산업을 재편성한 특정 사고가 있다. 그림 2-1에서 전 세계 해양사고 지도를 보자.

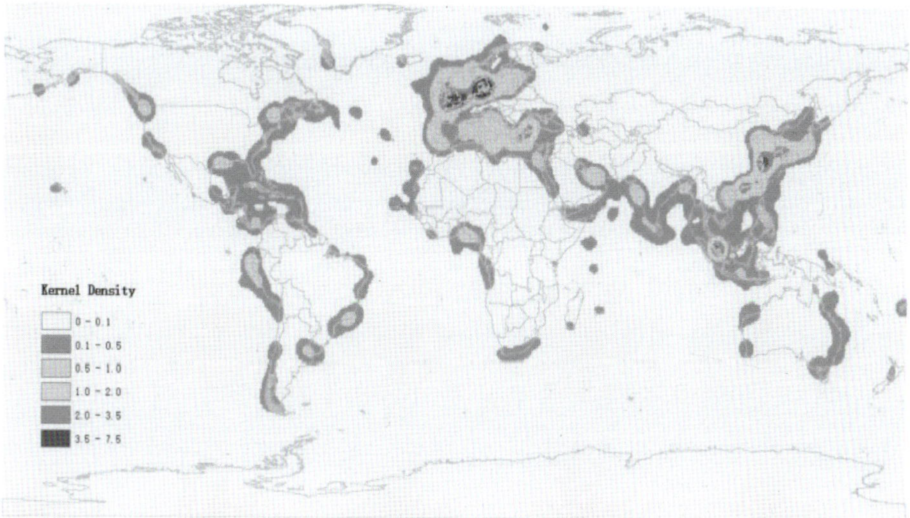


[그림 2-1] 해양사고 결과

자료: Zhang, Y., Sun, X., Chen, J., & Cheng, C. Spatial patterns and characteristics of global maritime accidents. Reliability Engineering & System Safety, 206, 107310.

1)

이러한 사고는 지난 100년 동안 발생했으며 해양 공동체의 안전, 책임 및 환경 보호에 대한 국제 협약에 도달하도록 하는 결과를 가져왔다.

아마도 가장 유명한 사고는 타이타닉의 침몰이며, 이는 SOLAS(International Convention for the Safety of Life at Sea)로 알려진 안전 규정에 대한 실질적인 국제 협력에 첫 타격을 입혔다. 타이타닉 비극이 발생한 지 2년 후 1914년에 SOLAS가 채택되었다. 1934년 뉴저지 해안에서 Morro Castle이 침몰하면서 화염에 휩싸인 사고가 있었는데, 이는 SOLAS의 중요한 내용을 수정 보완하여, 새로운 화재 진압, 보호 및 제어 규정 및 장비 요구 사항이 추가되었다.

1967년 프랑스와 콘월 해안에서 발생한 토리 캐넌 기름 유출 사고로 1973년 국제선박 오염방지협약(MARPOL)이 결성되었다. 1978년 3월 16일, Amoco Cadiz 유조선은 조향 장치 고장으로 프랑스 브리타니 해안에서 3마일 떨어진 곳에 좌초되었다. 이 유조선은 침몰하기 전에 세 개로 나뉘어 파괴되었으며, 역사상 가장 큰 150만 배럴 이상의 기름 유출을 일으켰다.

대중의 항의와 정치적 압력으로 인해 MARPOL과 SOLAS 관련 안전, 환경 보호에 대한 내용이 보완되었고 안전 및 오염 감사가 추가되어 항만국 통제를 설립한 1982년 파리 양해각서(Paris MoU)로 이어졌다. 항만국 통제의 의의는 부적합 선박의 은신을 불가능하게 하는 국제항만검사제도를 가능하게 했다.

또한 1987년 Herald of Free Enterprise의 놀라운 전복사고는 벨기에 Zeebrugge의 항구를 떠난 지 몇 분 만에 발생했다. 놀랍게도 선수 문이 열린 채로 남겨져 539명의 승객과 승무원 중 193명이 사망했다. 이 사고로 국제안전관리(ISM) 코드가 채택되었다. 이 코드는 각 선박이 작동하고 감사를 받는 안전관리시스템(SMS)을 갖추도록 요구함으로써 바다에서 생명과 환경에 대한 피해를 방지하도록 설계되었다. 또한 운송회사는 운영 허가를 받아야 했다.

몇 차례의 사고가 전 세계를 충격에 빠뜨렸다. 이와 관련하여 MV Costa Concordia 사고와 MV Sewol 사고를 들 수 있다. 2012년 1월 13일 이탈리아 크루즈선 코스타 콩코르디아호가 이탈리아 이솔라 델 질리오 앞바다의 수중

암석에 충돌한 후 침몰하였다. 32명이 목숨을 잃었다. 한국의 가장 큰 해양 사고라고 할 수 있는 2014년 세월호 MV 사고는 476명의 목숨을 앗아간 세월호가 전복되면서 전 세계를 충격에 빠뜨렸고, 대부분이 중학생이었다. 세월호 참사는 한국뿐 아니라 세계적으로도 광범위한 사회적, 정치적 반응을 불러일으켰다. 이 두 가지 끔찍한 사건은 타이타닉 사고 이후 100년 동안 기술과 안전 규정이 개선되었음에도 불구하고 사고가 동일한 근본적인 인간 및 조직적 이유로 발생하는 것처럼 보인다는 것을 상기시켜 준다.

그럼에도 불구하고 대형사고가 발생할 때마다 국제사회가 대응하고 예방 조치를 취하는 것으로 결론지을 수 있다. 그러나 사고가 일어나기 전에는 어떻게 사고가 날지 알 수 없었다. 따라서 해양 안전에 대한 전통적인 접근 방식은 사전 예방적이기보다는 사후 대응적이다. 따라서 이 연구는 사고 이면의 과학을 추가로 조사하고 현대 사고이론 및 모델의 기존 결함을 밝히려고 시도한다.

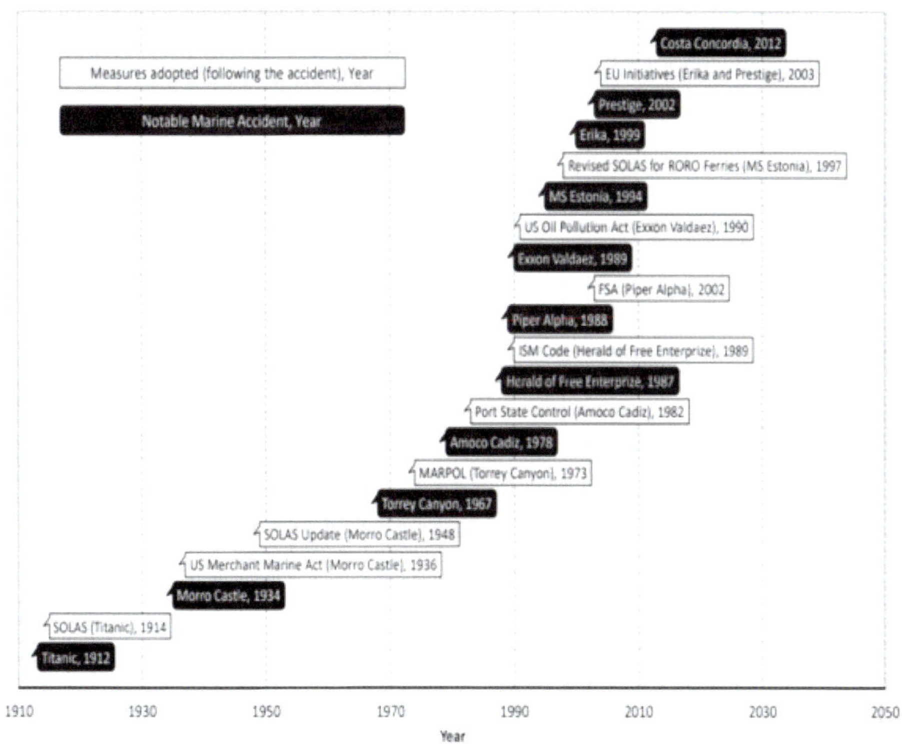


[그림 2-2] 시기별 중요한 해양사고

## 2. 사고이론 모델 고찰(Review of accident theories and models)

사고이론은 사고의 원인 원리를 설명하기 위한 명제들의 모음이다. 유사하게 사고 모델은 사고이론에 기초한 사고 발생의 표현을 돕기 위해 시스템 또는 프로세스에 대한 단순화된 설명이다. 다음에 나오는 내용은 사고이론 및 모델에 대한 검토가 제공된다. 검토하는 동안 이론/모델의 유형, 목표, 가설 및 분석 방법과 같은 몇 가지 핵심사항이 고려된다.

다양한 사고이론과 모델이 존재한다. Laflamme, Qureshi, Khanzode 등 그리고 Awal, Hasegawa와 같은 여러 연구자들이 이러한 이론과 모델을 다른 클래스로 분류하려고 시도했다.

- 통계 분석 및 동향(Statistical analysis and trends)
- 위험도분석(Risk analysis)
- 도미노이론(Domino theory)
- 역학이론(Epidemiologic theory)
- 제어 및 시스템이론 모델(Control and system theoretic models)

### 2.1. 통계 분석 및 동향(Statistical analysis and trends)

아마도 사고 연구에 대한 과학적 접근은 20세기 초 영국에서 Vernon이 산업재해의 원인에 대한 광범위한 연구를 발표하면서 시작되었다. Vernon은 영국 전역의 서로 다른 4개 공장에서 수집된 5만 건의 산업 재해를 고려하고 독특한 산업 재해 범주의 시간별 변동에 대한 통계 분석을 생성했다. Vernon의 이 연구자료가 다양한 사고 원인 요인을 체계적으로 규명한 최초의 출판물이 아닐까 한다. Vernon은 요인을 (i) 개인 기원의 요인과 (ii) 외부 기원의 요인의 두 가지 주요 제목으로 분류했다.

통계적 사고 분석의 흥미로운 경향 중 하나는 사고 경향이다. Newbold는 산업적 맥락에서 통계적으로 사고를 연구하고 특정 개인이 다른 개인보다 사고 경향이 있다는 결론을 내렸다. Froggatt와 Smiley에 따르면 사고 경향은 환경에 관계없이 어느 특정한 개인은 동일한 위험에 노출되더라도 동료보다 항상 사고를 당할 가능성이 더 높으며, 이는 신체의 손재주, 감각 운동 기술, 성격 또는 높은 인지 능력과 관련된 일부 특성 또는 일부 특성의 통합적 요인과 연관성이 높다.

몇몇 다른 연구자들은 사고 원인 요인의 빈도 분포와 경향을 연구했다. 성향은 성격뿐만 아니라 지리적 및 시간적 요인과도 연관성이 있는 것으로 확인했다. Greenwood 및 Yulel, Awal, Awal 등, Hossain 등의 연구 주제에 대한 통찰력을 제공할 수 있다. 요컨대, 통계 분석의 목표는 몇 가지 가능한 요인과 관련된 몇 가지 추세를 식별하는 것이다. 이 접근법을 사용하여 다양한 유형의 가설이 제안되고 테스트되었다.

## 2.2. 위험분석(Risk Analysis)

사고 통계 분석 분야에서 가장 높은 평가를 받고 있는 분야 중 하나는 FTA(Fault Tree Analysis)의 도입 이후 인기를 얻은 위험분석이다. 이후로 실제 문제를 해결하기 위한 위험분석의 개발 및 적용에 대해 상당한 수의 연구가 수행되었다. Li 등의 연구인 정량적 해양 위험 평가에 관한 문헌은 이러한 맥락에서 유용한 문헌으로 참조되고 고려될 수 있다.

기존의 위험 분석에서 주요 작업은 고유한 위협을 식별하고 실제로 발생할 경우 각 위협의 결과를 동시에 결정하는 것이다. 위험분석에는 (i) 정량적 위험분석과 (ii) 정성적 위험분석의 두 가지 유형이 있다. 위험분석은 기술적 설비와 적용 범위가 넓기 때문에 실제 엔지니어링 문제 및 학술 실습에서 널리 사용된다. 이와 관련하여 Hasegawa와 Yamazaki를 예를 들면 다음과 같다.

그러나 정량적 위험분석에는 근본적인 약점이 있으며 사고가 어떻게 발생할지 예측할 수 없다. 알려진 유형의 사고에 대한 일련의 위험 제어 옵션(RCO)에 대해 특정 위험값만 수량화할 수 있다. 그럼에도 불구하고 위험분석의 목표는 의사 결정자가 여러 위험 제어 옵션에 대해 서로 다른 위험 값을 세공하는 여러 위험 제어 옵션 중에서 선택하는 것을 지원한다.

## 2.3. 도미노이론(Domino Theory)

Heinrich는 통계적 사고분석에 대한 연구를 수행한 후 사고가 일련의 사건으로 발생한다고 제안하였다. 하인리히(Heinrich)는 개별 결함이 도미노처럼 순서대로 다른 요인과 관련될 수 있다고 자세히 설명했다.

이 이론에 따르면 5개의 도미노가 있다고 가정하자. 하인리히(Heinrich)는 바람직하지 않은 성격 특성이 유전을 통해 전달되거나 개인의 사회적 환경에서 발전할 수 있으며 유전과 환경 모두가 개인의 결점에 기여한다고 설명하고 있다. 이것이 최초의 도미노이론이라 할 수 있다. 두 번째 도미노는 작업자의 성격 특성이 다른 데서 원인을 찾고 있다. 하인리히(Heinrich)는 선천적이거나 후천적인 성격 결함이 사고 원인에 기여한다고 설명한다.

하인리히에 따르면 근로자의 가족이나 삶의 자연적 또는 환경적 결함은 이러한 2차적 개인적 결함을 유발하며, 이는 그 자체로 불안전한 행동이나 위험한 조건의 존재로 인한 것이다.

세 번째 도미노이론은 사건의 직접적인 원인인 불안전한 행위이다. Heinrich는 사람들이 위험한 행동을 하는 네 가지 이유를 정의하고 있다: (i) 부적절한 태도, (ii) 지식이나 기술의 부족, (iii) 신체적 부적합, (iv) 부적절한 기계적 또는 물리적 환경. Heinrich는 나중에 이러한 범주를 '직접' 원인과 '기본' 원인으로 세분화하고 여러 원인의 조합이 사고로 이어지는 체계적인 일련의 사건을 생성한다고 결론지었다. 도미노이론의 목표는 5가지 은유적 도미노를 사용하여 다양한 사회적 및 개인적 요인 간의 선형 인과 관계를 설정하는 것이다.

## 2.4. 역학이론(Epidemiologic Theory)

Gordon은 사고에 대한 역학이론의 첫 번째 제안자이다. Gordon은 사고를 생태학적 문제로 간주했다. 사고의 원인 인자가 주체, 숙주, 환경에 존재하는 것으로 나타났다. 사고 생성 메커니즘은 세 가지 구성 요소가 상호작용하여 결과라는 사고를 생성하는 프로세스이다. 따라서 사고의 원인은 호스트, 에이전트 및 환경 간의 상호작용에서 비롯된다고 볼 수 있다.

만약 가정 내에서의 사고가 주로 공중 보건 문제라면 그 문제는 다른 대량 질병 문제에 유용한 것으로 입증된 방식과 기술을 통해 접근하는 것이 합리적이다. Haddon은 1968년에 주로 자동차 충돌을 위해 개발된 부상 제어를 위한 2차원 매트릭스를 제안했다. 이러한 매트릭스는 호스트, 에이전트 및 환경 요인을 시간적 순서(이벤트 전, 이벤트 중 및 이벤트 후)로 식별하는 데 도움이 되고 예방 조치를 식별하는 데 도움이 된다.

1970년 후반에 Haddon은 에너지 전달 개념에 기반한 손실을 줄이기 위한 10가지 전략을 제시했다. 이 에너지 전달 개념 뒤에 있는 이유는 생태학적 현상의 주요 부류가 에너지 전달을 포함하기 때문이다.

1990년에 Reason은 눈에 보이는 원인 없이 사고를 일으키는 잠재적인 인적 실패가 있다고 제안했다. 제안에는 (i) 잠재적 실패, (ii) 로컬 트리거 이벤트, (iii) 시스템 방어의 세 가지 개념이 포함되어 있다. 이 연구는 능동적 인간 실패와 잠재적 인간 실패 사이의 차이점과 사고 인과 관계의 역학에 대한 프레임워크를 논의했다. 나중에 Reason은 스위스 치즈 모델과 조직적 사고 모델을 개발하고 제안했다(그림 2-3 참조). 조직에서의 안전사고는 다양한 원인을 가진 복잡한 현대 기술 사회에서 발생한다. 사고에는 각 회사의 다양한 직급에서 일하는 많은 사람들이 관련되어 있다.

위험 인인 손실 및 방지하기 위한 상벽이 있다. 스위스 치즈처럼 장벽에 구멍이 있다. 모든 구멍이 정렬되면 위험 요소가 통과하여 손실이 발생하게 된다. 각 장벽은 손실에 대한 조직 방어의 각 수준을 나타낸다.

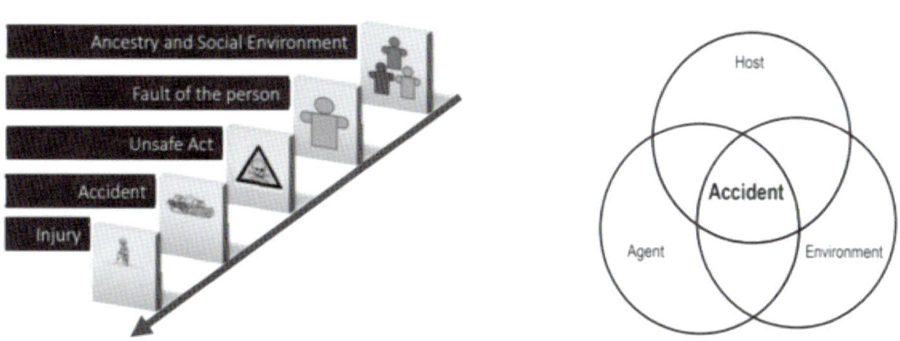


(a) 도미노이론 (b) 역학이론

[그림 2-3] 도미노이론과 역학이론

### 2.4.1 인적요인 분석 분류 시스템(HFACS) 모델

인적요인 분석 분류 시스템(HFACS)이란 무엇인가?

HFACS MODEL이란 항공사고의 인적요인 측면을 조사·분석하기 위해 고안된 모델로 사고의 원인 조사를 하는데 유용하게 쓰인다. 크게 4가지의 잘못된 행위나 실패로 인하여 사고가 발생됨을 설명한다.

HFACS MODEL은 Scott Shappell 박사와 Doug Wiegmann 박사가 개발하였으며, James Reason 박사의 스위스 치즈모델을 기반으로 한다. HFACS MODEL의 근본적인 목적은 사고가 발생하였을 때 그 사고를 일으킨 사람에 대한 비난을 하거나 책임을 묻기 위함이 아니라, 사고로 이어진 근본적인 원인을 찾아 차후 똑같은 사고가 발생되지 않도록 예방하기 위함을 목적으로 한다. HFACS 4가지 잘못된 행위나 실패로 인해 사고가 발생한다고 설명하고 있다.

#### 1) 불안전한 행위(Unsafe Acts)

- 오류(Error)
  - 의사결정(Decision)의 실수
    - 의사결정의 오류는 이를 행하는 행위자가 의도한 대로 일이 진행되지만 행위자가 원하는 최종 상태에 도달하지 않는 것을 말한다. 즉, 잘못된 의사결정으로 절차를 수행하지만 그 절차가 부적절한 절차이기 때문에 원하는 결과와 다른 결과를 얻는 실수를 말한다.
  - 기능기반(Skill-Based) 실수
    - 교육 또는 숙련도가 부족하여 발생되며, 아이러니하게도 고도로 훈련된 경우에도 Check List를 생략하는 등의 실수로 인해 발생
  - 지각(Perceptual)의 실수
    - 피로 또는 어떠한 이유로 인해 지각하는 능력이 저하되어 발생된 상황으로부터 잘못된 정보를 얻게 되어 이 정보를 기반으로 결정이 이루어질 때 발생하는 오류

• 위반(Violation)

- 습관적 위반(Routine)

  • 행위자의 습관적인 행동으로 발생하는 위반이며, 대부분 용인되는 위반을 말한다. 예를 들면, 자동차 운전시 60KM/H인 도로에서 65~70km/h로 조금 빠르게 운행하는 경우.

- 예외적 위반(Exceptional)

  • 습관적인 위반과는 다르게 개인의 습관도 아니고, 법적으로도 용인될 수 없는 위반. 예를 들면, 100km/h인 구간에서 200km/h로 운전하는 경우

### 2) 불안전한 행위의 전제조건(Precondition For Unsafe Acts)

• 환경적 요인(Environmental Factors)

- 물리적 환경(Physical Environment)

  • 물리적 환경은 주로 외부환경을 말하는데 이는 기상과 지형 그리고 항공기의 상태(열 또는 진동)를 포함하는 요소로 인해 발생되는 위험요소

- 기술적 환경(Technological Environment)

  • 항공기를 제어하거나, 항공기의 디스플레이 또는 인터페이스의 특성으로 인해 발생되는 위험요소

• 운영자의 상태(Condition of Operators)

- 비정신상태(Adverse Mental States)

  • 상황 인지력 상실로 인한 상황인식 실패, 정신적 피로, 주의집중 할 수 없는 환경으로 인해 주의를 집중할 수 없을 때

- 비생리적 상태(Adverse Physiological States)

  • 개인의 의학적인 상태로 이는 질병이나 생리적으로 문제가 있는 경우를 말함

- 육체적 / 정신적 한계

  • 신속한 반응시간을 요구하는 상황에서 이를 해결하기 위한 경험 부족 또는 한꺼번에 너무 많은 일 처리로 인해 행위자의 능력 범위를 초과

하는 경우 발생

- 인적요인(Personal Factors)
  - 승무원인적 자원관리(CRM:Crre Resourse Management)
    - 조종사와 조종사 또는 조종사와 승무원 등의 의사소통의 실패로 인해 발생하는 위험요소
  - 개인 준비(Personal Readiness)
    - 승무원의 휴식, 자기관리(음주제한) 등 자기관리의 실패로 인해 발생되는 위험요소

### 3) 안전하지 않은 감독(Unsafe Supervisions)

- 부적절한 감독(Inadequate Supervision)
  - 감독자는 개인들이 적절한 훈련을 할 수 있도록 해야 하는데 감독자의 능력부족 또는 어떠한 문제로 인하여 적절한 훈련관리의 실패나 전문적인 지도능력 부족으로 인해 발생한다.
- 부적절한 운영 계획(Planned Inappropriate Operations)
  - 조종사와 조종사 간에 부적절한 매칭(사이가 좋지 않은 사람끼리 매칭) 또는 감독자의 잘못된 계획으로 인해 발생하는 것
- 문제교정 실패(Failled to Correct Problem)
  - 개인, 장비, 훈련 또는 부적절한 행동(안전문제의 결함)이 감독자에게 사고가 발생하기 전에 알려졌음에도 불구하고, 이 안전위협 요인을 수정하는데 실패하여 발생하는 것
- 감독 위반(Supervisor Violations)
  - 감독자가 의도적으로 법과 규정을 지키지 않거나, 감독자가 법적으로 문제가 있음에도 고의적으로 묵인하는 경우 발생. 예를 들면, 면허가 없는 조종사가 비행하는 것을 고의적으로 묵인하는 것

#### 4) 조직의 영향(Organizational Influences)

- 자원관리(Inadequate Supervision)
  - 조직의 자원, 즉 예산의 분배를 결정하는 것. 대부분의 항공사들은 재정이 곤란한 상황에 직면할 경우 최우선으로 고려하는 것은 안전 및 훈련 비용의 삭감이다.
- 조직문화(Organizational Climate)
  - 특정 조직이 일반적으로 가지고 있는 문화, 예를 들면 그 조직의 구조나 정책, 커뮤니케이션 채널, 조종실에서의 의사소통 협조 등
- 운영과정(Organozational Process)
  - 특정 조직 내에서의 관리하는 조직의 규칙이나 규정을 말함. 예를 들면, 조직의 운영이나 절차 감독자의 감독 등이 있다.

## 2.5. 제어 및 시스템이론 모델 (Control and system theoretic models)

Suchman은 사고 인과관계에 대한 사회적 일탈 가설을 제안하였다. 본 연구에서는 사고를 사회적 문제로 간주하고 사회적 제약의 거부를 사고의 원인으로 고려하였다. Kjellen과 Larsson은 산업재해 통제를 위한 편차 개념을 제안했다. 이 제안은 규범에서 벗어나면 생산 공정에서 사고가 발생한다고 명시하고 있다. Rasmussen은 역동적인 사회에서의 위험관리에 대해 논의하고 사고조사를 위해 AcciMap을 제안하였다. Rasmussens의 작업은 근본적으로 사고를 제어 문제로 간주하며 사회적 맥락에서 제어 공학을 비유로 활용하고 있다.

Perrow는 '정상적 사고'라는 용어를 제안했으며 이는 다양한 하이테크 산업에서 큰 인기를 얻었다. Perrow에 따르면 정상적인 사고는 시스템의 특성에 있는 것으로 본다. 시스템의 특성을 감안할 때 여러 번 예기치 않은 장애 상호작용이 불가피하다. 상호작용이 복잡성과 시스템 특성의 불가피한 결합은 필연적으로 사고를 발생시킨다. 따라서 '정상적 사고' 또는 '시스템 사고'

라고 한다.

이 아이디어의 전제는 (i) 사람들은 실수를 하고, (ii) 큰 사고는 작은 시작에서 시작되며, (iii) 많은 실패는 조직/기술로 인해 발생한다는 것이다. Hollnagel과 Goteman은 FRAM(Functional Resonance Accident Model)을 제안했다. 이 아이디어는 시스템 내의 기능적 공진(functional resonance)으로 인해 사고가 발생한다고 제안하고 있다.

Leveson은 본질적으로 사회 구조에 적용되는 통제 시스템의 모델인 시스템이론 사고 모델 및 프로세스(STAMP)를 도입하고 있다. 그녀는 제약이 없을 때 사고가 발생한다고 제안했다. 일반적으로 제어 및 시스템이론 모델은 해당 시스템 내에서 약점을 발견하려고 시도하고 사고를 방지하기 위해 다양한 제어 매개변수를 규정하고 있다.

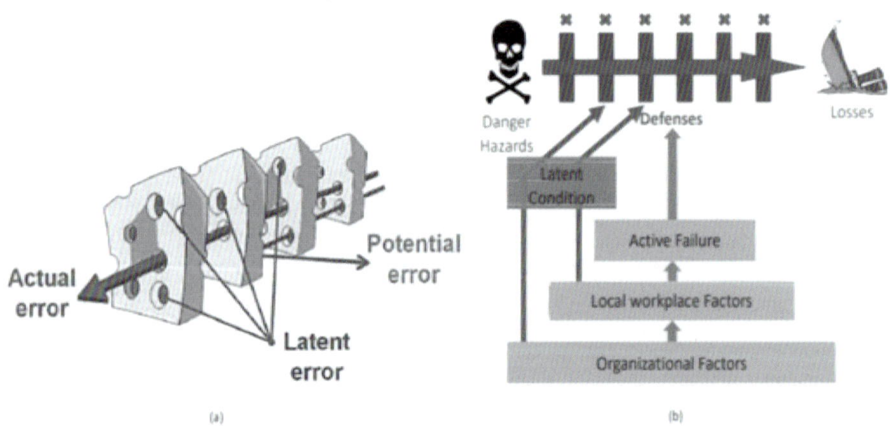


(a) 스위스 치즈 모델　　　　(b) 조직사고 모델

[그림 2-4] 스위치 치즈 모델과 조직사고 모델

## 2.6 피렌즈 시스템 모델(Firenze systems model)

피렌즈가 제안하였으며 모델은 그림 2-5에 나와 있다. 기계 기술자, 화학 기술자, 가축 작업자 등 어떤 작업자이든 인간-기계시스템이라 불리는 네트워크의 일부로 작업을 수행한다. 인간-기계시스템은 물리적 장비로 작업을 수행하는 작업자와 공정이 일어나는 환경으로 구성된다. 작업자는 목적 달성을 위해 어느 정도 리스크를 감수하며 의사결정을 한다. 의사결정에는 정보가 필요하며 정보가 좋을수록 좋은 의사결정이 이루어지고 그에 따라 리스크는 줄어들게 된다. 반면 정보가 나쁠수록 의사결정은 나빠지고 리스크 및 실수/실패 확률이 커져 사고를 유발할 가능성도 높아지게 된다. 장비는 고장/실패없이 효과적으로 작동하여야 하나 잘못 설계되거나 혹은 장비가 부실한 장비나 도구는 사고를 유발할 수 있다. 환경도 시스템에서 중요한 역할을 하며 환경에서의 실패는 인간과 기계 중 하나 혹은 양자에 영향을 미쳐 사고로 연결되기도 한다(예: 유독성 대기, 눈부심 등).

스트레서(stressor)는 의사결정 과정에 작용하여 의사결정을 바르게 하지 못하게 할 수 있다. 스트레서는 심리적, 생리적 혹은 환경적인 것일 수 있다. 마치제나 알코올은 생리적 스트레서이고, 걱정, 피로는 심리적 스트레서이며, 눈부심, 극한 온도, 조명 수준은 환경적 스트레서이다. 이러한 스트레서는 자체적으로 혹은 다른 요인과 결합하여 의사결정 실수를 범하게 하고, 이러한 실수가 사고를 유발한다.

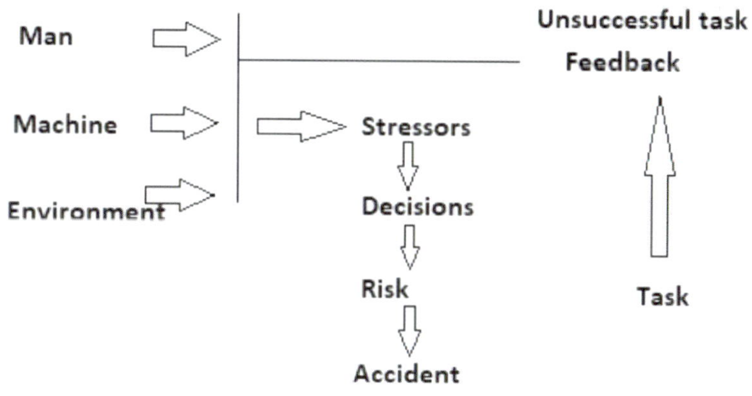


[그림 2-5] 피레즈 치즈 모델

# 3. 사고연쇄반응이론

## 3.1 하인리히이론

허버트 윌리엄 하인리히(Herbert William Heinrich, 1885년 10월 6일~1962년 6월 22일)는 1930년대부터 미국 산업 안전 선구자이다. 그는 1886년 10월 6일 버몬트 베닝턴에서 태어났다.

트래블러스 컴퍼니의 공학 및 점검 부서(Engineering and Inspection Division)의 부지배인(Assistant Superintendent)이었으며 당시 1931년 "Industrial Accident Prevention, A Scientific Approach"이라는 제목의 책을 출간하였다. 그의 1931년 책에서의 한 가지 경험적 발견은 하인리히의 법칙으로 알려지게 되었다.

### 3.1.1 개요

사고의 원인이 어떻게 연쇄 반응(accident sequance)을 일으키는지를 설명하기 위해서 흔히 도미노(domino: 노름용 골패)를 일렬로 세워 놓고 어느 한 끝을 쓰러트리면 연쇄적으로 그리고 순서적으로 쓰러지는 현상을 일컫는다.

우선 사고의 원인을 찾아보면 그 이면에는 눈에 보이는 부분과 보이지 않는 부분의 원인이 있다. 예를 들어, 사고를 일으킨 사람이 처해온 기본적인 환경과 내력, 그 사람 심신의 일시적 결함, 사고가 발생한 때의 장소나 시설 등의 불안전한 상태 또는 사람의 불안전한 행동, 사고 그 자체와 그 결과인 사상 또는 재산상 손해를 각각 도미노의 골패 하나하나로 상정해 보면, 사고란 골패가 넘어지기 전에 환경과 내력 그리고 인간의 결함과 불안전한 행동이나 불안전한 상태가 반드시 먼저 넘어진다는 사실을 볼 수 있다.

하인리히는 업무현장의 건강안전 분야의 선구자였다. 그는 보험사의 부지배인으로 일했으며 심각한 산업 사고의 수를 줄이기를 바랐다. 보험사의 파일, 개개의 산업 지역의 기록으로부터 나온 75,000건 이상의 사고 보고서를 연구하기 시작했다. 이 데이터에서 1건의 주된 재해 사고, 29개의 사소한 재해 사고, 재해가 도출되지 않은 300개의 사고의 관계를 제안하였다. 그는 사소한 사고의 수가 감소함으로써 산업 기업들은 그와 일치하여 수많은 주된 사고의 수가 감소됨을 경험할 것이라고 결론을 내렸다. 이 관계는 삼각형 또는 피라미드 형태의 그림으로 표시된다. 이후 80년 넘게 산업안전건강 프로그램에 널리 사용되었으며 건강안전 철학의 초석으로 기술되었다. 하인리히의 이론은 모든 사고의 88%가 안전하지 않은 행위를 수행하는 인간의 결정에 의해 기인되었다고 이야기하였다.



### 3.1.2 사고단계

#### 1) 제 1단계: 사회적 환경 및 유전적 요소

- 인간성격의 내적요소는 유전이나 환경의 영향을 받아 형성
- 유전이나 환경은 인적결함의 원인

#### 2) 제 2단계: 개인적인 결함

- 선천적, 후천적 인적결함
- 불안전한 상태와 불안전한 행동을 허용

#### 3) 제 3단계: 불안전한 행동 및 상태(인적 원인과 물적 원인)

- 불안전한 상태
  - 사고발생의 직접적인 원인으로 작업장의 시설 및 환경불량
  - 안전장치의 결여, 기계설비의 결함, 부적당한 방호상태, 보호구 결함 등
- 불안전한 행동
  - 직접적으로 사고를 일으키는 원인으로 인간의 불안전한 행위
  - 안전장치의 기능제거, 기계, 기구의 잘못 사용, 보호구 미착용 등

#### 4) 제 4단계: 사고

- 직접 또는 간접적으로 인명이나 재산의 손실을 가져올 수 있는 사건
- 재해로 연결될 우려가 있는 이상 상태로 인적 사고와 물적 사고로 분류

5) 제 5단계: 재해

- 사고로부터 생기는 상해
- 사고의 최종 결과로 인적, 물적 손실을 가져온 것

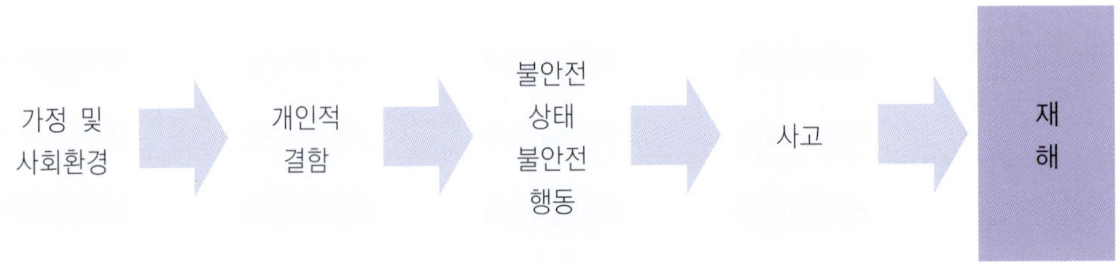


[그림 2-6] 하인리히의 연쇄반응

### 3.1.3 하인리히의 재해발생비율

일터에서 큰 재해를 일으키는 모든 사고의 경우 사소한 재해를 일으키는 29건의 사고와 재해가 없는 300건의 사고가 있음을 이야기하고 있다. 즉, 산업재해가 발생하여 중상자가 1명이 나오면 그 전에 같은 원인으로 발생하는 경상자가 29명 또 같은 원인으로 부상의 위험에 노출되었던 잠재적 부상자가 300명 있었다는 것이다. 이 법칙을 1: 29: 300의 법칙이라고도 부른다.

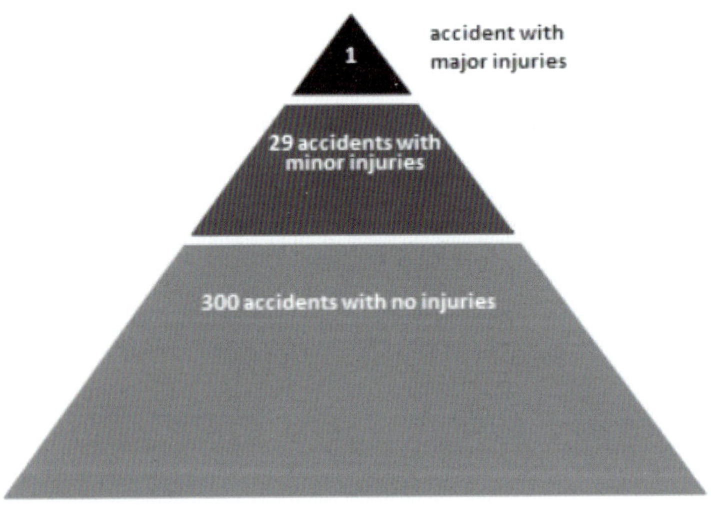


[그림 2-7] 하인리히 1:29:300의 법칙

### 3.1.4 재해예방 4원칙

- 손실우연의 법칙: 동종사고 되풀이/손실크기 우연히 결정
- 원인계기의 원칙: 사고는 반드시 원인이 있음
- 예방가능의 원칙: 원인제거 시 예방가능
- 대책선정의 원칙: 재해예방의 안전대책 존재

## 4.1 프랑크 버드 주니어이론

### 4.1.1 개요

하인리히 이후 최초로 사고원인에 대한 새로운 이론을 제창하였으며, 직접 원인만 제거하면 사고예방이 가능하다고 주장하였다.

하인리히의 연쇄반응이론과 같이 5가지 단계로 이루어지는 연쇄 반응으로 유사하지만, 사고의 첫 단계를 통제의 부족, 즉 관리자의 관리 부재로 보는 것이 가장 큰 차이점이다.

### 4.1.2 사고단계

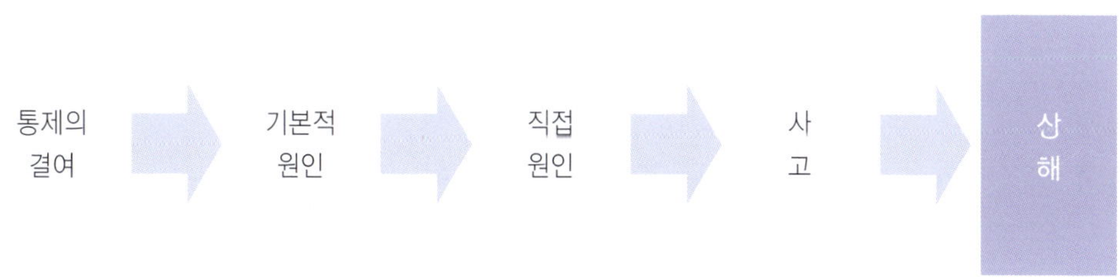


[그림 2-8] 버드의 연쇄반응

#### 1) 통제부족(관리소홀): 근원적 원인

- 버드가 말하는 통제는 전문적 관리기능인 계획, 조직, 지시, 통제 중 하나의 기능에 근거를 두고 있다.

- 재해방지를 안전관리자가 다음 사항 시행 안전사고를 방지한다.
  - 안전관리계획 및 스스로가 실시해야 할 직무계획의 책정
  - 각 직무활동에서 하여야 할 실시기준의 설정
  - 계획의 개선, 추가 등의 수정
  - 설정된 기준에 의한 실시 평가

#### 2) 기본원인(기원론, 원인학)

- 고도의 신뢰성을 지닌 손실통제 시스템은 언제나 마련되는 것이 아니므로 사고의 큰 변수 요인인 인간문제 등이 남아 있을 수 있다. 개인적 요인, 즉 개인의 지식, 기능의 불비, 부적절한 사용 등 전문적인 관리자가 아니면 근본적으로 시정할 수 없는 것도 있다.
- 기원론에서는 사고의 핵심적인 요인인 직접 및 간접원인을 규명함에 있어서 단순히 문제의 징후에만 집착하지 말고 근원이 되는 원인을 발견해야 한다는 것이 기본 원인이다.
  - 개인적 요인: 부적당한 동기부여, 지식 및 기능의 부족, 육체적·정신적 문제 등
  - 작업상의 요인: 기계설비의 결함, 부적절한 작업기준, 부적당한 기기의 사용방법, 작업체제 등

#### 3) 직접원인(징후): 불완전상태, 행동

- 하인리히가 직접원인으로 책임을 개인으로 본데 비해, 버드는 직접원인을 관리자 부재했던 징후로 본 점이 크게 다르다.
- 직접원인을 불완전 상태나 행동: 안전장치의 무효화, 무단운전, 부적절한 방호조치, 불안전한 자세 등

#### 4) 사고(접촉): 불완전상태, 행동 접촉

- 육체적 상해 또는 재산상의 손실을 초래하는 바람직하지 못한 사건
- 버드는 사고를 접촉이란 말로 표현했는데 인체 또는 물체가 안전한계를

넘는 에너지원, 예를 들자면 전기적·화학적 운동 또는 전리 방사선 등의 에너지와 접촉하거나 혹은 정성적인 신체의 기능을 저해하는 유해물질과 접촉하는 것으로 보았다.

- 버드는 어느 시점을 접촉의 시기로 보느냐 하는 문제와 방향전환, 보강, 경리, 장벽의 서리, 방호장치, 안전보강, 등의 여러 원칙을 통한 안전 수단을 강구해야 한다고 강조하였다.

5) 재해(상해/손실)

- 사고와 사고의 결과는 의미내용을 지닌 재해가 아니라 사고의 마지막 결과로서의 재해에 해당한다. 천재지변의 재화와는 구분하였다.
- 사고로 인한 상해를 의미하며 상해에는 외적인 육체적 손실뿐 아니라 직업병도 포함된다. 상해란 작업현장에서 위험에 노출되었을 때 일어나는 불리한 정신적, 육체적, 심리적인 영향과 외부상해와 질병 양자로 그 의미를 확대시켜 인명의 상해뿐 아니라 손실의 통제를 위하여 손실통제계획을 수립해야 할 명분이 더 뚜렷하다고 보았다.
- 버드는 직접원인을 통제 관리의 부족에서 기인한 4M이라고 보아 현재의 산업안전관리의 기본틀을 마련하였다.
  - Man: 잘못사용, 오조작, 착오, 실수, 불안심리
  - Management: 안전조직 미비, 교육, 훈련부족, 계획불량, 잘못된 지시
  - Machine:설계, 제작착오, 재료피로, 열화, 고장, 배치, 공사착오
  - Media: 작업정보부족, 부적절, 협조미흡, 작업환경 불량

### 4.1.3 버드의 사고발생 비율

버드의 재해발생비율은 중상 또는 폐질이 1회 경상(물적 또는 인적 손실이)이 10회, 무상해사고(물적 손실)가 30회, 무상해 및 무사고 고장(위험순간)이 600회의 비율로 사고가 발생한다는 것이다.

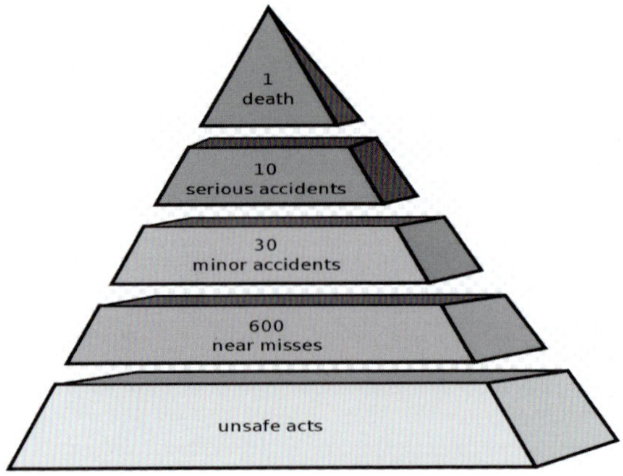


[그림 2-9] 버드의 재해발생비율

## 5.1 애드워드 애덤스이론

### 5.1.1 개요

세인트루이스 석유회사의 손실방지 담당 중역인 에드워드 애덤스(Edward Adams)도 버드의 도미노 연쇄이론과 닮은 이론을 제안하였다. 애드워드 애덤스는 관리이론의 그림 설명에서 네 번째와 다섯 번째의 도미노 골패인 사고와 상해 또는 손실을 버드와 같은 관점에서 보았지만, 직접원인을 불안전한 행동의 특성에 달려있는 것으로 보고, 전술적 에러(tactical error)와 작전적 에러로 구분하여 설명하였다.

### 5.1.2 사고단계

이 이론이 기여한 점은 전술적 에러의 근저에 숨어 있는 원인에 대하여 새로운 정의를 내린 데 있다. 그는 종업원의 행동이나 작업상태에서 나타나는 전술적 에러는 경영층이나 감독에 의해 저질러진 작전상 에러(operational error)에 기인되는 것으로 보았다.

감독이 감독하면서 저지른 관리적 에러 또는 감독 부재 혹은 기타 결정적 관리상 에러는 경영층에 의하여 저질러진 의사결정 외에 아무것도 아니라고 하였다.

이들 에러는 마침내 경영상의 본질에까지 영향을 미쳐 전략적이라고 하였다. 이 에러는 관리구조, 즉 어떻게 조직하고 어떻게 계획하여 추진하느냐 하는 조직의 근본 목표에서 우러나온다고 보았다.

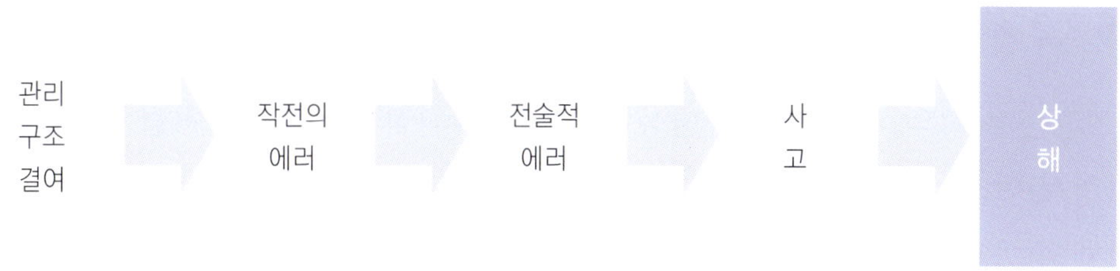


[그림 2-10] 애드워드의 연쇄반응

〈표 2-1〉 애드워드 애덤스이론

| 관리구조 | 작전적 에러 | | 전술적 에러 | 사고 | 상해, 손해 |
|---|---|---|---|---|---|
| 목표 | 관리자의 행동이 아래와 같은 경우 의사결정의 에러<br>• 정책<br>• 도달점<br>• 권위<br>• 책임<br>• 책무<br>• 주의의 범위<br>• 권한위임 | 감독자의 행동이 아래와 같은 경우 관리상의 과오<br>• 행위<br>• 책임<br>• 권위<br>• 규칙<br>• 지도<br>• 주도성<br>• 의욕<br>• 업무 | 불안전 행동<br>불안전 동작 | 상해의 발생<br>니어미스<br>비상해사고<br>물적 손해사고 | 대인<br>대물 |

## 6.1 웨버 연쇄반응이론

### 6.1.1 개요

제2의 새로운 도미노이론은 웨버(Weaver)에 의하여 제안되었으며, 그는 작전적 에러와 그 징후에 대한 개념으로 다음과 같이 설명하였다. 사고나 상해로 연결되는 작전적 에러에는 감독이 일상 관리업무에서 시정해야 할 예기치 않은 사소한 에러들이 많은 것이다.

그런 예상하지 못하고 바람직하지 못한 에러들이 곧 관리부재의 징후로서 사고를 일으키고 그 결과로 상해나 손실이 일어난다고 보았다. 그가 사소한 에러의 예로서 행선지가 뒤바뀐 화물이라든가 오염된 물질, 심지어는 푸대접한 고객까지도 작전적 에러의 징후로 본 것은 흥미롭다.

### 6.2.2 사고단계

그는 사고의 도미노 연쇄반응이론에다 작전적 에러의 발견(탐색)과 지적(명시)이라는 새 개념을 결합시켜 불안전한 행동이나 상태와 사고 및 상해(재해)까지도 작전적 에러의 징후라고 결론지었다. 불안전한 발판, 불안전한 공구, 결함이 있는 기계, 장비 및 그 배치 등은 관리의 부재를 반증하는 것이라고 하였다.

불안전 행동, 불안전 상태, 사고 및 재해 모두를 운용 실수의 징조로 보고, 이에 대한 감독 관리/경영상 원인과 개선대책을 찾기 위하여 운용 실수를 찾아내고 정의하라는 개념을 제시하였다. 이는 what, why, whether에 의한 세 가지 질문을 통하여 이루어진다.

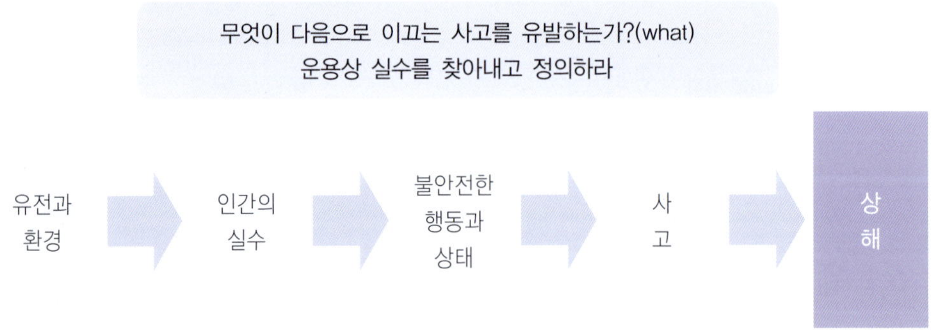


[그림 2-11] 웨버의 연쇄 반응

- 1단계 - 사회적 환경 및 유전적 요소(유전과 환경)
- 2단계 - 인간의 결함(개인적 결함)
- 3단계 - 불안정 행동 및 상태
- 4단계 - 사고
- 5단계 - 상해

## 7.1 미셀 차베타키아이론

### 7.1.1 개요

미국의 광산안전위생국의 학원장이었던 미셀 차베타키아(Michael Zabetakia)는 광산관리에 쓰려고 광산안전위생국에서 출판한 안전 매뉴얼 제4권 '사고방지'에서 사고와 인과에 관한 도미노이론을 전개하면서 최신 이론을 제창하였다.

## 7.2 주요내용

직접 원인은 에너지 또는 위험물질의 예기치 않은 이동이나 폭주에 의하여 일어난다고 설명하였다.

대다수의 사고는 실제로 과도한 양 또는 크기를 지닌 기계적, 전기적, 화학적, 열적 또는 전리방사선 에너지의 전위로 일어나며, 일산화탄소, 황화수소, 메탄, 메탄가스 등과 같은 위험물의 폭주 때문에 일어나는 것이다. 그리고 이런 에너지의 이동이나 전위 또는 위험물의 폭주는 불안전한 행동이나 상태 때문에 일어나는 것으로 보았다.

경영자가 안전에 관한 관리방침을 세워 최고경영층에서부터 말단 종업원에 이르는 모든 사람에게 안전의식을 침투시키는 일은 대단히 그 의의가 크다. 그리고 종업원을 선발하여 교육훈련을 시키고 적재적소에 배치하는 일과 장비, 기계, 자재의 구입, 검사, 점검, 정비보전, 긴급조치대책 및 쾌적한 작업환경을 조성하고 유지하는 문제는 안전관리업무에서 빼놓을 수 없는 중요한 문제이다.

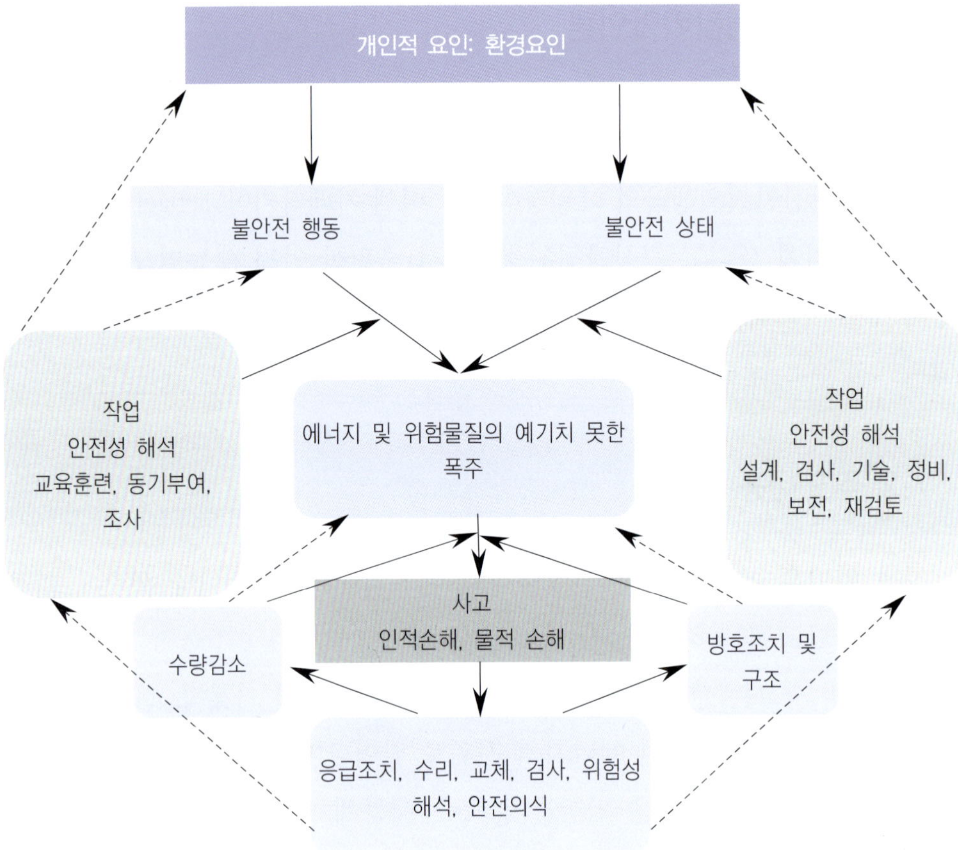


[그림 2-12] 차베타키아 사고이론

## 8.1 휴 연쇄반응이론

### 8.1.1 개요

종전의 이론들은 수동화 설비에서 다루어졌던 내용으로서 오늘날 자동화 설비, 즉 생산계의 발전은 수도, 자동, 수치제어 부착기계, 컴퓨터 통합생산 시스템의 발전으로 인하여 생산 및 작업환경의 변화, 즉 인간-기계체계(man-machine system)에서 단일, 복합, 통합 인간-컴퓨터체계(man-computer system)로 소품종 다량생산에서 다품종 소량생산으로 복잡한 생산환경의 급격한 변화를 가져온 현시점에서 종전 이론들이 현실성에 위배되는 요인들이 많이 존재하는바 이것을 5가지 요인으로 수정하여 제시하였다.

### 8.1.2 주요내용

특히 종전 이론의 대표적인 것들은 연쇄적 이론에 의해서 재해가 발생한다고 하였으나 현재 산업체의 추세가 소품종 다량생산에서 다품종 소량생산으로 옮겨가는 자동화 범용설비가 도입되어 가동되고 있어, 어느 한 요인이 불비하더라도 발생할 수 있고 다른 요인들과 복합되어서도 재해가 발생한다는 이론으로서, 새로운 요소의 위험이 생기게 되며 이에 대한 피해는 종래의 기계화 시대보다 증가한다고 할 수 있다. 재해요인의 내용을 살펴보면 다음과 같다.

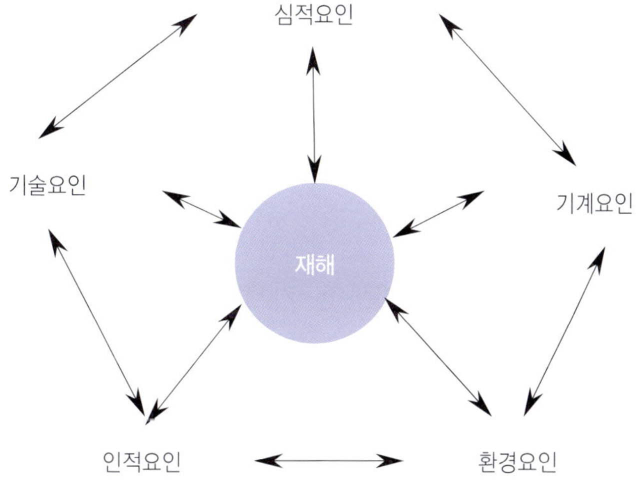


[그림 2-13] 휴의 이론

#### 1) 심리적 요인

인사관리 측면에서 직무분석의 방법기술, 직업적성 및 적성검사법에 따른 근로자의 선발배치, 교육훈련, 근로자의 육성미비, 자동화로 인한 작업내용의 다양화, 작업의 연계성, 공정의 재편성, 기능의 다양성, 작업수행의 자율성, 작업자 및 감독자의 재교육, 업무의 정확성, 업무의 중요성, 직무수행의 질적 확대 등 작업자의 심리적인 불안으로 재해가 발생될 수 있다.

### 2) 기계적 요인

자동화 기계의 감지반응 고장, 안전보호장치(lock system) 미흡, 유공압장치, 제동장치, 비상정지장치 고장, 전용동력원의 단락, 표시기 미흡, 프로세스 제어 이상, 순환제어(feed back control), 아날로그 제어, 디지털 제어 이상 등 시스템체계의 문제점으로 인해 재해가 발생될 수 있다.

### 3) 환경적 요인

조명 환기시설의 미흡, 정리, 정돈, 청결, 청소의 불량, 지나친 작업장의 온도, 습도, 장기간 컴퓨터 작업시 눈의 피로, 레이저 가공 등으로 인한 전자파 장해로 인한 두통, 체력저하, 지나친 소음, 분진 등 작업환경적 요소가 자동화 기기에 따른 작업점의 변화, 정신노동량, 에너지 소모량의 증가, 작업공간의 변화 등 직무환경적 요인에 의해 재해가 발생될 수 있다.

### 4) 기술적 요인

기계설계의 오류, 안전장치의 미부착, 기계배치의 위험성, 동작순서의 복잡성, 자동화 설비 시 인간의 능력을 고려하지 않은 장비, 종전 3000ft/min에서 5000ft/min로 기계속도가 증가함에 따른 작업자의 능력과 기계간의 부조화, 조작방법의 미숙, 자료처리의 오류, 불확실한 소프트웨어의 사용, 반응조건 변화에 따른 허용범위 내의 제어미숙, 인간특성을 고려하지 않는 기계설계의 미흡, 보수와 수리의 어려움과 안전성 미흡 등에 의해 재해가 발생될 수 있다.

### 5) 인위적 요인

무리한 행동, 위험한 행동의 불균형, 보호구 미착용, 지시명령 위반, 안전작업에 대한 소홀/무시, 무모한 행동, 부적절한 태도/과시, 계획, 착수준비, 실행, 사후평가 등의 미흡, 신체적 특성을 고려하지 못한 작업배치, 자동화 기기와 일반기계와의 속도차이, 작업영역, 작업대의 위치변경, 단순작업이 계속될 경우의 권태감・무력감 등 작업자의 생체기능의 변화, 정보처리능력의 변화 등으로 인한 스트레스의 증가로 인하여 재해가 발생될 수 있다.

# 연쇄반응이론 요약

| 이론명 | 이론 | 1단계 | 2단계 | 3단계 | 4단계 | 5단계 |
|---|---|---|---|---|---|---|
| 하인리히 | 도미노이론 | 유전적 결함<br>사회환경 | 개인의 결함<br>(간접원인) | 불안전한 행동<br>및 상태 | 사고 | 재해 |
| 버드 | 신도미노<br>이론 | 통제부족<br>안전관리<br>소홀 | 기본원인<br>(4M) | 불안전한 행동<br>및 상태 | 사고 | 재해 |
| 에드워드<br>아담스 | 사고연쇄<br>반응이론 | 관리구조 | 작전적 에러<br>(관리자의<br>의사결정 잘못) | 전술적 에러<br>(불안전한 행동,<br>불안전한 동작) | 사고 | 상해, 손해 |
| 웨버 | 하인리히 영향 | 유전과 환경 | 인간의<br>실수(결함) | 불안전한 행동<br>및 상태 | 사고 | 상해 |
| 미셸<br>차베타키아 | 사고인과<br>이론 | 개인적 요인<br>환경요인 | 불완전행동<br>불안전 상태 | 에너지 또는<br>위험물질의<br>예기치 않은<br>이동이나·폭주 | 사고 | |
| 휴 | 5가지 요인: 인적, 심적, 기계, 기술, 환경요인 | | | | | 재해 |

CHAPTER 3

# 산업재해와 구축방안



## 1. 사례: LG화학 인도 화학공장 사고

### 1.1 사고개요

**'죽음의 연기'가 마을 덮쳐도 비상벨은 울리지 않았다**

2020년 5월 7일 새벽 3시, 인도 동부 안드라프라데시주의 해안 도시 비샤카파트남에 있는 화학물질 탱크에서 하얀 연기가 새어 나오기 시작했다. 연기 누출은 수십분간 이어졌고, 더 짙게 더 멀리 퍼져갔다. 급기야 공장 근처 마을은 앞을 분간하기 힘들 정도로 연기가 깔렸다.

마을은 곧 지옥으로 변했다. 잠자던 주민 12명이 끝내 깨어나지 못했고, 수백명이 병원에 실려갔다. 병원에 실려간 주민 중에도 3명의 추가 사망자가 나와, 인도 정부가 스티렌 가스 노출과의 관련성을 조사하고 있다. 소와 돼지, 개 등 가축도 목숨을 잃었다. 삶의 터전이었던 공장이 하룻밤 새 사람들을 공격하는 화학무기로 변했다. 사고가 난 공장은 연간 매출 28조원의 세계적인 한국 회사 엘지(LG)화학이 인도에서 직접 운영하는 '엘지폴리머스 인디아'(이하 엘지폴리머스)였다.

### 1.2 사고조사

사고 이후 인도 당국은 화학 진문가, 경찰, 정부 관료 등 전문가 9명으로 조사위원회를 꾸렸다. 조사위는 두달 가까운 조사 끝에 부록 포함 4천여 쪽에 이르는 '사고 조사 보고서'를 펴냈다. 사고 당시 상황과 인명·물적 피해, 사고 원인, 제안 등이 두루 담겼다. 〈한겨레〉가 국내 언론 가운데 처음으로 보고서를 심층 보도하였다.

2020년 5월 7일 인도 안드라프라데시주 비샤카파트남에 있는 LG 폴리머스 공장에서 가스가 누출되는 사고가 발생하였다. 가스는 약 3킬로미터(1.9마일)의 반경에 걸쳐 확산되었으며, 5월 8일 오후 5시(UTC) 기준 사망자 수는 13명이며 1,000명 이상이 영향을 받았다.[1)]

**반경 최대 5㎞까지…막대한 인명 피해**

엘지폴리머스에서는 일회용 커피 뚜껑 등을 만드는 데 쓰이는 폴리스티렌(PS) 등을 하루 500여톤 생산한다. 코로나19 봉쇄령으로 지난 3월 문을 닫았다가, 봉쇄 해제를 앞둔 5월초 공장을 다시 여는 과정에서 사고가 발생했다.

주민들이 마신 하얀 연기는 폴리스티렌을 만드는 원료(스티렌)가 높은 열을 받아 연기로 변해 새어 나온 것이었다. 조사위는 사고 당일 스티렌 818톤이 기화해 누출된 것으로 보았다. 플라스틱 재료 800톤 이상이 연기로 변했고, 주민들이 이를 흡입했다.

사고 당시 상황은 어땠을까? 당시 상황을 모델링(ALOHA) 기법을 통해 조사한

1) "Gas leak at LG Polymers plant in India leaves at least 13 people dead". ≪www.cbsnews.com≫

결과, 사고 탱크에서 200m 떨어진 지점은 스티렌 농도가 최대 1만 3,700ppm, 최소 1,030ppm으로 조사됐다. 600m 떨어진 지점은 최대 1,590ppm, 최소 126ppm으로 추산됐다. 생명을 위협하는 급성 건강영향을 일으킬 수 있는 스티렌 농도 700ppm보다 최대 20배가량 높았다.

가스 농도가 짙어 사망에 이를 수 있는 '레드존'은 사고 지점에서 최대 715m(최소 192m)로 추정됐다. 회복하기 어려운 건강상 피해를 받는 '오렌지존'은 최대 2,100m(최소 588m), 불편함과 통증을 느끼는 옐로존은 최대 5,640m(최소 1,800m)로 추산됐다. 탱크에서 700여m 안에 있을 경우 숨질 가능성이 있고, 2km까지는 회복하기 힘든 건강상 피해를 입고, 5~6km 떨어진 곳은 불쾌한 냄새를 맡게 된다는 것이다.

실제 사고 당일 최소 12명에서 최대 15명이 숨졌다. 병원에 실려간 주민은 585명이나 됐고, 공장에서 반경 5km 안에 있는 1만 7천가구 주민 2만여 명이 긴급 대피했다. 대피한 주민들은 스티렌 농도가 낮아진 10일에야 집으로 돌아갈 수 있었다.

동식물과 토양 오염도 심각하다. 사고 당일 소・돼지 등 가축 34마리가 폐사했다. 반경 5km 이내 농작물은 오염이 의심돼 인도 당국은 먹거나 팔지 말라고 권고했다. 오염 지역 내 9곳의 시료 분석 결과, 탱크 맞은편 땅의 스티렌 농도는 5950mg/kg이었고, 인근 마을 심토에서는 1215mg/kg으로 조사됐다. 농작지에서의 안전기준은 0.01mg/kg, 공업지역은 50mg/kg이다.

## 1.3 사고원인

**"엘지, 비용 절감 힘쓰느라 유능한 인재 안 뽑아"**

조사위 지적 중 눈에 띄는 대목은 예상치 못한 위기에 대처할 수 있는 기술 인력이 거의 없었다는 점이다. 조사위는 엘지로부터 제출받은 명단을 분석해 공장에 근무하는 인도인 엔지니어 22명 중 10년 이상 경력자가 한명도 없었다고 밝혔다. 17명은 경력이 거의 없는 연습생 수준이었고, 나머지 5명 중 가장 경력이 긴 이는 9년 2개월차였다. 다른 4명은 3~7년의 경력이 있었다. 조사위는 "(이 정도 인력으로) 공장을 돌릴 수는 있지만 비상사태에 적절히 대응하긴 어렵다"며 "엘지폴리머스는 비용 절감에 힘쓰느라 자격과 기술을 갖춘 인재를 채용하지 않았다"고 지적했다.

보고서는 또 공장에 화학 석·박사 학위를 가진 직원이 거의 없고, 학사 학위 소지자들이 선임 엔지니어로서 주요 업무를 했다고 지적하면서, 이에 대해 "놀랐다"고 평가했다. 한 국내 화학회사 팀장은 "경력 10년 정도면 과장급인데, 그 이하 경력자들이 배치됐다면 베테랑들이 있다고 보기는 어렵다"고 평가했다. 그는 "엔지니어는 화학공장의 꽃이다. 이들의 능력에 따라 공장의 효율과 생산량이 결정되고, 사고 때 비상 대처 등이 가능하다"고 말했다.

엘지화학은 이런 지적에 대해 "지속해서 인원을 늘려왔고 10년 이상 엔지니어도 상당수 있다"며 "정확한 사실관계를 파악해 법적으로 소명할 것"이라고 말했다.

문제투성이 공장, 결국 사고로 이어져 엘지폴리머스 공장은 주요 인력 부족 이외에도 사고가 일어날 만한 문제점이 적지 않았다. 만든 지 50년 된 탱크는 제대로 관리되지 않았고, 내부 상태도 불량했다. 탱크 내부의 온도가 올라갈 때 이를 완화하는 억제제도 제대로 갖춰져 있지 않았다.

직원 안전 교육도 미흡했던 것으로 보인다. 사고 발생에 대비해 사이렌이

5개 있고, 이를 울릴 수 있는 수동 스위치가 36곳에 있었지만, 사고 당일 누구도 스위치를 누르지 않았다. 조사위는 비상 스위치를 사고 초반에 눌러 잠자는 주민들을 깨웠더라면 피해가 훨씬 줄었을 거라고 평가했다. 또 조사위는 화재나 폭발에 대비한 비상 계획은 있었지만, 가스 누출 시 비상 계획은 없었다고 지적했다.

결국 제대로 관리되지 않은 공장의 낡은 탱크에서 이상 반응이 일어나 탱크 내부 온도가 섭씨 153.7도까지 치솟았지만 억제되지 않았고, 유독성 가스가 누출되고 있음에도 비상벨은 울리지 않았다. 게다가 사고 보름 전인 4월 25일 탱크 안 농도 상승 현상이 나타났으나, 회사는 이를 무시했다.

The Report
Of
The High-Power Committee
On
The Styrene Vapour Release Accident at
M/s LG Polymers India Pvt. Ltd.
Under the Chairmanship of
Sri Neerabh Kumar Prasad, IAS
Special Chief Secretary to Government
EFS&T Department GoAP

### 엘지화학, 인도 사고 4시간 뒤 14년 만의 비전 선포

엘지폴리머스 인도 공장은 엘지화학이 1997년 인도 힌두스탄폴리머스를 인수해, 엘지화학 인도 법인의 100% 자회사로 설립했다. 한해 매출 2,200억 원 정도로, 엘지화학 전체 매출(28조원)의 1%가 채 되지 않는다. 엘지화학은 중국·인도 등 전 세계 곳곳에 법인 40여 곳이 있다.

공교롭게도 사고가 난 5월 7일은 엘지화학이 14년 만에 '더 나은 미래를 위해 과학을 인류의 삶에 연결합니다'라는 문구의 새 비전을 발표한 날이었다. 사고를 알고도 새 비전을 발표했다면 적절하지 않은 처사이고, 사고를 몰랐다면 그만큼 관리가 소홀했다는 뜻이다. 인도 사고 발생 시점인 새벽 3시께는 한국 시간으로 아침 6시 반에 해당한다.

### 전례를 찾기 힘든 최악의 스티렌 사고

보고서는 1994년부터 2005년까지 전 세계에서 발생한 스티렌 관련 사고 12건을 분석했다. 대만(4건), 미국(6건), 일본(1건), 중국(1건) 등이다. 대부분 탱크 폭발로 인한 사고였다. 조사위는 "엘지폴리머스의 스티렌 증기가 방출된 것은 독특하고 배타적인 사고"라고 밝혔다. 사상자 수도 상대적으로 많다. 기존 스티렌 사고 12건 가운데, 인명 피해가 가장 컸던 2004년 중국 장쑤성 사고 때도 사망자는 6명이었다.

## 2. 화학산업 개요

세계 화학산업 규모는 2014년 기준으로 3,232억 유로 수준으로 우리나라의 화학산업 규모는 세계 5위(121.3억 유로)의 위치에 있다(Chemicals sales by country top 10. Cefic 2016). 국내 화학산업은 1960년대 울산산업단지를 필두로 1970년대 여수, 1980년대 대산에 대규모 석유화학단지가 조성되고 인근 공단에는 기타 화학물질을 제조하는 중소규모의 공장들이 건설되었다.(박창복, 2014) 화학업종은 최초 수입된 원유(Crude oil)를 정제하여 휘발유, 석유, 경유, 중유 등 연료유를 생산하는 정유공장(oil refinery), 나프타를 열로 분해하여 에틸렌, 프로필렌, 부타디엔 등 단량체(monomer, 모노머)를 생산하는 석유화학(petro-chemical)공장과 PVC, PE, ABS 등 5대 합성수지(polymer)를 생산하는 화학공장(chemical), 화학물질을 원료나 부원료로 사용하여 일상생활에 필요한 의류, 완구, 건축용품 등을 생산하는 기타 공장까지 포함되어 있다.

표 3-1은 2014년부터 2018년도까지 최근 5년간 산업재해 발생 추이를 나타낸 것이다. 산업재해 현황 중 재해율은 2014년부터 2017년까지 지속적으로 감소하다가 2018년은 최근 4년 중 최고치인 2014년 0.53%보다 더 높게 증가한 것으로 나타났다. 이 가운데 사망자 수는 2014년부터 2016년까지 1,850명에서 1,777명까지 감소하다가 2017년에는 1,957명, 2018년은 2,142명으로 증가하여 5년 평균으로 보더라도 매일 6~7명 이상의 근로자가 업무중 질병이나 사고로 인해 사망하고 있으며 사망만인율(근로자 10,000명당 발생하는 사망자수의 비율)은 2016년 0.96에서 2017년 1.05, 2018년 1.12로 지속적으로 증가됨을 알 수 있다(통계청, 2014~2018).

〈표 3-1〉 최근 5년간 산업재해 현황

| 구분 | 근로자(명) | 재해자(명) | 재해율(%) | 사망자(명) | 사망만인율(%) |
|---|---|---|---|---|---|
| 2014년 | 17,062,308 | 90,909 | 0.53% | 1,850 | 1.08 |
| 2015년 | 17,968,931 | 90,120 | 0.50% | 1,810 | 1.01 |
| 2016년 | 18,431,716 | 90,656 | 0.49% | 1,777 | 0.96 |
| 2017년 | 18,560,142 | 89,848 | 0.48% | 1,957 | 1.05 |
| 2018년 | 19,073,438 | 102,305 | 0.54% | 2,142 | 1.12 |

표 3-2는 최근 5년간 산업별 재해율 현황을 나타낸 것이다. 대업종별 분류에 따른 재해율을 살펴보면 광업이 14.43%로 가장 높았으며, 임업(1.62%), 건설업(0.82%), 제조업(0.65%), 운수창고통신업(0.53%), 전기가스수도업(0.14%) 순으로 높았다.

표 3-3은 최근 5년간 산업별 사망만인율 현황을 나타낸 것이다. 대업종별

분류에 따른 사망만인율을 살펴보면 광업이 368.88로 가장 높았으며 임업(2.20), 건설업(1.71), 운수창고통신업(1.59), 제조업(1.06), 전기가스 수도업(0.76) 순으로 높았다.

〈표 3-2〉 최근 5년간 산업별 재해율 현황

| 구분 | 재해율 | | | | | |
|---|---|---|---|---|---|---|
| | 2014년 | 2015년 | 2016년 | 2017년 | 2018년 | 평균 |
| 광업 | 10.54% | 11.91% | 13.75% | 16.94% | 19.02% | 14.43% |
| 제조업 | 0.72% | 0.64% | 0.62% | 0.61% | 0.66% | 0.65% |
| 건설업 | 0.73% | 0.74% | 0.84% | 0.84% | 0.94% | 0.82% |
| 전기가스수도업 | 0.18% | 0.15% | 0.14% | 0.12% | 0.14% | 0.14% |
| 운수창고통산업 | 0.54% | 0.50% | 0.49% | 0.51% | 0.61% | 0.53% |
| 임업 | 2.19% | 1.85% | 1.54% | 1.36% | 1.16% | 1.62% |

〈표 3-3〉 최근 5년간 산업별 사망만인율 현황

| 구분 | 사망만인율(%) | | | | | |
|---|---|---|---|---|---|---|
| | 2014년 | 2015년 | 2016년 | 2017년 | 2018년 | 평균 |
| 광업 | 342.30 | 359.02 | 326.37 | 408.07 | 408.65 | 368.88 |
| 제조업 | 1.14 | 1.03 | 0.96 | 1.04 | 1.14 | 1.06 |
| 건설업 | 1.50 | 1.47 | 1.76 | 1.90 | 1.94 | 1.71 |
| 전기가스수도업 | 1.26 | 0.93 | 0.41 | 0.53 | 0.65 | 0.76 |
| 운수창고통산업 | 1.53 | 1.63 | 1.54 | 1.44 | 1.80 | 1.59 |
| 임업 | 4.39 | 1.85 | 1.39 | 1.93 | 1.45 | 2.20 |

표 3-4는 최근 5년간 재해다발 상위 세부 업종에 대한 재해율 현황을 나타내고 있다. 세부업종별 재해율은 기계기구·비금속 광물제품 제조업(1.03%), 선박건조 및 수리업(0.89%), 식료품제조업,(0.80%), 수송용 기계기구 제조업(0.65%), 화학제품제조업(0.61%) 순으로 화학제품제조업의 경우 최근 5년 평균 재해율(0.51%)과 최근 5년내 가장 높았던 2018년의 재해율(0.54%)에 비해 모두 높음을 알 수 있다.

〈표 3-4〉 재해다발 상위 세부업종 재해율 현황

| 종업종 | 2014년 | 2015년 | 2016년 | 2017년 | 2018년 | 평균재해자수 | 평균인원 | 재해율 |
|---|---|---|---|---|---|---|---|---|
| 기계기구비금속광물제품제조업 | 9,100 | 8,810 | 8,350 | 8,952 | 9,485 | 8,939 | 871,768 | 1.03% |
| 수송용가계기구제조업 | 2,921 | 2,692 | 2,345 | 2,703 | 3,033 | 2,739 | 418,869 | 0.65% |
| 식료품제조업 | 2,241 | 2,202 | 2,184 | 2,173 | 2,592 | 2,278 | 284,811 | 0.80% |
| 화학제품제조업 | 2,584 | 2,363 | 2,397 | 2,218 | 2,396 | 2,392 | 389,988 | 0.61% |
| 선박건조 및 수리업 | 1,713 | 1,940 | 1,911 | 1,953 | 1,848 | 1,873 | 209,449 | 0.89% |

우리나라 연도별 화학사고 현황을 보면 표 3-5와 같다.

2015년에서 2016년 급격히 화학사고가 상승하였으며, 이후 점차적으로 줄어들고 있는 추세에 있다.

〈표 3-5〉 년도별 화학사고 현황

| 구분 | 2014년 | 2015년 | 2016년 | 2017년 | 2018.10월 |
|---|---|---|---|---|---|
| 건수 | 232 | 170 | 250 | 228 | 212 |

이에 화학사고는 공장 내 생산 설비들의 자동화 및 대규모화, 이에 따른 다량의 화학물질을 취급, 저장, 제조하는 공정 특수성을 감안할 경우 1차 피해는 물론 2,3차 확산을 통해 인근 주민과 마을에 대한 대규모의 인명과 재산피해는 물론 다른 산업과의 연세싱이 높다는 점에서 심층적인 진단과 개별회사가 아닌 산업단지 차원의 근본원인 문제 해결을 위한 시스템 구축을 요구받고 있다.

일반 제조업에 비해 위험도가 높은 화학업종의 경우 1995년 국내에 도입된 PSM(Process Safety Management, 공정안전관리) 제도를 시행한 결과 대규모업종의 경우 잠재 위험요소에 따른 리스크 관리를 통해 긍정적인 효과를 나타내고 있으며, 안전경영 시스템으로 정착되고 있다. 반면에 사고가 많이 발생하고 안전보건에 대한 관심도가 상대적으로 낮고 인력이 자주 바뀌는 것은 물론 인력 공급에 어려움을 겪고 있는 소규모 업종의 경우 정부, 관련 기관은 물론 공급망 차원에서 관심을 가지고 보아야 할 부분이다.

산업재해로 인한 사회가 부담해야 하는 경제적 손실액은 2015년 20.4조원에서 2018년에는 약 25.2조원으로 증가하였다. 재해건수의 증가 및 직업성 질병 유소견자의 증가로 인한 산업재해보상보험 비용 증가는 기업은 물론 범국가 차원에서 지혜를 모아야 할 당면과제 중의 하나이다. 이에 정부는 교통사고, 자살사고, 산업재해로 인한 사망자 수를 2022년까지 절반으로 감축하는 목표를 설정하고 책임주체별 역할/책임 명확화, 건설업 등 고위험 분야 집중관리, 현장관리/감독 시스템의 체계화, 안전 인프라 확충 및 안전 중시 문화확산 등 세부 추진방향을 수립하여 실행하고 있다(안전보건공단, http://kosha.or.kr/kosha/index.do).

## 3. 재해

### 3.1 국적별 재해 발생

국적여부에 따른 재해발생시간 분포의 특성은 표 3-6과 같다. 국적별 재해발생시간 분포표에서 보면 10시~12시에 18.6%로 재해가 가장 많이 발생하는 것으로 나타났고, 08시~10시(16.9%), 14시~16시(16.4%), 18시~24시(13.7%), 16시~18시(13.1%) 순으로 나타났다.

〈표 3-6〉 국적별 재해발생시간 분포

| 구분 | 외국인 | 한국인 | 전체 |
|---|---|---|---|
| 00시 ~ 08시 | 203 | 788 | 991 |
| | 13.1% | 11.4% | 11.7% |
| 08시 ~ 10시 | 243 | 1181 | 1424 |
| | 15.6% | 17.2% | 16.9% |
| 10시 ~ 12시 | 259 | 1311 | 1570 |
| | 16.7% | 19.0% | 18.6% |

| 12시 ~ 14시 | 126 | 678 | 904 |
|---|---|---|---|
| | 8.1% | 9.9% | 9.5% |
| 14시 ~ 16시 | 242 | 1140 | 1382 |
| | 15.6% | 16.6% | 16.4% |
| 16시 ~ 18시 | 218 | 890 | 1108 |
| | 14.0% | 12.9% | 13.1% |
| 18시 ~ 24시 | 264 | 895 | 1159 |
| | 17.0% | 10.6% | 13.7% |
| 전체 | 1555 | 6883 | 8438 |
| | 100% | 100% | 100% |

## 3.2 국적 여부에 따른 재해발생형태

국적별 재해발생 형태 분포의 특성은 표 3-7과 같다. 표 3-7에서 보면 끼임이 36.9%로 가장 높게 나타났고, 맞음/부딪힘/깔림(14.9%), 작업 관련 질병(직업병, 진폐 등)(11.4%), 절단/베임/찔림(10.2%) 순으로 나타났다.

〈표 3-7〉 국적별 재해발생형태 분포

| 구분 | 외국인 | 한국인 | 전체 |
|---|---|---|---|
| 끼임 | 851 | 2265 | 3116 |
| | 54.7% | 32.9% | 36.9% |
| 맞음/부딪힘/깔림 | 227 | 1034 | 1261 |
| | 14.6% | 15.0% | 14.9% |
| 직업 관련 질병 (직업병, 진폐) | 12 | 947 | 963 |
| | 1.0% | 13.8% | 11.4% |
| 절단/베임/찔림 | 202 | 660 | 862 |
| | 13.0% | 9.6% | 10.2% |
| 넘어짐 | 89 | 708 | 797 |
| | 5.7% | 10.3% | 9.4% |
| 떨어짐 | 83 | 617 | 700 |
| | 5.3% | 9.0% | 8.3% |
| 화재/폭발/누출 및 접촉 | 68 | 437 | 505 |
| | 4.4% | 6.3% | 6.0% |

| 기타 | 19 | 215 | 234 |
|---|---|---|---|
| | 1.2% | 3.1% | 2.8% |
| 전체 | 1555 | 6883 | 8438 |
| | 100% | 100% | 100% |

## 3.3 국적 여부에 따른 상해종류

국적별 상해종류 분포의 특성은 표 3-8과 같다. 표에서 보면 골절/압궤가 44.4%로 가장 높게 나타났고, 열상/창상/자상(23.8%), 파열(13.1%), 염좌(6.8%), 화상(6.4%) 순으로 나타났다.

외국인은 골절/압궤(47.8%), 열상/창상/자상(34.7%)이 상대적으로 높게 나타났고, 한국인은 파열(14.0%), 염좌(8.0%), 화상(6.6%)이 상대적으로 높게 나타났다. 이에 외국인의 경우 고위험 설비에 대한 구동 원리는 물론 비상시 대처능력 확보를 위한 지속적인 보수교육이 필요로 하다.

〈표 3-8〉 국적별 상해종류 분포

| 구분 | 외국인 | 한국인 | 전체 |
|---|---|---|---|
| 뇌심혈관 | 18 | 156 | 174 |
| | 1.2% | 2.3% | 2.1% |
| 골절/압궤 | 743 | 3000 | 3743 |
| | 47.8% | 43.6% | 44.4% |
| 파열 | 139 | 965 | 1104 |
| | 8.9% | 14.0% | 13.1% |
| 염좌 | 23 | 554 | 577 |
| | 1.5% | 8.0% | 6,.8% |
| 추간판탈출/협착 | 7 | 216 | 223 |
| | 0.5% | 3.1% | 2.6% |
| 열상/창상/자상 | 539 | 1466 | 2005 |
| | 34.7% | 21.3% | 23.8% |
| 화상 | 83 | 455 | 538 |
| | 5.3% | 6.6% | 6.4% |

| 기타 | 3 | 71 | 74 |
|---|---|---|---|
| | 0.2% | 1.0% | 0.9% |
| 전체 | 1555 | 6883 | 8438 |
| | 100% | 100% | 100% |

## 3.4 근속기간에 따른 재해발생요일

근속기간별 재해발생요일 분포의 특성은 표 3-9와 같다. 표에서 보면 월요일이 18.0%로 가장 높게 나타났고, 목요일(17.8%), 화요일(17.6%), 금요일(17.3%), 수요일(17.2%) 순으로 나타났다.

〈표 3-9〉 근속기간별 재해발생요일 분포

| 구분 | 1년 미만 | 1년 이상 | 전체 |
|---|---|---|---|
| 월요일 | 637 | 877 | 1516 |
| | 17.8% | 18.1% | 18.0% |
| 화요일 | 641 | 847 | 1488 |
| | 17.8% | 17.5% | 17.6% |
| 수요일 | 636 | 817 | 1453 |
| | 17.7% | 16.9% | 17.2% |
| 목요일 | 621 | 877 | 1498 |
| | 17.3% | 18.1% | 17.8% |
| 금요일 | 639 | 823 | 1462 |
| | 17.8% | 17.0% | 17.3% |
| 토요일 | 328 | 407 | 735 |
| | 9.1% | 8.4% | 8.7% |
| 일요일 | 90 | 196 | 286 |
| | 2.5% | 4.0% | 3.4% |
| 전체 | 3594 | 4844 | 8438 |
| | 100% | 100% | 100% |

# 4. 위험성 평가

## 4.1 위험성 평가 기준

위험성 평가는 발생 빈도(Frequency)와 강도(Severity)의 조합으로 나타낼 수 있으며, 발생 빈도는 사고발생 확률수준(accident probability levels)을 말한다. 발생 강도는 사고 심각도 수준(accident severity levels)으로 표현된다(김정남, 2017). 본 연구에서는 재해자 특성, 작업 내용, 기인물(유해 위험요인), 사고 발생형태에서 기타 항목과 발생 빈도 1.0% 미만의 사고 유형은 제외하였다.

다만, 사망자가 발생한 사고 유형의 경우 산업재해 발생빈도는 비록 낮으나 발생시 중대재해로 확산될 가능성이 높기에 본 위험성 평가의 분석에 포함하기로 하였다. 사고발생 확률은 프로세스별 기인물에 의한 재해자 특성 중 전체 재해자의 빈도를 고려하여 등급을 분류하였고, 사고 심각도는 평균 근로손실일수, 장해자 비율, 사망 여부를 고려하여 등급을 분류하였다. 사고 발생 확률수준(F)은 표 3-10(사고 빈도 및 심각도 위험수준의 정의 및 분류)에 나타난 바와 같이 재해자의 산업재해 발생 빈도 수준을 고려하여 수준 1(1.3% 미만), 수준 2(1.3% 이상 ~ 3.6% 미만), 수준 3(3.6% 이상)으로 분류하였으며, 사고 심각도 수준(S)은 평균 근로손실일수와 장해자 비율을 고려하여 수준 1(평균 근로손실일수 324.7일 미만, 장해자 비율 1.5% 미만), 수준 2(평균 근로손실일수 324.7일 이상~541.5일 미만, 장해자 비율 1.5% 이상~5.5% 미만), 수준 3(평균 근로손실일수 541.5일 이상, 장해자 비율 5.5% 이상, 사망자 발생)으로 분류하였다. 각각의 등급 분류는 재해발생의 60%를 차지하는 수치를 기준으로 적용하였다.[2)]

즉, 평균 근로손실일수의 등급 분류는 가장 높은 값(902.5일)의 60%인 541.5일과 그 다음 그룹에서 높은 값인(541.2일)의 60%인 324.7일을 적용하

2) 고동환, 정병용, & 이동경(2018). 초, 중, 고등학교 근로자의 산업재해 특성. 대한인간공학회지, 37(3), 219-227.

였다. 또한 장해자 비율은 발생건수의 60%를 차지하는 5.5%와 나머지의 60%를 차지하는 1.5%를 적용하였다. 위험수준(C)은 사고 발생확률(F)과 사고 심각도 수준(S)의 합으로 수준 1(F+S=3 이하), 수준 2(F+S=4), 수준 3(F+S=5 이상)으로 분류하였다.

〈표 3-10〉 사고 빈도 및 심각도 위험 수준의 정의 및 분류

| 사고발생 확률(F) | | | 사고 심각도(S) | | | 위험수준(C) | | |
|---|---|---|---|---|---|---|---|---|
| 재해발생 비율 | 수준 | | 평균근로 손실일수 | 수준 | | C=F+S | 수준 | |
| 1.3% 미만 | 저 (L) | 1 | 324.7일 미만 장해자 비율 1.5% 미만 | 저 (L) | 1 | 3 이하 | 저 (L) | 1 |
| 1.3% 이상~ 3.6% 미만 | 중 (M) | 2 | 324.7일~541.5일 미만 장해자 비율 1.5% 이상 ~5.5% 미만 | 중 (M) | 2 | 4 | 중 (M) | 2 |
| 3.6% 이상 | 고 (H) | 3 | 541.5일 이상 장애자 비율 5.5% 이상 사망자 발생 | 고 (H) | 3 | 5 이상 | 고 (H) | 3 |

고위험 사고는 가동중이거나 유지보수 시 화합물, 요업 토석가공기계에 의한 끼임과 맞음/부딪힘/깔림 사고, 미끄럽거나 정리정돈되지 않은 바닥/계단/통로에서 떨어짐 사고와 넘어짐 사고, 운행중인 지게차 포함 차량이나 전방 미주시 및 작업표준 미준수로 컨베이어에 의한 맞음/부딪힘/깔림 사고와 떨어짐 사고, 가동중인 설비나 기계상치류에 내한 점검 및 유지보수시 설비나 부품에 의한 끼임 사고, 기계설비의 비정상 작동으로 인한 화재/폭발/누출 사고, 반복적인 동작 및 부적절한 작업 자세 등으로 나타날 수 있는 요통 등을 포함하는 근골격계 질환 등으로 나타났다.

중 위험 사고는 화합물, 요업 토석가공기계 트러블 조치시 작업표준 미준수로 인한 절단/베임/찔림 사고, 금형(지그) 설치나 공작 및 절단기계의 회전체에 의한 끼임 사고 및 절단/베임/찔림 사고, 운행 및 이송인 지게차 포함 차량이나 컨베이어에 의한 끼임 사고, 적재 중인 운반/포장용 용기 및 꾸러미에 의한 끼임 사고, 전방 미주시 등으로 인한 설비 및 부품에 의한 맞음/부딪힘/깔림 및 떨어짐 사고, 개인 건강 및 작업환경에 따른 뇌심혈관과 난청 등 작업 관련 질병 등으로 나타났다.

저 위험 사고는 화합물, 요업 토석가공기계의 이상반응에 의한 화재/폭발/누출 사고, 운반/포장용 용기 및 꾸러미 운반 및 적재시 전방 미주시에 의한 넘어짐 사고와 떨어짐 사고, 정리정돈되지 않는 원부재료나 꾸러미, 부품으로 인한 맞음/부딪힘/깔림 사고, 휴대공구를 포함한 수공구의 회전부에 의한 끼임 사고, 설비 및 부품에 의한 절단/베임/찔림 사고, 화학물질 재료 및 부품에 의한 끼임 사고와 맞음/부딪힘/깔림 사고 등으로 나타났다.

〈표 3-11〉 합성수지 제조업 사고 빈도/심각도 위험수준의 정의 및 분류

| 위험요인 | 사고유형 | 가능성 | | 심각도 | | | | 위험등급 | |
|---|---|---|---|---|---|---|---|---|---|
| | | 빈도(%) | F | 사망자 | 장해자 | 손실일수 (장해자, 부상자) | S | C=F+S | 수준 |
| | | | | 빈도(%) | 빈도(%) | 평균 | | | |
| 가동,보수작업시 설비/지게차 | 끼임 | 240<br>23.9% | H | 4(25.0%) | 68(30.9%) | 378.03 | H | 6 | H |
| 보행중 전방 미주시/부주의 | 맞음/부딪힘/깔림 | 16<br>1.6% | M | 1(6.3%) | 5(2.3%) | 679.18 | H | 5 | H |
| 매뉴얼 미준수 | 절단/베임/찔림 | 13<br>1.3% | M | – | 4(1.8%) | 265.46 | M | 4 | M |
| 가공, 반응설비의 이상조건 | 화재/폭발/누출 | 20<br>2.0% | M | – | 2(0.9%) | 166.35 | L | 3 | L |
| 미끄럽거나 정리정돈되지 않은 바닥/계단 | 넘어짐 | 84<br>8.4% | H | – | 13(5.9%) | 158.46 | H | 6 | H |
| 높이차 있는 계단, 통로 | 떨어짐 | 35<br>3.5% | M | 1(6.3%) | 8(3.6%) | 458.86 | H | 5 | H |
| 금형(지그) 설치 | 끼임 | 14<br>1.4% | M | – | 5(2.3%) | 245.00 | M | 4 | M |
| 회전체 부주의, 설비 오작동 | 절단/베임/찔림 | 34<br>3.4% | M | – | 10(4.5%) | 193.38 | M | 4 | M |
| 운행 중인 지게차, 컨베이어벨트 | 끼임 | 26<br>2.6% | M | – | 4(1.8%) | 181.31 | M | 4 | M |
| 적재한 물품, 패키지 | 맞음/부딪힘/깔림 | 38<br>3.8% | H | 2(12.5%) | 7(3.2%) | 574.00 | H | 6 | H |

표 3-12는 사고 빈도 및 심각도 위험수준의 정의 및 분류 표를 기준으로 합성수지 제조업에 대한 위험관리를 Matrix화하여 재정리한 것이다. 셀은 위험성이 있는 기인물(유해위험 요인)과 산업재해의 특성을 설명해준다.

〈표 3-12〉 합성수지 제조업의 Risk Matrix

| 빈도(F) \ 삼각도(S) | | 고(3) | 중(2) | 저(1) |
|---|---|---|---|---|
| | | 근로손실일수 541.5일 이상 장해자 비율 5.5% 이상 사망자 발생 | 근로손실일수 324.7일 ~ 541.5일 미만 장해자 비율 1.5% 이상 ~ 5.5% 미만 | 근로손실일수 324.7일 미만 장해자 비율 1.5% 미만 |
| 고(3) | 3.6% 이상 | • 화합물, 요업 토석가공기계: 끼임<br>• 지게차 포함차량, 컨베이어: 맞음/ 부딪힘/ 깔림<br>• 바닥/계단/통로: 넘어짐<br>• 설비 및 부품: 끼임<br>• 반복 및 부적절한 작업자세: 근골격계질환 | • 지게차 포함 차량, 컨베이어: 떨어짐 | • 설비 및 부품: 맞음/부딪힘/깔림 |
| 중(2) | 1.3% 이상 ~ 3.6% 미만 | • 화합물, 요염토서 가공기계, 운반 및 포장용 용기: 맞음/부딪힘/깔림<br>• 바닥/계단/통로: 떨어짐<br>• 설비 및 부품: 화제/ 폭발/누출 | • 화합물, 요염 토서 가공기계: 절단/ 베임/ 깔림<br>• 공작 및 절단기계: 끼임, 절단/베임/찔림<br>• 지게차 포함 차량, 컨베이어: 끼임 | • 화합물, 요염토석가공기계: 화재/폭발/누출<br>• 운반 및 포장용 용기: 떨어짐<br>• 화학 물질, 재료 및 부품: 맞음/ 부딪힘/ 깔림 |
| 저(1) | 1.3% 미만 | • 운반 및 포장용 용기: 끼임<br>• 설비 및 부품: 떨어짐<br>• 기타(뇌신혈관 등 질병) | 설비 및 부품 : 절단/베임/찔림 | 운반 및 포장용 용기: 넘어짐<br>수공구(휴대공구): 끼임, 맞음/부딪힘/깔림<br>기타: 맞음/부딪힘/깔림 |

## 5. 화학제품 제조업의 안전문화 구축 전략

### 5.1 안전문화 구축 요소 및 지침

화학제품 제조업에서 발생되는 산업재해 예방을 위해 경영신을 포함한 모든 구성원들이 참여하는 안전문화 구축을 위한 전략을 제안하고자 다음과 같이 기존의 선행 연구를 리뷰하였다.

첫째, 1991년 INSAG-4에서는 표 3-13과 같이 '안전문화'를 위한 3가지 구성요소와 12가지 임무에 대해 정의하고 있다. 3가지 구성요소로는 정책 차원임무, 관리자 임무, 종사자 임무이다.

〈표 3-13〉 INSAG-4

| INSAG-4 | |
|---|---|
| 정책적 차원 임무 | 1) 안전정책 수립 |
| | 2) 정책관리 조직 구성 |
| | 3) 인력 및 예산 확보 |
| | 4) 자체 규제 활동 |
| 관리자 임무 | 1) 안전책임 할당 |
| | 2) 안전관행 정착 |
| | 3) 보상 및 격려 |
| | 4) 훈련 및 자격 관리 |
| 종사자 임무 | 1) 항상 문제의식을 가지는 직무자세 |
| | 2) 철저하고 신중한 직무접근방법 |
| | 3) 안전관련 정보교환 |

둘째, 경제협력개발기구(OECD)에서는 안전수행 지표에 관한 OECD 지침서 내 화학사고 예방, 대비 및 대응을 위한 OECD 지침서의 자매편(OECD Guidance on Safety Performance Indicators, 국립환경연구원)을 보면 산업계에 대해 표 3-14와 같이 지침 및 세부 항목에 대해 제안하고 있다.

안전문화 특성에는 개인의 책임감, 효과적인 안전의사 소통, 안전가치 및 행동 리더십, 지속적인 학습, 문제 확인 및 해결, 작업프로세스 등 6가지로 구성되어 있으며 각 특성에 맞는 안전문화 지표도 표 3-15에 정의되어 있다.

〈표 3-14〉 안전 수행 지표 프로그램에 대한 산업계용 지침〉

| | |
|---|---|
| 안전정책과 일반 안전관리 | 종합 정책 |
| | 안전 목표 및 목적 |
| | 안전 리더십 |
| | 안전관리 시스템 |
| | 인력(인력자원관리, 훈련 및 교육, 내부의사소통/ 정보, 작업환경) |
| | 안전 수행 검토 및 평가 |
| 행정 절차 | 잠재 위험 식별과 위험성 평가 |
| | 지침화 |
| | 절차(작업 허가 시스템 포함) |
| | 변경 관리 |
| | 계약자 안전 |
| | 제품 책임주의 |
| 기술 문제 | 연구개발 |
| | 설계 및 엔지니어링 |
| | 본질적으로 안전한 공정 |
| | 산업 표준 |
| | 유해 물질의 저장(특별 고려사항) |
| | 무결성 유지/유지보수 |
| 외부 협력 | 정부기관과의 협력 |
| | 주민 및 기타 이해관계자(학계 포함)와의 협력 |
| | 다른 기업체와의 협력 |
| 비상대비 및 대응 | 내부(공장내부) 대비 계획 |
| | 외부(공장외부) 대비 계획의 조성 |
| | 조정(산업 조직들 내) |
| 사고/아차 사고의 보고 및 조사 | 사고, 아차 사고 및 기타 '학습경험'의 보고 |
| | 조사 |
| | 사후 처리(습득된 교훈 적용과 정보공유 포함) |

〈표 3-15〉 안전문화 평가 지표 예시(원자력)〉

| 안전문화 특성 | 안전문화 지표 |
|---|---|
| 1. 개인의 책임감 | 기준 준수 |
| 2. 효과적인 안전의사 소통 | 안전정보 교환 |
| 3. 안전가치 및 행동 리더십 | 자원, 작업 순시, 인센티브 및 보상, 안전강조 |
| 4. 지속적인 학습 | 운전 경험, 자체 평가, 교육 훈련 |
| 5. 문제확인 및 해결 | 문제 확인, 동향 파악 |
| 6. 작업 프로세스 | 작업관리, 문서화 |

## 5.2 안전문화 구축 전략

화학제품 제조업의 안전문화 전략에 필요한 3가지 요소 중 첫 번째인 경영층의 리더십이다. 경영층의 역할은 회사의 미션, 비전, 철학과 연계하여 안전보건에 대한 비전을 수립하고 구성원들과 소통하는 최일선에 있으며 그에 따른 관련 정책을 수립하고 조직 내 자원을 배분하는 아주 중요한 역할을 하고 있다. 세부 활동으로는 가시적인 안전리더십, 내외부 협력, 현상 파악으로 구성되어 있으며 표 3-16과 같다.

〈표 3-16〉 화학제품 제조업 안전문화 전략 및 구성요소〉

| | | |
|---|---|---|
| 경영층의 리더십 | 가시적인 안전리더십 | Visible Safety Leadership |
| | 내외부 협력 | Stakeholder Engagement |
| | 현상 파악 | Awareness |
| EHS스텝의 전문성 | 교육훈련(비상대응 포함) | Training & Drill |
| | 보상 및 격려 | Encourage |
| | 위험성 평가 | Risk Assessment |
| | 시스템 감사 | EHS System Audit |
| 근로자 참여 | 잠재위험 식별 | Hazard Communication |
| | 사고 보고 및 조사 | Accident Report & Investigation |
| | 지침화 | Procedure & Process |

### 5.1.1 경영자

화학제품 제조업의 안전문화 전략에 필요한 3가지 구성요소는 다음과 같다. 우선 정책적 차원 임무는 조직 내 안전관련 정책을 수립하고 리딩하는 주체인 경영층의 리더십(Management Leadership)으로, 관리자 임무는 해당 조직의 고유한 안전문화로 정착될 수 있도록 교육훈련 및 기술적 지원에 필요한 안전보건 스텝의 전문성(EHS Staff Expertise), 종사자 임무는 조직에서 추진하는 안전 활동의 실행 주체인 근로자 참여(Employee Involvement)로 재정의하고 세부 구성요소를 도출하였다. 여기에서 EHS란 환경(Environment), 보건(Health), 안전(Safety)조직을 통칭한 용어이다.

첫째, 가시적인 안전리더십(Visible Safety Leadership)활동이란 안전보건 경영을 위해 경영진이 내부 구성원은 물론 대외적으로 직접 실천하는 안전보건활동을 말한다. 예를 들어, 안전보건 경영을 위한 조직의 방침과 그에 따른 중장기 전략 및 목표를 수립하여 내부로는 안전보건위원회를 포함한 구성원들과 공유하고 대외적으로 회사를 소개하는 홈페이지 혹은 지속가능 경영보고서에 실천 사항 등을 정기적으로 공지하는 활동을 말한다. 또한 안전보건 관련 리소스, 즉 조직과 인원, 안전보건 관련 투자에 대해 지속적인 관심과 함께 지원을 아끼지 않는 것을 말한다.

둘째, 내외부 협력(Engagement)의 경우 다양한 이해관계자(Stakeholder)와의 협력을 통해 설정된 목표를 수립하는 것을 말한다. 여기에서 이해관계자란 회사 내부적으로는 사업주, 근로자, 노동조합 등을 말하여 외부적으로는 지자체(장), 사업장 인근의 지역주민, NGO(Non-Governmental Organization, 비정부기구나 단체)를 포함한 각종 시민단체, 온오프라인을 포함한 각종 언론기관, 해당 업무 관련하여 각종 규제와 감독 업무를 실행하는 관련 정부기관 등을 포함하는 것을 말한다.

셋째, 현상 파악(Awareness)은 안전문화에 대한 조직과 구성원 각자의 안전에 대한 인식 및 실행 수준을 파악하기 위해 실시하는 모니터링 가능한 객관적인 수준 평가를 말한다. 예를 들어, 회사의 경우 매년 실시되는 회사의 비전 달성을 위한 핵심가치(Core value)실행에 대한 조직/구성원의 인식도 조사나 서베이와 같이 안전 관련 객관적인 조사도 있으며 경영자 스스로가 안전 관련한 현장순찰, 안전위원회와 같은 안전회의 시 직접 체감할 수 있을 것이다. 조사 방법에 따라 정량적으로 평가 가능한 부분도 있겠지만 정성적인 내용도 정량화하려는 노력이 필요하며, 가능한 한 정량화하여 동일 업종 내 조직의 현위치를 객관적이며 정기적으로 확인, 개선하려는 노력 또한 필요로 할 것이다.

### 5.1.2 EHS 스텝의 전무성(EHS Staf Expertise)

화학제품 제조업 안전문화 전략에 필요한 3가지 요소 중 두 번째는 EHS

스템의 전문성으로 세부항목은 교육훈련, 보상 및 격려, 위험성 평가, 시스템 감사를 포함하고 있으며 상세 내용은 표 3-17과 같다.

〈표 3-17〉 EHS 스템의 전문성

| 항목 | 세부 활동 예시 |
|---|---|
| 교육훈련<br>(Training & Drill) | • 임직원의 안전 마인드 강화 교육<br>• 안전 직군에 대한 전문성 강화<br>• 비상대피 계획(Emergency Response)/훈련 |
| 보상 및 격려<br>(Encourage) | • 조직/개인별 안전 목표 달성 지원<br>• 인센티브와 페널티의 균형<br>• 조직 차원의 전원 참여 활동 유도 |
| 위험성 평가<br>(Risk Assessment) | • 현업 참여형 위험성 평가 실시<br>• 과거 산업재해 분석, 니어미스를 통한 업데이트<br>• 고위험 작업에 대한 위험성 평가 실시 |
| 시스템 감사<br>(EHS System Audit) | • 안전보건 경영시스템에 대한 정기적인 감사<br>• PDCA Cycle<br>• 지속적인 개선(안전수행 검토 및 평가) |

첫 번째, 교육훈련(Training & Drill)이란 임직원에 대한 안전 마인드 강화에 대한 교육은 물론 부문별 책임과 역할에 대한 정기적인 훈련 계획을 수립하여 실행하는 것을 말한다.

두 번째 항목은 보상 및 격려(Encourage)이다. 사업장에 대한 일상 패트롤 및 감독을 통해 현장내 조직과 개인에 대한 의사소통은 물론 동기부여의 장으로 만들어야 한다.

최근 3년간 화학제품 제조업의 산업재해 분석결과에서 도출된 바와 같이 기계/설비에 대한 정비 및 유지보수를 포함하여 작업 중 사고 발생이 많음을 알 수 있다. 그림 3-1은 위험성 평가 절차에 대한 설명이다. 우선 조직내에서 발생 가능한 위험의 종류에 대해 정의하고 그에 따른 허용가능한 위험 기준을 정하는 활동이 무엇보다 선행되어야 한다. 또한 위험성에는 기존의 화학적, 물리적, 기계적 유해 위험요인은 물론 직업병과 연관될 수 있는 생물학적 관점을 유해 위험요인까지 포함되어야 한다.

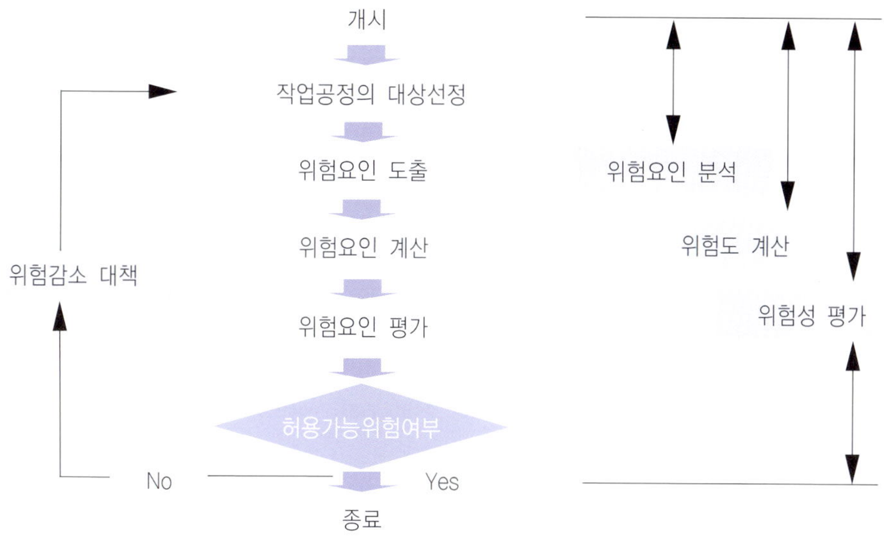


[그림 3-1] 위험성 평가 절차

### 5.1.3 근로자의 참여(Employe Involvement)

화학제품 제조업의 안전문화 전략에 필요한 3가지 요소 중 마지막은 근로자의 참여로 세부 활동으로는 잠재위험 식별, 사고 보고 및 조사, 지침화를 포함하고 있으며 표 3-18과 같다.

〈표 3-18〉 근로자의 참여

| 항목 | 세부활동 예시 |
|---|---|
| 잠재위험 식별<br>(Hazard Communication) | • 현장(Workplace)에 대한 잠재 유해위험요소 발굴<br>• 안전 제안 제도<br>• 작업허가체계 리뷰 |
| 사고 보고 및 조사<br>(Accident Report & Investigationt) | • 모든 사고(아차사고 포함)는 즉시 보고 활동<br>• 근원(root cause) 발굴 및 재발 방지대책 수립<br>• 학습 경험과 습득된 교훈에 대한 공유 |
| 지침화<br>(Procedure & Process) | • 작업표준 및 절차서에 의한 작업 실시<br>• 4M 변경시 정기적인 업데이트 및 교육<br>• 매뉴얼을 통한 교육 실시 |

첫째, 잠재위험 식별(Hazard Communication)이란 개인과 조직에서 유해위험요소를 바라보는 안목을 키우는 것을 말한다. 사업장 내 생산 공정, 연

구소, 물류창고, 정비소, 사무실 등 현장에 잠재되어 있는 유해위험요소를 발굴함은 물론 본인 뿐만 아니라 동료의 안전까지 확보하려는 적극적인 소통 방법이다.

둘째, 사고 보고 및 조사(Investigation)란 일반적인 사고(Accident)는 물론 아차사고(Near miss)까지 포함한 모든 사고에 대해 보고함으로써 다른 사람들에게 학습 경험을 공유하는 것을 말한다.

셋째, 지침화(Procedure & Process)란 정해진 작업 표준이나 절차서에 맞게 작업에 임하며 4M(Man, Machine, Material, Method)의 변경이 있는 경우 회사에서 정한 규정에 따라 실시하며 관련 지침을 업데이트하는 활동을 주기적으로 실시하여야 한다. 특히 사업장의 규모 및 공정에 따라 다르겠지만 새로운 설비를 도입 혹은 공정 내 새로운 물질을 사용하는 경우, 기존 공정과 작업에 대한 위험성 평가는 물론 변경관리를 철저해야 실시하여야 할 것이다. 산업재해 분석 결과에 나타난 바와 같이 근속년수가 낮거나 경험이 많은 사람들의 재해건수가 증가하고 있음을 알 수 있다.

## 6. 구축방안 제언

안전문화 전략 수립 프로세스를 PDCA Cycle를 활용하여 아래와 같이 제안하고자 한다.

첫째, Plan(계획수립) 단계에서는 사업을 둘러싸고 있는 환경 분석과 조직이 나아갈 방향을 설정하는 단계이다. 이를 위해 외부 환경 및 다양한 이해관계자의 산업안전에 대한 니즈 분석을 통해 외부 관점에서 기회와 위협요소는 물론 내부 관점에서 강약점을 도출하여 전사 관점의 안전경영 전략 수립과 실행에 필요한 주요 활동을 정의하고 필요한 리소스(조직, 인원, 예산 등)를 할당하여 운영하는 활동이 포함되어야 한다.

둘째, Do(실행) 단계에서는 수립된 전략의 실행력 강화를 위해 조직과 개인별 달성하여야 할 안전 목표와 미션에 대한 합의와 커뮤니케이션을 통해 일체감을 형성하는 단계이다. 이를 위해 조직 및 개인별 세부 실행 계획과 업무 실행을 위한 원동력을 확보하는 활동으로 잠재위험 식별, 위험성 평가, 다양한 교육훈련이 뒷받침되어야 한다.

셋째, Check(확인) 단계에서는 전략과 연계하여 수립된 내부 안전 목표에 대한 달성도를 직접 확인하고 비교 대상 기업(World best 혹은 동종업계 1,2위)과 차이 분석을 통해 추후 계획 수립을 위한 근거를 마련하는 활동이 필요하다. 또한 내외부 사고 보고나 조사를 통해 얻은 소중한 교훈을 조직으로 확산, 전파하고 안전경영 시스템이 잘 운용되고 있는지 감사(audit)를 실시하여야 한다.

네 번째, Act(수정활동) 단계에서는 수정된 목표의 달성 여부나 변화된 항목이 사업장에서 잘 유지되고 있는지 확인하는 활동을 말한다. 이를 위해 수립된 목표 달성에 대한 보상과 격려, 지침화가 필요하며 PDCA Cycle 내에서 새롭게 도출된 이슈에 대해 새로운 개선 목표를 수립하는 활동도 포함된다.

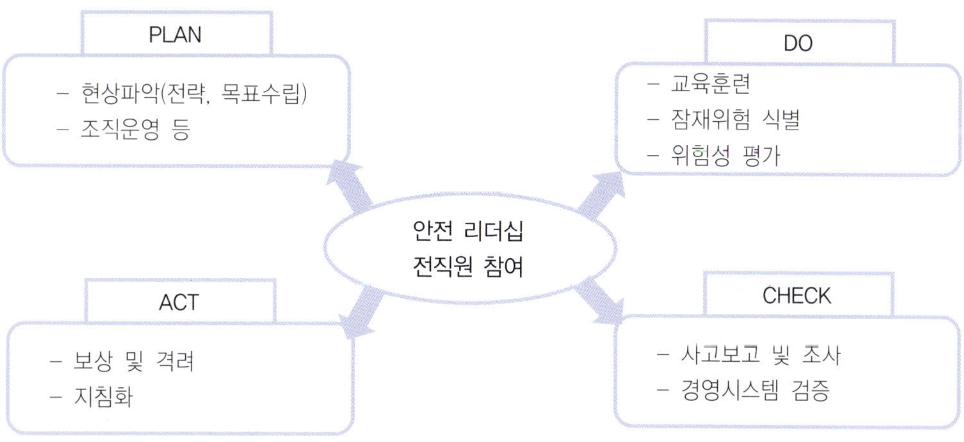


[그림 3-2] PDCA Cycle

PART 2

# 인간공학 및 시스템 안전공학

# CHAPTER 4 안전과 인간공학

## 1. 인간과 기계의 융복합 시대 도래

### 1.1 인간과 기계(로봇) 시대의 변화

18세기 후반 영국에서 1차 산업혁명이 시작된 이후 현재 4차 산업혁명의 시대가 도래하여 생활 및 기업의 기술이 큰 패러다임의 변화를 보여주고 있다. 4차 산업혁명은 인공지능(AI), 사물인터넷(IoT), 로봇기술, 드론, 자율주행차, 가상현실(AR), 증강현실(VR) 등이 주도하는 차세대 혁명으로 전 세계 질서를 새롭게 이끌어가고 있음에 대해 모두가 공감 및 인정하고 있다.

증기기관 시대 → 전기시대 → 인터넷 시대 → 융복합시대 : AI, 로봇 → ?

[그림 4-1] 인간과 기계 로봇시대 변화과정

### 1.2 인간과 기계(Robot)의 융복합 시대

#### 1.2.1 로봇의 활용: 어디까지 왔는가?

- 산업용 로봇과 서비스 로봇의 응용 분야
- 생산 현장에서의 로봇과 IoT 기술, 원격 조작 기술의 접목이 활발
- 공장이나 물류 현장에서의 배송로봇, 작업 현장에서의 작업자를 위한 웨

어러블 로봇이 확대
- 로봇이 접목된 스마트 팩토리의 확대

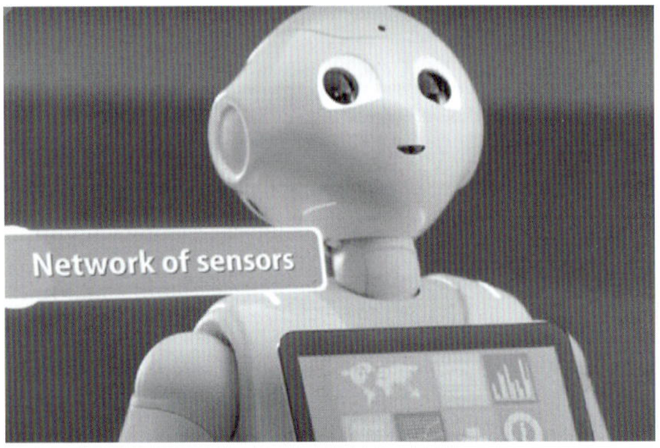


[그림 4-2] Pepper

- 안내 로봇 시스템으로 기업이나 공항, 역, 은행, 호텔, 백화점 등에서 고객 접객이 가능하다. 그림 4-3의 로봇은 W3 로봇으로 호텔에서 사용가능 로봇으로 고객 응대, 고객 룸서비스 등 다양한 기능을 갖고 있다.

[그림 4-3] W3 호텔로봇

### 1.2.2 인조인간에서 로봇의 시대

- **현재 의학치료로 활용되는 로봇부품**: 임플란트 치아, 무릎관절, 인공심장 등
- 인간의 신체의 부분이 로봇으로 교체되며, 향후 먼 미래에는 인간의 두뇌를 제외한 모든 부분이 로봇화 함으로써 인조인간이 이루어지며, 그 이후는 두뇌를 포함한 로봇으로 만들어진 인간보다 더 뛰어난 로봇 개발로, 로봇의 지배 시대가 올 수도 있지 않을까 조심스럽게 추측해 본다.

# 2. 인간공학 정의 및 개요

## 2.1 인간공학 정의

인간공학은 인간의 기계화가 아닌 인간을 위한 공학으로 인간이 생산적이고 안전하며, 쾌적한 환경에서 작업을 하고 물건을 효과적으로 이용할 수 있도록 하는 것으로, 1911년 미국의 프레더릭 윈슬로 테일러의 '과학적 관리법의 원리'가 인간공학의 시작이라고 할 수 있다.

인간의 특성과 한계 능력을 공학적으로 분석・평가하여 이를 복잡한 체계의 설계에 응용함으로써 효율을 최대로 활용할 수 있도록 하는 학문 분야이다. 인간공학은 기계와 그 기계 조작 및 환경조건을 인간의 특성에 맞추어 설계하기 위한 수단을 연구하는 학문이다.

그 이후 20세기 후반부터는 인간공학에서 안전 분야를 중점적으로 다루는 안전공학에 대해 활발한 연구가 이루어지고 있다.

## 2.2 인간공학 개요

### 2.2.1 인간-기계의 기능 비교

인간과 기계는 상호 장단점이 존재한다. 인간과 기계의 기능을 비교한 내용을 보면 표 4-1과 같다.

〈표 4-1〉 인간기계의 기능 비교

| 구분 | 인간의 장점 | 기계의 장점 |
|---|---|---|
| 감지기능 | • 저에너지 자극감지<br>• 다양한 자극식별<br>• 예기치 못한 사건 감지 | • 인간의 감지범위 밖의 자극 감지<br>• 인간 · 기계의 모니터 기능 |
| 정보처리 결정 | • 많은 양의 정보를 장시간 보관<br>• 귀납적, 다양한 문제 해결 | • 정보를 신속, 대량 보관 |

### 2.2.2 인간-기계 통합시스템(man-machine system) 정보처리 기능

- 감지기능: 인간은 감각기관, 기계는 전자장치 및 기계장치를 통하여 감지한다.
- 보관 기능: 인간은 두뇌, 기계는 자기테이프 및 천공카드에 보관한다.
- 정보처리 및 의사결정: 기억된 내용을 근거로 간단하거나 복잡한 과정을 통해 의사 결정을 내리는 과정이다.
- 행동: 결정된 사항의 실행과 조정을 하는 과정이다.
- 인간의 행동기능: 신체제어
- 기계의 행동기능: 음성, 신호, 출력

### 2.2.3 인간 -기계 통합시스템(ma-machine system)의 유형

#### 1) 수동시스템

- 사용자가 손공구나 기타 보조물 등을 사용하여 자기의 신체적 힘을 동력원으로 하여 작업을 수행하는 시스템이다(공구).

### 2) 기계시스템(반자동시스템)

- 여러 종류의 동력 공작 기계와 같이 고도로 통합된 부품들로 구성되어 있다.
- 인간의 역할은 제어기능을 담당하고, 힘에 대한 공급은 기계가 담당한다.
- 운전자의 조종에 의해 운용되며 융통성이 없는 시스템이다.
  예) 자동차, 공작기계 등

### 3) 자동시스템

- 기계가 감지, 정보처리 및 의사 결정, 행동기능 및 정보보관 등 모든 임무를 미리 설계된 대로 수행하게 된다.
- 인간은 감시, 감독, 보전 등의 역할을 담당하게 된다.
  예) 컴퓨터, 자동교환대 등

## 2.3.4 자동화(Autonomous)

### 1) 자동화/자율시스템(Autonomous system)

자율주행 자동차, 선박, 기차, 자율 수중 차량, 드론 등 다양한 시스템에 자율 기능이 점점 더 많이 적용되고 있다. "자농화시스템"이라는 용어는 언뜻 보기에 시스템이 운영의 모든 측면을 완전히 책임지고 인간과 독립적이라는 개념을 암시할 수 있다.

그러나 자율시스템은 다른 수준의 자율성(LoA)에서 작동할 수 있다. 예를 들어, 자율시스템은 작업자가 원격으로 제어하거나, 인간의 감독하에 반자율적으로 작동하거나, 제한된 감독 및 모니터링으로 고도로 자율적일 수 있다(Vagia 및 Rødseth, 2019).[1)]

예를 들어, 자율 선박은 주로 인간이 선박을 감독 및 모니터링하고 원격으로 제어를 인수할 수 있는 육상 제어 센터를 가질 것으로 예상된다(Ramos et

1) Vagia, M., & Rødseth, Ø. J.(2019, October). A taxonomy for autonomous vehicles for different transportation modes. In Journal of Physics: Conference Series(Vol. 1357, No. 1, p. 012022). IOP Publishing.

al., 2019).[2] 따라서 대부분의 자율시스템은 작동을 위해 소프트웨어, 하드웨어 및 인간 간의 상호 작용에 의존한다.

무엇보다 하드웨어, 소프트웨어 및 인간이 효율적으로 상호 작용하고 통신을 통한 의사소통이 이루어져야 한다. 따라서 하드웨어, 소프트웨어 및 인간이 자율시스템에서 상호 작용하는 방식뿐만 아니라 이러한 상호 작용에서 파생될 수 있는 위험과 오류가 어떻게 전파될 수 있는지 분석하는 것이 매우 중요하다(Ramos. et al., 2020).[3]

### 2) H-SIA 방식

위험 식별 및 안전 평가를 위한 기존 방법은 시스템의 한 측면(예: 인간의 신뢰성, 소프트웨어 오류 및 장비 신뢰성)에만 초점을 맞춘다(Mosleh, 2014).[4]

구성 요소 간의 상호 작용과 새로 발생하는 복잡성은 조사하기가 너무 어렵기 때문에 종종 무시되거나 최소한으로 축소된다. 따라서 자율시스템은 기존 방법으로 충분히 잘 분석되지 않을 수 있다.

예를 들어, 기존 선박의 위험 분석은 종종 소프트웨어 기반시스템이 수행하는 기능에 충분히 초점을 맞추지 못하고 종종 인적 요소를 피상적으로 취급한다(Thieme et al., 2018).[5]

시스템 이론 프로세스 분석(STPA) 또는 기능 공명 분석 방법론(FRAM)과 같은 방법은 복잡한 시스템의 위험 식별을 위해 개발되었다.

STPA는 위험과 사고를 통제 문제로 간주하며 통제 조치가 불충분하고 사

2) Ramos, P. X., Schindfessel, L., Pêgo, J. P., & De Mulder, T.(2019). Influence of bed elevation discordance on flow patterns and head losses in an open-channel confluence. Water Science and Engineering, 12(3), 235-243.

3) Robbiani, D. F., Gaebler, C., Muecksch, F., Lorenzi, J. C., Wang, Z., Cho, A., ... & Nussenzweig, M. C.(2020). Convergent antibody responses to SARS-CoV-2 in convalescent individuals. Nature, 584(7821), 437-442.

4) Ghetmiri, S. A., Du, W., Margetis, J., Mosleh, A., Cousar, L., Conley, B. R., ... & Yu, S. Q.(2014). Direct-bandgap GeSn grown on silicon with 2230 nm photoluminescence. Applied Physics Letters, 105(15), 151109.

5) Thieme, H., Morkisch, N., Mehrholz, J., Pohl, M., Behrens, J., Borgetto, B., & Dohle, C.(2018). Mirror therapy for improving motor function after stroke. Cochrane database of systematic reviews,(7).

고로 이어질 수 있다고 본다. FRAM은 복원력 사고 및 프로세스 변동성이 비정상적인 시스템 상태로 이어질 수 있는 방법에 대한 분석을 기반으로 한다. STPA는 예를 들어 자율 선박 운영을 분석하기 위해 적용된 사례가 있다. STPA와 FRAM은 위험 분석에 대한 정보를 제공하지만 정량적 방법은 아니다 (Utne et al., 2020).[6)]

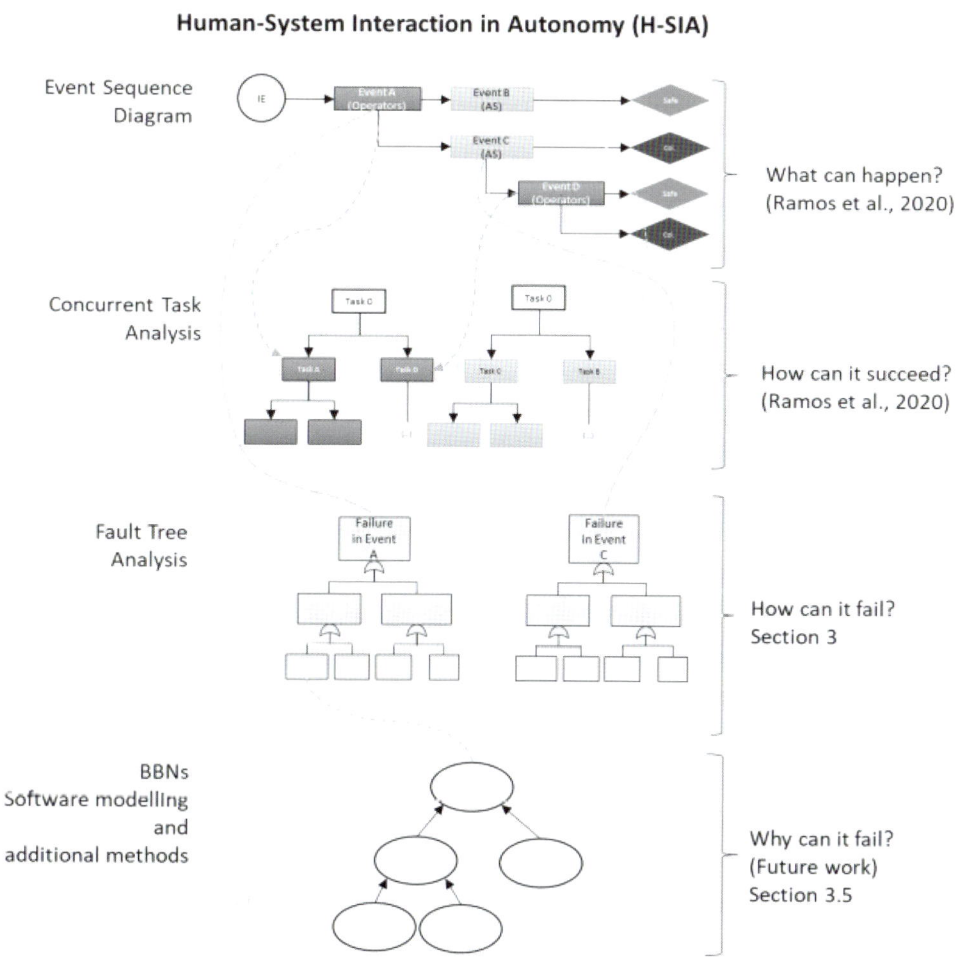


[그림 4-4] 확장 HSIA 방법

6) Utne, I. B., Rokseth, B., Sørensen, A. J., & Vinnem, J. E.(2020). Towards supervisory risk control of autonomous ships. Reliability Engineering & System Safety, 196, 106757.

## 3. 산업안전과 인간공학

인간공학은 생산성 향상뿐만 아니라 산업 재해예방에도 밀접한 관계를 가지고 있다. 인간공학의 시작은 1890년대 테일러(F. W. Taylor)에 의한 "작업시간에 관한 연구"에서 시작되었다고 볼 수 있는데, 이 연구는 일일 적정 생산량을 산출하기 위하여 작업 동작의 시간에 대하여 연구하였다. 그 후 1910년대 길브레스 부부(Frk Gilbreth and Lillian Gilbreth)가 동작연구에서 어떻게 하면 작업자의 작업 동작을 개선할 것인가에 대하여 연구하였다.

1940년대의 제2차 세계대전 당시 비행기의 공간 설계, 잠수함, 방독면의 효능적 설계 등을 위하여 인간의 특성에 대한 연구가 본격적으로 시작되었다. 그 후 1970년대에 국제노동기구(ILO; International Labor Organization), IOSH(National Institute of Occupational Safety and Health)에서 작업장의 재해 예방을 위하여 인간공학적 연구결과를 도입하게 되었다. 또한 그 후 기계 설비의 인간공학적 설계, 제품 설계 등 여러 산업분야뿐만 아니라 산업안전에 인간공학을 적용하게 되었다(표 4-5 참조).

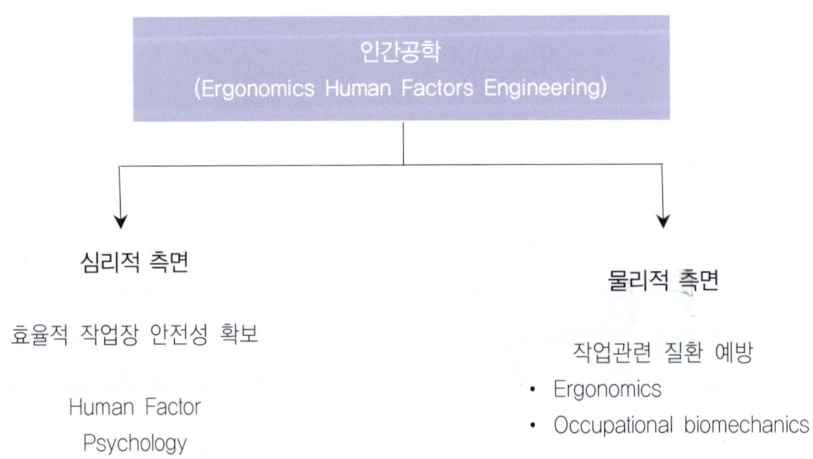


[그림 4-5] 인간공학과 산업안전

# 4. 기계설비 고장 유형

## 4.1 초기고장(감소형)

- 설계상・구조상 결함, 불량 제조 생산 과정 등의 품질관리 미비로 생기는 고장형태
- 점검 작업이나 시운전 작업 등으로 사전에 방지할 수 있는 고장
- 욕조곡선(Bathtub): 예방 보전을 하지 않을 때의 곡선은 서양식 욕조 모양과 비슷하게 나타나는 현상

〈표 4-2〉 예방 보조기간

| 디버깅(Debugging) | 기계의 결함을 찾아내 단시간 내 고장률을 안정시키는 기간 |
|---|---|
| 번인(Burn in) | 기계를 장시간 가동하는 동안에 고장 난 것을 제거하는 기간 |
| 에이징(Agnig) | 항공기 제도 후 3년 이상 시운전하는 기간 |
| 스크리닝(screening) | 기기의 신뢰성을 높이기 위하여 품질이 떨어지는 것이나 고장 발생 초기의 것을 선별・제거하는 것 |

## 4.2 우발고장(일정형)

- 예측할 수 없을 때에 생기는 고장의 형태, 사용자의 실수, 천재지변, 우발적 사고 등이 원인이다.
- 기계마다 일정하게 발생되며 고장률이 가장 낮다.
- 고장원인
  - 안전계수가 낮기 때문
  - 사용자의 과오 때문
  - 최선의 검사방법으로도 탐지되지 않는 결함 때문에

## 4.3 마모고장(증가형)

- 기계적 요소나 부품의 마모, 사람의 노화현상 등에 의해 고장률이 상승하는 것과 같다.
- 고장이 일어나기 직전에 교환, 안전 진단 및 적당한 보수에 의해서 방지할 수 있는 고장이다.

## 4.4 기계설비 고장 유형곡선

시간에 따라 고장률 변화과정을 나타내는 욕조곡선(Bathtub curve)은 세 가지 고장을 나타낸다. 욕조곡선은 고장기간을 세 가지 패턴(초기, 우발, 마모)으로 구분할 수 있다. DFR(Decreasing Failure Rate)은 초기고장으로서 시스템에 완벽하게 완성되기 전의 단계로서 시간에 따라 고장률이 감소하며 부적절한 설치, 작업자의 조작 미숙, 제조상의 결함 등이 원인이 될 수 있다.

DFR 단계 이후에는 고장률이 일정한 우발 고장(CFR) 단계로서, 고장발생의 주요 원인은 우발 고장으로서 외란에 의한 과도한 스트레스 혹은 예측하지 못한 품질관리 등이 있다. 일정한 고장률을 유지한다는 것은 고장 발생을 미리 알 수 없고 확률적으로 일정하게 고장발생한다는 의미를 갖고 있다.

마모고장(IFR)은 대부분 장비 사용기간의 장기화에 따른 것으로, 원인은 마모, 피로, 노화 등이 원인하다. 결국 고장률이 높아지는 IFR 발생시점이 적절한 정비 혹은 예방정비 시점이라 할 수 있다. 욕조곡선은 부품의 종류에 따라 그 형태가 조금씩 다르게 표현된다(그림 4-6 참조).

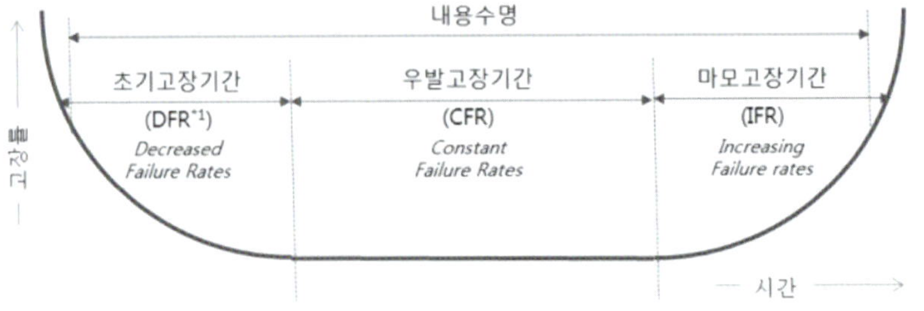


[그림 4-6] 욕조 곡선

# 5. 체계분석 및 설계의 인간공학적 가치

## 5.1 인간공학적 가치

인간공학적 가치로서 다음과 같은 내용을 고려할 수 있다.

- 성능의 향상, 적절한 유능한 운용자
- 훈련비용의 절감: 숙련도
- 인력이용률의 향상: 인력자원의 효과적 이용
- 사고 및 오용으로부터의 손실 감소: 인간공학 원칙 적용
- 생산 및 보전의 경제성 증대: 설계 단순화 및 인간공학 원칙 적용
- 사용자의 수용도 향상: 운용 및 보전성 용이

## 5.2 인간공학을 활용한 안전시스템 적용사례: 자동차

[사진 4-7] 롤스로이스(Rolls-Royce) 자율주행차(driverless car)

자료: Finalcial Times, 2021. 7. 16

인간공학을 적용한 안전시스템 사례는 우리 생활 속에서 많이 찾아볼 수 있다. 안전시스템을 갖춘 자동차 회사들이 자신들만의 노하우와 기술력을 바탕으로 이익을 창출하기 위해 노력하고 있으며, 특히 고객의 편의와 안정성 향상을 위해 안전과 관련된 세부 옵션들을 끊임없이 발전시키고 있다. 이러

한 우수한 기술력과 안전시스템에는 어떠한 것들이 있는지 살펴보면 다음과 같다.

먼저 안전시스템과 관련하여 국산 및 수입 차량에 기본적으로 적용되는 에어백시스템이 있다. 사람과 차량의 충돌사고 발생 시 충격을 최소화시켜 주는 장치로서 모든 차량에 기본 옵션으로 적용된다. 에어백은 충돌 정도에 따라서 저압팽창과 고압팽창으로 구분하여 적용되고, 옵션 정도에 따라서 운전석, 조수석, 사이드, 커튼 등 다양한 위치에서 운행자를 보호한다.

두 번째, 전방 충돌방지 보조(FCA)시스템이 있다. 이는 전방에서 주행중인 차량이나 보행자와의 충돌위험이 감지되었을 경우 운전자에게 이를 경고하고, 필요시 자동 브레이크 제어를 통해서 충돌 발생을 억제하도록 도와 주는 시스템이다. 2019년 어린이보호구역(스쿨존)에서 교통사고로 사망한 故 김민식 군(당시 9세)의 사고를 보아도 이러한 기술을 갖춘 장치가 있었더라면 큰 사고로 이어지지 않았을 것이다. 또한 후측방 충돌방지 보조(BCA)시스템이 있는데, 전방 카메라를 이용하여 전방에 차선을 자동으로 인식하고 후측방 레이다를 이용하여 차로를 변경할 때 후측방에 위치한 차량과의 충돌 위험을 자동으로 판단하여 편제동 제어를 함으로써 충돌사고 예방에 도움을 주는 시스템이다.

[사진 4-8] 전방 충돌방지 보조(FCA)

세 번째, 차로 이탈방지 보조(LKA)/차로이탈경고(LDW) 시스템이 있다. 주행 간 전방 카메라로 주행차선을 실시간 감지하여 방향 지시등 조작 없이 차선을 이탈하였을 경우 내부 모니터와 음성으로 위험을 경고해 주고, 자동으로 차량의 조향을 제어하여 안전하게 주행하도록 유지해 주는 시스템이다. 또한 고속도로 주행보조(HDA)시스템이 있는데, 고속도로 주행시 스스로 속도를 조절하여 앞차와의 거리와 차로를 유지함으로써 장거리 주행이나 정체 상황에서 브레이크나 엑셀을 계속 밟아야 하는 피로감을 덜어 주고 차량의 휠을 자동 제어하여 운전자에게 편의성을 제공하고 있다.

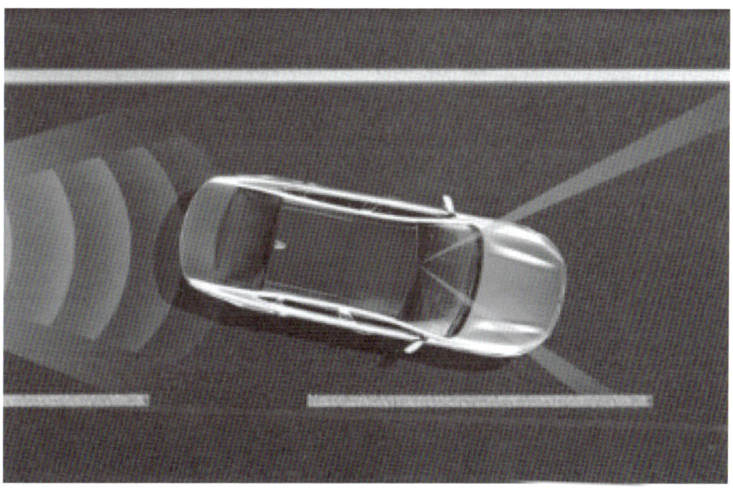

[사진 4-9] 차로 이탈방지 보조(LKA)

## 5.3 체계기준 요건

- 적절성: 의도된 목적에 적합하여야 한다.
- 무오염성: 측정하고자 하는 변수 외의 다른 변수의 영향을 받아서는 안된다.
- 신뢰성: 반복실험 시 재현성이 있어야 한다.
- 민감도: 예상차이점에 비례하는 단위로 측정하여야 한다.

## 5.4 인간기준: 인간성능(Human Performance)에 의한 판단 기준

- 인간성능 척도: 여러 가지 감각활동, 정신활동, 근육활동에 의해 판단 (자극에 대한 반응시간)
- 생리학적 지표, 맥박, 혈압, 뇌파, 호흡수 등으로 판단
- 주관적인 반응: 개인성능 평점. 체계설계에 대한 대안에 대한 평점 등 주관적 평가로 판단
- 사고빈도: 사고나 상해발생 빈도에 의해 판단

## 5.5 신뢰성 설계

중복(Redundancy) 설계: 일부에 고장이 발생해도 전체 고장이 일어나지 않도록 여력인 부분을 추가하여 중복 설계한다(병렬설계). 부품의 단순화와 표준화 인간공학적 설계

# CHAPTER 5 휴먼에러와 작업환경관리



## 1. 휴먼에러

휴먼에러(인적오류)의 본질을 이해하기 위해서 먼저 인간의 고유한 특성인 가변성(human variability)이 존재한다는 것을 인지해야 한다. 또한 인간은 항상 실수를 일으키는 사고 발생의 잠재요인이다. 통계학적으로도 인간은 하루에 5만 가지 생각을 하고, 2만 개의 행위를 하며, 그중 2번의 실수를 한다. 2번의 실수 중 80%는 감지되고 20%는 감지되지 않는다.

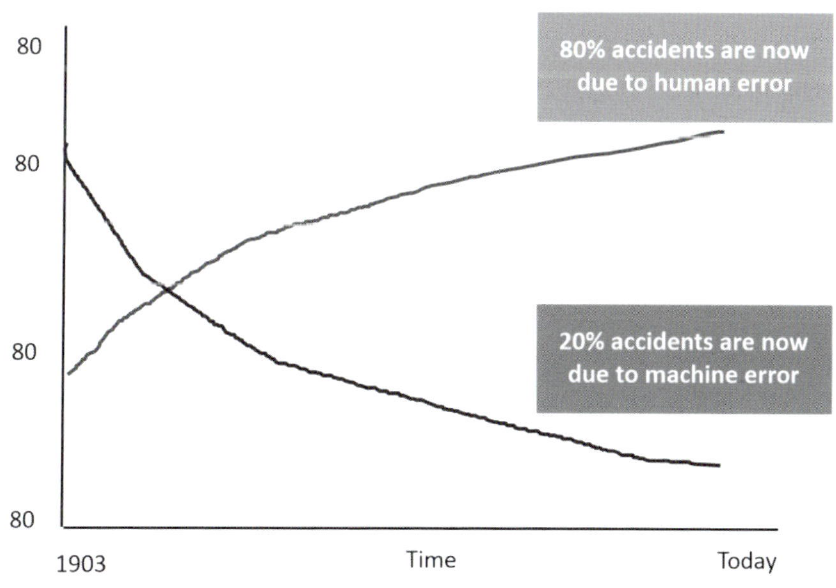


[그림 5-1] 기계적 결함 대비 인적오류의 시대적 비율 변화

## 1.1 휴먼에러(인적오류) 정의

'오류'라는 말은 어떤 시스템 내의 인간을 시스템의 운영에 필요한 특정 기능을 지닌 구성요소로 간주할 경우, 시스템과 인터페이스상에서 발생할 수 있는 인간의 잘못된 판단이나 행위 등을 의미한다. 즉, 인적오류는 '인간이 주어진 일을 수행하지 못하거나 금지된 행위를 함으로써 시스템에서 요구하는 기능을 완수하지 못하는 것'이라고 정의할 수 있다.

## 1.2 휴먼에러(인적오류) 1.0부터 3.0

### 1.2.1 인적오류 1.0: 직무분석과 역량 증진

Taylor와 같은 선구적인 초기 산업공학자들은 노동자들이 부당하게 과도한 노동 및 낮은 보수에 시달리는 것을 해결하기 위하여, 과학적 관리기법을 통해 적정한 급여 및 휴식시간을 보장받게 하는 데 기여하였다. 과학적 관리기법에서 Taylor의 객관적인 시간 연구(time study)는 노동착취를 위한 방법으로 곡해되기도 했으나, 전체 노무비는 줄여도 임금은 오히려 높이려고 노력한 노동자를 위한 기술로서, 인간공학의 근본적 철학은 명백하게 존중되어야 할 것이다. 또 시간 연구는 Gilbreth 부부에 의해 발전한 동작연구(motion study)와 결합되어 본격적인 직무분석(task analysis)의 시대를 열었다.

후유증의 하나로 작업자들이 겪는 빈번한 사고와 이와 관련된 인적오류가 빈번했던 시대였다. 이 시대의 인적오류 연구개발은 인적오류 1.0으로 구분하여 특징을 검토할 수 있다. 인적오류 1.0 연구는 작업자의 행동 방식이나 소요 시간과 같은 가시적인 측면을 중심으로 직무에 요구되는 기능적 기준을 만족할 수 있도록 하는 것이 핵심이다. 이러한 초기직무분석의 시대에는 인적오류 없이 직무를 완수하기 위해서는 작업자를 교육 및 훈련하는 방안이 일반적이었다.

인적오류 1.0의 핵심은 작업자로서의 인간의 능력에 초점을 두고, 오류가 발생할 경우에는 상세하게 분류된 직무요소들을 기준으로 교육훈련을 통해 인간의 역량(competence)을 효과적으로 확보하도록 하거나 관리(enforcement)하는 접근방법을 특징으로 요약할 수 있다.

### 1.2.2 인적오류 2.0: 인간 기준과 인터페이스

산업혁명의 급격한 확산과 함께 세계적인 전쟁이 발전했는데, 군사분야의 목적지향적인 상황에서는 고도의 임무 수행도(mission performance)가 요구되었다. 당시 첨단 기술의 개발 및 적용에서 가장 성가신 문제는 불의의 상황에서 발생하는 인적오류의 문제였다.

인적오류 2.0 개념 하에서 체계에서 발생하는 문제에 대해 우선적 대상은 사람이 아니라 다른 체계요소를 우선한다. 작업의 주체인 인간이 겪는 문제가 초점인 것은 동일하지만, 문제의 근원으로 포착하는 대상은 인간보다는 작업의 주체인 인간에게 주어지는 작업환경, 즉 휴먼 인터페이스(humaninterface)가 우선이다. 어떤 상황에서 인간은 주어진 조건(given condition)이고, 이를 기준으로 인간과 관련된 체계요소(인적요소는 인간의 특성이 아니라 그와 관련된 체계(주로 인터페이스)의 요소로 보는 것이 정확하다)를 분석하는 것이다. 이러한 관점은 설계기술의 급격한 발전으로 체계요소들을 인간에게 맞출 수 있는 유연성 및 적응능력이 확보되었기 때문에 가능한 것이다. 인적오류 2.0을 대표하는 모토는 “Fitting the Task(system) to the Human”이라고 요약할 수 있다.

오늘날 인적오류 2.0은 컴퓨터 기술의 발전으로 급격하게 확산되었나. 초기 단순히 컴퓨터 기반의 작업공간(workstation)의 인간공학적 적용에 그쳤던 관련 분야가 급격히 발전한 것이다. 소프트웨어를 기반으로 한 컴퓨터 기술은 인간을 기준으로 한 다양한 요건을 만족하는데 뛰어난 특징을 날로 발전하고 있다. 따라서 인적오류 2.0시대의 핵심어는 HMI(Human-Machine Interface)인데, HCI(Human-Computer Interface) 분야가 가장 활발하다.

### 1.2.3 인적오류 3.0: 요소 vs. 구조의 문제

그동안 인간의 특징과 능력 한계를 고려하여 충분히 인간에게 적합한 설계를 제공했음에도 불구하고, 인적오류는 완전히 극복되지 않았다. 최근 기술의 동향을 초연결(super-connected), 지능화(intelligent), 광범위(super-scope)화, 실시간(real-time/on-line) 등으로 표현하는데, 그 결과로 인적오류 및 관련된 사건들의 특징이 달라졌기 때문이다. 또한 기술의 성숙도에 대한 요구가 급격하게 증가하여 고신뢰도 및 안심을 깨는 사건에 대한 거부가 심각하기 때문이다. 따라서 발생 빈도가 아주 적어지고 그 확률은 분명히 낮아졌지만, 극저빈도(ELF: extremely low frequency)임에도 심각한 손실(large consequence)을 일으키는 현대 기술체계의 특징적인 문제가 점차 심각한 과제로 부각되면서 인적오류 연구가 다시 한 번 더 중요한 연구과제로 부각되고 있다.

인적오류 3.0에서는 근본으로 돌아가야 한다. 인적오류 연구에서 인적오류는 단순히 하나의 특정한 결함(문제)이 아니라 다시 나름의 구조를 가진 하나의 사건으로 이해되고 분석되어야 한다. 그러므로 인적오류 3.0은 특정한 원인요소가 아니라 다양한 관계된 요소들의 특정한 결합으로 설명되어야 할 것이다.

한편, NASA의 우주왕복선 챌린저호/컬럼비아호 폭발, 유니언카바이드사의 인도 보팔 독가스 누출, BP사의 멕시코만 심해유전 원유누출 사건 등은 물론 TMI, 체르노빌, 후쿠시마, 고리 1호기 원전 사고 등 주요 인적오류 사례에 대한 재분석 결과(2015, 이용희 외) 및 그동안의 다양한 선행연구 등을 통해서 최근 인적오류 3.0의 주요 특징 및 극복해야 할 난제를 다음과 같이 정리할 수 있다.

첫째, 인적오류의 빈도가 상대적으로 급격히 낮아지고 그 결과 개별적으로 고유한 성격을 드러내고 있다.

이는 안전에 대한 기대 및 요구 수준이 급증한 바람직한 현상으로 인간공학의 역할이 더욱 부각되는 계기가 되었지만, 인적오류 3.0에서는 쉽게 극복하기 어려운 난제를 드러내고 있다. 최근 인적오류가 보이는 극저빈도(extremely low frequency)의 희귀성(rare-ness) 특성은 전통적인 통계적 접근이나 사례기반의 경험적 접근을 원천적으로 어렵게 만들고 있다. 이는 개별 인적오류가 각각의 고유한 특성을 드러내는 것이므로, 추세분석이나 공통원인에 대한 모색이 곤란하다는 고유성(uniqueness)의 과제를 의미하기도 한다.

둘째, 인적오류의 결과가 심각하고 영향범위가 광범위하다는 특징을 보인다. 이는 사회적 발달로 연관관계가 밀접해지는 밀착체계(tightly-coupled system)의 특징으로 특정한 분야의 지엽적인 인적오류라고 하더라도, 전체 사회에 심각한 영향을 미치는 경우가 많아진 것이다. 전통적인 빙산의 비유(iceberg metaphor)를 넘어 '사소함의 심각성(Trivial is not trivial)'을 고려해야 하는 위험사회(risk society) 개념도 제기된 바 있다(Beck, Yi 등). 인적오류 3.0에서 부각되는 대규모의 심각성(severity)은 영향 및 파급에 대한 불확실성(uncertainty)에서 비롯되는 것이다.

셋째, 인적오류의 파급 및 결과가 비가역성(irreversible)을 드러내는 경우가 많아지고 있다. 안전을 위해 미리 설정된 한계와 범위를 넘는 경우에는 인접한 영역에 통제불가능한(uncontrollable) 파급 및 영향을 미치게 되는데, 인적오류에 관한 한 충분한 사전분석 및 설정이 현실적으로 불가능하기 때문이다. 교통, 에너지, 원자력과 같은 대형시스템은 물론 최근 발생하는 인적오류 3.0의 이러한 비가역성 특징은 안전에 대한 민감성 및 요구수준을 급격하게 높이는 이유가 되고 있다.

넷째, 인적오류의 원인 및 대책이 막연한 경우가 많다. 이는 인적오류 3.0의 특징인 비가역적 심각성 증가에도 불구하고 희귀성, 고유성, 불확실성이 증가한 결과, 특정한 원인에 대한 적시는 물론 특정한 대책의 효과를 추론할 수 있는 근거를 확보하기가 어렵기 때문이다.

다섯째, 앞에서 제기한 인적오류 3.0의 다양한 난제에도 불구하고 최근에는 대부분의 사고를 인재(人才), 즉 인적오류 문제로 제기하는 경향을 보이고 있다. 따라서 전통적으로 인적오류의 범위에 포함하지 않았던 위반(violation) 및 침해(sabotage) 등의 문제까지 광의의 인적오류 범위에 포함해야 할 것으로 보인다. 그러나 인적오류 3.0에 포함된 새로운 인적오류의 효과적인 대책은 물론 다양한 특성에 대한 분석이 매우 미진한 형편이다. 이러한 인적오류 3.0의 난제들로 그동안 전통적인 인간공학의 접근방법 및 다양한 기법들이 충분한 효과를 발휘하지 못하는 원인으로 작용하고 있는 것으로 보인다(이용희, 2016).[1)]

### 1.2.4 4차 산업혁명과 인적오류

20세기 후반에 시작된 디지털 기술은 컴퓨터로 대표되는 하드웨어와 소프트웨어의 급격한 발전으로 21세기 들어와 산업은 물론 생활 전반에 이르기까지 혁신적인 변화의 주체로 자리 잡았다.

#### 1) 인간주도형 혁신기술의 인적오류

신기술의 개발 및 적용과정에서 사전적인 인적오류 연구는 어렵더라도 가능한 병행적인 방식으로 인적오류 가능성에 대한 연구 및 대비가 이루어지는 것이 바람직하다.

이와 관련하여 대표적인 예가 로봇 분야인데, 로봇 기술의 개발 초기부터 로봇 3원칙 등 최소요건 설정 노력이 병행되었다. 그러나 인간에게 위해를 주는 것을 금지하거나, 본질적으로 인간이 작동정지의 권한을 유지해야 한다.

최근에는 인문학계에서 로봇의 윤리에 대한 논의도 본격화되고 있다. 로봇의 자율성에 대한 개념적인 정리와 함께 로봇의 세부 유형과 적용 요소기술에 따른 구체적인 인적오류에 대한 정의 및 대처방안의 개발이 필요할 것이다. 예를 들면, 이미 공장 자동화에 적용되어 다양한 인적오류 문제 및 사고를 겪고 있는 로봇 매니퓰레이터에 대한 인적오류 연구가 시급한 것이다.

#### 2) 기술주도형 혁신기술의 인적오류

기술주도형 변화에 대해서는 인적오류 측면에 대한 연구개발이 그 내용이나 필요성 양면에서 심각하다. 4차 산업혁명의 기술은 그 적용 결과가 지능화, 초연결, 광범위, 심도화, 모바일 등으로 특징이 예상된다. 이런 상황에서

---

1) 이용희(2016). 인적오류 3.0의 특징과 과제: 인적오류 후의 인적오류. 대한인간공학회 학술대회논문집, 142-147.

인간의 의도와 무관하게 나타나는 기술 자체 및 기술 간의 상호작용으로 인한 변화는 준비된 대비가 불가능한 심각한 오류가능성을 의미하기 때문이다.

신기술에서 인적오류는 크게 5가지 단계적 차원에서 발생할 수 있다. 우선 원래 의도한 효용(생산 등 이익)을 유지하거나 포기하느냐, 효용을 위한 투자(신기술에 의한 시스템 등)를 유지하거나 포기하느냐, 결함에 의한 피해 방지유지 여부, 불가피한 위해의 질적/양적 최소화 여부, 위해 및 손실의 복구 극대화, 자기희생 등의 차원에서 각각 별도의 다른 성격의 인적오류가 발생할 수 있다.

### 1.3.1 휴먼에러 분류

#### 1) 스웨인(Swain)의 분류

미국의 심리학자인 스웨인(Alan D. Swain)은 원자력발전소의 휴먼에러 유형을 조사하는 과정에서 휴먼에러를 인간 행동(Behaviour)의 관점에서 분류하는 방법을 주장하였다. 그는 먼저 휴먼에러를 작업 수행에 필요한 행동을 하는 과정에서 발생하는 에러와 작업 수행에 불필요한 행동을 한 경우의 에러로 분류하였다. 그리고 전자의 에러를 생략 에러(Ommission error)와 수행 에러(Commission error)로 구분하고, 수행 에러를 다시 시간 에러(Time error), 선택 에러(Selection error), 순서 에러(Sequential error), 양적 에러(Quantitative error)로 좀 더 상세하게 나누었다.

① 생략 에러(Ommission error): 작업의 전체 또는 일부 절차(Step)를 수행하지 않았다(누락하였다).

② 시간 에러(Time error): 작업을 너무 빠르거나 늦게 수행하였다.

③ 선택 에러(Selection error): 잘못된 방법을 선택하거나 잘못된 지휘 또는 안내를 하였다.

④ 순서 에러(Sequential error): 작업을 수행하는 순서가 틀렸다.

⑤ 양직 에러(Qualilative error): 너무 적기나 많은 작업을 수행하였다.

⑥ 불필요 수행 에러(Extraneous error): 작업과 관계없는 행동을 하였다.

### 2) 리즌(Reason)의 분류

리즌은 불안전 행동(Unsafe act)을 의도의 유무와 원인을 토대로 네 가지로 분류하고 있다. 의도하지 않은(계획대로 되지 않은) 불안전 행동으로 행위착오(Slip)와 망각(Lapse)을 그 예로 들고, 의도한(계획과 부합하는) 불안전 행동으로 착각(Mistake)과 위반(Violation)을 그 예로 들고 있다. 그는 이 불안전 행동 중 행위착오와 망각, 착각만을 에러로 분류하고, 위반은 에러로 보지 않으면서 에러와 구별하고 있다(그림 5-2 참조). 즉, 리즌의 분류방식에 의하면, 위반은 불안전 행동에는 해당하지만 휴먼에러에는 해당하지 않는다.

[그림 5-2] 리즌의 불안전한 행동 유형

행위착오(Slip)란 의도하지 않은 잘못된 행위 중 '아차 하는 사이에(부주의로)' 수행된 행위(의도와는 다른 행위)이다. 계획되지 않은 행위가 표면화된 것(말의 실수, 펜의 실수, 행동의 실수)이고, 대체로 눈에 잘 띄어 실제로 문제가 되는 경우는 드물다. 숙련 기반 행동(Skill-based behavior), 즉 숙련된 행동을 하는 단계에서 깜박했기 때문에 발생하는 에러이다. 그 예로서 말이 헛나가 "애완견을 부르려고 했는데 남편의 이름을 불렀다", "저장키를 누르려다가 삭제키를 눌렀다", "외출하려고 우산을 찾다가 서류봉투를 들고나오는 것을 잊었다", "뚜껑을 따지 않고 캔 맥주를 따르려고 했다" 등이다. 대부분의 행위착오는 의도되지 않은 '수행' 에러라고 볼 수 있다. 행위착오에 대한 대책으로는 행위자가 의도한 대로 행동할 수 있도록, 예컨대 스위치를 착오를 일으키지 않을 위치에 설치하는 것 등을 생각할 수 있다.

망각(Lapse)은 의도하지 않은 잘못된 행위가 행위착오보다 숨겨진 형태로 발생하는 에러로, 주로 (단기)기억의 기능 부전(실패)이 개재하는 에러이다. 실제의 행동에서 항상 눈에 보이는 형태로 나타나는 것이 아니라, 체험한 본인만이 알아차릴 수 있다.

이것 역시 행위착오와 마찬가지로 숙련 기반 행동(Skill-based behavior)의 일종이다. 정비사들이 자신의 의도와는 달리 조여야 할 나사를 조이지 않은 채 놔두는 등 해야 할 일을 깜박 잊고 하지 않은 경우가 그 전형적인 예이고, 중매쟁이가 인사 중에 신부의 이름을 까먹은 경우, 거스름돈을 받는 걸 잊어버린 경우, 말하려고 한 것을 잊어버린 경우 등도 망각에 해당하는 예이다. 망각에 대한 대책은 기억의 결락(缺落)에 대처하기 위해 체크리스트 등을 준비하거나, 장치・설비에서 하나씩 절차를 밟아나가지 않으면 다음으로 진행되지 않게끔 만들어 놓는 것 등을 들 수 있다.

착각(Mistake)은 행위가 계획과 정확하게 합치되지만, 부적절한 행위가 계획된 것이다. 즉, 계획(의도)이 부적절한 것이다. 착각은 목적을 선택할 때 또는 목적달성을 위한 수단을 구체화할 때에 이루어지는 판단, 추론 또는 양쪽 과정에서의 결함 또는 실패이고, 이 의사결정체계에 따른 행동이 계획대로 진행하는지 여부와는 관계없다고 정의할 수 있다. 이 정의로 볼 때 착각은 확실히 행위착오보다 포착하기 어렵고 복잡하며 이해되기 어렵다. 그 결과 착각은 일반적으로 행위착오보다 위험도가 훨씬 높게 되고, 그 특성상 검출도 훨씬 어렵다. 이 착각은 상황판단을 잘못하거나 취하여야 할 행동의 선택을 잘못하는 등의 '판단・의사결정' 단계의 에러라고 할 수 있다.

그리고 착각은 규칙 기반 행동(Rule-based behavior)에서 올바른 규칙을 잘못 적용하거나 잘못된 규칙을 적용하는 에러(Rule-based mistake)와 지식 기반 행동(Knowledge-based behavior)에서 잘못된 믿음, 과신, 과소평가 등에 의해 범하는 에러(Knowledge-based mistake)로 구분된다. 전자의 에러는, 속도제한이 시속 60km인 도로에서 80km로 잘못 판단하고 속도를 70km까지

올려 운전하는 것과 같은 에러이다. 후자의 에러는 이전에 단순한 숙취로 진단했던 환자가 다시 심야에 구토를 호소하여 구급외래 진단 시 이전의 기억에 사로잡혀 장폐색증과 같은 중증환자일 가능성을 염두에 두지 않은 것과 같은 에러이다. 착각에 대처하는 방법으로는 가급적 상황을 정확히 이해할 수 있도록 표시를 해놓거나, 상황에 따라 취해야 할 행동을 미리 절차서에 제시해 놓는 것과 같은 대응을 생각할 수 있다. 물론 상황판단, 행동결정 등을 적절하게 할 수 있도록 사전에 충분한 교육훈련을 실시하는 것도 중요한 대책이다.

위반(Violation)은 사용자가 의도적으로 부적절한 행위를 하는 것이다. 이것에는 일상적 위반, 예외적 위반, 사보타주(sabotage: 게으름을 피움)가 있다. "이 고속도로는 속도제한이 시속 80km이지만 100km까지는 단속된 적이 없으니까…"라는 것이 일상적 위반이고, "작년 내시경 검사를 했을 때 이 환자는 간염이 없었고 간염검사는 시간도 걸리니까, 이번에는 (아마 괜찮겠지) 생략하자" 등이 예외적 위반이다. 그리고 사보타주는 문자 그대로 의도적으로 '게으름을 피우는' 것이다. 위반에 대한 대책으로는 규칙을 설명하고 준수의 필요성을 납득시키거나 위반 행위자에 대해 제재(처벌)를 가하는 것이다.

### 3) 루크(Rook)의 분류

미국의 심리학자인 루크(L. W. Rook)는 제품의 설계단계에서부터 사용단계에 이르는 동안의 여러 과정에서 휴먼에러를 제시하고 있다.

① 인간공학적 설계 에러
③ 검사 에러
⑤ 조작 에러
② 제작 에러
④ 설치 및 보수 에러
⑥ 취급 에러

### 4) 원인의 레벨적 분류

| | |
|---|---|
| primary error<br>(1차 에러) | 작업자 자신으로부터 발생한 에러 |
| secondary error<br>(2차 에러) | 작업형태, 작업조건 중 문제가 생겨 필요한 사항을 실행할 수 없어 발생한 에러 |
| command error | 실행하고자 하여도 필요한 물품. 정보, 에너지 등이 공급되지 않아서 작업자가 움직일 수 없는 상태에서 발생한 에러 |

## 1.4 대뇌정보처리 에러

### 1.1 대뇌정보처리 과정

- 제1단계: 인지단계–인지에러

  외계로부터 작업정의 습득으로부터 감각 중추로 인지되기까지 일어날 수 있는 에러이며, 확인 착오도 이에 포함된다.
- 제2단계: 판단단계–판단(기억)에러

  중추신경의 의사결정에서 일으키는 에러로써 의사결정의 착오나 기억에 관한 실패도 여기에 포함된다.
- 제3단계: 조작단계–조작(동작)에러(반응에러)

  운동 중추에서 올바른 지령이 주어졌으나 동작 도중에 일어난 에러이다
- 인간의 대뇌정보처리 오류 사례: 비행착각에 의한 조종사 사고

### 2) 단계별 세부내용

인간의 행동은 사물의 형태나 모습을 다른 것으로 바꾸는 대뇌의 정보처리과정에서 발생한다. 이에 따라 외부정보가 대뇌의 감각중추에서 인지되는 과정, 인지된 상황을 행동으로 의사결정하는 과정, 의사결정된 행동을 운동중 추가 동작으로 명령하는 과정에서 휴먼에러가 발생한다. 또한 의사결정과정에서 기억의 반감으로 잘못 조작하는 판단에러가 생기면 정보량을 처리하는네 신뢰성이 없게 된다.

첫째, 인지확인 에러는 눈으로 확인할 수 있는 정보나 시그널을 인지하여

운전이나 작업절차에 따라 실시하는 단계로서 사전에 외부정보를 인식하여 대뇌 감각 중추에서 인지하기까지의 진행과정에서 발생하는 에러요인이다. 이 단계는 주요기기 상태의 정보를 수집하거나 작업결과를 확인하는 절차에서 에러가 발생한다.

둘째, 판단 에러는 인지한 상황을 의사결정하여 적응상태로 진행하면서 운동중추로부터 수행되는 행동으로부터의 휴먼에러이다.

셋째, 동작 에러는 운동중추에서부터 의사결정 상태의 행동이 지시되었으나, 작업 중에 조작, 절차 등의 오류가 일어나거나 생략하는 에러이다.

따라서 관리자 측면에서 작업자들의 행동 과오율을 측정하고 평가하여 사전 안전교육이 주기적으로 필요하다.

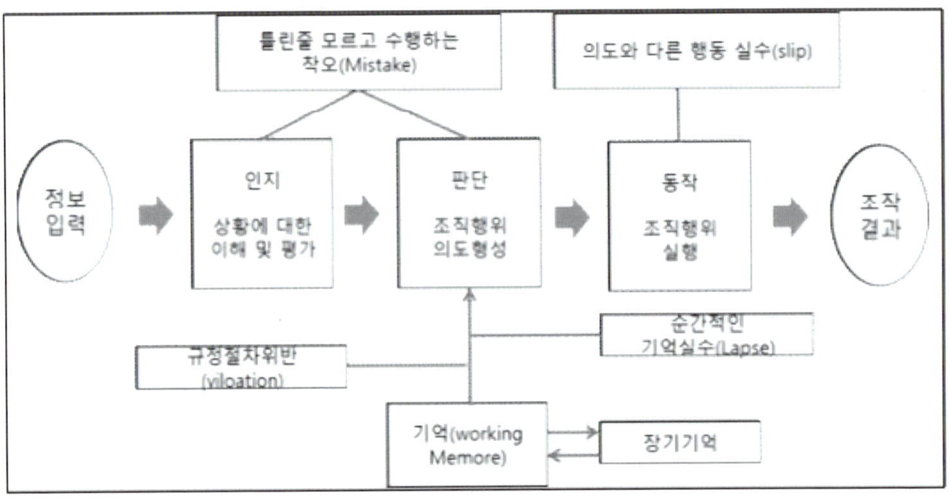


[그림 5-3] 정보처리과정과 휴먼에러 모형

## 1.5 휴먼에러의 배후요인

| | |
|---|---|
| man(인간) | 본인 외의 사람, 직장의 인간관계 등 |
| machine(기계) | 기계, 장치 등의 물적요인 |
| media(매체) | 작업정보, 작업방법 등(인간과 기계를 연결하는 매개체이다) |
| management(관리) | 작업관리, 법규준수, 단속, 점검 등 |

## 1.6 인간실수 예방기법-보완

### 1.6.1 Fail-safe

기계 설비에 결함이 발생되더라도 사고가 발생되지 않도록 2중 3중으로 통제를 가한다.

① Fail passive: 부품의 고장 시 기계장치는 정지 상태로 옮겨간다.
② Fail active: 부품이 고장 나면 경보를 울리며 짧은 시간 운전이 가능하다.
③ Fail operational: 부품 고장이 있어도 다음 정기점검까지 운전이 가능하다.

### 1.6.2 Fool-proof

실수 방지를 위한 설계를 fool-proof 설계 또는 idiot-proof 설계라고 한다. 제품을 잘못 사용하지 않도록 설계단계에서 미리 조치하고 잘못 사용하더라도 치명적인 문제가 발생하지 않도록 방어적으로 설계하는 것을 말한다. 여기서 proof란 증명이란 뜻이 아니라 방지한다는 뜻으로 water-proof는 방수, bullet-proof 방탄이다.

방이적 설계에는 여러 가지가 있다. 물이 스며드는 것을 방지하는 방수설계, 습기를 막는 방습설계, 소음을 차단하는 방음설계, 진동을 막아주는 방진설계 등. 그러나 이러한 방어적 설계 중에서 자연적 재해나 물리적 현상을 방지하는 것보다 아무리 바보라 할지라도 인텔리전스를 가진 사람을 방지하는 것이 가장 어려운 일이다.

## 1.7 휴먼에러 방지에 대한 제언

첫째는 엘리트들의 결정에 대한 것이다. 최고관리자들은 그들의 의사결정이 위험한 작업을 하는 조직 하층부의 구성원들에게까지 영향을 미친다는 것을 숙고해야 한다. 또한 조직의 구조를 바꾸는 결정은 그것이 안전에 미칠 영향을 고려하고 난 후 진행되어야 한다. 조직을 줄이는(Downsize) 것은 시스템의 복잡성을 감소시킴으로써 장기적 관점에서 안전 강화할 수 있지만, 단기적으로는 에러가 생길 가능성을 늘릴 수 있다.

둘째는 문화에 대한 것이다. 조직은 규칙을 만들지만, 그 규칙들 자체가 추가적 위험을 생산할 수 있다. 규칙이 잘 작동하기 위해서는 정상적인 작업환경에서 어떻게 규칙이 위반되고 준수되는지를 살펴야 한다. 그런 식으로 조직은 왜, 어떻게 규칙이 위반되는지에 관해 배울 수 있다. 또한 위험을 경감시키기 위해서는 일터에서 인종, 성, 경험의 차이 등의 다양성이 안전에 어떤 영향을 끼치는지도 살펴볼 필요가 있다.

셋째는 신호에 대한 것이다. 의사결정이나 회의에 있어 모든 유관한 정보들이 고려될 수 있도록 각별한 노력이 기울여져야 한다. 따라서 당연하지만 하급자나 신참 혹은 조직의 주변부에 있는 사람들을 계속해서 인정할 필요가 있다. 이들은 유용한 정보를 가지고 있으나 표현하지 않을 수 있다.

# 2. 인간계측방법

## 2.1 인체계측방법

- 정적 인체계측(구조적 인체치수): 정지상태에서의 신체를 계측하는 방법
- 동적 인체계측(기능적 인체치수): 체위의 움직임에 따른 계측하는 방법

## 2.2 인체계측자료의 응용 3원칙

### 1) 최대치수와 최소치수 설계(극단치 설계)

- 최대치수 또는 최소치수를 기준으로 설계한다.

| 최대치수 설계의 예 | 최소치수 설계의 예 |
|---|---|
| • 위험구역의 울타리 높이<br>• 출입문의 높이<br>• 그넷줄의 인장강도 | • 물건을 올리는 선반의 높이<br>• 조정장치를 조정하는 힘<br>• 조정장치까지의 조정거리 |

### 2) 조절범위(조정범위)

- 체격이 다른 여러 사람에 맞도록 설계한다.
  예) 의자 높낮이 조절, 자동차의 운전석 위치조정

### 3) 평균치를 기준으로 한 설계

- 최대 치수나 최소 치수, 조절식으로 하기가 곤란할 때 평균치를 기준으로 하여 설계한다.
  예) 은행의 창구 높이 작업공간

## 2.3. 인간에 대한 모니터링 방법

- 셀프 모니터링(자기감지): 지각에 의해서 자신의 상태를 알고 행동하는 감시 방법
- 생리학적 모니터링: 맥박수, 호흡속도, 체온, 뇌파 등으로 인간의 상태를 모니터링하는 방법
- 비주얼 모니터링 · 시각적 모니터링: 동작자의 태도 보고, 동작자의 상태를 파악하는 방법
- 반응에 대한 모니터링: 자극(시각, 청각, 촉각)을 가하여 이에 대한 반응을 보고 정상, 비정상을 판단하는 방법
- 환경의 모니터링 환경조건의 개선으로 기분을 좋게 하여 정상작업을 할 수 있도록 하는 방법

## 2.4 작업강도

최근 작업현장에서 작업 특성을 고려한 적절한 작업강도의 기준과 이를 평가하려는 시도가 이루어지고 있다. 생산과정 중의 전반적인 작업강도의 크기와 시간에 따른 강도의 변화를 파악하고, 작업량과 종류에 따른 인력, 속도 및 작업방법을 작업자의 능력에 적합화함으로써 작업자를 보호하고, 건

강한 생산활동을 유지할 수 있는 기반을 마련하고자 하는 노력의 일환으로 생산과정 중의 전반적인 육체적 작업강도의 크기를 파악하는 것은 작업자의 안전을 위해 중요한 요소이다.

일례로, 육체적 작업강도를 측정하는 요소로 작업의 형태, 손을 어깨 위로 올리는 작업의 비율, 몸을 구부리는 작업의 비율, 불편한 자세를 취하는 작업의 비율, 작업 후에는 땀을 흘림, 합산점수, 작업의 힘든 정도 등이 있으며, 이러한 육체적 작업강도와 작업 중 에너지 소모량 등을 고려하여 작업강도를 측정할 수 있다.

### 1) 에너지 대사율(RMR)과 작업강도

- RMR = 노동대사량/기초대사량
  = 작업시의 소비energy－안정시 소비energy/기초대사량
- 작업시의 소비에너지는 작업 중에 소비한 산소의 소모량으로 측정한다.
- 안정시의 소비에너지는 의자에 앉아서 호흡하는 동안에 소비한 산소의 소모량으로 측정한다.

### 2) 작업강도 구분에 따른 RMR

- 경작업, 가벼운 작업: 1－2
- 중작업, 보통 작업: 2－4
- 중작업, 힘든 작업: 4－7
- 초중작업, 굉장히 힘든 작업: 7 이상

# 3. 작업공간

## 3.1 작업공간 구분 및 프로세스

### 1) 작업공간 구분

- 포락면: 한 장소에 앉아서 행하는 작업에서 작업하는데 사용하는 공간
- 파악한계: 앉은 작업자가 특정한 수작업 기능을 수행할 수 있는 공간의 한계
- 특수작업영역: 특정 공간서 작업하는 구역

### 2) 작업공간 도출 프로세스

작업공간 도출 프로세스는 관련 연구고찰, 작업공간의 중요도 도출, 공종의 특성을 고려한 작업공간의 분류를 통해 작업공간 계획 프로세스를 구축한 후 관련 사례를 통해 비교하고 검증의 단계를 통해 도출하는 것이 요구된다. 작업공간 도출 프로세스를 일례로 제시하면 그림 5-4와 같다.

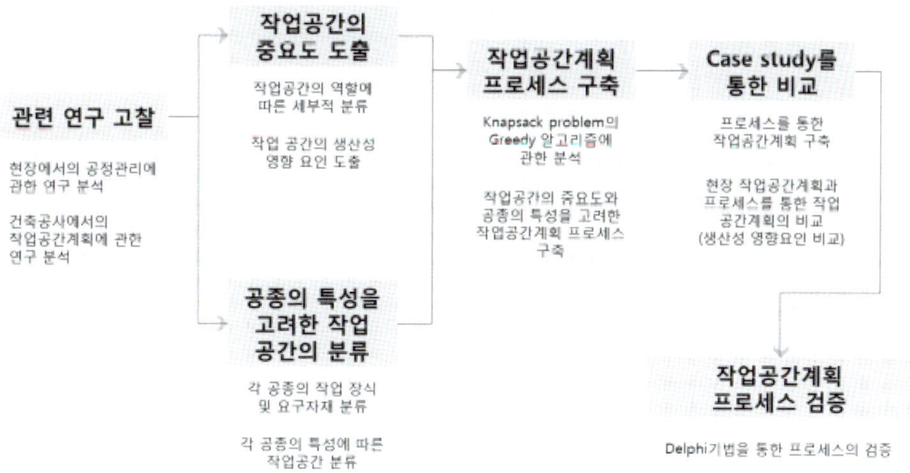


[그림 5-4] 작업공간 도출 프로세스

## 3.2 작업공간 및 동작경제 원칙

### 1) 작업공간 원칙

- 중요성의 원칙: 부품을 작동하는 성능이 체계의 목표 달성에 중요한 정도에 따라 우선순위를 결정한다.
- 사용빈도의 원칙: 부품을 사용하는 빈도에 따라 우선순위를 결정한다.
- 기능별 배치의 원칙: 기능적으로 관련된 부품들(표시장치, 조정장치 등)을 모아서 배치한다.
- 사용 순서의 원칙: 사용 순서에 따라 장치들을 가까이에 배치한다.

### 2) 동작경제의 3원칙(Barnes)

(1) 인체사용에 관한 원칙

- 두 손을 동시에 동작하기 시작하여 동시에 끝나도록 하여야 한다.
- 휴식 시간 중이면 두 손을 동시에 쉬어서는 안 된다.
- 두 팔의 동작들은 서로 반대 방향에서 대칭적으로 움직인다.
- 손과 신체의 동작은 작업을 원만하게 수행할 수 있는 범위 내에서 가장 낮은 동작 등급을 사용한다.
- 인체의 사용 범위가 넓을수록 피로가 더하고 시간도 낭비된다.
- 가능한 한 관성(Momentum)을 이용해야 하며 작업자가 관성을 억제해야 하는 경우 관성을 최소한도로 줄인다.
- 손의 동작은 부드러운 연속동작으로 하고 급격한 방향 전환의 직선 동작은 피한다.

(2) 작업장의 배치에 관한 원칙

- 모든 공구 및 재료는 정위치에 배치해야 한다.
- 공구, 재료 및 조정기는 사용 위치에 가까이 두어야 한다.
- 가능하면 낙하식 운반법을 사용한다.
- 재료와 공구들은 자기 위치에 있도록 한다.

(3) 공구 및 설비의 설계에 관한 원칙

- 치공구, 발로 조정하는 장치에 의해서 수행할 수 있는 작업에는 손의 부담을 덜어주어야 한다(발로 수행할 수 있는 작업은 손을 사용하지 않음).
- 공구를 결합하여 사용한다.
- 공구 및 재료는 가능한 한 작업자 앞에 둔다.

## 4. 작업환경

물리적 환경이 안전 행동의 직접적인 선행 요인으로 작용함을 검증한 연구는 거의 없다. 그러나 나쁜 물리적 환경이 구성원들의 직무 스트레스를 높인다는 연구결과들과 직무 스트레스가 안전 행동을 약화시킨다는 연구결과들을 종합해 보면, 나쁜 물리적 환경이 직무스트레스를 높여서(즉, 직무 스트레스를 매개로) 안전행동이 약화될 것임을 예측할 수 있다. 물리적 환경직무 스트레스 그리고 직무 스트레스-안전 행동에 대한 선행 이론 및 연구들은 다음과 같다.

물리적 환경의 수준이 악화되면 직무 스트레스가 증가된다. 구성원들이 인식하는 작업 환경(예를 들어, 근무 장소의 소음, 조명, 온도, 습도, 환기, 위험물질 노출 정도 등)이 악화되면 그들은 작업 수행 중에 불안, 피로 등을 경험하게 되고, 이는 직무 스트레스의 강력한 예측 인자로 작용한다. 스트레스의 본질이 '인간의 신체 및 심리 상태에 긴장(strain)을 유발함으로써 안정 상태에서 이탈하게 하는 힘' 혹은 '개인 외부의 집단 및 환경이 부과한 심리적, 물리적 압박으로 인해 초래되는 생리적 반응 및 변화'라고 본다면, 나쁜 물리적 환경이 직무 스트레스를 증가시킬 것임은 명백하다. 물리적 환경과 직무 스트레스 사이의 관계는 미국 국립 산업 안전 보건 연구원(NIOSH; National Institute for Occupational safety and Health)의 스트레스 모형에 의해 설명할 수 있다. 이 모형에 의하면 직무 스트레스를 초래하는 요인은 크게 세 가지 범주, (1) 직무/과업 요구, (2) 조직 관련 요인, (3) 물리적 환경 등으로 나뉜다. (1) 직무/과업 요구 범주 안에는 업무 과부하, 업무 재량권 수준 등이 들어가고, (2) 조직 요인에는 역할 모호성이나 역할 갈등 등의 역할 문제, 조직 내 의사결정 참여 정도, 고용의 불안전성 그리고 상사, 동료와의 관계 등이 포함된다. 그리고 (3) 물리적 환경에는 작업 장소의 온도, 소음, 환기 불량 수준, 조명 그리고 작업 도구 및 환경의 인체공학적 설계 수준 등이 포함된다. 이 중 물리적 환경은 한 번 설정이 되면 쉽게 바꿀 수 없을 뿐만 아니라, 작업자의 신체 및 정신에 일차적이며 동시에 가장 직접적으로 영향을 미치기 때문에, 강력한 스트레스 원인으로 작용한다. 이상의 논의들을 통해 열악한 물리적 환경이 직무 스트레스를 상승시킬 것이라는 가설을 생각해 볼 수 있다.

한편, 직무 스트레스는 구성원들의 안전 행동을 약화시킬 수 있다. 안전 행동이란 인간에게 육체적, 정신적 손상을 일으킬 수 있는 위험 요인들을 주의/예방하는 행동을 의미하는데, 직무 스트레스가 사람의 신체 및 정신에 미치는 악영향을 생각해 보면 그 관계는 명백하다. 스트레스로 인해 유발된 부정적 감정은 교감신경을 활성화시켜 호흡을 가빠지게 만들거나 근육을 경직시키는 등 생리적 변화를 일으킨다. 또한 스트레스–사고 모형에 의하면, 스트레스로 인해 유발된 심리적 불안과 신체적 피로는 인간의 인지 능력을 손상시키며, 스트레스로 인지 능력이 손상되면 인간은 안전 행동에 대한 의지가 저하되고, 기억해낼 수 있는 안전 행동의 수 역시 제한된다. 이는 스트레스가 인간에게 미치는 영향이 부정적 감정을 일으키는 감정적 변화에 그치지 않고, 인지 능력에 손실을 일으켜 실제 안전 행동을 실행하는 데까지 영향을 미친다는 것을 말해준다. 또한 정서–의사결정 사이의 관계를 다룬 기존 문헌을 통해 스트레스 상황에 처한 인간은 정보를 수집하고 이를 바탕으로 논리적 사고를 전개시키는 능력에서 문제를 겪게 되고 이로 인해 충동적인 사고와 의사결정하게 될 가능성이 크다는 것이 알려져 있다. 이와 같은 맥락에서 Brown(1994)은 스트레스 상황에 처한 인간이 겪게 되는 선택적 주의–운동 제어 기능의 저하가 실제 행동 상에도 문제까지 이어질 수 있다고 주장하였다. 이러한 연구 결과들을 통해 직무 스트레스가 안전 행동을 감소시킬 것이라는 가설을 세울 수 있다.

이상의 논의들을 종합해 보면 나쁜 물리적 환경은 직무 스트레스를 증가시키고, 이는 결국 안전 행동을 약화시킬 것임을 예측할 수 있다. 즉, 열악한 물리적 환경은 직무 스트레스를 매개로 안전 행동을 감소시킬 것이라는 예측을 도출할 수 있다.

## 4.1 시력관련 작업

### 4.1.1 광원으로부터 직사후광 처리법

- 광원의 휘도를 줄이고 광원 수를 늘린다.
- 광원을 시선에서 멀게 한다.
- 휘광원 주위를 밝게 하여 광속 발산비(휘도)를 줄인다.
- 가리개, 갓, 차양을 사용한다.

### 4.1.2 반사율

- 반사광의 에너지와 입사광의 에너지의 비율을 말한다.
- 옥내 최적 반사율(천장: 바닥 반사율 비율 = 3:1 이상 유지)
  - 천장(80~91%) > 벽(40~60%) > 가구(25~45%) > 바닥(20~40%)
  - 옥내의 반사율은 천정으로 올라갈수록 높고 바닥으로 내려갈수록 낮아져야 한다.
- 조도 = 광도/거리$^2$
- 법적조도기준
  - 초정밀 작업: 750Lux 이상
  - 정밀 작업: 300Lux 이상
  - 보통 작업: 150 Lux 이상
  - 기타 작업: 75 Lux 이상

## 4.2 청력관련 작업

### 4.2.1 소음과 청력손실

일반적으로 소리의 강도에 대한 변별력은 개인에 따라 다르지만 보통 1dB정도이다. 그러나 이러한 수치는 젊은 사람을 대상으로 조사된 것이며 청각은 20살을 넘으면 차차 노화하여 청력이 떨어지고 최소가청치가 상승하게 된다.

이러한 변화량을 dB로 나타내어 청력손실(Hearing Loss)이라 부르며, 일반적으로 높은 주파수일수록 현저하다. 이러한 청력손실은 정상청력인의 최소가청치와 피험자의 최소가청치와의 비를 dB로 나타낸 것으로, 이 값이 500~2,000Hz 범위에서 25dB 이상이면 난청이라 한다.

청력은 다음과 같은 환경에서 손실이 발생한다.

- 진동수가 높아짐에 따라 청력손실도 심해진다.
- 청력손실의 정도는 노출 소음 수준에 따라 증가한다.
- 초기 청력손실은 4000Hz에서 가장 크게 나타난다.
- 강한 소음에 대해서는 노출기간에 따라 청력손실이 증가하지만 약한 소음과는 관계가 없다.

한편, 우리나라는 산업화를 통해 발전과 경제성장을 이룩하였지만, 그 과정에서 근로자의 신체적, 정신적 피해에 대한 인식과 대책은 미비하였으며, 안전이 사회를 유지하는 데 필요한 기본 가치라는 인식이 부족하여, 많은 근로자들이 위험한 작업환경에 노출되어 왔다. 이러한 사실은 한국산업안전보건공단에서 제공하는 작업환경실태와 위해인자 통계자료를 통해 확인할 수 있다. 하지만 최근 경제성장과 더불어 삶의 질이 향상됨에 따라 근로자 안전에 대한 인식이 점차 증가하고 있으며, 특히 업무상 질병의 재해자 수는 매년 감소하고 있다.

그러나 업무상 질병의 재해자 수가 감소하고 있음에도 불구하고, 소음성난청의 경우 재해자가 꾸준히 발생하고 있으며, 그 결과 업무상 질병자 중 소음성난청의 비율은 점차 증가하고 있는 추세이다.

## 4.2.2 소음기준 및 소음 노출 한계

우리나라 환경정책기본법 제2조는 생활환경 중 하나로 소음을 들고 있고 동법 제20조는 정부는 환경보전을 위하여 소음발생에 대하여 필요한 규제를 하여야 한다고 규정하고 있어, 소음의 규제를 위해 소음·진동규제법을 두고 있다. 일반적으로 소음은 듣는 사람이 원하지 않는 소리라고 정의되고 있다.

매우 간단한 개념 정의이지만 소음이 주관적이고 인간의 감정과 밀접하게 관련되며, 그 평가가 물리적 측정의 문제가 아니라 인간의 가치와 환경에 관련된 문제라는 점을 의미하고 있다. 그런 이유에서 소음피해는 인간의 생활환경 침해의 한 형태로서 행정적·법적규제 대상이 되어 왔다. 비록 국내의 실정을 고려한 기준이 아닌 외국기준에 근거하여 설정된 기준이지만 작업환경 소음 기준이 수립되어 있으며, 세계 각국에서도 작업환경 소음으로부터 근로자들의 청력보호를 위해 작업환경 소음 기준을 수립하고 있다.

### 1) 소음 기준 및 종류

- 소음작업: 하루 시간 동안 85dB 이상의 소음이 발생하는 작업
- 강렬한 소음 작업
  - 하루 8시간 동안 90dB 이상의 소음이 발생하는 작업
  - 하루 4시간 동안 95dB 이상의 소음이 발생하는 작업
  - 하루 2시간 동안 100dB 이상의 소음이 발생하는 작업
  - 하루 1시간 동안 105dB 이상의 소음이 발생하는 작업
  - 하루 30분 동안 110dB 이상의 소음이 발생하는 작업
  - 하루 15분 동안 115dB 이상의 소음이 발생하는 작업
- 복합소음
  - 두 소음 수준차가 10dB 이내일 때 복합소음 발생
  - 같은 소음 수준의 기계 2대일 때: 3dB 소음이 증가하는 현상을 말한다.

- 은폐현상(masking 현상)
  - 두음의 차가 10dB 이상인 경우 발생한다.
  - 높은 음이 낮은 음을 상쇄시켜 높은 음만 들리는 현상이다.

### 2) 국가별 소음기준

국가별 소음기준은 다소 차이가 있다. 국가별 소음기준은 표 5-3과 같다.

〈표 5-3〉 국가별 소음기준

| 국가 | 8시간 폭로에 대한 소음레벨(Leq, 8h) | 비 고 |
|---|---|---|
| 한국 | 90dB(A) | |
| 미국 | 90dB(A) | 5dB/배시간(OSHA) |
| | 85dB(A) | 3dB/배시간(EPA) |
| | 70dB(A) | Leq, 24h 환경소음에 적용(EPA) |
| 일본, 아일랜드 | 90dB(A) | 일본은 잠정적으로 사용 |
| 영국, 인도 | 90dB(A) | 상한은 135dB(A) |
| 브라질 | 85dB(B) | 폐쇄된 공간 |
| | 90dB(C) | 개방된 공간 |
| 캐나다 | 85~90dB(A) | 주에 따라 다르지만 90dB(A)은 3dB/배시간으로 되고 있으며, 상한은 115dB(A)이다. |
| 덴마크 | 80dB(A) | Leq, 40h 환경소음에 적용, 1985년부터 적용됨, ISO 1999 |
| 핀란드, 남아프리카공화국 | 85dB(A) | ISO 1999 |
| 스위스 | 90±2.5dB(A) | 상한은 130dB(C) |
| 터키, 스웨덴 | 85dB(A) | |
| 노르웨이 | 85dB(A) | 상한은 105dB(A) |

자료: 주덕훈(2012). 음향심리분석을 이용한 작업환경소음의 규제기준 설정에 관한 연구. 원광대학교 대학원 박사학위논문.

CHAPTER 06

# 시스템 안전



## 1. 위험요소와 시스템 안전

### 1.1 위험요소와 안전관리

사업장에는 다양한 위험요소가 존재한다. 이를 크게 기술적 요소, 기계설비적 요소, 인적 요소 및 환경적 요소로 나눌 수 있고, 이를 더욱 세분할 수 있다. 이를테면, 기계설비적 위험요소는 기계의 재질, 구조, 외형, 운동형태, 작업형태 위험 등으로 세분할 수 있다. 이러한 기계설비적 위험요소가 생산현장에서 인간과 접촉할 때에는 협착, 끼임, 절단, 물림과 같은 형태의 사고를 유발할 수 있다.

이러한 사고를 예방하기 위해서는 생산현장에 존재할 수 있는 이러한 위험요인을 모두 찾아내어, 이러한 위험이 어떻게 사고로 전이되는가에 관한 사고 메커니즘을 알아내어 이를 제거하거나, 통제하여야 한다. 이러한 활동을 수행하기 위해서는 위에 열거한 기계설비의 위험특성뿐만 아니라, 이들 기계설비를 운용하는 기술위험 특성, 인간 요소 특성 및 환경적 특성에 이르는 모든 위험특성과 이들 상호 간의 작용과 연계 관계를 자세히 알아야 한다. 여기에 더하여 위험을 찾아 대처하고자 하는 의지가 있고, 찾을 수 있는 도구도 있어야 한다. 즉, 위험은 찾고자 하는 것이 발견되고, 도구가 빈약하면 조직적이고 구조적으로 위험을 찾아 대처할 수 없기 때문이다.

또한 사업장에서 활용되는 생산 기계설비, 원재료 등의 물질, 인적 요소 및 환경은 모두 시간과 함께 변화한다. 즉, 모든 생산 활동에 관련되는 요소는 수시로 변한다. 따라서 생산현장에는 생산 관련 기술이나 물리 기계적인 관리요소가 가지는 변수가 많아서 이를 수리적 또는 실용적으로 처리하기가 쉽지 않고, 생산시스템에 인간적인 요소가 결합되어 사회−기술적 시스템(social-technical system)으로 작용하는 동적인 요소가 존재할 때에는 위험요소 파악 및 사고 메커니즘 규명에 어려움이 많다.

## 1.2 시스템 안전관리

생산현장에서 이루어지는 생산활동은 기술적, 기계설비적, 인적 및 환경적 요인은 그 자체만의 특성에 의하여 이루어지는 것은 아니다. 각 요소는 공동의 목적을 가지고, 유기적인 관계로 결합되어 시스템으로 활동하고 있다. 시스템은 자연적으로 구성되었거나 인위적으로 구성되었든지 간에 모두가 많은 요소의 집합체로서 각 요소는 각기 상이한 기능을 수행하면서 상호 유기적인 관계를 유지하고, 공동의 목표를 지향하여 활동하고 있다.

안전관리는 그 구성요소의 관리만으로는 큰 의미를 가지지 못한다. 이 요소들은 서로 유기적인 관계로 서로 간섭을 받고, 독립적으로 활동할 수 없기 때문이다. 따라서 안전관리는 시스템으로 이루어져야 소기의 목적을 달성할 수 있다. 시스템 안전은 어떤 특정한 기술적, 기계적 및 관리적인 모든 사항에 대한 위험요인을 체계적이고 적극적으로 파악하고, 통제하는데 적용하는 것이다. 어느 기계나 설비를 운영할 때 설비의 수명주기 내에 어떤 위험이 존재하여 어떤 사고를 유발할 수 있는지를 시스템의 구상단계부터 시작하여 설계, 생산, 시험, 사용, 처분에 이르는 전 과정에 걸쳐 파악하고, 통제하여야 한다. 따라서 관리요소를 시스템화하면 사고나 그 손실이 발생하기 전에 시스템 전반의 위험을 찾아내어 관리할 수 있는 이점이 있다.

그러나 시스템 안전관리를 위해서는 시스템을 이해하고, 해석하고, 위험성을 평가하여 시스템 내부에 무엇이 일어나고 있는지를 소상히 알아야 한다. 이러한 활동을 위해서는 시스템에 대한 다음의 가정이 필요하다.

시스템은 의미 있는 요소(부분 또는 부품)로 분해할 수 있다.

- 부분이나 부품은 작동하거나, 고장이 나는데 고장확률은 부분이나 부품이 개별적으로 분석되고, 설명될 수 있다.
- 사건의 결과나 순서는 선택한 표현에 의한 설명에 따라 사전에 정의·확정할 수 있다.
- 사건의 조합은 순서가 있고, 선형적이다. 하지만 원인과 사고결과는 비선형성을 보인다.

이러한 가정은 기술적 시스템에는 유효할지 모르나, 사회시스템이나 조직 및 인간행동에 적용하는 데에는 한계가 있다. 다시 말하면 자동차 조립공정과 같은 다루기 쉬운 시스템은 이를 쉽게 적용할 수 있으나, 병원의 비상응급실과 같은 다루기 어려운 시스템에서는 모든 것을 상세하게 설명하는 것이 불가능하므로, 시스템을 요소로 분해하여 이해하기는 쉽지 않다. 따라서 시스템안전관리 외의 발전된 안전관리 방안, 즉 종합적인 경영 차원의 안전관리시스템이 필요하다.

## 1.3 선형적 사고 및 복잡계의 패러다임

위험성을 평가하거나 사고결과를 예측할 때 우리는 선형적인 사고로 접근하기 쉽다. 사고의 원인과 결과와 같은 어떤 두 가지의 인과관계가 단순히 선형(linear)적일 것이라 생각하지만, 실제로는 비선형일 경우가 많다. 특히 안전관리 요소와 위험성 평가시 사용하는 변수 간의 관계가 더욱 그러하다.

우리는 대체적으로 거대한 시스템 구축을 선호하며, 그 능력을 과신한다. 즉, 기계와 시스템을 크게 만들면 비용 효율이 좋아진다고 생각한다. 그리하여 우리는 더 빠르고, 더 좋고, 더 저렴한 시스템을 요구해왔다. 이와 같이 하여 산업현장은 더욱 복잡해졌고, 여기에 기술발전으로 AI(artificial intelligence), IoT(internet of things), 디지털화, 드론, 인공지능 로봇 등의 첨단기술이 적용되어 더욱 큰 복잡계가 되었다.

이와 같이 단일고장이 아닌 동시 고장 및 동적인 요소가 더해질 경우의 복잡계 시스템의 거동을 정확하게 파악하기는 아주 어렵다. 그럼에도 우리는 이러한 시스템에 의존하고 있다. 이러한 문제점들을 해소하려는 움직임으로 등장한 안전관리 체계가 종합적인 안전관리 또는 경영 차원에서 안전을 체계적으로 관리하자는 것이 안전경영시스템이다.

## 2. 시스템 안전의 정의와 유래

### 2.1 시스템 안전의 정의

시스템 안전에 대한 정의를 살펴보면, 시스템 안전(system safety)은 시스템의 전 수명 주기에 걸쳐 운용상 효과와 적합성, 시간, 비용의 제약하에 수용 가능한 리스크 수준을 달성하기 위하여 공학적 및 관리적 원칙, 기준과 기법을 적용하는 것으로 정의한다. 또한 시스템 안전은 과학적, 공학적, 경영적 이론에 기반하여 위험리스크를 적시에 발견하고, 위험을 방지하기 위한 조치를 취함으로써 수명 주기 전반에 걸쳐 안전을 보장하는 학문 분야로 정의한다.

### 2.2 시스템 안전의 유래

1940년대까지는 시스템 구성요소 개개의 신뢰성을 분석하고 재해 원인을 규명하여 대책을 수립하는 데 중점을 두는 요소 안전(elements safety) 개념이 주를 이루었다. 즉, 안전을 달성하기 위한 체계적 접근법이 존재하지 않았고 시행착오 과정을 거치면서 문제가 발견되면 이를 해결해가면서 제품이나 시스템을 개발하였다. 예를 들어, 미국의 라이트 형제는 1903년 12월 17일 노스캐롤라이나주 키티호크의 모래언덕에서 '동력을 이용해 공기보다 무거운 물체를 조종하는 비행'을 처음으로 하면서 시작됐다. 처음부터 현재와 같은 안전한 비행기를 개발한 것이 아니라 날 수 있는 비행기를 만들고, 실제 하늘을 날아보는 과정을 거치면서 발견된 문제점을 고쳐가며 108번의 시행착오 끝에 비행기를 개발하였다. 이러한 접근법을 'fly-fix fly-approach'라고도 한다.

[그림 6-1] 라이트 형제의 비행기 개발 모습

1950년대 말 무렵 미국은 소련의 미사일 기술 발전에 대응하기 위해 개념 구상, 설계, 제조, 운용의 각 개발 단계를 병행하는 병렬 개발 방식으로 개발 기간을 단축하려 하였다. 이러한 방식으로 개발된 무기체계는 1년 반이라는 짧은 기간 내에 4회의 대형사고가 발생하여 큰 경제적 손실을 초래하고, 안전상의 결함으로 전면적으로 폐기되기도 하였다. 이러한 실패를 통하여 미군과 미국 우주산업 관련 기업들이 안전한 시스템의 설계, 개발, 시험 및 제조를 위한 전체적이고 능동적인 시스템적 접근(holistic and proactive systems approach)의 필요성을 인식하게 되었다.

1962년 4월에 미닛맨(Minuteman) 내륙 간 딘도미시일 개발을 위해 '병기 시스템 안전기준 WS133B'가 정하여졌다. 미닛맨 대륙간 탄도미사일 개발은 정형화된 시스템 안전기법이 최초로 적용된 프로젝트이다. NASA에서도 로켓 제작 실패를 거듭하다 1950년대 중반부터 유인 우주선 프로그램에 시스템 안전을 도입하였다. NASA시스템 안전규격으로 NHB 1700.1(NASA Safety policy and requirements document)이 공표되어 있다. 시스템 안전의 도입으로 유인 우주선을 달에 착륙시키고 유인 우주왕복선 프로그램을 성공적으로 수행하였다.

미 국방성과 NASA에서 보인 시스템 안전의 효과가 인식되면서 민간 항공기 산업, 원자력발전소, 화학공정, 철도 수송, 연방항공청과 같은 다른 분야로 시스템 안전이 확산되었다.



## 3. 시스템 안전프로세스

### 3.1 핵심 시스템 안전프로세스

MIL-STD-882는 8개의 주요 시스템 안전프로세스를 제안하였다. 핵심시스템 안전프로세스는 리스크를 관리하는 시스템 안전프로세스(system safety process: SSP)를 수립한다. SSP는 시스템안전프로그램 계획(system safety program plan: SSPP)에 기록되며, 이는 수행되어야 할 모든 안전 관련 업무, 즉 특정 위험분석, 보고 등을 포함한다. 위험이 파악됨에 따라 리스크의 크기가 평가되고 이를 바탕으로 리스크 경감을 위한 위험완화 방안이 수립되게 된다.

위험완화 방안은 시스템 안전 요구사항(system safety requirements: SSRs)을 통하여 시스템 설계에 반영된다. 모든 파악된 위험은 기록되고 위험 추적시스템(hazard tracking system: HTS)에 올려진다. 위험은 없어질 때까지 HTS에서 연속적으로 추적된다. 핵심 시스템 안전프로세스는 안전은 위험에서 시작됨을 보여주며, 위험 파악 및 제거/경감이 이 프로세스의 핵심이다.

[그림 6-2] 핵심 시스템 안전 프로세스

핵심 시스템 안전프로세스는 그림 6-2와 같이 폐회로 통제 프로세스로 축소될 수 있다. 이는 안전이 위험파악, 위험 리스크 평가 및 수용 불가능한 리스크를 낳는 위험의 통제를 통하여 이루어짐을 보여 주는 리스크 관리 프로세스이다.

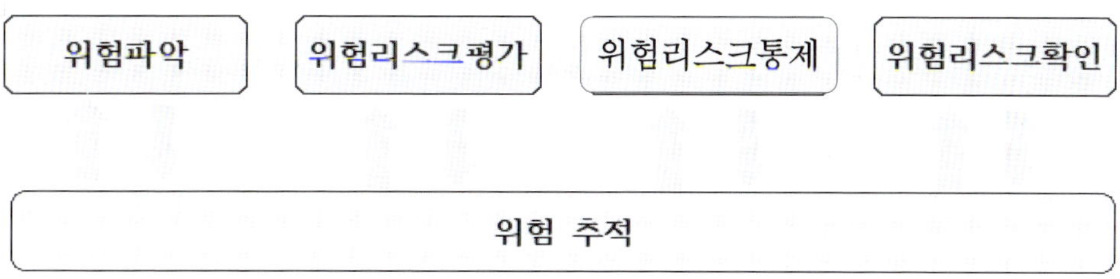


[그림 6-3] 폐회로 위험 통제 프로세스

# 4. 시스템 수명주기별 안전요소

## 4.1 시스템 수명주기

시스템 수명주기(system life cycle)는 어떤 시스템이 개념 구상에서 폐기까지 이르는 모든 국면을 포함한다. 시스템 수명주기는 수정 탄생, 어린 시절, 성인기, 사망과 매장과정으로 이루어진 인간 수명주기와 유사하다. 시스템 수명주기는 매우 일반적이며 그림 6-4와 같이 5단계로 요약될 수 있다.

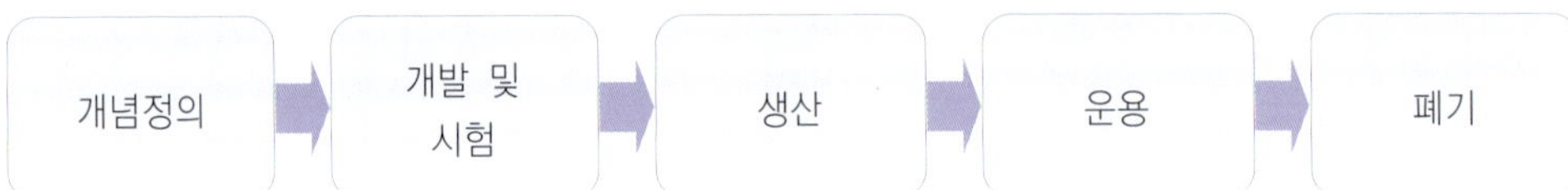


[그림 6-4] 시스템 수명주기

## 4.2 개념정의

개념정의(concept definition) 단계는 가능성(feasibility), 비용 및 리스크 관점에서 잠재적 시스템 개념을 정의하고 평가한다. 전반적 프로젝트 목적 및 목표가 이 기본 개념 평가 단계에서 파악되고 설계 요구 사항, 기능 및 최종 결과가 정립된다. 이 단계에서 안전 관심 대상은 시스템에 사용되는 위험한 구성 요소/부품 및 기능이다. 위험 분석을 포함한 시스템 리스크 및 안전 관련 업무 윤곽을 잡기 위하여 시스템 안전 프로그램 계획시 일반적으로 이 단계에서 시작된다.

## 4.3 개발 및 시험

개발 및 시험(development and test) 단계는 실제 시스템을 설계하고 개발하고 시험하는 것을 포함한다. 개발이 예비 단계에서 상세 단계로 진행하며, 개발 과정은 다음과 같은 세 단계로 나누어진다.

- 예비설계: 초기 기초 설계

- **상세 설계**: 상세한 최종 설계
- **시험**: 모든 요구 사항이 만족되는지를 확인하는 시스템 시험

예비설계는 초기 개념을 실행 가능한 설계로 번역한다. 이 단계에서 서브시스템, 구성 요소/부품과 기능들이 파악되고 확립된다. 설계요구사항들이 시스템, 서브시스템 및 소프트웨어를 정의하기 위하여 명문화된다. 설계 대안 시험이 이루어질 수도 있다. 이 단계에서 안전은 궁극적으로 재해를 유발할 수 있는 위험한 시스템 설계 및 부품/재료와 위험을 제거하거나 완화할 수 있는 행동에 관심을 가진다.

예비설계는 상세한 최종 설계로 진화하고 최종 설계는 설계 사양 개발, 스케치, 제도(drawing), 시스템 시험 단계는 모든 설계 요구 사항이 만족되고, 효과적인지를 확인하기 위한 설계안에 대한 확인 및 입증 시험을 포함한다. 안전관심 대상은 시험과 관련된 잠재적 위험 및 시험 동안에 파악되는 부가적 시스템 위험이다.

## 4.4 생산

이 단계에서 최종 승인된 설계안이 운용 가능한 최종 제품으로 변형된다. 안전관심 대상은 안전한 생산 절차, 인간 실수, 도구, 방법 및 위험 재료이다.

## 4.4 운용

운용단계에서 사용자가 최종 제품을 실제 운용하게 되며 운송/조작, 저장/적재, 수정 및 보전과 같은 사용 및 지원 기능을 포함한다. 운용단계는 수년간 지속될 수 있으며, 이 단계 동안 작업 수행도 향상 및 기술 발전이 이루어질 수 있다. 안전관심 대상은 운용자 행동, 하드웨어 고장, 위험한 시스템 설계, 안전한 설계 변경 및 시스템 업그레이드이다.

### 4.5 폐기

폐기(disposal)는 제품이 유용한 수명을 다하는 단계이며 전체 혹은 요소별로 시스템을 폐기하는 것을 포함한다. 안전한 분해 절차와 위험한 재료/물질의 안전한 폐기가 안전의 관심 대상이다.

## 5. 시스템 안전원칙

다음은 12가지 시스템 안전원칙이며 모두 위험, 위험파악 위험 경감과 관련되어 있다.

- 원칙 1

  위험재해 리스크는 삶의 현실이다. 그것들은 인간이 만든 시스템의 전형적 부산물이다.
- 원칙 2

  위험은 리스크를 만들고 재해를 유발하는 것이다. 이러한 것 또는 요소는 설계를 통하여 파악되고 통제될 수 있는 설계에 내재된 고유의 요소이다.
- 원칙 3

  시스템은 시스템 위험을 종종 유발하거나 시스템 위험에 기여하는 다양한 다른 방법으로 고장 날 수 있다.
- 원칙 4

  안전은 결과적 시스템 특성이며, 시스템 설계로 변한다. 이러한 특성은 안전을 위한 설계 활동을 통하여 의도적으로 개선된다.
- 원칙 5

  위험리스크는 안전 특성의 정도를 제공하는 척도이다.

- 원칙 6

리스크는 항상 알려져 있어야 한다. 불필요하거나 수용 불가능한 안전 리스크는 결코 수용되어서는 안 된다.

- 원칙 7

시스템 안전은 위험 재해 및 리스크를 파악하고 통제하는 프로세스이다. 안전은 위험 파악과 위험 경감 프로세스를 통하여 이루어진다.

- 원칙 8

위험분석으로부터 위험은 파악되고 리스크는 결정된다.

- 원칙 9

안전은 위험분석과 리스크 통제에 근거한 전용 시스템 안전 프로그램을 통하여 가장 잘 달성될 수 있다.

- 원칙 10

안전은 공짜가 아니지만 재해와 관련된 직접, 간접, 숨겨진 비용보다는 싸다.

- 원칙 11

재해없음이 안전한 시스템과 필연적으로 같지는 않다. 아직 발생하지 않은 위험이 숨겨져 있을 수 있다. 이것이 위험분석이 항상 수행되어야 하는 이유이다.

- 원칙 12

안진은 획득되어야 한다. 안전은 우연히 이루어지지 않는다. 이러한 사실은 안전은 위험분석 및 위험경감에 근거한 시스템 안전 프로그램을 요구한다.

## 6. 리스크 경감 방안

리스크 경감 방안은 우선적으로 가능하면 제거할 수 있어야 한다. 위험제거가 불가능할 때는 시스템 안전 설계 우선순위를 적용하여 비용, 일정 및 수행도(performance) 제약 범위 안에서 가장 낮은 수용 가능한 수준으로 관련된 리스크를 줄여야 한다. 시스템 안전설계 우선순위는 리스크 경감 방안을 다음과 같이 효과가 큰 순서대로 나열한다(MIL-STD-882E).

- 설계안 선택을 통한 위험제거

  이상적으로 위험을 완전히 제거할 수 있는 설계안 혹은 물질 선택을 통하여 위험은 제거되어야 한다.

- 설계안 변경을 통한 리스크 경감

  위험을 제거할 수 있는 설계 변경안이나 물질 채택이 불가능하다면, 그 위험에 의해 창출되는 잠재적 재해의 강도나 발생 확률을 줄일 수 있는 설계 변경을 고려한다.

- 공학적 특성이나 장치 채택

  설계 변경을 통한 리스크 경감이 불가능할 경우, 공학적 특성이나 장치를 사용하여 그 위험으로 유발될 수 있는 잠재적 재해의 강도나 발생확률을 줄여야 한다. 일반적으로 공학적 특성은 재해가 발생하는 순서를 능동적으로 차단하고, 장치는 재해 리스크를 줄인다.

- 경고장치 제공

  공학적 특성이나 장치가 불가능하거나 그 위험으로 인한 재해의 강도나 확률을 적절히 낮출 수 없다면, 위험 상황 발생이나 위험 사건 발생을 경고할 수 있는 탐지 및 경고 시스템을 포함하라.

- 시각적 게시물, 절차 훈련 및 개인 보호장비 제공

  위의 방법들이 불가능하거나 불적절한 경우 시각적 게시물, 절차, 훈련, 및 개인보호장비를 제공한다. 시각적 게시물은 플래카드, 레이블, 표지판 비치, 다른 시각적 그래픽을 포함한다. 절차와 훈련은 적절한 경고 및 주의를 포함한다. 위험이 중대할 경우 시각적 게시물, 절차, 훈련 및 보호장비가 유일한 리스크 경감 방안으로 사용되어서는 안된다.

- 리스크 수용

위의 모든 방법을 사용해도 피할 수 없는 위험은 수용할 수밖에 없다. 어느 정도 수준의 위험이 수용 가능한 위험인지에 대해서는 다양한 여건을 고려한 경영적 판단이 필요하다.

## 7. 사례: 항공안전관리시스템

### 7.1 항공안전관리시스템 정의

1970년대 초반에서 1990년대 후반까지는 인적요인이 안전노력에 있어 가장 중점이 되었던 인적요인의 시대로 지속적인 기술발전과 안전규정 강화로 항공기 사고 빈도수는 감되었으나, 인적요인은 여전히 사고재발의 요인으로 남아있었다. 1990년대 후반부터 현재에 이르러 항공안전은 시스템 관점에서 안전을 인식하고 조직사고(Organizational accident)의 개념이 도입되어 안전노력을 위해 기술 및 인적요인에 조직요인을 주가한 조식의 시대로 보고 있다.

시스템 안전관리란 어떤 정해진 환경(시간이나 비용에 제약이 있는 조건)에서 인원과 장비가 조화롭게 작용함으로써 예기치 않게 인원 및 설비에 상해 및 손상이 생기지 않도록 보증하기 위하여 논리체계와 지식을 활용하여 이를 최소한으로 감소시키는 것을 말한다. 항공안전관리시스템에서 방지하는 사고의 개념은 항공기 운항에 관계되는 항공기 사고뿐만 아니라, 항공기의 정비나 운영을 위한 조직에서 발생하는 모든 사람의 사상, 물건의 피해나 손실을 포함하는 포괄적 의미라 할 수 있겠다.

국토교통부는 항공안전관리시스템(Safety Management System, SMS)은 항공법 제49조 제2항 및 제3항에 따라 SMS를 운용하는 항공운송사업자, 항공기정비업자, 항공교통관제기관, 공항운영자 및 항행안전시설의 설치자·관리자 등 서비스제공자(Service Provider)가 정부의 항공안전프로그램에 따라 자체적으로 안전관리를 하기 위하여 갖추어야 하는 조직, 책임과 의무, 안전정책, 안전관리절차 등을 포함하는 안전관리체계라고 정의한다.

국제민간항공기구(ICAO)에서는 SMS를 "정책과 절차, 책임 및 필요한 조직구조를 포함한 안전관리를 위한 체계적인 접근방법"으로 정의하고 있다.

선행연구를 바탕으로 항공안전관리시스템을 종합하여 개념을 정리하면, SMS를 모든 항공활동에 있어서 조직의 자원을 안전하게 관리하기 위한 전사적이고 통합적인 체계로 정의할 수 있다.

## 7.2 안전관리시스템 체계

[그림 6-5] 항공안전관리시스템 체계 구성차원

### 7.2.1 안전정책과 목표

안전정책과 목표(Safety Policy and Objectives)는 허용 가능한 적정수준의 안전을 성취하기 위한 조직의 본질적인 접근을 명시하는 것이다.

안전정책에는 최고관리자와 고위관리자의 SMS에 대한 안전목표를 포함한 안전정책개발과 이에 필요한 인적·물적 자원의 지원 등을 비롯한 모든 안전문제에 관한 최종 책임과 권한이 포함되어야 한다. 안전정책 및 목표는 관리자의 책임과 권한, 업무분장, 핵심 안전종사자의 임명, 비상대책계획 및 SMS의 문서화 등 5가지 구성차원으로 구성된다.

### 7.2.2 위험관리

위험관리(Risk Management)는 항공안전프로그램을 통해 발견된 위해요인(Hazard)을 식별하고 위험을 분석 및 평가함으로써 운영환경에서 존재하는 특정 위험을 경감하거나 항공안전프로그램을 개선하는 일련의 활동을 말한다.

위험관리는 위해요인 식별과 위험요인분석으로 이를 세분화하면 시스템분석, 위해요인 식별, 위험분석, 위험평가 및 위험경감의 절차로 나누어진다. 시스템분석(System Analysis)은 위해요인 식별을 위한 사전 준비 단계로 비정상적 운영 상태에 대한 판별기준을 설정하고 위해요인 식별 및 위험평가를 위한 운영환경의 상태를 분석하는 것이다. 위해요인 식별(Hazard Identification)은 조직의 안전 운영에 영향을 주는 위해요인을 발견 및 처리하기 위한 절차로 사고, 준사고, 항공안전장애, 비밀 및 자율안전보고제도 등을 통한 사후적 정보(Reactive data), 위해요인 보고제도, 안전조사 및 안전평가 등에 따른 사전적 정보(Proactive data) 그리고 비행자료 모니터링 등을 통한 예측적 정보(Predictive data)의 3가지 측면에서 이루어진다.

위험분석은 위해요인 식별 및 분석을 통해 수집된 정보를 바탕으로 위험발생의 인과관계를 분석하여 위험을 평가하는 것으로 위험분석은 사건 시나리오(Event Scenario)분석, 발생가능성(Probability)분석 및 심각도(Severity)분석 순으로 이루어진다. 위험분석 절차의 최초 단계인 사건 시나리오분석은 위험사건의 인과관계를 분석하는 것으로 사건 시나리오를 구성하여 사고의 원인과 대응방안을 분석하는 것이다. 다음 단계의 발생가능성 분석은 잠재결과의 발생가능성을 결정하는 것으로 분류기준은 1단계 아주 낮음(Extremely Improbable)에서 5단계 매우 높음(Frequent)까지 총 5단계로 비행시간당 발생빈도를 기준으로 나눈다. 마지막 단계인 심각도분석은 잠재결과에 따라 예상되는 인명의 피해, 장비의 손상 또는 파괴, 안전한계(Safety Margin)의 저하 등의 피해정도를 결정하는 것으로 위험분류는 E단계 매우 경미(Negligible)에서 D단계 경미(Minor), C단계 중요(Major), B단계, 위험(Hazardous), A단계 매우 심각(Catastrophic)까지 총 5단계로 구분된다.

위험평가(Risk Assessment)는 위험분석 결과를 근거로 수행되며 평가결과는 확인된 위험을 조치하고 조직의 의사결정을 위한 기초자료로 활용된다. 위험분석에 의해 산정된 발생 가능성 및 심각도는 위험수준 판정과 조치수준 결정의 순서에 따라 그 위험이 평가되는데 잠재결과의 발생가능성과 심각도 수준의 조합으로 이루어진 위험평가 매트릭스를 통해 위험수준이 판정 및 결정된다.

위험경감을 위한 조치수준은 위험허용에 따른 비용편익과 위험관리 조치에 대한 비용편익에 따라 수용불가(Intolerable), 수용(Tolerable), 허용가능(Acceptable)으로 정해진다. 또한 위험경감은 위험을 평가하는 단계에서 위험수준의 경감조치가 필요하다고 평가된 위해요인을 통제 및 예방하고 실행 가능한 낮은 수준으로 위험을 줄이는 것으로, 여기에는 관련 위험을 완전히 회피하도록 조치하거나 위험을 전체적으로 제거하는 회피(Avoidance), 잠재결과의 피해를 줄이거나 발생 가능성을 감소시키는 감소(Reduction) 그리고 위험을 부분적으로 회피하도록 운용기준을 강화하는 노출 위험과의 격리(Segregation of Exposure)와 같이 3가지 조치가 있다.

위험관리의 위험분석, 평가 및 위험경감에 대한 안전관리 의사결정은 비용과 편익을 비교·분석하여 그 결과에 따라 이루어져야 하며, 그에 대한 의사결정은 위험관리 의사결정 절차에 따라 이루어진다(그림 6-6 참조).

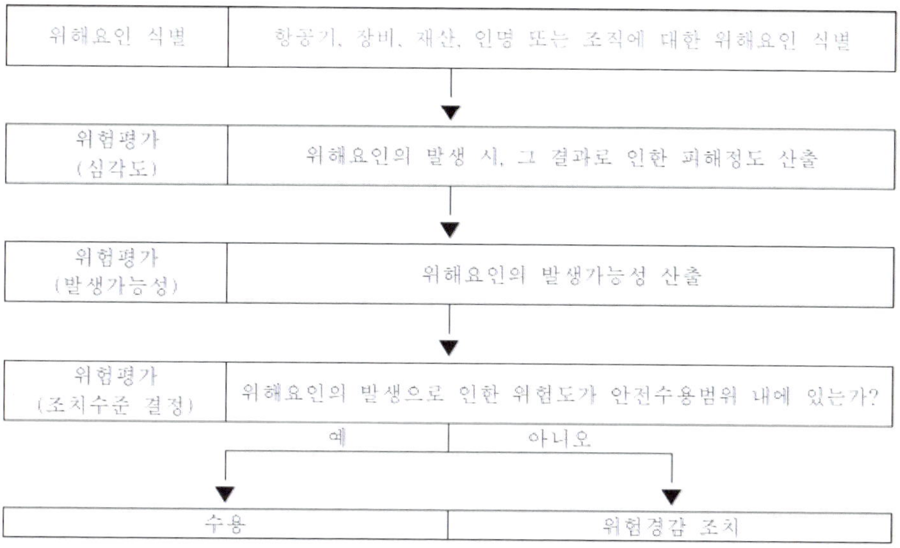


자료: ICAO, Safety Management Manual(SMM), Doc9859, 3rd Edi., 2013, Chapter5 SMS, pp.5-15.

[그림 6-6] 위험관리의 위험분석, 평가 및 위험경감에 대한 안전관리 의사결정

### 7.2.3 안전보증

안전보증(Safety Assurance)은 위험이 적절하게 관리되도록 확인하기 위한 감시와 절차를 의미한다. 안전보증 활동의 개념은 새로운 위해요인을 식별하고, 위험관리체계가 제 기능대로 작동하는지 여부를 평가하며, 국가 허용안전기준의 달성과 항공안전프로그램과 관련된 법규・기준・절차의 준수를 보장하기 위한 제반활동이다.

안전보증을 위한 주요 활동은 안전성과를 지속적으로 모니터링하고 측정하는 것으로, 내부 안전감사, 안전보고, 내부 안전조사 및 설문조사 등의 방법을 통해 이루어진다. 내부 안전감사는 안전을 위한 조직, 교육훈련, 위험수준에 대한 적절한 조치 등 SMS 운영을 위한 구비여부를 확인하는 절차이고, 안전보고제도는 항공운항 안전을 위협하는 잠재적 위해요인을 식별하기 위해 종사자의 의도되지 않은 실수나 착오를 처벌하지 않고, 원인을 조사하여 관리시스템을 개선하기 위한 목적으로 비처벌문화 또는 관용문화로 일컬어지는 공정문화(Just Culture)에 기반을 둔 제도로 대표적으로 항공안전의무보

고제도와 항공안전자율보고제도로 운영되고 있다. 안전보증의 가장 중요한 핵심요소는 조직이 SMS의 안전목표를 달성하기 위해 안전성과의 개선을 지속적으로 추진하는 것이다

### 7.2.4 안전증진

안전증진(Safety Promotion)은 긍정적인 안전문화를 개발하고 이를 유지하기 위한 것으로 종사자의 훈련, 안전관리 임무를 수행하는 숙련도, 조직 내 안전문제에 관한 소통이 잘 되고 있는지 확인하는 수단, 과정 및 절차를 말하며 안전위험의 효율적인 통제가 이루어지도록 지원하는 것이 안전증진의 목적이다. 안전증진을 위한 핵심활동의 하나는 조직원들이 안전책임 의식을 가지고 업무를 수행할 수 있도록 안전교육 및 훈련을 실시하는 것으로, 안전훈련 및 교육에는 초기 및 정기 보수교육, 최신정보 전달, 교육 및 훈련 효과의 평가 등의 과정을 고려하여야 한다. 또한 안전문화를 개선·유지·관리하기 위한 기본 수단으로서 안전정보의 원활한 소통을 위해 모든 종사자가 SMS와 조직의 안전문화를 인지하고, 중요 안전정보를 대내외에 전달하고, 안전조치 이유와 안전절차가 도입 및 변경된 이유를 설명할 수 있는 절차도 필요하다.

CHAPTER 07

# 위험성 평가



## 1. 위험성 평가의 개요

### 1.1 취지

산업재해는 장기적으로는 감소하고 있지만, 여전히 많은 근로자가 산업재해를 입고 있고, 한 번에 2명 이상 사망하는 대형재해도 빈번하게 발생하고 있다. 그리고 우리나라를 대표하는 기업에서도 누출, 폭발, 화재 등의 중대재해가 지속적으로 발생하고 있다. 이들 재해의 요인으로서는 위험성 평가(Risk Assessment)의 불충분, 최고경영자의 노력 부족, 지식·경험의 미흡 등이 지적되고 있다.

생산공정의 다양화, 복잡화가 진전되는 한편 새로운 기계설비·화학물질이 도입되고 있고, 사업장 내 유해위험요인이 다양화되며 그 파악이 곤란해지고 있는 상황에서는, 단순히 법령에 규정된 세부적·기술적인 안전보건기준을 준수할 뿐만 아니라, 자율적인 노력에 의한 안전보건관리 수준의 향상이 불가결하다. 위험성 평가는 산업재해 감소 및 안전보건 수준의 향상을 위한 유력한 방법이다.

이러한 필요에 따라 기업이 자율적으로 안전보건 수준을 향상시키기 위하여 유해위험요인을 파악하고 각각의 리스크를 추정·결정하며, 이것에 근거하여 리스크 감소조치를 실시하는 방법으로 위험성 평가를 도입하게 되었다.

우리나라에서는 2013년 6월 산업안전보건법을 개정하여 제41조의2(위험성 평가)를 구체적 의무의 형태로 신설하고, 건설물, 기계·기구, 설비, 원재료,

가스, 작업 등의 유해위험요인(hazard)을 파악하는 한편, 그 결과에 따라 필요한 안전보건조치를 하도록 규정하였다.

## 1.2 위험성 평가란

### 1.2.1 위험성 평가란

- 첫째, 사업장의 모든 유해위험요인을 적출하고,
- 둘째, 리스크(위험성)를 추정하고,
- 셋째, 리스크가 큰 것부터 감소조치를 강구하는

일련의 조치를 체계적으로 추진하는 자율적이고 선제적인 안전보건관리방법을 말한다.

위험성 평가는 대략적으로 다음과 같은 5가지 단계(step)로 진행된다.

① 사업장의 유해위험요인을 적출(파악)한다(유해위험요인 파악)(1단계).

② 유해위험요인별로 리스크를 추정한다(위험성 추정)(2단계).

③ 리스크의 허용 여부를 판단하고 우선도 설정 및 리스크 감소조치 검토를 한다(위험성 결정)(3단계).

④ 리스크 감소조치를 실시한다(위험성 감소대책)(4단계).

⑤ 위험성 평가 실시내용을 기록한다(기록)(5단계).

위험성평기를 3단계까지로 보는 관점도 있지만, 5단계까지의 일련의 작업을 합하여 위험성 평가로 파악하는 관점이 직장에서 이해되기 쉽고 수용되기도 쉽다. 산업안전보건법에서도 5단계까지를 위험성 평가로 보고 있다.

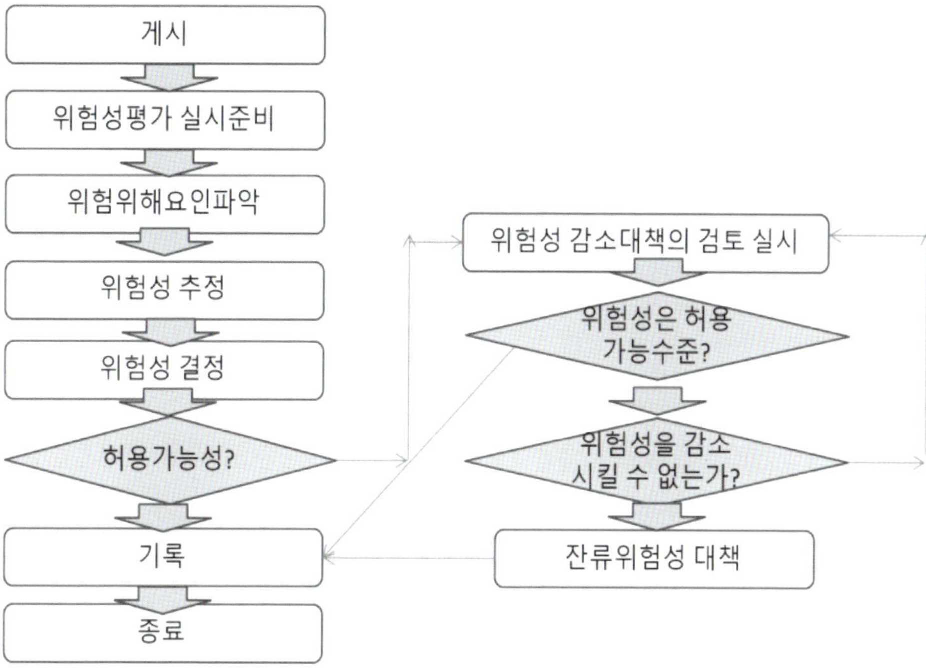


[그림 7-1] 위험성 평가 기본 흐름

## 1.3 위험성 평가 탄생배경

위험성 평가의 원형은 1980년대에 유럽에서 많이 발생한 화학플랜트 등의 중대재해를 방지하기 위한 방안으로 고안되었다. 위험성 평가의 정의 역시 1980년에 확립되었는데, 대체로 "잠재하는 유해위험요인의 체계적인 사전 리스크 추정(중대성과 가능성이라는 측면에서 평가) 및 이에 근거한 우선도의 합리적인 뒷받침"이라고 말할 수 있다.

그 후 EC(당시 1993년 이후에는 EU)의 가맹국이 가맹국들의 안전보건 확보와 그 수준 향상을 위하여 '직장에서의 근로자의 안전과 보건의 개선을 촉진하는 조치(위험성 평가를 포함한다)'를 채택하였다. 이것에 의해 가맹국들은 1992년 중에 필요한 법률, 규칙 등을 정비하고, 1996년까지 시행하게 되었다. 그리고 EU의 통일규격인 EN(Europaische Norm, European Standards)에 위험성 평가가 추가됨으로써 위험성 평가가 EU 각국에 보급되어 갔다.

## 1.4 외국의 위험성 평가 제도

영국은 산업안전보건법(Health and Safety at Work Act, 1974)과 사업장보건안전규칙 제정하였다. 1992년에 모든 사업주는 위험성 평가를 실시하고 이에 따라 유해·위험요인을 관리하도록 규정하고 있는데, 5인 이상 사업장은 위험성 평가를 실시한 문서를 보관하도록 하고 있다. 위험성 평가를 5단계(Five steps torisk assessment)로 구분하고 다양한 위험성 평가 방법과 사례를 제시하고 있다. 또한 EU Directive에 따라 EU각국은 위험성 평가를 제도적으로 도입하고 있다.

독일의 경우 1966년 산업안전보건법(Arbeitsschutzge setz)이 제정되었고, 1996년에 근로자안전보호법을 제정하여 EU의 위험성 평가 제도를 법적으로 도입하여 법 제5조에서 작업여건에 대한 평가조항을 두고 있다.

일본의 경우에는 1972년에 노동안전위생법이 제정되었고 2006년에 개정하여 위험성 평가제도(법 제28조의2)를 도입하고 있으며, 위험성 평가 제도는 법에서 노력의 의무로 규정하였다.

미국의 경우에는 위험성 평가에 대한 의무규정은 없는 반면 위험성 평가를 기반으로 하는 자율안전관리체계를 구축하여 감독·규제하고 있다.

아세안 국가에 속한 싱가포르도 2006년 산업안전보건법을 제정하였으며 위험성 평가 실시를 의무화하고 있고, 또 호주에서는 2000년 산업안전보건법에 위험성 평가를 도입하고 2001년 시행령에 위험성 평가를 사업주 의무로 규정하고 사업주는 위험성을 평가하여 개선토록 하고 있으며, 5년에 한 번 이상 재평가를 하도록 의무화하고 있다.

# 2. 위험성 평가의 실시방법 및 효과



## 2.1 위험성 평가의 실시방법

### 2.1.1 관련 법령 및 고시

사업주는 건설물, 기계·기구, 설비, 원재료, 가스, 증기, 분진, 근로자의 작업동 또는 그 밖에 업무로 인한 유해위험요인을 찾아내어 부상 또는 질병으로 이어질 수 있는 위험성의 크기가 허용 가능한 범위인지를 평가하여야 하고, 그 결과에 따라 이 법과 이에 따른 명령에 의한 조치를 하여야 하며, 근로자에 대한 위험 또는 건강장해를 방지하기 위하여 필요한 경우에는 추가적인 조치를 하여야 한다(산업안전보건법 제36조 제1항).

제36조(위험성 평가의 실시) ① 사업주는 건설물, 기계·기구·설비, 원재료, 가스, 증기, 분진, 근로자의 작업행동 또는 그 밖의 업무로 인한 유해·위험 요인을 찾아내어 부상 및 질병으로 이어질 수 있는 위험성의 크기가 허용 가능한 범위인지를 평가하여야 하고, 그 결과에 따라 이 법과 이 법에 따른 명령에 따른 조치를 하여야 하며, 근로자에 대한 위험 또는 건강장해를 방지하기 위하여 필요한 경우에는 추가적인 조치를 하여야 한다.

② 사업주는 제1항에 따른 평가 시 고용노동부장관이 정하여 고시하는 바에 따라 해당 작업장의 근로자를 참여시켜야 한다.

③ 사업주는 제1항에 따른 평가의 결과와 조치사항을 고용노동부령으로 정하는 바에 따라 기록하여 보존하여야 한다.

④ 제1항에 따른 평가의 방법, 절차 및 시기, 그 밖에 필요한 사항은 고용노동부장관이 정하여 고시한다.

위험성 평가를 실시한 사업주는

i) 위험성 평가 대상의 유해위험요인

ii) 위험성 결정의 내용

iii) 위험성 결정에 따른 조치의 내용

iv) 그 밖에 위험성 평가의 실시내용

위의 내용을 확인하기 위하여 필요한 사항으로서 고용노동부장관이 정하여 고시하는 사항을 3년간 기록・보존하여야 한다(대산업안전보건법 제36조 제3항, 동법 시행규칙 제37조). 산업안전보건법 제36조 제4항에 따라 유해위험요인을 찾아내어 위험성을 결정하고 조치하는 방법, 절차, 시기, 그 밖에 필요한 사항을 정하기 위하여 사업장 위험성 평가에 관한 지침(고시)이 제정되어 있다(산업안전보건법 제41조의4 참조).

**참고: 위험성물질**

| 번호 | 유해・위험물질 | 규정량(kg) | | 번호 | 유해・위험물질 | 규정량(kg) | |
|---|---|---|---|---|---|---|---|
| | | 현행 | 개정 | | | 현행 | 개정 |
| 1 | 인화성 가스* | 5,000 | 5,000 | 27 | 브롬화수소 | 2,500 | 10,000 |
| 2 | 인화성 액체** | 5,000 | 5,000 | 28 | 삼염화인 | 750,000 | 10,000 |
| 3 | 메틸 이소시아네이트 | 150 | 1,000 | 29 | 염화 벤질 | 750,000 | 2,000 |
| 4 | 포스겐 | 750 | 500 | 30 | 이산화염소 | 500 | 500 |
| 5 | 아크릴로니트릴 | 20,000 | 10,000 | 31 | 염화 티오닐 | 150 | 10,000 |
| 6 | 암모니아 | 200,000 | 10,000 | 32 | 브롬 | 100,000 | 1,000 |
| 7 | 염소 | 20,000 | 1,500 | 33 | 일산화질소 | 1,000 | 10,000 |
| 8 | 이산화황 | 250,000 | 10,000 | 34 | 붕소 트리염화물 | 1,500 | 10,000 |
| 9 | 삼산화황 | 75,000 | 10,000 | 35 | 메틸에틸케톤과산화물 | 2,500 | 10,000 |
| 10 | 이황화탄소 | 5,000 | 10,000 | 36 | 삼불화 붕소 | 150 | 1,000 |
| 11 | 시안화수소 | 1,000 | 500 | 37 | 니트로아닐린 | 2,500 | 2,500 |
| 12 | 불화수소(무수불산) | 1,000 | 1,000 | 38 | 염소 트리플루오르화 | 500 | 1,000 |
| 13 | 염화수소(무수염산) | 20,000 | 10,000 | 39 | 불소 | 20,000 | 500 |
| 14 | 황화수소 | 1,000 | 1,000 | 40 | 시아누르 플루오르화물 | 50 | 2,000 |
| 15 | 질산암모늄 | 500,000 | 500,000 | 41 | 질소 트리플루오르화물 | 2,500 | 20,000 |
| 16 | 니트로글리세린 | 10,000 | 10,000 | 42 | 니트로 셀룰로오스<br>(질소 함유량 12.6% 이상) | 100,000 | 100,000 |
| 17 | 트리니트로톨루엔 | 50,000 | 50,000 | 43 | 과산화벤조일 | 3,500 | 3,500 |
| 18 | 수소 | 50,000 | 5,000 | 44 | 과염소산 암모늄 | 3,500 | 3,500 |
| 19 | 산화에틸렌 | 10,000 | 1,000 | 45 | 디클로로실란 | 1,500 | 1,000 |
| 20 | 포스핀 | 50 | 500 | 46 | 디에틸 알루미늄 염화물 | 2,500 | 10,000 |
| 21 | 실란(Silane) | 50 | 1,000 | 47 | 디이소프로필 퍼옥시디카보네이트 | 3,500 | 3,500 |

| 22 | 질산<br>(중량 94.5% 이상) | 250 | 50,000 | 48 | 불산<br>(중량 1% 이상) | 1,000 | 10,000<br>(중량 10% 이상) |
|---|---|---|---|---|---|---|---|
| 23 | 발연황산<br>(삼산화황 중량 65% 이상 80% 미만) | 500,000 | 20,000 | 49 | 염산<br>(중량 10% 이상) | 20,000 | 20,000<br>(중량 20% 이상) |
| 24 | 과산화수소<br>(중량 52% 이상) | 3,500 | 10,000 | 50 | 황산<br>(중량 10% 이상) | 20,000 | 20,000<br>(중량 20% 이상) |
| 25 | 톨루엔디이소시아네이트 | 100,000 | 2,000 | 51 | 암모니아수<br>(중량 10% 이상) | 20,000 | 50,000<br>(중량 20% 이상) |
| 26 | 클로로술폰산 | 500,000 | 10,000 | | | | |

* 인화성 가스: 인화한계 농도의 최저한도가 13% 이하 또는 최고한도와 최저한도의 차가 12% 이상인 것으로서 표준압력(101.3kPa) 하의 20℃에서 가스 상태인 물질

### 2.1.2 실시시기

위험성 평가는 최초평가 및 수시평가, 정기평가로 구분하여 실시하여야 한다. 이 경우 최초평가 및 정기평가는 전체 작업을 대상으로 한다. 수시평가는 다음 어느 하나에 해당하는 계획의 실행을 착수하기 전에 실시하는 것으로서 위험성 평가의 본질에 해당한다. 다만, ⑤에 해당하는 경우에는 사고·재해가 발생한 작업을 대상으로 작업을 재개하기 전에 실시하여야 한다[사업장 위험성 평가 관한 지침(고시) 12조 2항].

① 사업장 건설물의 설치·이전·변경 또는 해체
② 기계·기구, 설비, 원재료 등의 신규 도입 또는 변경
③ 건설물, 기계·기구, 설비 등의 정비 또는 보수(주기적·반복적 작업으로써 정기평가를 실시한 경우에는 제외)
④ 작업방법 또는 작업절차의 신규 도입 또는 변경
⑤ 중대산업사고 또는 산업재해(휴업 이상의 요양을 요하는 경우에 한정한다) 발생
⑥ 그 밖에 사업주가 필요하다고 판단한 경우

위험성 평가는 한 번으로 모든 리스크를 파악하고 리스크 감소조치를 할 수 있는 것은 아니므로, 수시평가 외에 연 1회 이상 정기적으로 사업장의 위험성 평가하는 것이 필요하다.

### 2.1.3 정보수집

#### 1) 유해위험요인에 관한 자료의 파악

사업장 위험성 평가를 실시하는 경우에는 먼저 유해위험요인에 관한 정보를 가급적 많이 수집하는 것이 중요하다. 사업장의 유해위험요인 파악을 위해 필요한 자료로서는 다음과 같은 것을 제시할 수 있다.

- 작업표준, 작업절차서, 작업계획서 등
- 기계·설비 등의 사양서, 취급설명서, 레이아웃 등 주변의 환경
- MSDS
- 사고·재해사례(자사, 타사 및 외국의 사례), 재해통계
- 아차사고사례(자사 및 타사의 사례)
- 위험예지활동, TBM, 안전순찰(외부전문가에 의한 것을 포함한다) 등 안전보건활동의 결과(기록)
- 건강진단결과
- 작업환경측정결과
- 고객 등으로부터의 클레임, 각종 트러블 사례
- 사업의 일부 도급의 경우에는 도급인 사업주가 실시한 위험성 평가 결과
- 기타 위험성 평가의 실시에 있어 참고가 될 국내외 자료 등

이 중 사고·재해사례, 아차사고사례 등은 위험성 평가 실시 대상으로 최우선으로 고려하여야 한다. 그리고 이들 자료는 위험성 평가를 실시할 때 필수적으로 필요한 것이므로 평상시부터 잘 정리해 두어야 한다. 자료의 리스트를 작성해 두면 편리하다.

#### 2) 유해위험요인의 확인

사업장의 유해위험요인에는 어떤 것이 있는지를 항상 파악해 둘 필요가 있다. 업무내용, 사용하고 있는 기계·설비, 화학물질, 작업환경 및 수집한 정보에서 유해위험요인을 찾아내어 정리해 두는 것이 필요하다.

### 3) 유해위험요인 정보입수 시 유의사항

새로운 기계·설비를 도입하는 경우에는 그 기계·설비의 제조자 또는 수입자로부터 설계·제조단계의 위험성 평가 결과를 입수하여 참고할 필요가 있다. 그리고 도급인 사업장에서 도급작업을 할 때에는 도급인 사업주로부터 위험성 평가에 필요한 자료를 사전에 입수하여 참고로 한다.

## 2.1.4 실시절차

### 1) 1단계: 유해위험요인 파악

#### (1) 유해위험요인의 분류

미리 정해진 유해위험요인 분류기준에 따라 작업장에 신규로 도입하거나 작업에서 현재 사용하고 있는 기계·설비, 화학물질, 작업환경, 작업방법 등에서 위험한(불안전한) 상태, 작업자의 불안전한 행동, 작업자의 특성 등에 주목하여 산업재해의 발생원인이 되는 유해위험요인을 명확히 한다. 유해위험요인 파악(hazard identification)은 작업절차서, 작업표준 등을 활용하여 실시한다. 작업절차서, 작업표준 등이 없는 경우에는 작업별로 작업 개요를 기재한 것을 사용하거나 작업절차를 써내도록 한다. 이때 실제의 작업을 잘 관찰하는 것도 중요하다.

현장에서는 작업절차서 등과 다른 방법으로 작업이 이루어지거나 소음, 공간의 협소 등의 환경요인 등은 작업절차서 등에는 없기 때문이다. 실시자는 작업의 상황을 가장 잘 알고 있는 현장감독자와 작업자 중심이 되고, 누락을 방지하기 위하여 복수의 자가 실시하는 것이 바람직하다. 그리고 필요에 따라 사용되고 있는 기계, 설비에 정통한 스태프 등 전문지식을 가진 자, 과장 등의 관리자가 참가하는 것도 효과적이다.

〈표 7-1〉 유해요인의 분류

1. 기계・설비에 의한 위험요인
2. 폭발성 물질, 발화성 물질, 인화성 물질, 부식성 물질, 산화성 물질, 황산 등에 의한 위험요인
3. 전기, 열, 기타 에너지(아크 등 광에너지) 등에 의한 위험요인
4. 작업(굴삭작업, 채석작업, 하역작업, 벌목작업, 철골조립 등)방법에서 발생하는 위험요인
5. 작업장소(추락 우려가 있는 장소, 토사 등의 붕괴 우려가 있는 장소, 미끄러질 우려가 있는 장소, 발이 걸려 넘어질 우려가 있는 장소, 채광・조명 등의 영향에 따른 위험성이 있는 장소, 물체가 낙하할 우려가 있는 장소 동)에 관계되는 위험요인
6. 작업행동 등에서 발생하는 위험요인
7. 원재료, 가스 증기, 분진, 산소결핍공기, 병원체, 배기, 배액, 잔재물 퉁에 의한 유해요인
8. 방사선, 고온, 저온, 초음파, 소음, 진동, 이상기압, 적외선, 자외선, 레이저광선 등에 의한 유해요인
9. 작업행동 등(계기감시, 정밀공작작업, 중량물취급작업, 작업자세, 작업양태에 의해 발생하는 요통, 경견완증후군 등)에서 발생하는 유해요인
10. 기타의 유해위험요인

### (2) 유해요인 표현방법

유해위험요인은 '~로 인하여(~할 때) ~하여 ~(사고유형)이 되다.'로 표현한다. 하나의 예를 제시하면 그림 7-1과 같다.

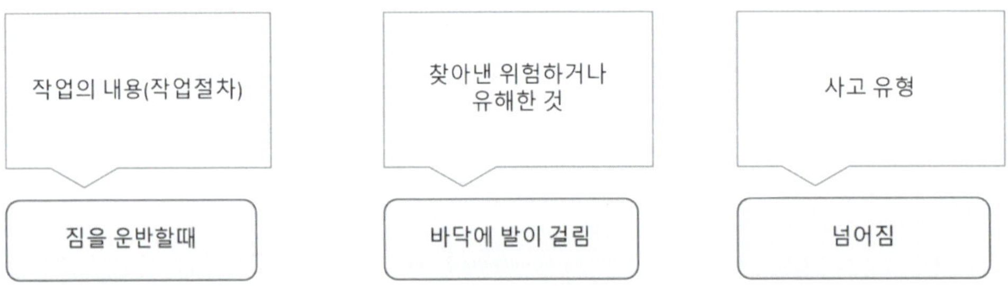


[그림 7-1] 유해위험요인 표현방법

### (3) 유해위험요인 파악 시 유의사항

- 감독자의 주관하에 해당 작업장의 근로자가 참여하여 실시한다(산업안전보건법 36조 2항 참조).
- 필요에 따라 스태프 등 전문지식을 가지고 있는 사람에게 지원을 의뢰한다.
- 지금까지의 재해, 사고, 아차사고를 참고로 한다.
- 자사의 작업자는 물론 파견・도급작업자의 의견도 활용한다.
- 작업자의 피로 등 부가적 영향을 생각한다.

### 2) 2단계: 리스크 추정

#### (1) 리스크 크기

리스크는 일반적으로 유해위험요인에 의한 [재해(피해)의 중대성]× [재해(피해)의 (발생)가능성]으로 나타내는데, 2가지 요소(중대성, 가능성) 모두 고려요인이 많으므로, 구체적인 작업에 들어가기 전에 각 요소에 대한 상세한 고려요인을 미리 준비하는 것이 필요하다.

예를 들면, 재해(피해)의 중대성은 재해(피해)를 입는 신체 부분이 어디인지, 재해(피해)의 강도는 어느 정도인지(치료기간, 후유장해 유무), 재해자(피해자)가 한 명인지, 여러 명인지와 같은 요소에 의해 좌우되고, 재해(피해)의 발생가능은 위험한 사건의 발생확률, 유해위험요인에 노출(접촉)되는 빈도와 시간, 위험한 사건이 발생한 때에 재해(피해)를 회피・제한하는 능력 등에 의해 영향을 받으므로, 이것들을 감안하면서 리스크의 크기(위험도)를 정하여야 한다.

그러나 이상의 고려요인이 절대적인 것이라고 말할 수는 없으므로 국내외에서 행해지고 있는 선진적인 방법을 조사・참고하여 각 사업장에 적합한 것을 지표(고려요인)로 삼을 필요가 있다.

#### (2) 리스크 추정의 3가지 방법

리스크 추정(risk estimation)의 방법에는 매트릭스(행렬) 방법, 분기방법, 수치화 방법이 있다.

- 매트릭스(행렬) 방법

  매트릭스(행렬) 방법은 재해의 중대성과 재해의 발생가능성을 상대적으로 척도화하여 이것을 종축과 횡축으로 하는 방법으로서, 미리 중대성과 가능성의 정도에 따라 위험성이 할당된 표를 사용하여 위험성을 추정하는 방법이다. 한눈에 리스크의 크기를 알 수 있어 편리하다는 장점이 있다.

| 구분 | 치명적 (사망) | 중대 (휴업 1일) | 중정도 (휴업 1일 이상) | 경미 (휴업 없음) |
|---|---|---|---|---|
| 상당히 높음 | 5 | 4 | 4 | 3 |
| 비교적 높음 | 4 | 4 | 3 | 2 |
| 약간 높음 | 4 | 3 | 2 | 2 |
| 낮음 | 3 | 2 | 2 | 1 |
| 매우 낮음 | 1 | 1 | 1 | 1 |

• 분기 방법

개로 분기해 가는 방법이므로 누구라도 비교적 간단하게 할 수 있는 장점이 있다. 단, 2자 택일로 분기해 가므로, 밀도 높은 분석은 기대하기 어렵다. 리스크 그래프에 의한 방법이라고도 한다.

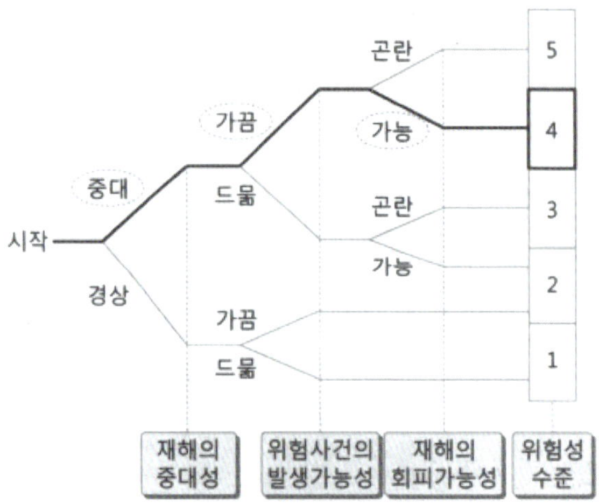


[그림 7-3] 분기 방법

• 수치화 방법

수치화 방법을 이용하는 리스크 추정은 리스크 크기의 구체적인 추정치가 수치로 제시되기 때문에 누구라도 알기 쉽고 리스크 감소의 우선도가 명확하게 되는 장점이 있다. 일반적으로는 리스크의 크기가 명확하게 나타나는 수치화 방법이 많이 이용되고 있다.

추정은 보통 '재해의 중대성'과 '재해의 (발생)가능성'을 가지고 행하지만, '재의(발생) 가능성'을 '위험상태의 (발생)빈도'와 위험상태 발생시 '재해의

(발생)가능성'으로 나누는 방법, 즉 '빈도'를 추가하여 행하는 방법도 있다. 이것은 '빈도'를 추가함으로써 보다 적절한 추정을 할 수 있을 것으로 생각되기 때문이다. 중대성, 가능성, 빈도는 각각 등급으로 나누는 것이 일반적이다. 등급이 많은 쪽이 상세한 분석이 가능하지만, 그만큼 복잡하게 된다. 따라서 사업장에 맞는 등급 구분을 하는 것이 바람직하다. 리스크 중대성과 재해의 기능성 2가지로 리스크를 추정하는 방법을 예시하면 다음과 같다.

- 리스크 점수 = 재해의 중대성의 점수 + 재해의 가능성의 점수

〈재해의 중대성〉

| 치명상 | 중상 | 경상 | 경미 |
|---|---|---|---|
| 30점 | 20점 | 7점 | 2점 |

〈재해의 가능성〉

| 매우 높음 | 비교적 높음 | 가능성 있음 | 거의 없음 |
|---|---|---|---|
| 20점 | 15점 | 7점 | 2점 |

〈리스크 점수와 리스크 수준〉

| 리스크 점수 | 리스크 수준 |
|---|---|
| 30점 이상 | 중대한 문제가 있음 |
| 21~29점 | 문제가 있음 |
| 10~20점 | 다소 문제가 있음 |
| 10점 미만 | 거의 문제가 없음 |

재해의 중대성, 재해의 가능성, 위험상태의 빈도 3가지로 리스크를 추정하는 방법을 예시하면 다음과 같다.

- 리스크 점수 = 재해의 중대성의 점수 + 재해의 기능성의 점수 + 위험상태의 빈도 점수

〈재해의 중대성〉

| 치명상 | 중상 | 경상 | 경미 |
|---|---|---|---|
| 10점 | 6 | 3 | 1점 |

〈재해의 가능성〉

| 매우 높음 | 비교적 높음 | 가능성 있음 | 거의 없음 |
|---|---|---|---|
| 6점 | 4점 | 2점 | 1점 |

〈위험상태의 빈도〉

| 빈번 | 가끔 | 거의 없음 |
|---|---|---|
| 4점 | 2점 | 1점 |

〈리스크 점수와 리스크 수준〉

| 리스크 점수 | 리스크 수준 |
|---|---|
| 14~20점 | 중대한 문제가 있음 |
| 9~13점 | 문제가 있음 |
| 5~8점 | 다소 문제가 있음 |
| 3~4점 | 거의 문제가 없음 |

지금까지 설명한 3가지의 리스크 추정 방법 중 각각의 사업장에 맞는 것을 선택하여 실시하는 것이 바람직하다.

- 리스크 추정 계산

수치화 방법에서 리스크의 크기는 2가지 요소(중대성, 가능성)의 조합 또는 가지 요소(중대성, 가능성, 빈도)의 조합으로 나타낸다. 조합의 방법에는 가산법(덧셈법)과 승산법(곱셈법)이 있다.

〈가산법의 예〉

평가점수중대성 + 가능성 + 빈도

3점 + 4점 + 5점 = 12점

〈리스크 수준과 리스크 감소조치(예)〉

| 평가점수 | 리스크 수준(내용) | | 리스크 감소조치 |
|---|---|---|---|
| 14~20점 | Ⅳ | 중대한 문제가 있음 | 바로 작업중지 또는 개선함 |
| 9~13점 | Ⅲ | 문제가 있음 | 신속하게 개선함 |
| 5~8점 | Ⅱ | 다소 문제가 있음 | 계획적으로 개선함 |
| 3~4점 | Ⅰ | 거의 문제가 없음 | 상황(필요)에 따라 개선함 |

가산법의 이점은 수치가 커지지 않기 때문에 계산하기 쉽다. 단, 추정점수가 작기 때문에 평가점수의 편차는 작아진다. 이에 반해 승산법은 수치

가 커지고 계산하기 어렵다는 불편함은 있지만, 평가점수에 편차가 커져 차이를 판단하기 쉬워진다. 승산법은 추정을 가지 요소(중대성, 가능성)의 조합으로 실시하는 경우에 많이 이용된다.

• 리스크 추정 시 유의사항

미리 정한 판단기준으로 리스크를 추정한다.

- 구체적으로 누가 어떻게 재해를 입을 것인지를 예측하여 추정한다.
- 과거의 재해가 아니라 현시점에서의 최악의 상황을 상정하여 중대성을 추정한다. 단, 극단적인 케이스는 상정하지 않는다.
- 유해성이 입증되지 않는 경우라도 일정한 근거가 있는 경우에는 그 근거에 기초하여 추정한다.
- 직접 작업하는 작업자뿐만 아니라, 관계하는 작업자도 검증에 포함시킨다. 다수결이 아니라 충분히 의논하여 추정한다.

### 3) 3단계: 리스크 결정

허용 가능 여부 판단, 우선도 설정 및 리스크 감소조치의 검토·결정

#### (1) 리스크 허용가능 여부 판단

리스크 결정(risk evalution)은 해당 리스크가 수용(허용) 가능한지(tolerable) 여부를 판단하는 단계로서, 이 단계 역시 위험성평가에서 매우 중요한 부분이다. '수용(허용) 가능한 리스크(크기)' 여부의 판단은 이떤 리스크(유해위험요소)가 안전한지 그렇지 않은지, 즉 어떤 리스크(유해위험요인)에 감소조치가 필요한지 여부를 판정하는 것이기 때문에 어려운 부분이기도 하다. 어떤 사람은 괜찮다고 하지만 어떤 사람은 안 된다고 말하고, 어떤 회사에서는 괜찮지만 이 회사에서는 안 된다고 하는 것이 발생할 수 있다.

따라서 수용(허용)가능 여부의 판단이 자의적이 되지 않도록 회사 자체 기준을 미리 설정하는 것이 필요하다. 추정된 리스크 수준이 허용 기능하다고 판단되면, 기존의 안전조치를 유지하는 것 외의 새로운 안전조치는 하지 않는다는 판난결정)을 하여도 무방하므로, 잔류위험성은 이 정도 존재한다는

것을 명기하고 종료절차에 들어간다.

리스크 수준이 허용할 수 없다(안전하지 않다)고 판단되면, 허용되는 안전한 수준까지 리스크를 감소시키는 대책을 수립 · 실시하는 절차에 들어간다,

그런데 대책을 실시할 필요성이 있어도 부득이한 사정에 의하여 바로 조치할 수 없는(적절한 조치를 유예하는) 경우도 있을 수 있는데, 이 경우에는 잠정적인 조치를 취함과 동시에 적절한 조치를 바로 실시할 수 없는(리스크를 그대로 유지하게 된) 이유를 작업자 및 관계자에게 주지 · 설명하고 기록해 두어야 한다.

〈표 7-2〉 위험성 결정방법(예)

| 위험성(크기) 범위 | 위험성 수준(내용): 허용여부 | 감소조치 추진방법 |
|---|---|---|
| 14~20점(고위험성) | Ⅳ(안전보건상 중대한 문제가 있음): 허용 불가능 | 신속하게 개선 |
| 9~13점(중고위험성) | Ⅲ(안전보건상 중대한 문제가 있음): 허용 불가능 | 가급적 빨리 개선 |
| 5~8점(중위험성) | Ⅱ(안전보건상 다소의 문제가 있음): 허용 불가능 | 계획적으로 개선 |
| 3~4점(저위험성) | Ⅰ(안전보건상 문제가 거의 없음): 허용 가능 | 필요에 따라 개선 |

### (2) 리스크 감소를 위한 우선도 설정

리스크 결정의 일부인 '리스크 감소를 위한 우선도 결정'의 목적은 리스크 추정결과(추정된 리스크 수준)에 기반하여 리스크 감소를 위한 우선도를 결정하는 것이다. 리스크 감소를 위한 우선도 결정방법은 리스크 수준이 높은 것부터 검토 대상으로 하는 것을 기본으로 하여, '리스크 감소조치 추진방법'(리스크 감소를 위한 조치기준)의 형태로 미리 정해 두어야 한다.

우선도(리스크 감소조치 추진방법)는 등급으로 하는 것이 일반적이다.

### (3) 리스크 감소조치의 검토 · 결정

리스크 감소조치(risk reduction)의 검토는 그림 7-4의 우선순위에 따라 행하되, 다음 사항에 유의할 필요가 있다.

- 법령에 정해져 있는 사항은 최우선으로 확실하게 조치를 한다.
- 안이하게 관리적 대책, 개인용보호구의 착용에 의존해서는 안 되고,
  - 위험한 작업의 폐지 · 변경 등의 본질적 대책

- 공학적 대책을 먼저 검토하고,
- 대책은 그것의 보완적 조치라고 생각해야 한다.

- 예컨대, 기계·설비의 교체·개선에는 상당한 비용을 요하기 때문에, 하드(hard) 면의 개선보다 소프트(soft) 면의 개선으로 경도되거나, 리스크 추정 시에 이 점이 잠재적으로 영향을 미쳐 리스크 수준을 낮게 판정하는 일이 있어서는 안 된다.
- 사망재해, 중대한 질병을 초래할 우려가 있는 경우로서 적절한 리스크 감소조치를 강구하는 데 시간을 요하는 경우는, 그대로 방치하지 말고 잠정적인 조치를 바로 강구할 필요가 있다.

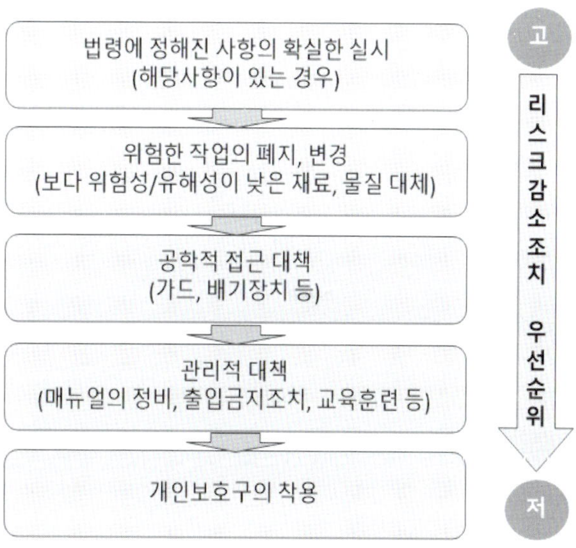


[그림 7-4] 리스크 감소조치 조정

### 4) 4단계: 리스크 감소조치의 실시

위험성 평가에서 실시할 감소조치가 결정되면, 실시 담당자는 감소조치 실시를 위한 계획(스케줄, 역할분담 등)을 구체적으로 정하고 그 계획에 따라 실시한다. 감소조치 실시 후에는 확인(파악)된 유해위험요인에 대하여 재차 리스크 추정, 리스크 결정을 하고, 리스크 감소의 효과를 확인하는 동시에 작업성, 생산성, 품질에 미치는 영향을 확인한다.

리스크 감소조치 실시 후에도 리스크 수준이 허용할 수 없는 수준인 경우에는 한 번 더 리스크 감소조치를 수립하여 개선할 필요가 있다. 또한 감소조치 실시 후에 새로운 유해위험요인이 발생하고 있지 않은지를 확인하는 것도 중요하다. 새로운 리스크가 발생한 경우에는 그 리스크를 추정하고, 만약 허용 가능하지 않은 리스크인 경우에는 새롭게 발생한 유해위험요인에 대해서도 리스크 감소조치를 수립하여 이행하여야 한다.

#### 5) 5단계: 기록의 작성

위험성 평가를 실시하면 그 기록을 남기는 것이 중요하다. 작업자가 보기 쉽도록 기록하고, 그 이후의 위험성 평가에 반영할 필요가 있다. 위험성 평가를 실시하고 조치를 강구하더라도 유해위험요인이 모두 없어지는 경우는 드물다.

대부분의 경우 잔류리스크가 남아 있다. 직장의 유해위험요인은 기술혁신, 원재료의 개량에 의해 변화한다. 따라서 잔류리스크에 대해서도 끝까지 추적관리할 필요가 있다. 기록을 확실히 해 놓으면 적절한 대응을 용이하게 할 수 있다.

기록, 보존사항(시행규칙 37조, 사업장 위험성 평가에 관한 지침(고시) 14조 1항)

① 위험성 평가 대상의 유해·위험요인
② 위험성 결정의 내용
③ 위험성 결정에 따른 조치의 내용
④ 위험성 평가를 위해 사전 조사한 안전보건정보
⑤ 그 밖에 사업장에서 필요하다고 정한 사항

### 2.1.6 위험성 평가의 실시효과

위험성 평가를 실시하고 효과적으로 운용하면 다음과 같은 효과를 기대할 수 있다.

- 리스크에 대한 인식을 공유할 수 있다.
- 직장의 유해위험요인을 적출할 수 있고 적절한 대책이 가능하게 된다.
- 안전보건대책이 합리적인 우선순위로 결정될 수 있다.

- 기계·설비, 물질 등의 본질 안전화를 기대할 수 있다.
- 리스크가 일정한 수준에 달할 때까지 위험성 평가를 반복함으로써 안전한 직장을 달성할 수 있다.



## 3. 위험성 평가와 위험예지활동

종래부터 많은 사업장에서 위험예지활동, 아차사고 보고활동, 안전순찰, 안전점검 등의 일상적 안전활동을 통해 생산현장에서의 유해위험요인 파악이 일반적으로 이루어지고 있다. 이들 활동은 그 운용방법에 따라서는 유해위험요인을 발견하고, 발견된 유해위험요인에 대한 리스크를 추정하며, 그에 대한 안전대책을 검토하여 실시하는 위험성 평가로서의 측면을 가지고 있는 경우도 있다.

그러나 오늘날은 위험성 평가의 방법·절차가 명확하게 확립됨에 따라, 이들 활동과 위험성 평가는 다른 것이라는 생각이 일반적이다. 여기에서는 이들 활동 중 위험성 평가와 가장 가까운 방법이라고 생각되는 위험예지활동을 예로 들어 위험성 평가와의 차이점, 보완성에 대하여 설명한다.

### 3.1 위험예지활동과 위험성 평가의 절차

위험예지활동의 4라운드법과 위험성 평가의 기본적인 절차는 다음과 같다.

〈표 7-3〉 위험성 평가와 위험예지활동의 절차

| 위험성 평가의 절차 | 위험예지활동의 절차 |
|---|---|
| 절차 1 유해위험요인의 파악 | 제1라운드 현상파악<br>어떤 위험(유해위험요인)이 잠재하고 있는가? |
| 절차 2 리스크 추정 | 제2라운드 본질추구<br>이것이 위험의 포인트이다. |
| 절차 3 리스크 감소조치의 검토 | 제3라운드 대책수립<br>당신이라면 어떻게 할 것인가? |
| 절차 4 리스크 감소조치의 실시 | 제4라운드 목표설정<br>우리들은 이렇게 한다. |

위험예지활동과 위험성 평가는 매우 비슷한 구조로 되어 있는데, 두 가지 모두 유해위험요인을 찾아내고 대책을 강구하여 실시하는 흐름으로 구성되어 있다.

제1단계는 두 가지 모두 유해위험요인을 파악하는 단계로서 동일하다. 즉, '~로 인하여(~할 때) ~하여 ~(사고유형)이 되다'라는 유해위험요인의 파악방법이 동일하다. 따라서 종래 위험예지활동이 실시하여 온 사업장에서는 비교적 용이하게 위험성 평가에 대처할 수 있을 것이다.

제2단계는 리스크의 크기를 판단하는 작업을 한다. 위험성 평가에서 리스크의 추정은 정해진 평가기준에 기초하여 실시된다. 한편, 위험예지활동의 본질추구는 작업자들의 합의에 기초하여 이루어진다.

제3단계와 제4단계는 리스크를 감소시키기 위한 대책을 강구하여 실시하는 단계이다. 위험성 평가는 리스크의 수준(크기)에 따라 우선순위에 근거하여 조치를 실시해 나간다. 위험예지활동에서는 작업자들이 스스로 할 수 있는 대책을 생각하여 실행으로 옮겨 간다.

### 3.2 위험성 평가와 위험예지활동 비교

위험성 평가와 위험예지활동은 앞에서 살펴본 것처럼 유사한 점도 있지만 실시자, 목적, 시기, 실시방법 등에서 표 7-4와 같이 다른 점 또한 많이 가지고 있다. 따라서 위험성 평가를 도입한다고 해서 위험예지활동을 실시하는 의미가 없어지는 것은 아니다. 위험성 평가의 도입은 위험예지활동의 활성화로 연결되고, 또 위험예지활동이 위험성 평가의 내실화에 기여할 수 있으므로 각각의 방법의 이점을 살리는 방식으로 병행하여 실시하는 것이 바람직하다.

〈표 7-4〉 위험성 평가와 위험예지활동의 차이

| 구분 | 위험성 평가 | 위험예지활동 |
|---|---|---|
| 접근방식 | 사업주책임+자율안전활동 | 자율안전활동 |
| 누가 | • 작업자, 감독자, 관리자, 스태프(전문지식을 가지고 있는 자) | • 작업자, 감독자 |
| 무엇을 (목적) | • 기계・설비면 및 작업행동면의 대책 | • 매일 작업행동면의 대책 |
| 언제 (실시시기) | • 기계・설비, 물질의 신규채용, 변경 시<br>• 작업방법 도입・변경 시 등 | • 매일 작업시작 전 |
| 어떻게 (추정방법) | • 추정방법을 이용하여 리스크를 추정하는 등 과학적・조직적으로 실시 | • 리스크를 느낌(감)으로 추정하는 등 경험을 살려 즉단즉결(卽斷卽決) |

위험성 평가는 매일 실시하는 것은 아니지만, 위험예지활동은 매일 또는 작업 때마다 실시하는 것이고 어느 하나가 다른 하나를 대체하는 것은 아니며, 각각의 활동을 상호 보완하는 관계라고 생각하여야 한다.

예를 들면, 위험성 평가에 의해 관리적 대책의 대상이 된 것 및 잠정조치를 취하지 않을 수 없는 것에 대해서는 매일의 위험예지활동의 대상으로 삼아 안전을 확보한다. 거꾸로 위험예지활동에서 중대한 리스크가 발견된 경우, 이것은 위험성 평가의 대상으로 삼는다.

표 7-4에서 위험성 평가와 위험예지활동의 차이점을 제시하였지만, 위험예지활동은 매일의 작업 중에서 실천해 가는 안전보건활동이고, 위험성 평가는 조직적으로 형성된 구조에 따라 실시되는 일반적으로는 연간 안전보건계획에 관련되어 실시되는 것이다, 위험예지활동을 활성화하기 위하여 위험성 평가의 기법을 받아들인 '위험성 평가 위험예지 활동'을 보급하여 가면, 위험성 평가와 어울려 직장의 안전보건관리가 더욱 향상되어 갈 것이라고 생각한다.

종래의 위험예지활동이 '위험성 평가 위험예지활동'으로 진화함으로써 대책이 필요한 리스크가 명확하게 되고, 효과적인 위험예지활동을 실시할 수 있게 된다. 지금까지의 위험예지활동은 '느낌(감)'과 '경험'만으로 유해위험요인을 찾아내고 그 크기를 추정하여 왔지만, '위험성 평가 위험예지활동'에서는 유해위험요인 적출방법에 따라 유해위험요인을 찾아내고, 리스크 추정방법에 따라 정확한 리스크의 크기(위험도)를 추정하는 것이 가능하게 된다.

그리고 추정된 리스크 중 위험도가 높은 것에 대해서는 그날의 행동목표를 정하여 실행함으로써 확실하게 재해의 싹을 잘라내는 것이 가능하게 된다.

## 3.3 위해성 수준 예

〈표 7-5〉 GHS 구분에 의한 유해성 수준(HL) 결정표

| 유해성 수준(HL) | | GHS 유해성 분류 및 구분 |
|---|---|---|
| 최대 | E | • 생식세포 변이원성: 구분 1A, 1B, 2<br>• 발암성: 구분 1A, 1B<br>• 호흡기 과민성: 구분 1 |
| 대 | D | • 급성독성: 구분 1, 2<br>• 발암성: 구분 2<br>• 특정표적장기 독성(반복 노출): 구분 1<br>• 생식독성: 구분 1A, 1B, 2 |
| 중 | C | • 급성독성: 구분 3<br>• 피부 부식성: 구분 1A, 1B, 1C<br>• 눈에 대한 심한 손상/눈 자극성: 구분 1<br>• 특정표적장기 독성(1회 노출): 구분 1<br>• 피부 과민성: 구분 1<br>• 특정표적장기 독성(1회 노출): 구분 1<br>• 특정표적장기 독성(반복 노출): 구분 2 |
| 소 | B | • 급성독성: 구분 4<br>• 특정표적장기 독성(1회 노출): 구분 2 |
| 최소 | A | • 급성독성: 구분 5<br>• 피부 자극성: 구분 2, 3<br>• 눈에 대한 심한 손상/눈 자극성: 구분 2<br>• 특정표적장기 독성(1회 노출): 구분 3<br>• 흡인호흡기 유해성: 구분 1, 2<br>• 기타 그룹으로 분류되지 않은 분체(粉體), 액체 |
| S<br>(피부 또는 눈 접촉) | | • 급성독성(경피): 구분 1, 2, 3, 4<br>• 피부 부식성/자극성: 구분 1, 2<br>• 눈에 대한 심한 손상/눈 자극성: 구분 1, 2<br>• 피부 과민성: 구분 1<br>• 특정표적장기 독성(1회 노출)(경피만): 구분 1, 2<br>• 특정표적장기 독성(반복 노출)(경피만): 구분 1, 2 |

# 4. 위험성 평가 사례: 반도체 산업의 테오스 공정에 대한 위험성 평가 사례 연구

## 4.1 반도체 산업의 위험성

반도체 제조 공정은 하나의 웨이퍼를 생산하는 데 수백 개 이상의 공정을 진행하며 이로 인해 다품종의 가스 및 케미컬을 사용한다. 특히 제조과정 중 사용하는 인화성 물질, 독성가스 등 다양한 화학물질을 사용하고 있다. 특수 가스, 특히 인화성 가스의 사용이 많으며, 클린룸의 특수한 구조에서 생산하여 위험성 평가를 통한 위험 요인을 제거하고 운영하는 것이 바람직하다.

반도체 생산은 크게 전 공정과 후 공정으로 구분된다. 전 공정은 웨이퍼 위에 반도체 특성을 갖게 하는 회로를 만드는 공정이며, 후 공정은 전 공정을 통해 완성된 웨이퍼를 칩 단위로 절단 및 분리하여 패키징하고 테스트하는 공정이다. 전 공정은 산화(Oxidation), 포토(Photo), 식각(Etch), 박막 증착(Deposition), 금속 배선, 평탄화(CMP, Chemical-Mechanical Planarization), 세정(Cleaning) 공정이 있으며, 해당 공정들의 Cycle을 수십 회 이상 반복하여 반도체 회로를 생성하게 된다.

많은 양을 사용하는 가스의 경우 튜브트레일러, 탱크트레일러, 저장탱크 등의 벌크 시스템을 이용하여 공급하고 있다. 하지만 저압의 Liquid Gas의 경우에는 ARS(Auto Refill System) 또는 LDS(Liquid Dclivery System)와 같은 별도의 공급 장치를 이용하여 가스공급을 진행한다. 벌크 시스템은 전담 조직을 구성하여 안전관리가 진행하고 있으나 ARS, LDS 공급 장치의 경우 생산 공정의 담당자가 안전관리를 맞고 있어 비교적 안전관리에 취약하다. 또한 반도체의 좁아지는 선폭으로 인해서 Low K 절연막 특성을 얻고자 신규 Liquid Gas 사용이 증가하고 있다.

일례로, CVD 방식은 화학반응을 이용한 다양한 박막의 증착에 사용되는 만큼 $SiH_4$, $B_2H_6$, TEOS, $WF_6$, $TiCL_4$ $NH_3$, $N_2O$ 등의 다양한 가스를 사용하며,

이러한 가스 대부분이 인화성, 독성 물질이라는 단점이 있어 위험성 평가를 진행하여 안전 확보 대책 마련 이후 장비 가동이 필요하다.

## 4.2 위험성 평가

현재 가동 중에 있는 TEOS 공정에서 어떠한 유해위험요인이 존재하는지 파악하고 이에 대한 위험성 저감 대책을 확보하는 것이 주요 목적이다. 따라서 사고의 확률과 크기를 분석하는 정성적인 위험성 평가보다는 정량적 위험성 평가를 진행하는 것이 적합하다 판단하였다. 정량적 위험성 평가 중 위험과 운전분석(HAZOP)은 설계 단계, 운전 단계, 변경 단계 모두 적용이 가능하며 의도한 설계와 차이가 발생하는 변이에 대해서 Guide Word를 활용하여 체계적으로 식별이 가능한 장점이 있다.

HAZOP 위험성 평가는 평가 진행에 앞서 PFD 또는 P&ID를 통해 해당하는 공정의 설명서를 작성하고 분석하고자 하는 검토 구간(노드)을 설정한다. 각 구간에 대해서 공정 변수와 가이드워드를 선택하여 발생할 수 있는 이탈을 파악하고 이탈을 전개한다. 이후 이탈에 대한 원인을 파악하고 현재 안전 조치를 도출한다. 이후 위험도 등급 기준에 따라서 현재 안전조치가 충분하지 않다고 판단될 경우에는 개선 권고 사항을 수립하는 과정으로 진행한다.

HAZOP 위험성 평가의 공정 변수와 가이드워드는 설계 의도에 의하여 발생된다고 할 수 있으며, 그 특성에 따라 특정 변수와 일반 변수로 아래와 같이 분류한다.

### 4.2.1 특정변수(Specific parameter)

공정의 형태를 물리, 화학적으로 표현할 수 있는 변수로서 대개 수치화가 가능하며, 가이드워드와 조합되어 하나의 이탈(Deviation)을 발생시킨다.

### 4.2.2 일반변수(General parameter)

가이드워드와 조합하여 이탈을 발생시키는 특정변수와는 달리 단독으로 하나의 이탈을 구성한다. 선정한 노드에서 가이드워드를 조합하여 이탈 가능한 시나리오를 도출한다. 이때 정상 운전 상태로부터 벗어날 수 있는 가능한 원인과 결과를 조사한다.



## 4.3. 위험도 산출

위험도를 결정하는 경우에 발생빈도는 현재 안전 조치를 고려하여 결정하나, 강도는 현재 안전 조치를 고려하지 않고 결정해야 한다. 표 7-6과 표 7-7과 같이 HAZOP의 발생빈도 및 강도를 구분한다.

〈표 7-6〉 HAZOP 발생빈도의 구분

| 발생빈도 | 내용 |
|---|---|
| 3(상) | 설비 수명 기간에 공정사고가 1회 이상 발생 |
| 2(중) | 설비 수명 기간에 공정사고가 발생할 가능성이 있음 |
| 1(하) | 설비 수명 기간에 공정사고가 발생할 가능성이 희박함 |

〈표 7-7〉 HAZOP 강도의 구분

| 강도 | 내용 |
|---|---|
| 4(치명적) | 사망, 부상 2명 이상, 재산손실 10억 원 이상, 설비 운전 정지 기간 10일 이상 |
| 3(중대함) | 부상 1명, 재산 손실 1억 원 이상 10억 원 미만, 설비 운전 정지 기간 1일 이상 10일 미만 |
| 2(보 통) | 부상자 없음, 재산손실 1억 원 미만, 설비 운전 정지 기간 1일 미만 |
| 1(경 미) | 안전 설계, 운전성 향상을 위한 개선 필요, 손실 일수 없음 |

강도와 발생 빈도는 Guide에서 제시한 기준으로 진행하는 데 무리가 없는 것으로 판단하였다. 하지만 기술지침에서는 강도와 발생 빈도의 조합으로 위험도를 1~5로 정의하고 있다. 이를 그대로 사용할 경우 개선 권고 사항 적용 시 감소된 위험도를 산정하고 허용 가능한 수준인지 확인하기 어려운 문제가 예상되었다. 이를 개선하기 위해 강도와 발생 빈도의 곱으로 위험도(1~12)를 정의하였으며 계산된 위험도의 허용 기준은 아래 표 7-8과 7-9와 같다.

〈표 7-8〉 HAZOP 위험도 대조표

| 강도 | 위험대조표 | | |
|---|---|---|---|
| | 3(상) | 2(중) | 1(하) |
| 4(치명적) | 12 | 8 | 4 |
| 3(중대함) | 9 | 6 | 3 |
| 2(보 통) | 6 | 4 | 2 |
| 1(경 미) | 3 | 2 | 1 |

〈표 7-9〉 HAZOP 위험도 기준

| 위험도 | | 위험 관리 | 기준 비고 |
|---|---|---|---|
| 11~12 | 허용 불가 위험 | 즉시 작업 중단(작업을 지속하려면 즉시 개선을 실행해야 하는 위험) | 위험작업 불허<br>(즉시 작업을 중지하여야 함) |
| 8~10 | 중대한 위험 | 긴급 임시안전대책을 세운 후 작업을 하되 계획된 정비, 보수기간에 안전대책을 수립해야 하는 위험 | |
| 5~7 | 상당한 위험 | 계획된 정비, 보수 기간에 안전대책을 세워야 하는 위험 | 조건부 위험 작업 수용<br>(위험이 없으면 작업을 계속하되, 위험 감소활동을 실시하여야 함) |
| 2~4 | 경미한 위험 | 안전 정보 및 주기적 표준작업 안전 교육의 제공이 필요한 위험 | |
| 1 | 무시할 수 있는 위험 | 현재의 안전 대책 유지 | 위험 작업 수용<br>(현 상태로 작업 계속 가능) |

## 4.4. 위험성 평가 결과

공정 변수 중 특정 변수로는 Flow, Pressure, Temp 3가지가 확인되었으며, 일반 변수도 Maintenance, Mixing, Corrosion/Errosion 3가지가 확인되었다. 설정한 가이드워드를 기반으로 HAZOP 위험성 평가를 실시한 결과는 표 7-10에 나타내었다. Total 35개 이탈 원인에 대해서 위험성 평가를 실시할 수 있었으며, 허용 불가 위험 수준의 위험도는 확인되지 않았다. 다만 위험도 감소활동을 진행해야 하는 항목 3건을 도출하였다. 노드-TEOS-001, 002, 006에서 각 1건씩 위험도 6의 개선 필요 시나리오가 확인되어 개선 권고 사항을 도출하였다.

〈표 7-10〉 HAZOP 위험성 평가 결과

| 노드 | 평가번호 | 이탈 | | 원인 | 결과 | 현재 안전 조치 | 강도 | 빈도 | 위험도 |
|---|---|---|---|---|---|---|---|---|---|
| | | 변수 | 가이드워드 | | | | | | |
| TEO-S001 | 1-1 | Flow | Less | Tank Outlet Valve Fail | 공급 Gas의 유량 저하 | 일간점검, 정기정비 | 1 | 1 | 1 |
| | 1-2 | Flow | No | Tank Refill Valve Fail | 공급 Gas의 유량 저하 | 일간점검, 정기정비 | 1 | 1 | 1 |
| | 1-3 | Flow | No | Level sensor fail Empty | 상태를 인식하지 못하여 Gas 공급 중단 | Level sensor 2중화 | 2 | 2 | 4 |
| - | - | - | - | - | - | - | - | - | - |
| - | - | - | - | - | - | - | - | - | - |
| TEO-S006 | 6-2 | Maint | - | 생산장비 가동 중 배관체결 해제 | Gas 누출 | 작업자 교육 배관관리 Tag 부착 | 3 | 1 | 2 |

자료: 강창원(2020). 반도체 산업의 테오스 공정에 대한 위험성 평가 사례 연구. 한국교통대학 석사학위논문.

위험성 평가(HAZOP)를 통해 ARS 및 LDS에 대한 유해위험요소를 파악하고 장비 안정성 확보를 위한 조치를 도출했다. 평가 장비는 해당 공급 장치를 사용하는 대표적인 공정인 TEOS 공정으로 선정하였다. 위험성 평가 결과를 요약하면 HAZOP 위험성 평가 결과 허용 불가 수준의 위험 요소는 확인되지 않았다. 그러나 개선이 필요한 3가지 위험 시나리오를 확인하였다. 이 3가지 사례를 개선하기 위해 조명 장치 추가 구성, 풀림 방지 Lock 적용, 1차 처리 설비 분리 및 배관 설계 변경의 개선 권고 사항을 도출하였다. 또한 누수에 대한 위험성은 HAZOP 위험성 평가 시 검토될 수 있었으나 노드 구분에 포함되지 않아 누락된 부분이 있었다. 노드 구분에 있어 세밀한 논의가 필요함을 알 수 있었다. HAZOP 위험성 평가의 경우 배관 구성과 같은 다소 설계적인 위험성을 도출할 수 있었다.

# 5. 산업안전보건법상 위험성 평가

## 5.1. 위험성 평가의 실시

위험성 평가는 사업장의 모든 유해위험요인을 적출하고, 리스크(위험성)를 추정하고, 리스크가 큰 것부터 감소조치를 강구하여 일련의 조치를 체계적으로 추진하는 자율적이고 선제적인 안전보건관리방법을 말한다.

위험성 평가는 대략적으로 다음과 같은 5가지 단계(step)로 진행된다. 1단계 사업장의 유해위험요인을 적출(파악)한다. 2단계 유해위험요인별로 리스크를 추정한다. 3단계 리스크의 허용 여부를 판단하고 우선도 설정 및 리스크 감소조치검토를 한다. 4단계 리스크 감소조치를 실시한다. 5단계 위험성 평가 실시내용을 기록한다. 위험성 평가를 3단계까지로 보는 관점도 있지만, 5단계까지의 일련의 작업을 합하여 위험성 평가로 파악하는 관점이 직장에서 이해되기 쉽고 수용되기도 쉽다. 산업안전보건법에서도 5단계까지를 위험성 평가로 보고 있다.[1)]

안전보건관리책임자의 업무에서 법 제15조 제1항 제9호에서 "고용노동부령으로 정하는 사항"이란 법 제36조에 따른 위험성 평가의 실시에 관한 사항과 안전보건규칙에서 정하는 근로자의 위험은 건강장해의 방지에 관한 사항을 말하는 것으로 볼 수 있다.

그래서 사업주는 건설물, 기계·기구·설비, 원재료, 가스, 증기, 분진, 근로자의 작업행동 또는 그 밖의 업무로 인한 유해·위험 요인을 찾아내어 부상 및 질병으로 이어질 수 있는 위험성의 크기가 허용 가능한 범위인지를 평가하여야 하고, 그 결과에 따라 이 법과 이 법에 따른 명령에 따른 조치를 하여야 하며, 근로자에 대한 위험 또는 건강장해를 방지하기 위하여 필요한 경우에는 추가적인 조치를 하여야 한다. 또한 사업주는 제1항에 따른 평가 시 고용노동부장관이 정하여 고시하는 바에 따라 해당 작업장의 근로자를 참여시켜야 하며, 사업주는 제1항에 따른 평가의 결과와 조치사항을 고용노

1) 정진우(2020). 안전관리론. 청문각, 238~239면.

동부령으로 정하는 바에 따라 기록하여 보존하여야 한다. 또한, 위험성 평가는 평가의 내용을 정기적으로 반영하여 사업장 안전보건관리를 유지하도록 규정하고 있다.

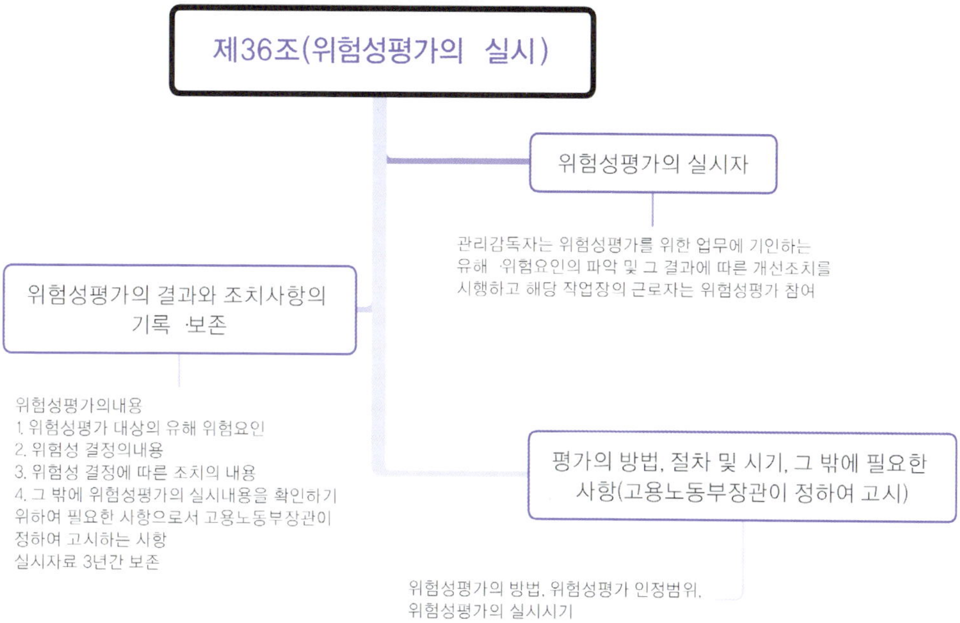

CHAPTER 8
# 시스템 위험성 평가 기법



• 위험성 평가 기법

위험성 평가 기법으로는 크게 정성평가(Hazard Identification Methods)와 정량평가(Hazard Assessment Method)로 대별할 수 있다. 정성평가로는 예비위험목록(PHA: Preliminary Hazord List), 사고예상질문분석, 위험과 운전분석(HAZOP: Hazard & Operability and Analysis) 등이 있으며, 정성평가는 일반적으로 쉽고 간단하면서 체크 가능하나 유해・위험요인별 항목을 놓칠 수 있으며 유해・위험의 크기 또는 정도를 알 수 없다.

반면에, 정성평가는 결합수분석(FTA: Falult Tree Analysis), 사건수분석(ETA: Event Tree Analysis) 등을 들 수 있다. 정량평가는 일반적으로 유해・위험요인별 항목을 빠짐없이 체크 가능하고 유해・위험의 크기 또는 정도를 알 수 있으나 대단히 복잡하고 평가 시 많은 인력과 시간이 소요된다.

## 1. 예비위험목록(Preliminary Hazard List: PHL)

### 1.1 개요

PHL 분석기법은 어떤 시스템에 존재할 수 있는 잠재적 위험과 재해를 파악하고 나열하는 데 사용된다. PHL은 개념 혹은 예비 설계 단계에서 수행되며 뒤따르는 모든 위험분석의 시작점이 된다. PHL에서 어떤 위험이 파악되면 더 많은 시스템 설계 자료가 얻어짐에 따라 그 위험은 더 상세한 위험분석기법으로 면밀히 분석 및 평가된다. PHL은 시스템 안전분야 역사에서 초기 단계에서 만들어졌고, 공식적으로는 MIL-STD-882 개발자에 의해 만들어지고 공표되있다.

PHL분석은 알려져 있고 의심스러운 위험목록을 제공하는 간단한 분석기법이다. PHL분석은 어떤 시스템에 대한 브레인스트밍을 하는 것만큼 간단하며 모든 위험이 파악되었음을 확인하는 구조화된 프로세스이다. 이 분석에는 다양한 영역에 전문성을 가진 공학자나 분석자 그룹이 참여하여야 한다.

### 1.2 목적

시스템 개발 단계에 있어서 시스템 고유의 위험상태를 식별하고 예상되는 재해의 위험 수준을 결정하는 것이다.

### 1.3 프로세스

PHL분석을 수행하기 위해서 분석자는 두 가지 지식, 즉 설계지식과 위험지식을 가지고 있어야 한다. 설계지식은 주요 구성 요소 목록을 포함한 시스템 설계에 대한 기초적 지식을 의미한다. 위험지식은 위험, 위험근원, 위험요소 및 유사시스템에서의 위험에 대한 기초지식을 뜻한다. 위험지식은 주로 위험 체크리스트로부터 얻어지고, 동일 혹은 유사시스템과 장비로부터 얻은 교훈으로부터도 획득된다. 이 프로세스는 위험으로 파악하기 위하여 설계 정보와 알려져 있는 위험 정보를 결합한다. 즉, 알려져 있는 위험 요소와 학습된 재해 교훈과 시스템 설계와의 비교를 통하여, 설계 개념이 이러한 잠재적 위험 요소를 고려하고 있는지를 파악한다. 그림 8-1은 PHL프로세스를 개괄적으로 요약하고 있다.

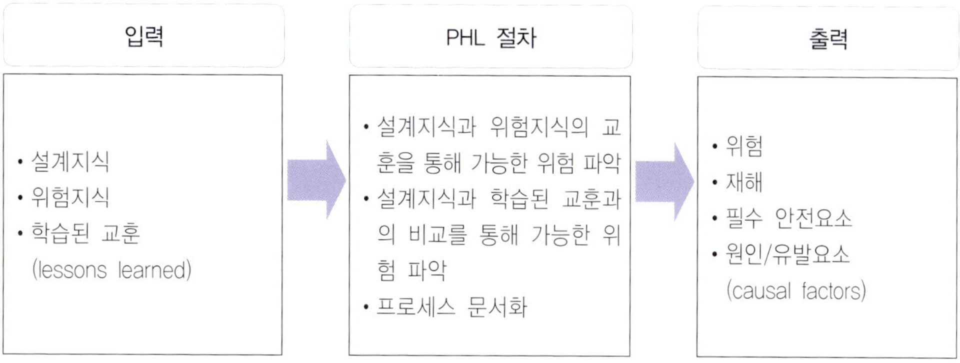


[그림 8-1] PHL 프로세스 개요

PHL 수행과정에서 분석자는 설계지식 및 정보를 위험 체크리스트와 비교하며 이를 통하여 가능한 위험을 찾을 수 있다. PHL의 주요 출력물은 위험목록과 그 위험을 낳는 위험 근원(hazard source)이다. 주요 위험유발요소(하드웨어 고장, 소프트웨어 오류, 인간실수 등), 위험에 대한 주요 재해범주(예: 화재, 신체, 상해 등)를 수집하여 기록하여 두면 도움이 된다.

〈표 8-1〉 PHL분석 프로세스

| 단계 | 과제 | 설명 |
|---|---|---|
| 1 | 시스템 정의 | • 대상시스템을 정의하고 분석 범위를 정함<br>• 미션, 미션국면 및 미션 환경 정의<br>• 시스템 설계 운용 개념 및 주요 시스템 구성요소 이해 |
| 2 | PHL계획 | • 분석 목적, 정의, 분석양식, 일정 프로세스 수립<br>• 분석대상시스템 요소 및 기능 파악 |
| 3 | 팀선정 | • PHL에 참여할 팀 멤버 선정 및 역할 분장<br>• 다양한 분야(예: 설계, 시험, 제조 등) 멤버들의 전문성 활용 |
| 4 | 자료수집 | • 분석에 필요한 설계, 운용 프로세스 등에 대한 모든 자료(예: 장비목록, 기능 다이어그램, 운용 컨셉 등) 수집<br>• 위험체크리스트 작성, 학습된 교훈과 시스템의 기타 위험자료획득(에너지원, 위험기능, 위험작업, 위험구성 요소, 위험물질, 유사시스템 정보, 재해사례, 고장형태 등) |
| 5 | PHL수행 | • 파악되거나 의심스러운 시스템 위험 및 잠재 재해 목록 작성<br>• 다음 대상을 위험 체크리스트와 비교하여 시스템 내 위험파악: 시스템 하드웨어, 시스템 운용기능, 시스템에너지원 및 시스템/소프트웨어 기능<br>• 가능고장상태 평가 |
| 6 | 위험목록 작성 | • 파악되거나 의심스러운 시스템 위험 및 잠재 재해 목록 작성<br>• 위험한 정보로부터 필수 안전기능 및 최상위 재해(top level mishaps) 파악 |

| 7 | 수정조치제안 | • 위험을 제거하거나 감소시키는 안전 가이드라인 및 안전 설계방법 제안 |
|---|---|---|
| 8 | PHL문서화 | • PHL프로세스 및 PHL보고서에 있는 기록양식 문서화<br>• 결론 및 권고사항 포함 |

## 1.4 기록양식

특정 형태의 기록양식을 사용하여 PHL분석을 하는 것이 바람직하며, 이 양식은 분석에 정확함을 더하고 프로세스와 자료 기록에 도움이 되며, 파악된 위험에 대한 근거를 제시하는 데 도움이 된다. 양식의 형태는 중요하지 않으며, 보통 열 형태 양식이 사용된다. PHL양식에는 다음의 사항이 포함되어야 한다.

- 시스템에 있는 위험 근원
- 위험 근원으로부터 발생하는 추정 위험
- 파악된 위험에 기인하는 최상위 재해
- 적용 가능한 안전 요구사항 및 가이드라인과 같은 권고 사항

〈표 8-2〉 PHL분석 양식 샘플

| PHL분석 | | | | |
|---|---|---|---|---|
| 시스템 위험 근원형태: | | | | |
| 번호 | 위험근원/시스템항목 | 위험 | 위험 영향 | 비고 |
| | | | | |
| | | | | |
| | | | | |

## 1.5 위험 체크리스트

위험 체크리스트는 위험을 파악하는 데 공통으로 사용할 수 있는 기본 자료이다. 하나의 체크리스트로 전체 위험을 포괄할 수 없기 때문에 여러 다른 체크리스트를 개발하여 사용하여야 한다. 위험 체크리스트에는 보통 다음 사항이 포함된다.

- 에너지 원(energy source)
- 위험한 기능
- 위험한 운용
- 위험한 구성요소 / 부품
- 위험한 물질 / 재료
- 유사 형태 시스템으로부터 얻은 교훈
- 바람직하지 않은 재해
- 실수 형태 및 실수 상태 고려 사항

아래에 제시되어 있는 표 8-3의 에너지원에 대한 체크리스트 샘플을 참고하기 바란다.

〈표 8-3〉 에너지원에 대한 체그리스트 샘플

| | |
|---|---|
| 1. Fuels | 12. Electrical generators |
| 2. Propellants | 13. RF energy sources |
| 3. Initiators | 14. Radioactive energy sources |
| 4. Explosive charges | 15. Falling objects |
| 5. Charged electrical capacitors | 16. Catapulted objects |
| 6. Storage batteries | 17. Heating devices |
| 7. Static electrical charges | 18. Pumps, blowers, and fans |
| 8. Pressure containers | 19. Rotating machinery |
| 9. Spring-loaded devices | 20. Actuating devices |
| 10. Suspension systems | 21. Nuclear |
| 11. Gas generators | 22. Cryogenics |

## 1.6 장단점

PHL 장점은 다음과 같다.

- 쉽고 빠르게 적용 가능하다.
- 기법 적용에 전문성을 요구하지 않는다.
- 상대적으로 비용이 많이 들지만, 의미 있는 결과 산출이 가능하다.
- 위험에 초점을 맞출 수 있는 도구를 제공한다.
- 주요 시스템 위험 및 재해 리스크가 있는 곳을 알려준다.

PHL 단점은 거의 없으나 기법의 단순성 때문에 가끔 잘못 적용되기도 한다. PHL 적용 시 주의해야 할 공통적 오류를 제시하면 다음과 같다.

- 모든 관심 대상이나 믿을 만한 위험을 나열하지 않음: 모든 가능한 의심스럽거나 믿을 만한 위험을 나열하고 어떤 잠재적 관심 대상도 분석에서 누락하지 않도록 하여야 한다.
- 파악은 되었으나 신뢰할 수 없는 것으로 판단된 위험을 기록하지 않음: 모든 파악된 위험을 기록하여야 한다.
- 구조화된 접근방식을 사용하지 않음: 항상 정하여진 기록양식을 사용하고 모든 장비, 에너지원, 기능 등을 포함하여야 한다.
- 공통적 위험 체크리스트를 수집하여 사용하지 않음.
- 재해에 대한 유사 시스템이나 장비 및 적용 가능한 학습된 교훈을 조사하지 않음.
- 하드웨어, 기능 및 임무국면에 대한 올바른 목록을 작성하지 않음.
- 위험을 특정 과제에서만 사용하는 용어나 약자로 간단히 설명하여도 독자가 이해할 것으로 가정함.

## 1.7 PHL분석 적용 사례

PHL 적용과정을 보여주기 위하여 가상의 작은 미사일 시스템, 즉 ACE 미사일 시스템을 예로 들어본다. 미사일 시스템은 미사일 부분과 무기 통제 시스템(weapon control system: WCS)으로 구성된다. 미사일 부분은 미사일을 구성하는 부품이 되며, 무기통제 시스템은 미사일에 대한 명령 및 통제와 관련된 운용자 계기반, 컴퓨터, 레이더, 시스템 전력 등을 포함한다. 미사일 시스템의 기본 장비 및 기능은 표 8-4와 같다. ACE 미사일 시스템의 하드웨어에 대한 PHL 적용한 결과는 아래의 표 8-5에 나타나 있다.

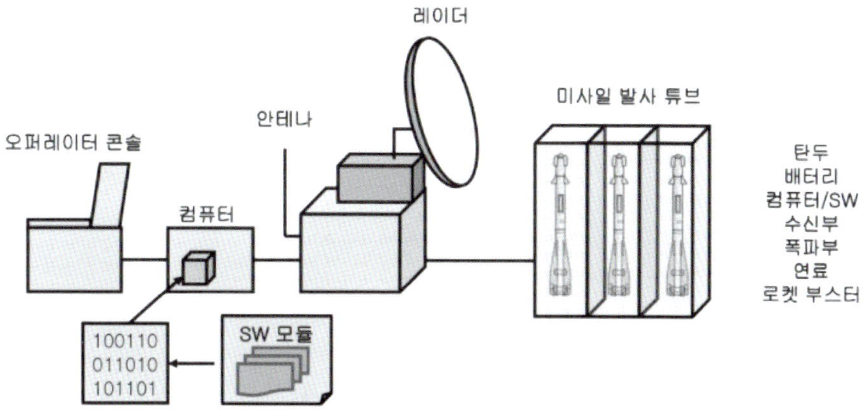


[그림 8-2] ACE 미사일 시스템

〈표 8-4〉 미사일 시스템의 기본 장비 및 기능

| 장비 | 기능 | 에너지원 | 국면 |
|---|---|---|---|
| 미사일 구조 | 탄두 개시 | 폭약 | 제조 |
| 미사일 탄두 | 미사일 발사 | 전기 | 시험 |
| 미사일 엔진 | 미사일 자체 시험 | 연료 | 포장 |
| 미사일 연료서브시스템 | 미사일 폭파 | RF 에너지 | 조작/운반 |
| 미사일 컴퓨터 | 미사일 순항 | | 수송 |
| 미사일 배터리 | 미사일 유도 | | 저장 |
| 미사일 폭파서브시스템 | 미사일 통신 | | 운용 |
| 미사일 수신기 | 미사일 배터리 | | 대기 |
| 미사일 로켓 수신부 | 활성화 | | 발사 |
| WCS 조종장치 | | | 비행 |
| WCS 컴퓨터 | | | 보전 |
| WCS 레이더 | | | 수리 |
| WCS 전력 | | | |

〈표 8-5〉 ACE 미사일 시스템의 하드웨어에 대한 PHL 적용 사례

| PHL분석 | | | | |
|---|---|---|---|---|
| 시스템 요소 형태: 시스템 하드웨어 | | | | |
| 번호 | 시스템 항목 | 위험 | 위험영향 | 비고 |
| 1 | 미사일 구조 | • 미사일 본체 균열로 연료 누출<br>• 점화원 화재 유발 | 미사일 화재 | 지상운용 |
| 2 | 미사일 구조 | 미사일 본체 균열로 미사일 추락 | 미사일 추락 | 비행 |
| 3 | 미사일 탄두 | 화재, 총탄, 충격 등으로 탄두 폭발물질 폭발 | 탄두 폭발물질 폭발 | 집중화약 사용 |
| 4 | 미사일 컴퓨터 | 컴퓨터가 의도치 않은 미사일 자폭 명령 생성 | 의도치 않은 자폭 | 안전한 분리문제 |
| 5 | 무기통제 시스템 레이더 | 전자기 방출 | 노출된 사람의 RF 에너지 상해 | |

## 2. 예비위험분석(Preliminary Hazard Analysis: PHA)

### 2.1 개요

PHA기법은 상세 설계 정보가 없을 때 위험, 위험과 관련된 유발 요소, 영향, 리스크 수준과 리스크 경감 설계방안을 파악하는 안전분석 도구이다. 만일 어떤 위험이 발생하면 어떤 리스크 혹은 재해가 발생할 것인가를 조사하는 기법이기 때문이다. PHA는 시스템에 있는 위험을 파악하고 분석하며, 예비적이고 제한된 설계 정보로부터 초기 시스템 안전 요구 사항을 수립하는 방법을 제공한다. PHA는 가능하면 개발 초기 단계에서 안전한 설계 방안을 마련하기 위하여 사용된다. PHA는 PHL과 같이 시스템 안전 분야의 초기 단계에서 수립되었으며, MIL-STD-882 개발자에 의해 공식적으로 만들어지고 공표되었다.

## 2.2 목적

시스템 개발 단계에 있어서 시스템 고유의 위험상태를 식별하고 예상되는 재해의 위험 수준을 결정하는 것이다.

## 2.3 프로세스

PHA 프로세스는 그림 8-3과 같다. PHA 프로세스는 위험을 파악하고 평가하며, 설계 안전에 관련된 필수 안전요소를 파악하기 위하여 설계 정보와 알려져 있는 위험 정보 모두를 사용한다. PHL는 PHA분석에서 파악된 위험을 좀 더 상세하게 평가한다. PHL분석은 시스템 안전 요구 사항을 파악하는 것이다. PHA분석에서 시스템 안전분석자는 세 가지, 즉 설계 지식, 위험 지식과 PHL을 알고 있어야 한다. PHA의 시작점은 PHL에서 파악된 위험 집합이 되며 PHA는 이들 위험을 좀 더 상세하게 평가한다. 이와 더불어 분석자는 전에 보이지 않았던 위험을 파악하기 위하여 설계 지식 및 정보를 위험 체크리스트와 비교한다. 이를 통하여 분석자는 가능한 위험을 시각화하거나 추정할 수 있게 된다.

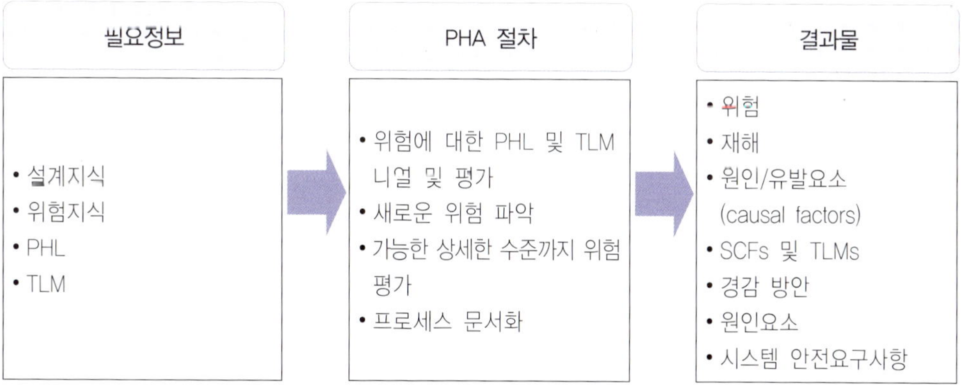


[그림 8-3] PHA 프로세스 개요

PHA 출력은 파악되었거나 의심스러운 위험, 위험 유발 요소, 위험으로 발생하는 재해의 영향, 재해 리스크, 필수 안전 기능(Safety-critical functions: SCFs)과 최상위 재해를 포함한다. PHA 출력에는 파악된 위험을 제거하거나 경감하기 위하여 수립된 설계방안과 시스템 안전 요구 사항도 포함된다.

PHA분석 방법이 그림 8-4에 나와 있다. PHA는 위험과 위험 유발/원인 요소 파악을 촉진하기 위하여 설계 및 위험 정보를 사용한다. PHA는 PHL로부터 파악된 위험으로부터 시작되며, 다음 단계에서는 PHL에서와 같이 위험 체크리스트와 바람직하지 않은 재해 체크리스트를 사용한다. PHA의 기본 입력은 기능흐름도, 신뢰도 블록 다이어그램, 주문 장비 목록, 시스템 설계, PHL위험, 위험 체크리스트와 재해 체크리스트이다. 이 중 첫 세 가지는 시스템 설계로부터 구할 수 있다.

위험 체트리스트는 알려져 있는 위험 항목과 잠재적으로 위험한 설계, 기능 혹은 상황에 대한 포괄적 목록이며, 전형적 위험 체크리스트는 다음 사항을 포함한다.

- 에너지원
- 위험한 기능
- 위험한 운용
- 위험한 구성 요소/부품
- 위험한 물질
- 유사 형태 시스템으로부터 학습된 교훈
- 바람직하지 않은 재해
- 고장 형태와 고장 상태 고려 사항

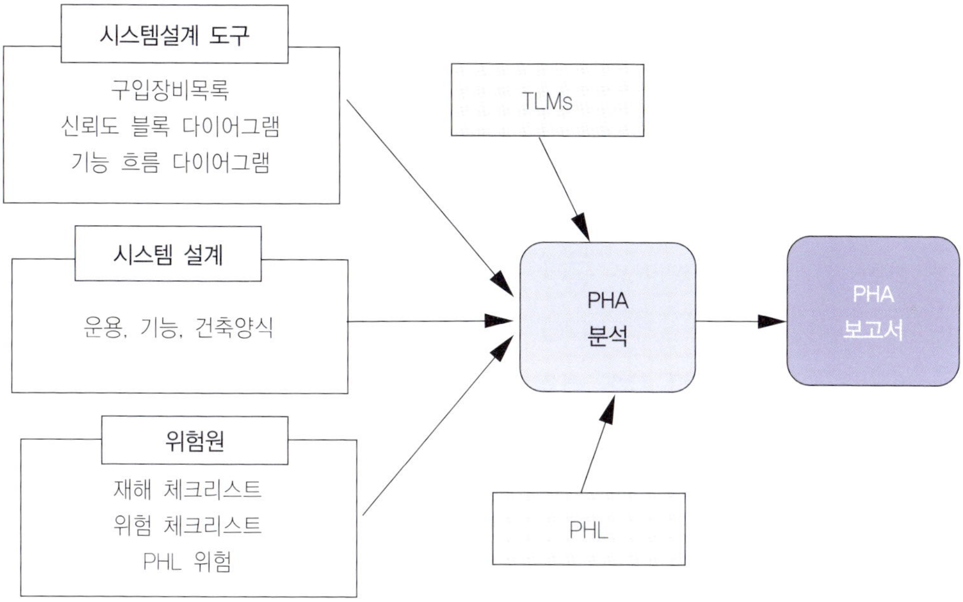


[그림 8-4] PHA 분석 방법

## 2.4 카테고리 분류

| | |
|---|---|
| Class 1: 파국적(catastrophic) | 사망, 시스템 손상 |
| Class 2. 위기적(critical) | 심각한 상해, 시스템 중대 손상 |
| Class 3. 한계적(marginal) | 경미한 상해, 시스템 성능 저하 |
| Class 4. 무시(negligible) | 경미한 상해 및 시스템 저하 없음 |

# 3. HAZOP(Hazard and Operability Analysis)

## 3.1 개요

공장 설비 프로세스에 존재하는 해저드(hazards) 및 운용상의 문제점(operability problems)을 찾아내는 정성적 분석 기법이다. HAZOP은 개념 단계부터 시스템 위험을 파악하는 매우 조직화되고, 구조화된 방법론적 프로세스이다. HAZOP 분석은 시스템의 원래 의도한 설계와 차이가 있는 변이(deviations)를 일련의 지침단어(guidewords)를 활용하여 체계적으로 식별해 낸다.

### 3.1.1 역사

HAZOP 역사를 보면, 화학 산업 분야에서 공장의 프로세스 설계 및 운용의 안정성 분석 기법으로 개발되어 이후 오일, 가스, 유독 화학 물질, 제약 시스템 등으로 적용 분야가 확장되어 왔다. 1960년대에 Dr H G Lawley와 영국 화학 업체 ICI의 Wilton 공장 연구원들에 의해 처음 시작되었고, 이후 1974년 Dr H G Lawley가 HAZOP에 대한 첫 번째 연구자료를 발표하였다. 1977년 ICI와 영국 화학 산업 협회(Chemical Industries Associations)가 첫 번째 가이드 문서 "A Guide to Hazard and Operability Studies"을 발행하였다.

### 3.1.2 HAZOP의 주요구성요소

- 구조화되고 체계적이며 논리적 프로세스
- 여러 분야 전문가로 구성된 팀
- 경험이 많은 팀 리더
- HAZOP 분석훈련
- 시스템 설계안의 제한적 사용
- 위험을 파악하기 위하여 선택된 시스템 요소, 속성 및 지침 단어의 사용

### 3.1.3 유의어 종류와 뜻

- Hazard: 인적, 경제적, 환경적 피해를 초래할 수 있는 바람직하지 않는 사건(An unwanted event in the system with the potential to cause injury or loss)

Hazad와 관련된 용어는 표 8-6과 같다.

〈표 8-6〉 HAZOP에 사용되는 용어

| 지침단어 | 의미 | 예 |
|---|---|---|
| No 또는 Not | • 전방향 흐름(forward flow)이 있어야 하는 곳에 흐름이 없는 경우<br>• 의도한 것의 일부가 달성되지 못한 경우, 의도한 이벤트/액션이 발생하지 않은 경우 | 펌프 장애, 밸브 막힘, 누수, 용기가 비어 있거나 통제 오류 등으로 인해 있어야 할 흐름이 없는 경우 |
| More 또는 Less | • 패러미터가 적정 수준보다 더 많은 경우 (양적 증가 또는 감소)<br>• 데이터 값이 (한도 내에서 또는 한도를 벗어나) 너무 높거나 낮은 경우 | 유량이 더 많은 경우, 유속이 더 빠른 경우, 압력이 더 높은 경우, 온도가 더 높은 경우 등 |
| As Well As | • 의도한 것 외에 추가적인 활동이 발생<br>• 모든 설계 의도가 달성되었지만 그에 더불어 다른 추가 이벤트가 발생함 | 특정 밸브를 닫을 때 로직 에러 또는 휴먼 에러로 인해 의도하지 않은 다른 밸브까지 한꺼번에 닫히는 경우, 불순물이 발생하는 경우 |
| Part of | 의도한 설계의 일부분만 정상적으로 수행되는 경우, 불완전 | 시스템 shut down 시 일부 시스템만 종료되거나 하는 경우 |
| Other than | 의도한 것 대신 전혀 다른 결과/활동이 발생, 완전하지만 부정확(complete but incorrect) | 가스 파이프에 가스 대신 액체가 흐르거나 하는 경우 |
| Reverse | 의도한 것 대신 전혀 다른 결과/활동이 발생, 완전하지만 부정확(complete but incorrect) | 펌프 고장, 잘못된 경로 등으로 인해 거꾸로 된 흐름이 발생, 파이프 역류, 역 화학 반응 (reverse chemical reactions) |

## 3.2 목적

각각의 장비에 대해 잠재된 위험이나 기능저하 등 시설에 결과적으로 미칠 수 있는 영향을 평가하기 위하여 공정이나 설계도 등에 체계적인 검토를 행함으로써 위험 제거 및 방지를 위한 것이다. 방법으로 화학, 공학, 안전, 보건 등 다양한 분야의 여러 전문가들이 팀이나 시스템이 의도로부터 벗어날 수 있는 일탈(deviation)을 찾는 것이다.

## 3.3 프로세스

그림 8-5는 HAZOP 프로세스 개요이며 이에 포함된 주요 관계를 요약하고 있다. HAZOP분석은 시스템 파라미터와 지침단어를 비교하면서 수행되기 때문에 시스템 파라미터와 지침단어를 정의하는 것이 HAZOP분석의 핵심 단계이다. 설계 의도로부터 일탈은 반응 물질, 반응 순서, 온도, 흐름, 국면

(phase) 등과 같은 파라미터나 공장, 프로세스 혹은 시스템 특성과 지침 단어를 결합함으로써 파악할 수 있다.

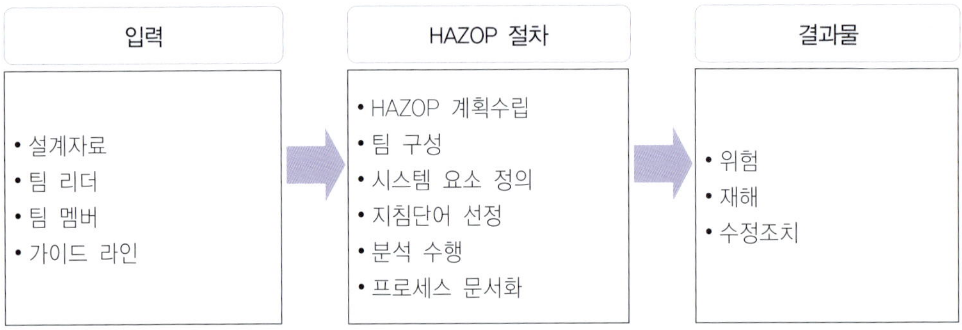


[그림 8-5] HAZOP 프로세스 개요

## 4. FMEA(Failure Mode and Effect Analysis)

### 4.1 개요

시스템 안전분석에 이용되는 전형적인 정성적 귀납적 분석방법으로, 시스템에 영향을 미치는 전체 요소의 고장을 유형별로 분석하여 한 요소 또는 또 다른 요소에 미치는 영향을 검토하는 정성적, 귀납적 분석기법이다.

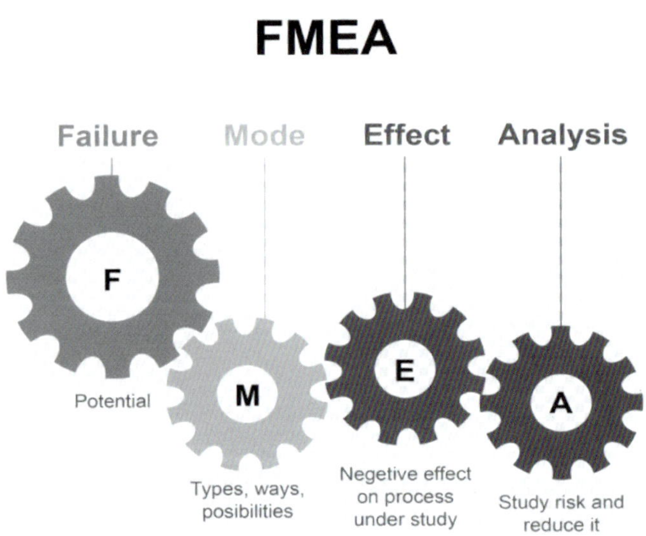

### 4.1.1 역사

FMEA는 미국의 공식 분석기법으로 개발되었다. 군 업무절차인 MIL-P-1629(현 MIL-STD-1629A)가 1949년 11월에 처음으로 만들어 졌는데, 이는 시스템과 장비 고장의 영향을 결정하기 위한 신뢰성 평가 기법으로 사용되었다. FMEA는 우주 및 로켓개발에 사용되어 비용은 크나 표본 수는 적은 로켓 기술 개발에서 실수를 줄이는 데 도움이 되었으며, 1960년대 우주선 관련 제품개발에 활발히 활용되어 인간을 달에 보내는 데 기여하였다. 1970년대 후반 Ford 자동차는 여러 번의 연료 탱크 사고 후 FMEA를 도입하였다. Ford 자동차는 또한 FMEA를 제품 개발과 설계 향상에 효과적으로 사용하였다.

### 4.1.2 주요내용

FMEA는 잠재적 고장 형태를 평가하는 정성적 및 정량적 분석방법이며, 고장모드와 원인을 부품수준에서 파악하여 원인을 알아내는 데 유용하며, 제품개발이나 공정개발 시 많이 사용된다. 다음과 같은 일련의 질문에 답하는 기법이다.

- 무엇이 고장 나는가?
- 어떻게 고장 나는가?
- 얼마나 자주 고장 나는가?
- 고장의 영향은 무엇인가?
- 고장의 신뢰성 / 안전 관점의 결과는 무엇인가?

FMEA 수행에는 다음과 같은 시스템 특성을 이해하고 있어야 한다.

- 임무
- 시스템 설계
- 운용적 제약
- 성공과 고장 실패의 경계
- 고장형태와 과장 발생 확률

### 4.2 프로세스

그림 8-6은 FMEA 프로세스 개요이며 이에 포함된 주요 관계를 요약하고 있다. FMEA입력자료는 상세한 하드웨어, 기능 설계 정보를 포함하며 이러한 자료는 설계 개념, 운용적 개념, 시스템과 주요 시스템 기능에 사용되는 주요 구성 요소 형태일 수 있다. 이러한 정보는 설계 사양, 스케치, 설계도, 도식, 기능목록, 기능블록 다이어그램, 신뢰도 다이어그램 등을 포함한다. 출력 정보는 분석 대상 시스템의 고장 형태 파악 결과, 고장 형태에 대한 평가, 파악된 위험과 시스템 주요항목 등이 있다.

이 분석방법은 위험도 순위를 부여하여 순위가 높은 것부터 개선하며, 예상되는 심각도, 발생도, 검출도 등에 의한 평가기준을 설정해 두고, 개개의 구성 요소에 대해 고장평가를 하고 종합하여 치명도, 위험도를 평가 산출한다.

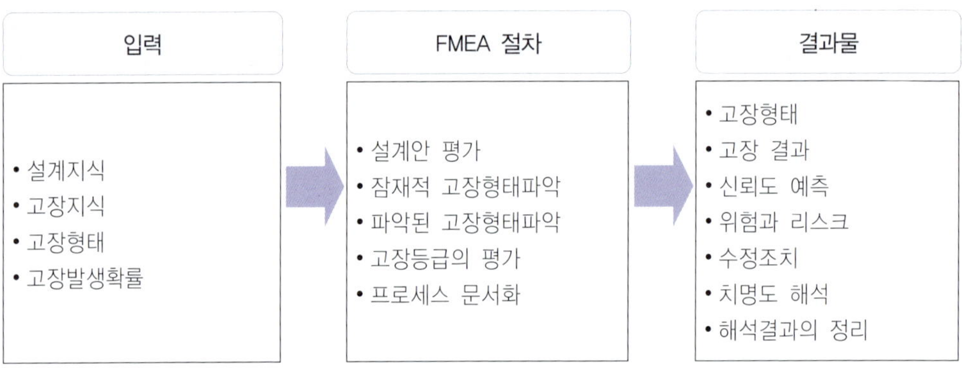


[그림 8-6] FMEA 프로세스 개요

## 5. FTA(Fault Tree Analysis)

### 5.1 개요

결함수분석법(FTA; Fault Tree Analysis)은 시스템 안전공학의 대표적인 방법으로서, 바람직하지 않은 특정 사건이 발생하는 근본 원인과 확률을 결정하는 데 사용되는 시스템 분석 기법으로 사고 발생 후 원인분석을 하는 기법이다.

### 5.1.1 역사

1962년 미국벨연구소에 의해 처음으로 고안되었다. 이 방법은 미사일 발사 제어시스템에서의 우발사고를 예측하는 문제 해결방법으로 이용되다가 보잉사에 의해 컴퓨터를 사용하는 시뮬레이션이 가능하도록 수정하는 등, 주로 보잉사를 중심으로 하는 항공 우주산업과 원자력산업을 시작으로 기타의 산업안전 분야에 적용할 수 있음이 인식되어 1965년부터 산업안전분야에 소개되었다.

일본의 경우는 일반산업, 특히 화학공업 방면에서 FTA에 대한 관심이 지금과 같이 증진된 것은 1973년경의 연쇄폭발 누출 등의 재해를 계기로 해서 장치산업 등의 재해방지에 시스템안전적인 해석방법이 주어져서 재해의 예측이나 안전성 사전평가의 필요성이 통감되었기 때문이다. 그러나 FTA에 관한 세계적인 관심을 일거에 높인 것은 1974년 미국 원자력위원회가 행한 상업용 원자력 플랜트의 위험성 평가, 즉 '라스무센 보고(Rasmussen Report)'라고 불리는 것으로 이 보고서에서 FTA가 대규모로 활용되어 재해의 예측이 이루어졌다.

라스무센 보고서의 내용은 100개소의 원자력 발전소에서의 재해발생빈도와 사망자수의 추정에 대한 것으로서 여기에 사용된 각종 설비·부품에 대한 신뢰도 및 고장률은 매우 방대하고, 정밀한 분석과 검증절차를 걸친 자료로서 FTA수행에 좋은 참고자료로 활용되고 있다.

### 5.1.2 특징

FTA는 시스템고장을 발생시키는 원인들과의 관계를 논리적으로 사용하여 나뭇가지 모양의 그림(Tree)으로 나타낸 FT(Fault Tree)를 만들고, 이에 의거하여 시스템의 고장확률을 구함으로써 취약 부분을 찾아내어 시스템의 신뢰도를 개선하는 정량적 고장해석 및 신뢰성평가 방법이다.

FTA의 가장 큰 특징은 AND와 OR인 두 종류의 논리게이트 조합에 의해 내상 설비 또는 공정의 위험성을 트리구조에 의해 표현하므로, 시각적으로 파악하는 우수한 수단이며 여러 가지 전문 기술분야에 걸친 정보를 망라할 수 있는 유연성이 풍부한 방법이라고 할 수 있다. 또한 분석대상의 위험성에 대한 확률론적인 정량평가가 가능하게 하여 기본사상(Basic Event) 발생률로써 중간 및 정상 사상에 대한 확률을 차례로 계산할 수 있게 함으로써 기존의 감각적, 경험적 사고로부터 탈피하여 논리적이고 확률론적인 정량적 결과를 도출할 수 있게 하였다.

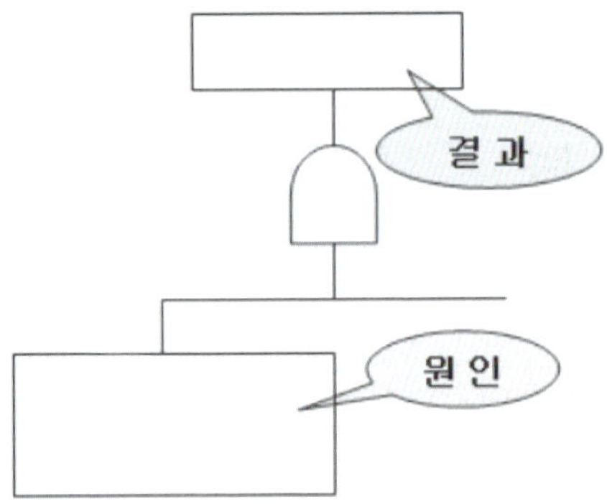


[그림 8-7] FMEA 프로세스 개요

## 5.2 FTA기호

FTA에 사용되는 기호는 다음과 같다.

| 기호 | | 내용 |
|---|---|---|
|  | 사상<br>Event | 개개의 사상<br>보통 결함사상을 표시<br>논리기호의 입력 또는 출력 |
| 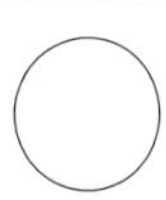 | 기본사상<br>Basic Event | 더 이상 전개하지 않는 기본적 사상<br>논리기호의 입력<br>논리기호의 출력은 되지 않음 |
| 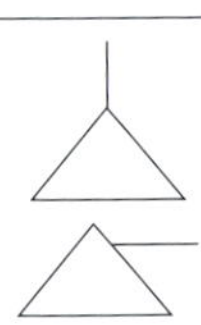 | 전입(In)<br>전출(Out) | 동일한 FT속에서 내용이 같은 타부분과의 사이에 전이를 나타내는 기호로서 삼각형의 상부에 선이 나오는 경우는 타부분에서 전입을 의미하고 측면에 선이 나온는 경우는 타부분으로의 전출을 나타낸다. |
| 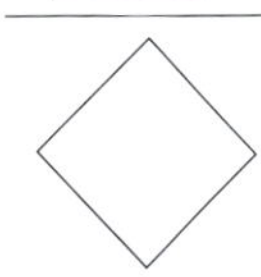 | 부전개 사상<br>(undevelopped event) | 정보부족에 의해 분석되지 않거나 또는 분석의 필요가 없는 생략현상을 나타내는 기호이다. |

| | | | |
|---|---|---|---|
| 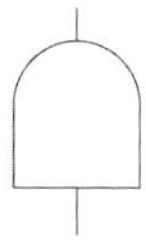 | AND Gate | 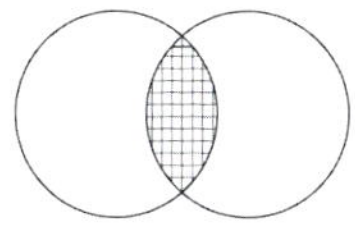 | 하위의 사건을 모두 만족하는 경우에 사용하는 논리 게이트 |
| 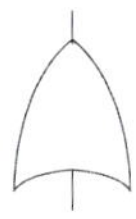 | OR Gate | 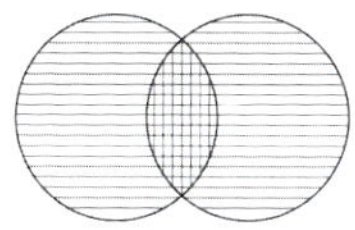 | 하위의 사건 중 하나라도 만족하면 사용하는 논리 게이트 |

## 5.3 목적

화학 플랜트, 핵 발전소, 대기 우주산업 및 전자공업에서 화재·폭발·누출 등 어떤 특정한 예상사고에 대하여 그 사고의 원인이 되는 장치/기기의 결함이나 설계자/조업자의 오류를 연역적·순차적·도식적·확률적으로 검토·분석하여 이의 정성적·정량적 안전성을 평가·진단하는 방법이다.

### 5.3.1 프로세스

그림 8-8은 FTA 프로세스 개요이며 이에 포함된 주요 관계를 요약하고 있다. FTA입력자료는 상세한 시스템 및 정상 상의에 대한 정의를 한다. FTA의 절차는 먼저 재해 원인규명, FT작성, FT평가, FE검증, FT수정의 절차에 따른다. 결과물로서 전반적인 분석과정에 대해 제시한다.

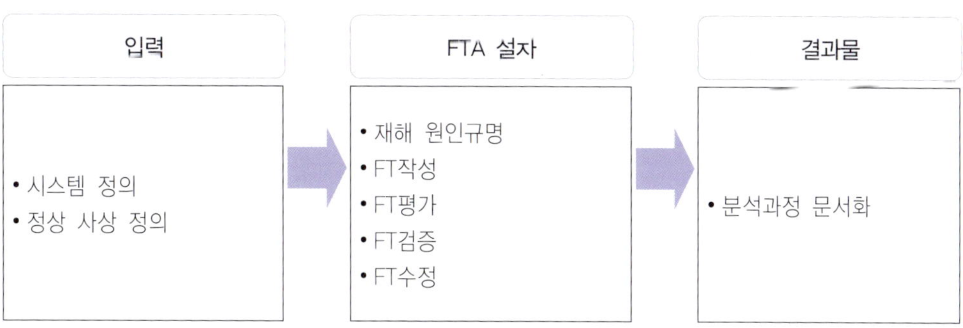


[그림 8-8] FTA 프로세스 개요

## 5.4 작성전략 알고리즘

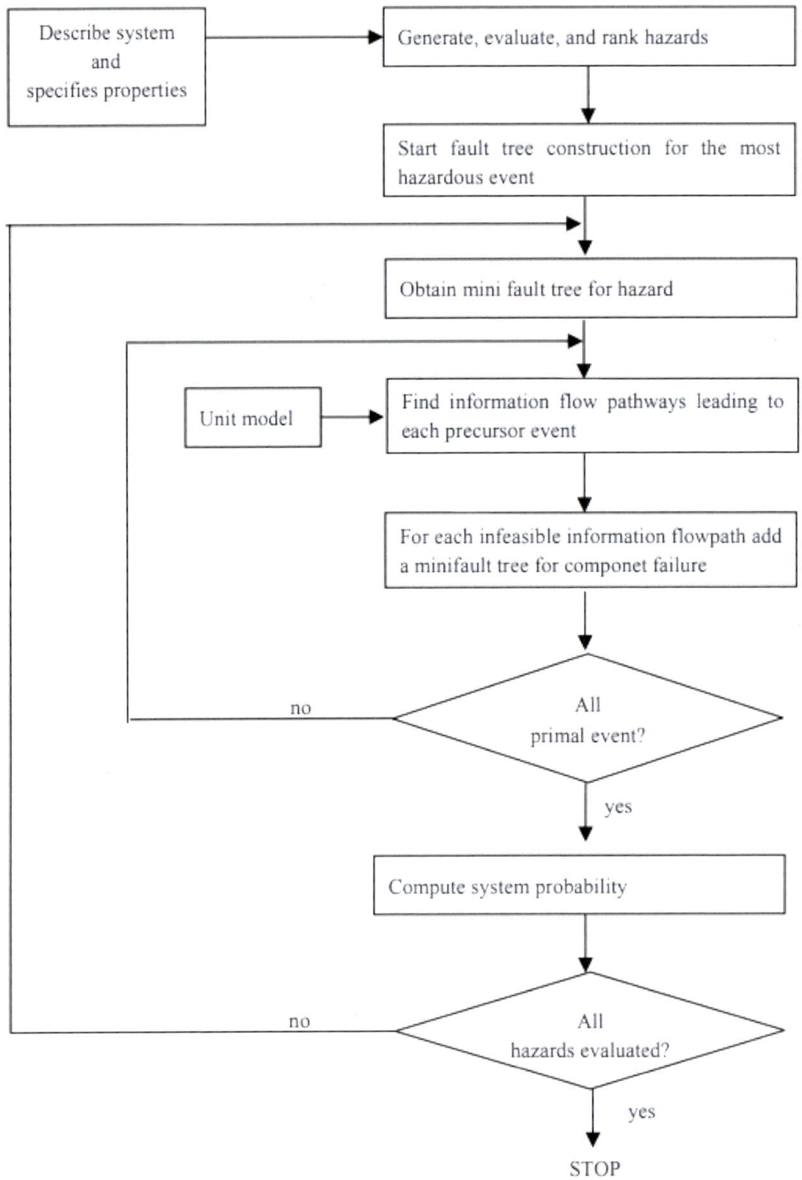


[그림 8-9] FTA 작성 알고리즘

## 5.5 FTA 장단점

### 5.5.1 장점

- 사고원인 규명의 간편화

사고의 세부적인 원인목록을 작성하여 전문지식이 부족한 사람도 목록만을 가지고 해당 사고의 구조를 파악할 수 있다.

- 사고원인 분석의 일반화

재해발생의 모든 원인들의 연쇄를 한눈에 알기 쉽게 Tree상으로 표현할 수 있다.

- 사고원인 분석의 정량화

FTA에 의한 재해발생 원인의 정량적 해석과 예측, 컴퓨터 처리 및 통계적인 처리가 가능하다.

- 노력, 시간의 절감

FTA의 전산화를 통하여 최소 컷셋 및 최소 패스셋과 발생확률이 높은 기본사상을 파악함으로써 사고발생에의 기여도가 높은 중요원인을 분석·파악하여 사고예방을 위한 노력과 시간을 절감할 수 있다.

- 시스템의 결함 진단

복잡한 시스템 내의 결함을 최소시간과 최소비용으로 효과적인 교정을 통하여 재해발생 초기에 필요한 조치를 취할 수 있어 재해를 예방할 수 있고, 재해가 발생한 경우에는 이를 극소화할 수 있어 사업체의 높은 관심 속에서 폭넓게 이용되고 있다.

- 안전점검 체크리스트 작성

FTA에 의한 재해원인 분석을 토대로 최소 컷셋과 재해발생확률이 높은 기본사상을 파악하여 안전점검상 중점을 두어야 할 부분 등을 체계적으로 정리한 안전점검 체크리스트를 만들 수 있다.

### 5.5.2 단점

- 숙련된 전문가 필요

FTA를 수행하기 위하여는 이 분야에 전문지식을 가진 숙련자가 필요하다. 필요한 전문분야는 통계, 확률 및 컴퓨터 조작은 물론 공정 전반에 걸친 지식과 경험이 풍부하여야 한다.

- 시간 및 경비의 소요

분석대상 시스템이나 공정의 크기에 따라 소요시간과 경비는 차이가 있을 수 있으나, 일반적으로 정성평가에 비하여 막대한 시간과 경비가 소요된다. 따라서 처음부터 시스템 전체에 대하여 FTA를 시도하지 말고 먼저 정성적 평가를 거친 후 위험도가 높은 시설이나 공정 등을 대상으로 수행함이 바람직하다.

- 고장률 자료확보

성공적인 FTA를 위하여 설비, 부품의 정확한 고장률 확보가 전제되어야 한다. 동일기기, 부품이라 하더라도 사업장, 취급물질, 운전조건 및 작업자의 숙련도에 따라 고장률은 상이하므로 가능한 해당공정 및 시스템에서 발생한 정비자료를 기초로 통계처리를 하여야 높은 신뢰도를 유지할 수 있다.

- 단일사고의 해석

FTA는 분석 대상 작업이나 공정에서 발생 가능한 최악의 사고 시나리오를 가정하여 그 발생 확률과 중요원인을 규명하는 방법으로서 예상치 못한 사고 또는 사소한 위험성은 간과하기 쉽다.

- 논리게이트 선택의 신중

분석자의 의식 중에는 항상 사고확률의 감소라는 개념이 잠재되어 있다고 볼 수 있다. 따라서 특히 AND 게이트 선택 시에는 논리적으로 타당한가를 신중히 검토하여야 정확한 FTA결과를 도출할 수 있다.

# 6. 기타 분석기법

## 6.1 ETA(evant tree analysis)

ETA분석방법은 사상의 안전도를 사용하여 시스템의 안전도를 나타내는 귀납적·정량적인 분석법이다. ETA분석방법은 우연한 초기의 사건(사고)으로부터 설치된 안전시스템이 잘 작동하는지 안 하는지를(True or False) 고려하여 발생 가능한 결과를 보여준다. PHA, HAZOP 등과 같은 다른 분석방법이 모든 관련된 우연한 사고를 고려하는 반면, ETA분석방법은 복잡한 시스템 내에 모든 가능한 사고 시나리오와 연속성을 통한 사고분석 방법을 찾는데 활용된다.

ETA분석방법을 통해 첫째, 안전시스템의 수용성을 판단할 수 있다. 둘째, 안전시스템의 개선기회를 확인할 수 있다. 셋째, 개선을 위한 추천될 만한 내용을 도출한다. 마지막으로 개선을 위한 자원의 분배, 할당을 가능하게 해준다.

ETA분석방법의 장점으로, 첫째, 우연한 사건(사고)을 연속성으로 시각화가 가능하다. 둘째, 사고의 방지기능 및 활동에 대한 시각화가 가능하다. 셋째, 새로운 개선된 절차와 안전기능에 대한 필요성을 평가할 수 있는 좋은 기본 정보를 제공한다. 반면에, 단점으로 첫째, 각각의 사건(사고)의 대표적인 그래프로 표현할 수 있는 기준이 없다. 둘째, 각각의 분석방법은 오로지 하나민의 초기사고에서 시작이 가능하다. 셋째, 미묘한 시스템의 의존성을 간과하기 쉽다. 넷째, 인간의 과오 중의 하나인 착각(omission)의 행동을 보여주지 못한다.

ETA분석방법의 예를 보면 아래 그림 8-10과 같다.

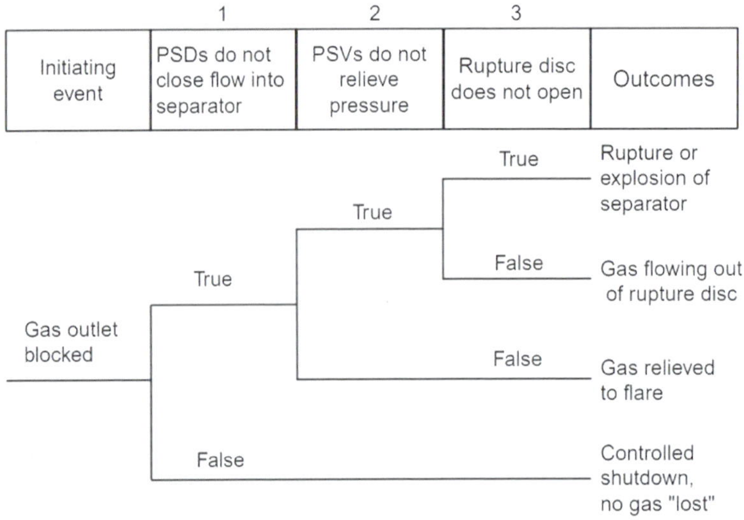


[그림 8-10] ETA 분석방법

자료: Marvin Rasusand(2004). System Reliability Theory(2nd. ed). Wiley.

## 6.2 CA(critically analysis)

- 고장이 직접 시스템의 손실과 인명의 사상에 연결되는 높은 위험도를 가진 요소나 고장의 형태에 따른 분석법이다.
- 고장이 시스템에 얼마나 치명적인 영향을 끼치는지에 대한 고장을 정량적으로 분석하는 기법이다.
- 일례로 공장에서 최악의 사고가 발생한 경우에 대한 시나리오를 작성하여 각 시나리오에 따른 화재, 폭발, 누출 등에 따른 피해거리. 피해정도를 예측하는 기법이다. 일례로 인도의 화학공장 사고나 2021년 한국 쿠팡의 화재사고 등으로 인한 피해 정도 등을 분석하는 데 사용될 수 있다

## 6.3 THERP(technique of human error rate prediction)

- 인간의 과오(human error)를 정량적으로 평가하기 위하여 1963건 Swain 등에 의해 개발된 기법이다.
- THERP(Human Error-Rate Prediction) 기법은 HRA(Human Reliability

Assessment) 분야에서 특정 작업을 완료하는 동안 발생할 수 있는 Human Error 확률을 평가하기 위해 사용되는 기법이다.

- THERP(Human Error-Rate Prediction) 분석을 통해 시스템 내에서 오류가 발생할 가능성을 줄이기 위한 조치를 취할 수 있으므로 전체 안전 수준이 향상된다. HRA를 수행하는 데에는 오류 식별, 오류 수량화 및 오류 감소의 세 가지 주요 이유가 있다. 이러한 목적으로 사용되는 기술은 여러 가지가 있으므로 1세대 기술과 2세대 기술의 두 가지 분류 중 하나로 나눌 수 있다. 1세대 기술은 관련 오류 식별 및 정량화와 관련하여 오류 상황을 일치시킬 때 '적합/적합하지 않음'이라는 단순한 이분법을 기반으로 작동한다. 2세대 기술은 오류평가 및 정량화에 있어 이론에 기반을 두고 있다. HRA 기술은 의료, 엔지니어링, 원자력, 운송 및 비즈니스를 포함한 다양한 분야 및 산업 분야에서 다양한 응용 분야에 활용된다.

# CHAPTER 09 안전사례: 건설업

2021년 6월 24일 미국 플로리다주 마이애미 데이드 카운티 서프사이드에서 12층짜리 건물(챔플레인 타워 사우스 콘도) 한쪽이 붕괴됐다. 콘도(condo) 붕괴 사고로 실종자를 포함 최소 140명의 사망자가 발생하는 사고가 일어났다. 이러한 사고는 인재적 사고로 이러한 사고가 일어나기 3년 전 붕괴 징조 현상이 나타나기 시작하였으며, 2021년 4월 콘크리트의 부스럼 현상(concrete deterioration is accelerating)이 가속화되었었다. 하지만 붕괴를 막기 위한 특별한 조치는 없었다(NBC News, 2021. 6).

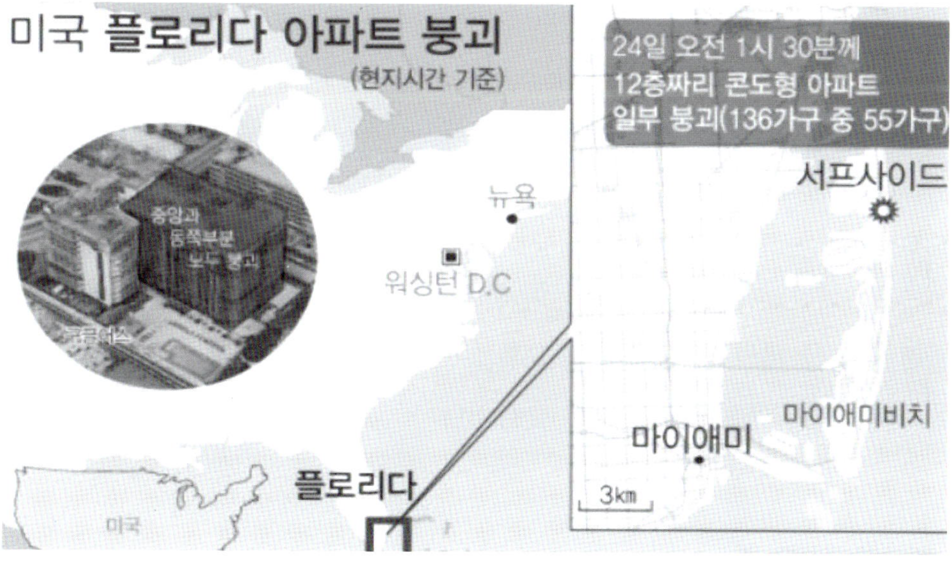

[그림 9-1] 미 플로리다 콘도 붕괴 사고(2021. 6. 24)

사실상 〈유에스에이투데이〉는 고층 건물 건설이 적합하지 않은 지형 위에 지어진 이 콘도가 1990년대부터 침식되고 있었다는 학술 연구 결과를 보도하였다. 더불어 〈워싱턴 포스트〉는 건물 주변 지역의 침하가 강조된 위성 사진을 포함한 2017년도에 발행된 학위 논문도 찾아냈다. 12층 건물에 적합하지 않은 지형 위에 조닝(zoning, 건축에서 사용 용도와 법적 규제에 따라 공간을 기능별로 나누어 배치하는 일)을 변경하며 무리한 공사를 강행했다는 내용이다.

2018년 엔지니어링 보고서에 의하면 당시 37년 된 이 건물에서 지붕 노후, 방수 결함, 콘크리트 기둥 붕괴, 지하 철근 부식 등의 중대한 구조적 손상이 언급되었지만, 근본적인 처치는 되지 않았다. 대형 사고가 발생하기 전 그와 관련된 수십 개의 작은 사고와 징후들이 나타난다는 하인리히 법칙이 여기 플로리다 콘도에서도 적용되는 순간이다.

# 1. 도입

## 1.1 연구의 목적 및 필요성

현대의 건설현장은 아파트와 주상복합 교량공사뿐만 아니라 공사의 다양화와 대형화로 변화되고 있으며, 각 공사별로 공법의 다양화 및 신공법의 개발 등으로 인지하지 못했던 새로운 위험요인이 계속적으로 발생하고 있다. 이러한 위험요인에 대처하고 위험요인을 사전에 제거하기 위해서는 Plan-Do-Check-Action 사이클의 시스템적인 대책이 필요하다.

현재 전 세계적으로 안전보건에 관한 국제규격이 강화되고 있고, 국제규격에 대한 적극적인 대응 또한 요구되고 있는 바 많은 기업에서 안전을 기준으로 하는 현실적이고 체계적인 대응이 필요할 것으로 예상된다.

본 연구는 KOSHA 18001을 도입·운영하는 기업과 미인증 기업 중 각 기업을 선정하고 해당 기업의 공사 종류별 각 현장을 선택하여 재해예방활동 수준을 평가함으로써 인증, KOSHA 18001 기업의 재해율이 미인증 기업의 재해율보다 낮음을 확인하려고 한다. 재해율의 비교를 통해 안전보건경영시스템 인증의 필요성을 인지하지 못하고 교육협의체회의 등의 기본적인 법의 테두리 안에서만 안전을 준수하고 KOSHA 18001을 인증받지 않은 상태로 기업을 경영하는 많은 기업의 안전문화를 바꾸는 데 도움이 될 것으로 기대된다.[1)]

1) 서병관(2020). 건설업 안전보건경영시스템인증기업과 미인증기업 비교분석을 통한 재해예방효과에 관한 연구. 한경대학교 박사학위논문.

〈표 9-1〉 종합건설업 KOSHA 18001 인증 현황(산업안전보건공단, 2018년)

| 인증시기 | 업체명(인증 취득, 반납여부) | 인증시기 | 업체명(인증 취득, 반납여부) |
|---|---|---|---|
| 2002년 | 롯데건설, 태영(2)<br>삼성물산주택부문(반납)(1) | 2010년 | 한화건설, 현대산업개발(2)<br>SK건설(반납),<br>CJ건설(반납)(2)<br>삼부토건(취소)(1) |
| 2003년 | 포스코(1) | 2011년 | 삼성중공업(반납) |
| 2004년 | 현대건설(반납)(1) | 2012년 | 경남기업, 동부건설,<br>삼성ENG, 신세계건설(4) |
| 2005년 | 한진중공업(1) | 2013년 | 포스코엔지니어링(반납),<br>현대 앰코(반납)(2) |
| 2006년 | – | 2014년 | – |
| 2007년 | 고려개발, 두산건설(2)<br>삼성물산건설부문(반납, 합병)<br>우림건설(반납)(2) | 2015년 | 대우건설, 금호산업,<br>삼성물산, SK건설(4) |
| 2008년 | 쌍용건설(1) | 2016년 | SK티엔에스(1) |
| 2009년 | GS건설(1)<br>남광토건(반납(1) | 2017년 | 대보건설(1) |
| | | 2018년 | 현대건설, 대림산업(2) |

자료: 서병관(2020). 건설업 안전보건경영시스템인증기업과 미인증기업 비교분석을 통한 재해 예방효과에 관한 연구.

## 1.2 연구의 방법 및 절차

본 연구는 안전보건경영시스템의 KOSHA 18001 인증을 취득한 건설사가 취득하지 않은 건설사보다 현장 안전보건활동의 점수가 높음을 자체 평가표를 통해 확인하고, 평가 점수를 재해율과 비교함으로써 미인증사가 안전보건경영시스템에 관심을 가질 수 있도록 객관적인 지표를 제시하기 위한 연구이다.

이를 위해 첫째, 국내 30대 기업의 안전보건경영시스템을 운영하고 있는 기업과 미인증 기업의 최근 7년간의 재해율을 분석하고 재해율의 변화를 확인하여 안전보건경영시스템의 인증 기업이 재해율이 낮음을 확인하였다.

둘째, 30대 기업 중 안전보건경영시스템 인증기업과 미인증기업을 선택하고, 선택한 기업의 현장 중심의 동일한 재해예방활동 기준을 분석하였다.

셋째, 각 기업의 대표 현장을 선택하여 본사의 재해예방활동 기준 준수여부와 재해예방을 위한 객관적인 성과지표를 통해 각 현장을 평가하였다.

넷째, 평가한 점수와 각 기업의 재해율을 비교·분석함으로써 기업의 안전보건경영시스템 인증 및 유지를 위한 안전 보건활동이 재해율에 영향이 있는지의 여부를 판단하였다.

다섯째, 안전보건경영시스템 인증 취득이 목적이 아니라 계속적으로 발전시키기 위한 방법을 제안하였다.



## 2. 이론적 주요 내용

### 2.1 안전보건경영시스템

#### 2.1.1 안전보건경영시스템의 개념

안전보건경영시스템이란 최고경영자가 경영방침에 안전보건정책을 선언하고 이에 대한 실행계획을 수립하여(Plan) (Do), 이를 실행 및 운영 그리고 점검 및 시정조치[(Check) (CEO) (Act) P-D-C-A]하여 그 결과를 최고경영자가 검토하고 개선하는 순환과정을 통하여 지속적인 개선이 이루어지도록 하는 체계적인 안전보건활동을 말한다(한국산업안전공단, 2018).

#### 2.1.2 안전보건경영시스템의 필요성

최근 건설현장은 국제적으로뿐만 아니라 국내에서도 공법의 다양화, 구조물의 대형화에 따라 새로운 위험요인이 발생하고 있으며, 예상하지 못한 위험에 노출되고 있음을 인식해야 한다. 이러한 위험에 대처하기 위해서는 시스템적인 대책이 필요하다.

안전보건경영시스템을 도입함으로 인한 재해예방에 관한 효과는 다음과 같다.

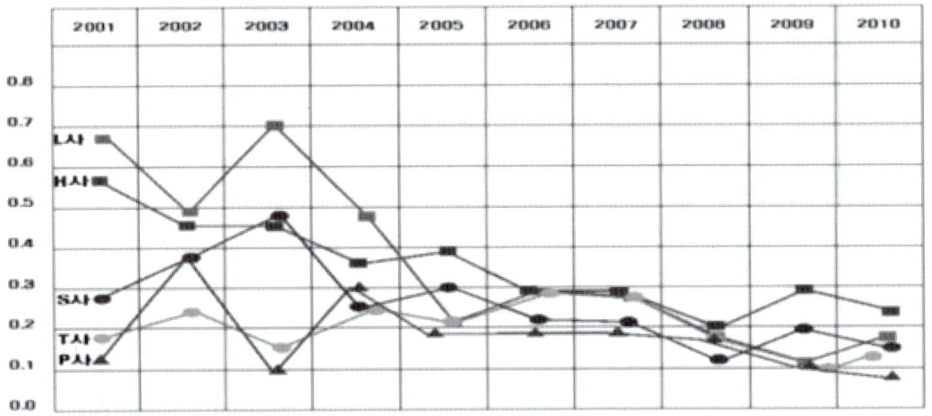


[그림 9-2] 2001~2010년 인증취득사 재해율 분석(한국산업안전보건공단)

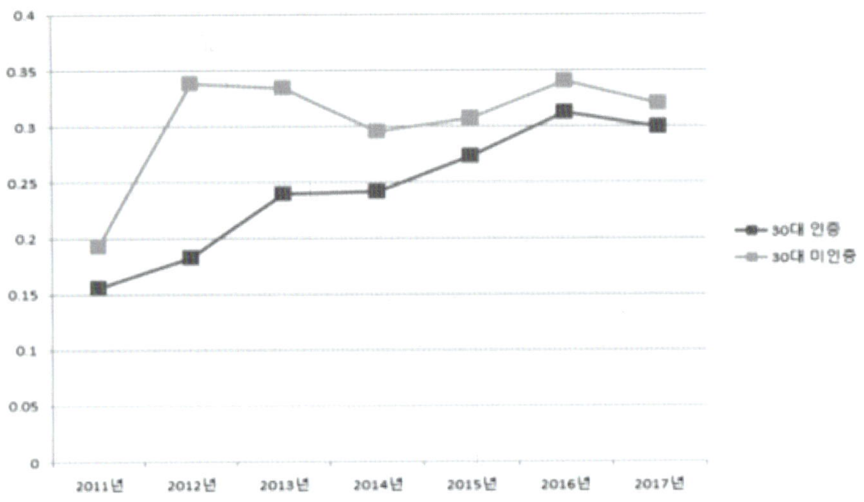


[그림 9-3] 30대 기업 안전보건경영시스템 인증취득사, 미취득사 평균 재해율 분석(산업안전보건공단)

위 그림에서 확인할 수 있듯이 안전보건경영시스템을 인증 취득한 기업은 인증 후 2~3년 동안은 재해율이 불규칙하게 상승 하강하고 있지만, 인증을 취득하고 안전보건경영시스템이 어느 정도 정착한 후에는 점진적으로 하향 평준화되고 있음을 확인할 수 있다.

또한 30대 기업의 재해율을 기준으로 매년 재해율이 증가하는 추세로 나타나고 있는 이유는 2015년 전후로 재해처리 과정에서 작은 재해도 산업재해로 보고하는 사회적 분위기의 영향이 있을 것으로 예측된다.

## 2.2 국내 안전보건경영시스템

### 2.2.1 KOSHA 18001

우리나라의 안전보건경영시스템은 전업종과 건설업종을 분류하였으며, 인증기준과 내용을 업종에 따라 차별화한 것이 특징이라 할 수 있다. 또한 기존의 안전보건관리는 법규 고시 정책 등에 따라 검사 점검 감사 위주의 활동으로 실행되었다면 안전보건경영시스템은 기존 안전보건관리를 기업경영의 한 요소로 인식하고 손실관리를(Loss Control) (Risk Management) 위한 위험성 관리개념으로 접근하는 것이라 할 수 있을 것이다.

〈표 9-2〉 안전보건관리와 안전보건경영시스템 비교

| 구분 | 기존안전보건관리 | 안전보건경영시스템 |
|---|---|---|
| 성과측정 | 재해율 등의 결과 | 성과측정 과정 |
| 사고조사 | 불안전한 활동 및 상태 | 시스템운영과 관련된 근본원인 |
| 안전보건시설 및 교육 | 규제대응, 형식적, 수동적 | 자율적, 능동적, 시스템을 통한 개선 |
| 손실관리 및 위험도관리 | 체계적·합리적 접근이 곤란 | 체계적·합리적 접근이 가능 |
| 점검방법 | 사후적 | 사전적 |
| 위험요인 도출 | 개인(안전관리자) | 조직 |
| 형태 | 소극적(형식적) | 적극적(실질적) |
| 참여범위 | 안전관리자 | 전 직원 |

## 2.2 국내 안전보건경영시스템의 종류 및 특성 비교

앞에서 설명한 바와 같이 국내 안전보건경영시스템은 국가기관인 안전보건공단에서 인증하는 KOSHA 18001, OHSAS 18001, 다국적 인증기관에서 인증하는 한국인정지원센터에서 (KAB) K-OHSMS 18001을 인증하고 있으며 간단히 정리하면 표 9-3과 9-4와 같다.

〈표 9-3〉 국내 안전보건경영시스템의 종류 및 특징 비교

| 구분 | 특징 | 인증기관 |
|---|---|---|
| KOSHA 18001 | • 안전공단에 의한 인증시스템 | 안전보건공단 |
| OHSAS 18001 | • 다국적인증기관에 의한 인증시스템<br>• 민간기관에 의한 인증 | 다국적 인증기관 |
| K-OHSMS 18001 | • 한국인정지원센터(KAB)에서 의한 인증시스템<br>• 민간기관에 의한 인증 | KSB인정 및 교육기관<br>지정관리 |
| KOSHA/OHSAS<br>18001 공동인증 | • 안전보건공단, 다국적 인증기관과 공동 인증협정체결 | DNV인증원, BVQI,<br>국제인증 BSI 인증원<br>한국품질재단<br>한국생산본부인증원<br>한국품질보증원<br>KSR인증원<br>한국표준협회<br>한국선급인증원<br>UL MSS Korea<br>CERMET SGS Korea,<br>LRQA Korea |

〈표 9-4〉 안전보건경영시스템의 종류 및 특징

| 구분 | 특징 | 인증기관 |
|---|---|---|
| KOSHA 18001 | • 안전공단에 의한 인증시스템 | 안전보건공단 |
| OHSAS 18001 | • 다국적인증기관에 의한 인증시스템<br>• 민간기관에 의한 인증 | 다국적인증기관 |
| K-OHSMS 18001 | • 한국인정지원센터(KAB에서 의한 인증시스템)<br>• 민간기고나에 의한 인증 | KSB인정 및 교육기관<br>지정관리 |
| KOSHA/OHSAS<br>18001 공동인증 | • 안전보건공단, 다국적 인증기관과 공동 인증협정체결 | DNV인증원, BVQI,<br>국제인증 BSI 인증원<br>한국품질재단<br>한국생산본부인증원<br>한국품질보증원<br>KSR인증원<br>한국표준협회<br>한국선급인증원<br>UL MSS Korea<br>CERMET SGS Korea,<br>LRQA Korea |

## 2.3 안전보건경영시스템의 선행논문 분석

KOSHA 18001 관련 선행연구 논문을 정리하면 다음과 같다. 이진섭(2015)[2]은 안전보건경영시스템 인증을 취득하거나 취득 진행 중인 발주기관 전문종합건설업·직원 공단, 시스템 관련 교육을 이수 중인 피교육자를 대상으로 설문을 실시하고 내외부 심사원 및 안전보건경영시스템 전문가와의 면담과 학술조사 등을 통해 인증사의 안전보건경영시스템 수준을 향상시키는 방법으로 평가등급제의 운영, 외부심사원의 사후심사를 참여하도록 하는 인증기준 개정 인증업체에 대한 혜택으로 가산점 부여, 시공능력평가 시 가산점 확대 산재보험률 인하 등을 제시하였다.

〈표 9-5〉 KOSHA 18001 선행연구 내용

| 구분 | 특징 | 인증기관 |
|---|---|---|
| 박경태 | 2003 | 공사가 복합공종, 영세 협력사가 많을 경우 KOSHA 18001 적용이 어렵고, 단순공종일 경우 적용이 용이함을 분석하고, 사업장 종류와 공사규모에 따른 다양한 위험성 관리기준의 필요성 제시 |
| 오기택 | 2007 | 안전보건경영시스템 인증, 도입을 위한 PQ가점부여, 정부 안전보건 감독 유예, 산재보험률 인하 등의 인센티브 필요성 주장 |
| 김동령 | 2010 | 공공기관의 인센티브 제도, 효과성 주장, 본사 안전부서 역할의 중요성, 컨설팅 및 인증기준이 객관성, 전산시스템의 구축 주장 |
| 오병섭 | 2012 | KSQ/ISO 9003 성숙도 모델을 적용하여 안전보건시스템 항목 실험으로 성숙도 평가기준 설정, 현재상태의 시스템 성숙도 수준파악, 주요항목별 강점, 약점 등에 있어서의 개선 방향 제시 |
| 오수언 | 2015 | 조식구성원의 직무만족도 및 개인의 안전의식과 신뢰가 조직성과를 높이는 데 있어 중요한 요인임을 제시 |
| 이진섭 | 2015 | 인증사의 안전보건경영시스템의 수준을 향상시키는 방법으로 평가등급제의 운영, 외부 심사원의 사후심사 참여, 인증업체에 대한 혜택 등을 제시 |
| 복 훈 | 2015 | 안전보건경영시스템 정착수준을 정량적으로 평가하기 위한 평가 모형 개발 및 적용시킴으로써 성숙도 평가모델의 효과성 고찰 |
| 신민환 | 2016 | 설문조사를 통해 안전보건경영시스템의 여러 문제점을 파악하고, 그에 대한 대책으로 노동부 점검의 면제, 산재보험률 인하 등의 현실적인 촉매제의 필요성을 주장 |
| 심현확 | 2019 | 안전보건경영시스템 심사결과 분석을 통한 인적요인의 문제점 파악 및 안전보건 성과에 미치는 영향을 분석하여 구성원별 개선방안 제시 |

2) 이진섭(2015). 건설업 KOSHA 18001 활용도 개선에 관한 연구. 인천대학교 대학원 박사학위논문.

# 3. 안전보건활동 평가표 개발 현장 재해예방활동 중심 기업비교

## 3.1 평가대상 재해예방활동 선정 기준

국내 종합건설업 시공능력 30위 내에 있는 기업 중 비슷한 순위의 두 기업을 선정하고, 각 기업에서 실시하고 있는 안전보건 경영활동의 기준을 인증사, 미인증사별로 조사하였다 두 기업에서는 각각 다양한 안전보건 경영활동을 진행하고 있는 것으로 조사되었지만 동일한 안전보건활동의 비교를 위해 두 기업에서 모두 실시하고 있는 재해예방활동을 중심으로 선정하였다.

안전보건경영시스템 인증기업과 미인증기업의 재해예방활동 수준을 측정하기 위해 한국산업안전보건공단의 안전보건경영시스템(KOSHA 18001) 인증업무처리규칙(제841호)의 인증기준 중 현장분야와 고용노동부 사업장 위험성 평가에 관한 지침(2017-36호) 중심으로 평가표를 작성하여 객관성을 확보하기 위해 노력하였다. 평가 대상 항목은 현장소장 방침 안전보건, TBM, 목표 위험성 평가 의사소통회의 전파교육 활동비상시 조치 계획 및 대응, 기타 안전보건활동 성과 측정까지 총 9가지 항목이다. 두 기업 모두 2019년 기준 시공능력 20위 내 기업으로 인증업무 처리규칙 중 산업안전보건법상 가장 기초적인 활동인 '3.2 안전보건관리 예산', '4.3 안전보건교육 항목과', '객관적으로 평가하기 어렵다고 판단되는 4.4 현장문서 및 기록관리', '5.3 평가와 상벌 관련' 사항은 평가에서 제외하였다.

## 3.2 'B'기업의 재해예방활동 본사 기준

### 3.2.1 안전보건 방침 목표

'A'기업은 본사에서 정한 안전방침과 목표를 전 현장에 동일하게 적용하고 있음을 확인하였다 '기본과 원칙에 충실한 공사장 안전수칙 생활화'라는 안전방침 아래 'T.O.P' 안전관리 시스템을 시행하였다. T(Together)-, 함께하는 안전관리, O(Out-and-Out)-, P(Predict)- 빈틈없는 안전관리, 예측하는 안전관리로 각 항목당 5개의 재해예방활동이 규정되어 있다.

이는 본사 및 현장에서 동일하게 진행하는 재해예방활동의 종류로서 'A'기업의 전국 현장에 동일하게 진행함으로써 공사 규모 및 공사 종류의 특성에 적합한 안전방침 및 목표가 설정되어 있지 않다.

### 3.2.2 위험성 평가 최초 및 정기 수시

위험성 평가는 본사에서 정하고 있는 별도의 기준은 없다. 현장별로 등급을 빈도 및 강도의 등급뿐만 아니라 실시시기 등급별 관리기준 등은 정해져 있지 않다. 다만 현장별로 사업장 위험성 평가에 관한 고시(고용노동부, 2017)에 준하여 위험성 평가 실시규정을 작성하고 작성내용에 점검을 실시하고 있는 것으로 확인되었다.

최초 위험성 평가는 착공 전에 전체 공정을 대상으로 정기성 위험성 평가는 착공 1년 단위로 잔여 공정을 대상으로 작성하고 있으며, 작성된 최초 위험성 평가는 협력사에 배포하여 정기 및 수시위험성 평가 작성 시 참조하도록 규정하고 있다.

협력사에서 작성한 수시 위험성 평가는 관리감독자/안전 보건관리자의 검토를 통해 현장소장의 승인을 받노록 되어 있으며 위험성 평가, 작성 시 작업여부에 대한 확인이 어려운 불시 및 단발성 작업에 관한 위험성 평가를 실시하고 관리하여, 현장에 잠재하고 있는 위험요인을 확인할 수 있도록 규정되어 있다. 또한 전회차와 동일한 위험요인에 대해 수정사항이 발생되면 수정사유에 대해 명시하도록 되어있다.

위험성은 발생가능성과 피해심각성 각 3등급까지 선정 가능하며 가능성과 심각성의 덧셈에 의해 결정하는 방식으로 2~6등급의 위험등급이 산정될 수 있다. 결정된 위험요인 중 5등급 이상의 위험요인은 중점 관리대상 작업으로 선정하여 관리감독자의 일일순회점검, 안전관리자의 일상점검 시 이행여부에 대해 확인하도록 되어있다.

### 3.2.3 안전보건협의체 회의 위험성 평가 회의

안전보건협의체(위험성 평가) 회의에 대한 세부적인 절차는 별도로 정하고 있지 않으며, 2주 주기로 정기적으로 시행하고 있다.

〈표 9-6〉 위험성 평가 회의 실시 기준

| 구분 | 담당 | 일정 | 주요 업무 | 세부내용 |
|---|---|---|---|---|
| 오프라인 활동 | 현장소장 | 정기 | 관리감독 담당 확장 | • 관리감독자 담당공종 또는 담당구역 지정 |
| | 협력업체 | 위험성 평가 회의 D-2일 | 위험성 평가표 제출 | • 공종별 위험작업 선별 및 위험성, 예방대책 기술<br>• 예측위험도에 따른 상, 중, 하 구분 등 |
| | 관리감독자 · 안전관리자 | 위험성 평가 회의 D-1일 | 위험성 평가표 검토 | • 협력업체에서 제출한 정기 위험성 평가표 검토 및 수정, 보완사항 추가 등 |
| | 현장소장 | 2주 간격 목, 금요일 중 선택 | 위험성 평가 회의 | • 위험성 평가 회의 주관<br>• 위험성 평가 등록사항 및 집중 관리감독 사항 결정 등 |
| | 안전관리자 | 위험성 평가일 | 위험성 평가 등록부 작성 | • 일일 안전활동 체크리스트로 사용<br>• 주요 사고사례 첨부 및 강조사항 포함 |

### 3.2.4 주간 위험성 평가 전파교육

위험성 평가 교육에 관한 사항은 T.O.P 안전관리시스템 기준에 일일 위험예지활동시 협력업체 소장 또는 작업팀장 등이 교육을 실시하는 것으로 정하고 있다.

### 3.2.5 TBM 조회

안전조회 진행 매뉴얼에 안전체조 → 보호구 지적확인 → 전체교육(공지사항) → 신규자 파악 및 안전구호 제창 → 위험예지훈련 실시의(TBM) 순서로 진행하도록 기준이 수립되어 있다. 또한 매뉴얼에는 조회 시작 전 참석인원 파악 및 미참석자에 대한 대책 등 관리감독자 및 안전관리자의 세부 행동요령에 대해 명시되어 있는 것으로 확인되었다.

### 3.2.6 일일안전점검

위험성 평가를 통해 도출된 5-2 등급 이상의 중점관리사항은 일일안전담당자가 주간안전보건추진계획에 따라 이행여부를 점검하도록 규정되어 있다. 등록부는 일일 안전활동 체크리스트로 활용하도록 되어있으며, 관리감독자의 안전점검 결과는 SNS를 통해 공유하고 조치하도록 수립되었다.

월간 안전보건활동계획 수립시 기계기구 점검계획을 포함하여 수립하며, 반입되어 사용 중인 기계기구는 월간 정기점검을 통해 적합할 경우에만 계속 사용이 가능하며, 기부착된 승인필증에 해당 월 확인란에 서명을 실시하도록 규정하고 있다.

### 3.2.7 비상사태 대비 훈련

현장에서 발생 가능한 비상사태에 대해 사전에 예측하고 비상연락망을 구축하여 비상사태로 인한 피해를 최소화할 수 있도록 기준을 수립하였다. 또한 비상사태 시 조직의 임무에 대해 업무분장을 실시하고 비상대피 유도계획을 수립하고 긴급복구용 장비를 확보하여 보관하도록 하고 있다. 매뉴얼상 비상사태의 실제적인 모의훈련은 '정기적으로 실시해야 한다'라고 규정되어 있으나 정확한 주기는 정해져 있지 않다.

### 3.2.8 기타 안전보건활동

- 위험작업사전허가제

  주요 공정 중 안전사고 발생 우려가 있는 위험작업에 대해 위험사항을 사전에 예측하고, 안전이 고려된 작업계획을 수립·적용하여, 안전사고를 예방하고자 시행하는 재해예방활동이다. 위험작업 사전허가제는 작업 투입 일 전 본사에 작업계획서 및 허가요청서를 제출하고 기술부서의 검토 안전부서의 협의를 통해 심사결과서를 현장으로 통보하며, 승인된 작업에 대해서는 기술부서와 안전부서의 확인점검을 통해 안전성을 확보한다.

- 기타 임원안전점검, 기계기구 점검 등
- 고위험 작업 업무프로세스: 공정작업 15일 전 현장 관리감독자에게 제출

### 3.2.9 성과 측정

안전관리자는 연간 안전보건목표에 대한 달성 정도를 반기 1회 이상 성과 측정을 실시하고, 성과 정도를 알 수 있는 근거자료를 실적표에 첨부하여야 한다. 연간 목표에 대한 성과 측정은 달성 시 추진 종료 또는 목표를 상향하여 관리하고 미달성 시에는 근본적인 미달성 원인을 파악하여 개선대책을 수립하여야 한다.

'A' 기업은 본사에서 자체적으로 진행하는 평가 점검 점수와 외부 점검기관의 평가 점수를 취합하여 순위를 부여한다.

## 3.3 기업의 재해예방활동 수준 평가 결과 비교

동일한 항목으로 재해예방활동 수준을 평가하였을 때 안전보건경영시스템(KOSHA 18001)을 인증 취득한 'B' 기업이 높은 수준의 재해예방 활동을 하고 있음을 확인할 수 있었다.

〈표 9-7〉 A, B기업 평가항목별 결과 비교

| 구분<br>(배점) | 방침 목표<br>(20) | 계획수립<br>(75) | 계획 실행 및<br>운영<br>(75) | 평가 및 개선<br>(30) | 총점<br>(200) | 100점<br>환산점수 |
|---|---|---|---|---|---|---|
| A기업 | 9.0 | 40.33 | 49.67 | 14.67 | 112.67 | 56.27 |
| B기업 | 16.67 | 50.33 | 54.00 | 18.67 | 141.33 | 70.63 |

# 4. 비교분석

## 4.1 가설검정

본 연구는 안전보건경영시스템(KOSHA 18001)을 인증 취득한 기업이 재해율이 낮다는 가설을 증명하기 위해 다음과 같은 가설을 수립하였다.

H0: 안전보건경영시스템 인증기업과 미인증기업의 산업재해율은 차이가 없다.

H1: 안전보건경영시스템 인증기업과 미인증기업의 산업재해율은 차이가 있다.

국내 종합건설업 30대기업의 재해율을 2011년부터 2017년까지 조사하여 인증업체와 미인증업체의 평균을 산출하였다.

## 4.2 결과분석

조사결과는 다음과 같다.

〈표 9-8〉 30대 기업 인증기업과 미인증기업 연도별 재해율 평균

| 구분 | 2011 | 2012 | 2013 | 2014 | 2015 | 2016 | 2017 |
|---|---|---|---|---|---|---|---|
| 인증기업 | 0.016 | 0.183 | 0.239 | 0.241 | 0.273 | 0.312 | 0.299 |
| 미인증기업 | 0.193 | 0.336 | 0.334 | 0.295 | 0.307 | 0.341 | 0.319 |

## 4.3 'A' 'B' 기업 재해예방활동 수준과 재해율 비교분석

'B' 기업은 1990년대 초반 재해율이 건설업 전체 재해율보다 약 1.5배 이상 높았다. 그러나 2000(KOSHA 18001)년대 초반에 안전보건경영시스템 인증 취득 이전부터 안전에 관심을 가지며 재해율이 낮아지기 시작했고, 2018년 도입 후 꾸준한 노력을 통해 재해율이 점진적으로 하강하고 있으며, 건설업, 전체 재해율 평균보다 낮은 수준을 유지하고 있는 것을 확인할 수 있다.

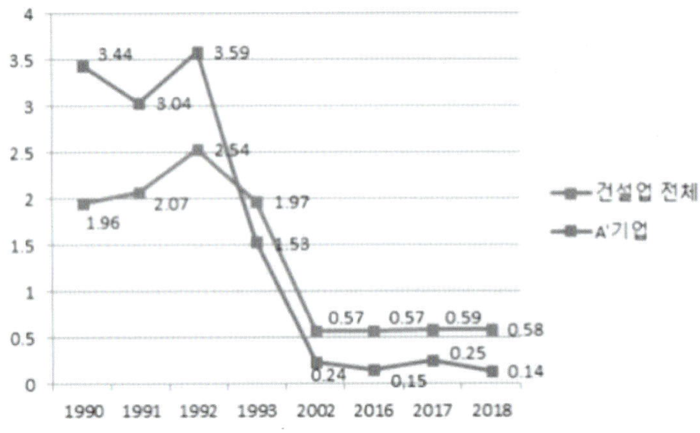


[그림 9-4] B 기업 안전보건경영시스템 인증 전, 후 비교

본 연구는 안전보건경영시스템(KOSHA 18001)의 인증 취득의 유효성을 분석하기 위한 논문이다.

100대 기업 중 대부분의 경우는 안전보건경영시스템의 인증을 취득하려고 시도조차 하지 않는 기업이 많으며 중대재해 등의 사유로 반납 후 재취득을 하지 않는 기업도 다수 있다. 왜 많은 기업들이 재해예방을 위한 안전보건경영시스템을 취득하려 하지 않는 것인지 안전보건경영시스템을 취득하면 재해예방에 효과가 있는 것인지 두 기업을 비교 분석하여 다음과 같은 결론을 도출하였다.

첫째, 국내 종합건설업 시공능력 30위 내 업체 중 안전보건경영시스템 KOSHA(18001)을 인증 취득한 기업이 안전보건경영시스템을 미취득한 기업보다 재해율이 낮다.

둘째, 안전보건경영시스템 인증기업의 현장 재해예방활동 수준은 미인증 기업의 재해예방활동 수준보다 높다.

셋째, 위의 두 결론을 종합하면 '재해예방활동의 수준이 높으면 재해율이 낮다'는 결론을 도출할 수 있다.

마지막으로, 건설업 KOSHA 18001을 보다 효율적으로 구축하고 운영하기 위해서는 본사와 현장 간 협조와 지원체제가 원활하게 이루어지도록 하여야 한다(그림 9-5 참조).

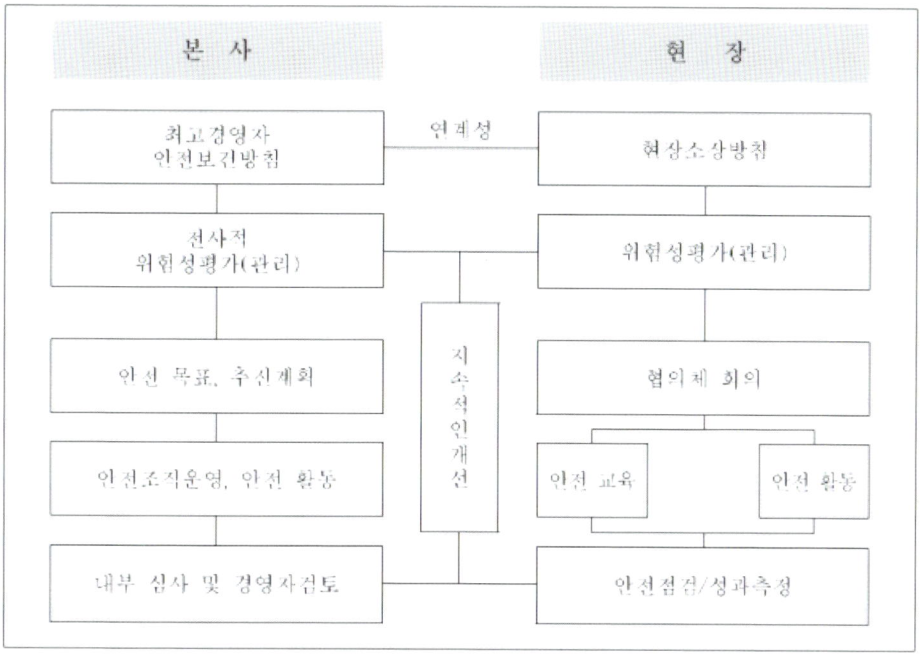


[그림 9-5] 본사-현장 안전경영시스템 연계 모델

# 5. 산업안전보건법상 건설업 안전

## 5.1 건설공사 기간의 연장

건설공사발주자에게 책임이 있는 사유로 착공이 지연되거나 시공이 중단된 경우와 태풍・홍수 등 악천후, 전쟁・사변, 지진, 화재, 전염병, 폭동, 그 밖에 계약 당사자가 통제할 수 없는 사태의 발생 등 불가항력의 사유가 있는 경우에 해당하는 사유로 건설공사가 지연되어 해당 건설공사도급인이 산업재해 예방을 위하여 공사기간의 연장을 요청하는 경우에는 특별한 사유가 없으면 공사기간을 연장하여야 한다. 또한 건설공사도급인에게 책임이 있는 사유로 착공이 지연되거나 시공이 중단되어 해당 건설공사가 지연된 경우에 산업재해 예방을 위하여 건설공사도급인에게 공사기간의 연장을 요청할 수 있으며 이 경우 건설공사도급인은 특별한 사유가 없으면 공사기간을 연장하거나 건설공사발주자에게 그 기간의 연장을 요청하여야 한다. 건설공사 기간의 연장 요청 절차, 그 밖에 필요한 사항은 고용노동부령으로 정한 이유는 공사기간으로 인한 무리한 건설공사로 재해 발생의 여지가 있어 이를 제한하도록 하는 데 목적이 있다. 따라서 법 제70조에 건설공사 기간의 연장규정을 두어 연장하도록 하고 있다.

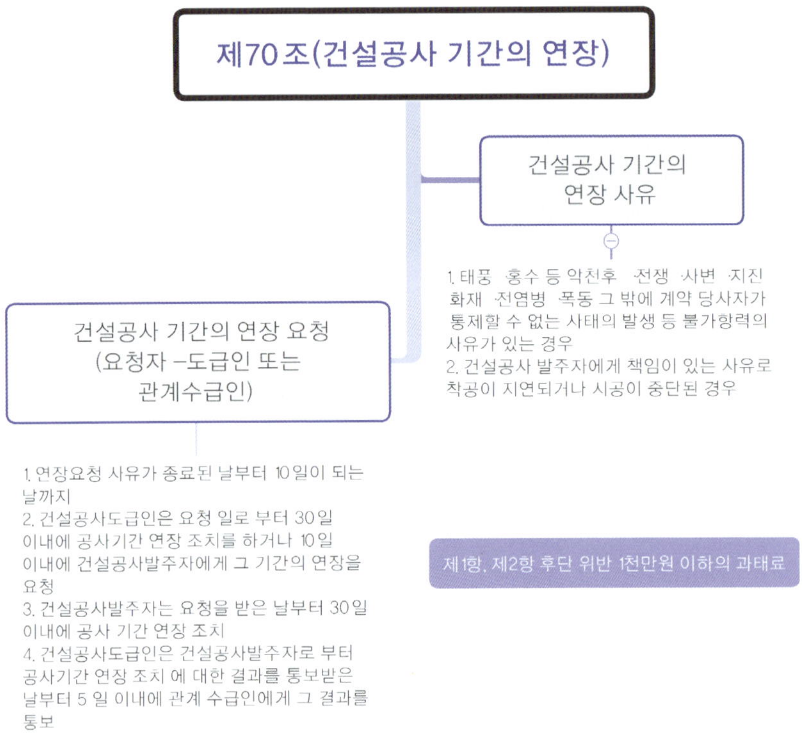


## 5.2 설계변경의 요청

건설공사도급인은 해당 건설공사 중에 대통령령으로 정하는 가설구조물의 붕괴 등으로 산업재해가 발생할 위험이 있다고 판단되면 건축·토목 분야의 전문가 등 대통령령으로 정하는 전문가의 의견을 들어 건설공사발주자에게 해당 건설공사의 설계변경을 요청할 수 있다. 다만, 건설공사발주자가 설계를 포함하여 발주한 경우는 그러하지 아니하며 고용노동부장관으로부터 공사중지 또는 유해위험방지계획서의 변경 명령을 받은 건설공사도급인은 설계변경이 필요한 경우 건설공사발주자에게 설계변경을 요청할 수 있다.

그리고 건설공사의 관계수급인은 건설공사 중에 가설구조물의 붕괴 등으로 산업재해가 발생할 위험이 있다고 판단되면 전문가의 의견을 들어 건설공사도급인에게 해당 건설공사의 설계변경을 요청할 수 있다. 이 경우 건설공사도급인은 그 요청받은 내용이 기술적으로 적용이 불가능한 명백한 경우가 아니면 이를 반영하여 해당 건설공사의 설계를 변경하거나 건설공사발주자에게 설계변경을 요청하여야 한다. 또한 설계변경 요청을 받은 건설공사발주자는 그 요청받은 내용이 기술적으로 적용이 불가능한 명백한 경우가 아니면 이를 반영하여 설계를 변경하여야 하며 설계변경의 요청 절차·방법, 그 밖에 필요한 사항은 고용노동부령으로 정한다. 이 경우 미리 국토교통부장관과 협의하여야 한다. 이 규정은 건설공사가 공사 도중 다른 사항으로 인하여 재해 발생 위험이 나타날 때 이를 예방하기 위한 규정으로 건설공사의 설계변경규정을 두었다.

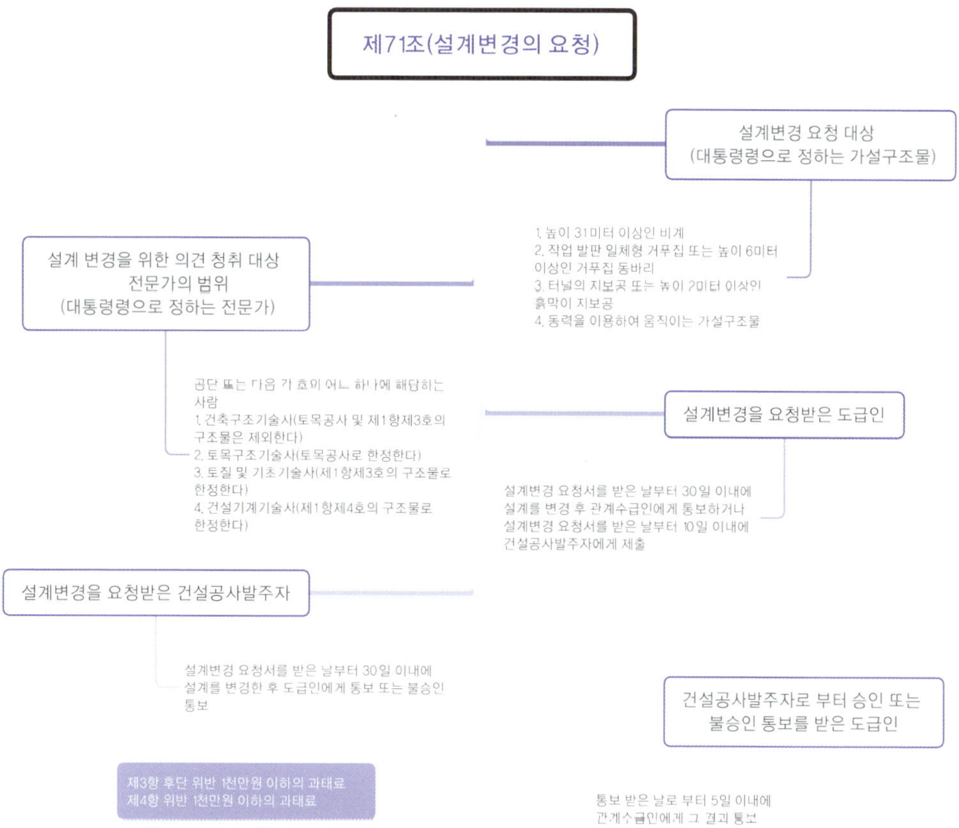

## 5.3 건설공사 등의 산업안전보건관리비 계상

건설공사발주자가 도급계약을 체결하거나 건설공사의 시공을 주도하여 총괄・관리하는 자(건설공사발주자로부터 건설공사를 최초로 도급받은 수급인은 제외한다)가 건설공사 사업 계획을 수립할 때에는 고용노동부장관이 정하여 고시하는 바에 따라 산업재해 예방을 위하여 사용하는 비용(이하 "산업안전보건관리비"라 한다)을 도급금액 또는 사업비에 계상(計上)하여야 하며 고용노동부장관은 산업안전보건관리비의 효율적인 사용을 위하여 사업의 규모별・종류별 계상 기준, 건설공사의 진척 정도에 따른 사용비율 등 기준, 그 밖에 산업안전보건관리비의 사용에 필요한 사항을 정할 수 있다. 또한 건설공사도급인은 산업안전보건관리비를 제2항에서 정하는 바에 따라 사용하고 고용노동부령으로 정하는 바에 따라 그 사용명세서를 작성하여 보존하여야 하며 선박의 건조 또는 수리를 최초로 도급받은 수급인은 사업 계획을 수립할 때에는 고용노동부장관이 정하여 고시하는 바에 따라 산업안전보건관리비를 사업비에 계상하여야 한다.

그리고 건설공사도급인, 선박의 건조 또는 수리를 최초로 도급받은 수급인은 산업안전보건관리비를 산업재해 예방 외의 목적으로 사용해서는 아니 된다.

시행규칙 제89조(산업안전보건관리비의 사용)에는 건설공사도급인은 도급금액 또는 사업비에 계상(計上)된 산업안전보건관리비의 범위에서 그의 관계수급인에게 해당 사업의 위험도를 고려하여 적정하게 산업안전보건관리비를 지급하여 사용하게 할 수 있다와 건설공사도급인은 산업안전보건관리비를 사용하는 해당 건설공사의 금액(고용노동부장관이 정하여 고시하는 방법에 따라 산정한 금액을 말한다)이 4천만 원 이상인 때에는 고용노동부장관이 정하는 바에 따라 매월(건설공사가 1개월 이내에 종료되는 사업의 경우에는 해당 건설공사가 끝나는 날이 속하는 달을 말한다) 사용명세서를 작성하고, 건설공사 종료 후 1년 동안 보존해야 한다고 규정하고 있다.

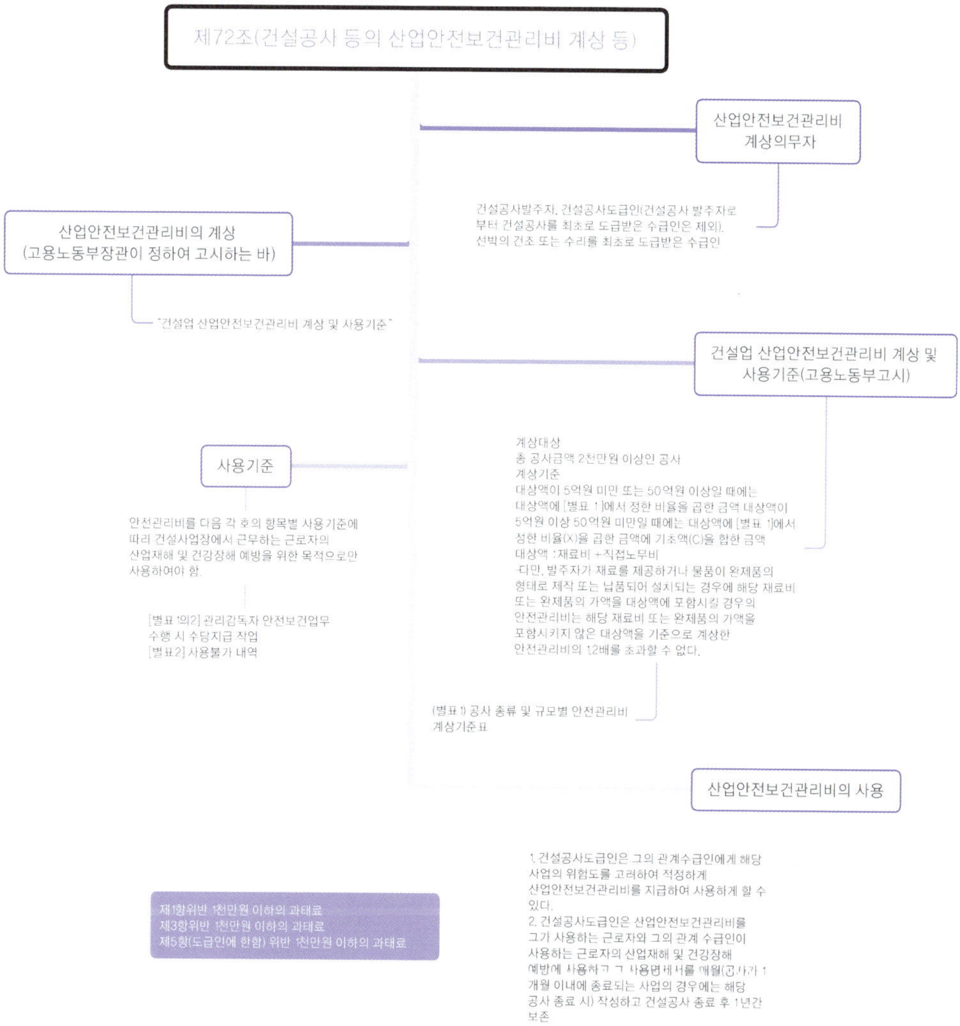


## 5.4 건설공사의 산업재해 예방 지도

건설공사도급인은 해당 건설공사를 하는 동안에 제74조에 따라 지정받은 전문기관(이하 "건설재해예방전문지도기관"이라 한다)에서 건설 산업재해 예방을 위한 지도를 받아야 한다. 건설재해예방전문지도기관의 지도업무의 내용, 지도대상 분야, 지도의 수행방법, 그 밖에 필요한 사항은 대통령령 제60조(건설재해예방전문지도기관의 지도 기준[별표 18])로 정한다.

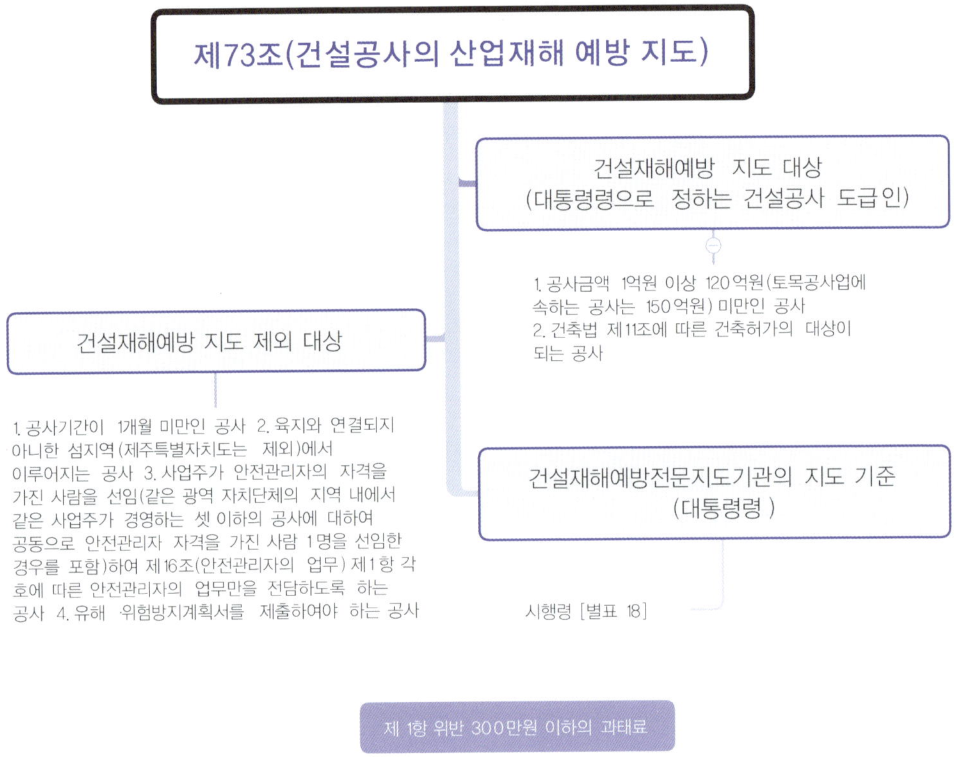


## 5.5 건설공사의 산업재해 예방 지도

건설재해예방전문지도기관이 되려는 자는 대통령령으로 정하는 인력·시설 및 장비 등의 요건을 갖추어 고용노동부장관의 지정을 받아야 하며 건설재해예방전문지도기관의 지정 절차, 그 밖에 필요한 사항은 대통령령으로 정한다. 또한 고용노동부장관은 건설재해예방전문지도기관에 대하여 평가하고 그 결과를 공개하며 평가의 기준·방법, 결과의 공개에 필요한 사항을 정한다. 그리고 건설재해예방전문지도기관에 관하여는 법 제21조 제4항 및 제5항을 준용한다. 이 경우 "안전관리전문기관 또는 보건관리전문기관"은 "건설재해예방전문지도기관"으로 본다.

## 第74조(건설재해예방전문지도기관)

시행령 제61조
(건설재해예방전문지도기관의 지정 요건)

"대통령령으로 정하는 인력 시설 및 장비 등의 요건"이란
법 제145조에 따라 등록한 산업안전지도사(전기안전
또는 건설안전 분야의 산업안전지도사만 해당한다)

별표 19

PART 3

# 안전교육

CHAPTER 10

# 안전교육



## 1. 안전교육

### 1.1 안전교육 개념

교육은 사회의 구성원들에게 삶을 살아가는 데 있어서 필요한 능력을 길러 주고 사회 속에서 인간 상호 간에 가져야 할 관계를 원만하게 유지하게 함으로써 바람직한 인간을 육성하고 능력을 개발할 수 있도록 다양한 기회를 제공하는데 있다. 교육은 시대적·사회적으로 변화하는 환경에 따라 그 실천 방식과 형태가 다르게 나타나고 있다. 안전교육도 예외가 될 수 없다.

인간은 미완성의 존재로서 누구나 부족한 부분을 채우고자 하는 욕구를 가지고 있다. 건강하게 살고자 하는 욕구, 무엇인가 되고자 하는 욕구 등이다. 그리고 자신의 욕구를 충족시키기 위해 지속적인 행동을 하며 살아간다. 욕구가 충족되면 행복감을 느끼고 그렇지 않으면 불행하다고 생각하는데 안전도 예외 일 수 없다.

Maslow는 인간의 욕구가 5단계를 소개한다. Maslow의 욕구는 1단계를 생리적 욕구라 한다. 생리적 욕구는 의식주, 호흡, 배설, 성생활 등에 대한 것을 말하고, 2단계는 안전의 욕구다. 안전의 욕구는 혼란과 공포로부터 오는 정신적 신체적 위험으로부터 경제사회적 지속성을 말한다. 3단계는 욕구는 사회적 욕구이다. 사회적욕구는 가족과 이웃과 사랑을 나누며 친근하게 살고자 하는 욕구이다. 4단계 욕구는 존경의 욕구이다. 가족과 웃을 돌보고 사랑을 나누는 행동이 지속되었을 때 긍지나 자부심으로 자존감이 향상되어 존경을 받는 욕구이다. 1단계~4단계를 거치면서 자아실현이 완성될 때 5단계인 자아의 실현이 되는 요구라 한다.

Maslow의 5단계 욕구를 안전교육의 필요성 간의 관계를 살펴보면 우선 1단계는 생활안전 부분에 속한다. 의식주, 호흡, 배설 등 기본적인 건강은 안전한 생활이기 때문이다. 2단계의 욕구도 직접적인 안전에 관한 내용이다. 3단계 사회적 욕구는 이 시대에 안전에 있어 매우 중요한 욕구일 것이다. 혼자만의 안전은 절대 안전이 될 수 없기 때문이다. 함께 이루어야 할 과제이기 때문에 사회적 욕구는 매우 중요한 부분이라 할 수 있다. 4단계는 안전은 앞서서 행해야만 존경의 욕구가 실현될 수 있을 것이다. 마지막으로 5단계인 자아실현의 욕구이다. 인간은 인간다워야 한다. 인간다워야 한다는 것은 자아극복과 같을 것이다. 즉 안전은 끊임없이 자기의 의식을 깨우고 행동으로서의 안전실천이 필요할 것이다.

Maslow의 관점에서 보편적 교육이 가지고 있는 기능을 살펴보면 교육은 인간의 잠재적 능력을 성장・발달시켜 이상적인 인격의 형성과 자아실현을 돕는 기능을 수행하는데 이상적 삶이란 각 개인의 잠재적 능력이 신체적, 심리적, 정신적, 사회적, 지적으로 골고루 성장・발달하여 원만한 인격을 형성하고 자아를 실현하는 것으로 각 개인으로 하여금 그들이 지니고 있는 잠재적 가능성을 최대한으로 그리고 조화적으로 발달시켜 이상적인 삶을 살 수 있도록 돕는 부분이 안전의 기초적인 부분이라 하겠다. 그리고 개인이 안전한 생활의 경험을 습득하고 체험하도록 돕는 기능을 담당하는데 미래 생활만을 준비하기 위한 교육이나 피 교육생이 생활 속에서 경험할 수 없는 고정된 지식만을 주입하는 교육은 생명력을 가질 수 없는 이치와 같다. 각 개인에게 안전한 생활 경험을 습득하도록 돕는 교육의 기능은 개인적인 성격과 사회적인 성격을 동시에 지니고 있으며 교육은 각 개인에게 개인적 ・사회적 안전한 생활경험을 습득하도록 함으로써 더욱 풍부하고 의미 있는 삶을 영위할 수 있도록 돕는 기능을 수행하는 것이다. 따라서 넓은 의미의 교육기능을 정리해 보면 교육은 인간의 성장 발달과 과정을 말하고 있으며, 인간의 성장 발달은 인간의 생리적 유기체와 환경과의 상호작용에 의하여 이루어지는 것이다. 교육은 사회의 자기보존과 유지의 기능이며, 사회의 생식작용이다. 그러므로 교육은 인간 사회가 발생함과 동시에 시작되었다고 할 수 있다. 인간은 본래 사회적 동물로서 반드시 사회집단 속에서 태어나며 그 속에서 다른 사람들과의 사회적 접촉을 통하여 그 사회의 문화를 습득하며 살아간다. 안전문화는 일정한 사회집단이 공동으로 가지고 있는 생활방식 또는 행동양식이며 인간이 인간으로서의 생활을 지속발전 하려면 반드시 문화의 습득을 필요로 하고, 이를 위해서 사회적 과정으로서 교육을 받지 않으면 안된다. 교육의 사회적 기능은 문화유산을 중요시하는 보수주의적 관점과 사회적응을 중요시하는 진보주의적 관점 그리고 사회개조를 강조하는 사회개조주의적 관점으로 나누어 볼 수 있다. 그리고 교육의 기능은 본질적 기능과 비본질적 기능으로 나눌 수 있는데 본질적 기능은 먼저 교육 그 자체가 가지고 있는 목적을 실현하기 위한 기능과 인격완성, 자아실현 등 보다 넓은 사회적, 개인적 목적을 실현하고자 하는 것이며 여기에는 교육목적 내면적인 입장에서 추론하려는 경향도 갖고 있다. 또 다른 입장은 수단적 기능인 비본질적 기능이 있는데 교육이 또 다른 도구로써 활용되는 것으로 보는 기능과 발전론적 교육입장 마지막으로 교육을 국가 정치 경제 등의 발전을 위한 수단으로 보는 입장 등이 있다.[1)]

### 1.2 기업교육

기업의 자원이라고 하면 보통 물적자원과 인적자원으로 나누어지는데 과거에는 물적자원이 중요한 자원으로서 인식되어 왔기 때문에 상대적으로 인적자원에 대한 인식과 그에 대한 노력은 소홀히 되어 온 것이 사실이다. 그러나 사회가 발전하고 환경이 변화되면서 특히 4차 산업화되어 인적자원은 그 중요성이 빠르고 급격하게 올라가고 있다.

사회가 발전하고 기업의 수준이 높아지면 결국 재정적인 부분이나 물리적인 자원은 그 한계에 다다를 수밖에 없으며 모든 것은 인적인 부분으로 귀결

1) 갈원모 외(2018). 안전보건교육론. 서울: 동화기술. 13~14.

될 수밖에 없는 것이다. 따라서 인적자원과 그 개발이야말로 기업자원의 핵이라 할 수 있는 것이다.

또한 일반적으로 조직이나 국가의 생산성 및 경쟁력을 제고하는 데 필요한 자원으로 물적 자원, 재무자원, 정보자원 그리고 인적자원 등이 거론된다. 조직운영이나 국가 정책 집행의 성과는 자원의 수준과 규모, 적기 공급 여부, 체계적 운영 등에 따라 달라질 수 있다. 이 중 인적자원은 다른 물적 자원, 재무적 자원 그리고 정보 자원 등을 효율적으로 활용하는 데 결정적인 역할을 할 수 있다는 점에서 정책적 중요성을 가지고 있다.

그러나 인적자원에서 오는 사고는 계속 발생하고 있어 안전교육의 중요성이 매우 커지고 있는 상황이다. 안전교육은 생명의 안전기능 향상과 신체적 적용능력을 적성화시키고 안전에 대한 포괄적 감수성과 위험인지 능력을 향상시킬 수 있어야 한다.

인적자원을 극대화하는 노력은 기업의 발전에 영향을 줄 수 있다. 그중 기업의 안전과 위험에 대한 인식은 기업에서 가장 중요시해야 할 것이다. 기업에 있어서의 안전교육은 기업에 소속된 근로자에게 안전의 중요성을 인식시키고, 구체적으로 부여된 작업에 관하여 안전작업 방법에 대한 지식과 기능을 습득시킴으로써 작업에 관한 안전태도를 육성시키고 위험으로부터 물적, 인적손실을 줄이기 위한 체계적인 노력이다. 그러나 안전교육의 정의와는 다르게 실제적으로 기업인이 인식하고 적용하고 있는 안전교육은 여러 가지 문제점을 갖고 있었으며 그 대표적인 문제점은 안전교육을 전공한 전문강사나 전문가의 부족이라 할 수 있다. 이로 인하여 체계적인 교육과 훈련은 기대하기가 힘들었던 것이 사실이며 이로 인해 기업의 관리자나 근로자들 사이에는 안전교육은 아무나 시켜도 된다는 의식이 팽배해 있었던 것이 최근까지의 일이다. 또한 법적 교육시간만 충족시키는 교육이 주류를 이루었으며 이는 법적 제재와 감독에 의한 타율적 교육이 될 수밖에 없는 이유이기도 했다. 현장에서 바로 써먹을 수 있는 실행위주의 교육으로 일관되어 왔고 안전의식교육은 많이 부족하여 실효성 있는 교육이 되질 못했다.

안전은 아는 만큼 확보되는 특성이 있는데 이는 근로자들이나 관리자들의 안전에 대한 지식 교육의 정도나 내용에 따라 일어날 수 있는 위험이나 사고를 예지하고 불안전한 상태나 행동을 효과적으로 개선하고 억제할 수 있고, 기능교육은 안전을 확보하기 위한 기능적 이해와 요령을 필요로 한다. 주어진 도구나 안전시설, 설비 등은 사용하는 근로자에 의해 그 기능이 제대로 발휘될 때 비로써 안전을 확보할 수 있기 때문이다. 또한 태도교육은 위험이나 사고에 가장 근접한 사람은 결국 근로자일 수밖에 없다. 그 근로자가 자기의 업무를 대하는 태도나 일상적인 안전의식은 안전지식이나 안전기능 수행 이전에 그 자체를 성실하게 수행하게 하는 원동력일 수밖에 없다. 근로자의 안전에 대한 태도는 결국 인식하고 기능화된 안전행동을 하게 하는 힘이며, 결국 기업의 안전교육은 점차 지식이나 기능교육에서 태도교육으로 그 중심이 이동할 수밖에 없다. 태도 교육의 기본 과정(순서)은 청취(hearing), 이해(understand), 모범(example), 평가(evaluation)의 순으로 진행하는 것이 기업의 안전교육 형태일 것이다.

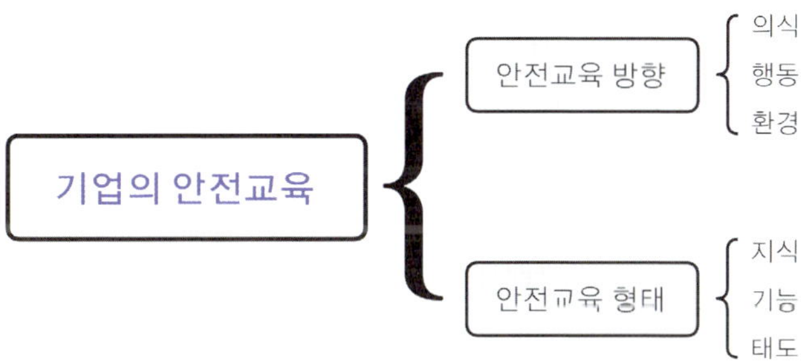


## 2. 성인교육

학습은 연습이나 경험의 결과로 일어나는 행동의 지속적인 변화로 이해된다. 성인학습은 경험의 결과로 인하여 사회에서 성인으로 간주되는 사람들의 지식, 태도 그리고 행동이 비교적 지속적으로 변화되는 과정을 말한다. 즉 성인학습의 특징은 행동변화와 경험과 훈련을 활용하며 비교적 오래 지속되도록 한다는 것이다.

기존의 학습이론은 주로 페다고지(pedagogy)를 대상으로 발달한 것이 사실이다. 손다이크(Thorndike) 이래 성인 학습자에 대한 흥미가 증가되어 왔고 성인도 학습할 수 있으며 아동과는 다르게 학습하기 때문에 성인교육은 성인의 교육과 학습을 돕는 기술과 과학으로 성인학습의 통일된 이론이라는 개념을 지닌 안드라고지(andragogy) 교육의 실천과정에 적용되는 근본원리와 기술을 중심으로 하여 연구되어 왔다. 제도권의 학습을 끝내고 영리를 위해 노동을 제공하거나 강제되는 것이 없는 상태에서 자율적으로 학습해야 하는 성인의 경우에는 일반적으로 학습기간 중에 있는 학생들이나 특수한 조건 하에 있는 교육생과는 다른 차원에서 접근해야 한다. 평생학습 또는 직무와 관련한 학습이라는 관점에서 접근하여야 하며 이것은 일반적인 학교나 제도권에서의 학습과는 다른 방법과 각도에서 접근되어야 한다. 성인은 학습이 자신의 요구와 관심을 충족시키는 것이라고 실감했을 때 학습동기가 유발되고 경험은 성인학습에 있어서 가장 풍부한 자원이다. 성인교육에서 교수 원리의 중심은 경험의 분석이며 자기지시적 혹은 자기주도적 학습이 성인학습의 또 다른 일면이다. 성인은 연령과 함께 개인차가 커지고 자기교육의 고유한 영역이 형성되어 있기 때문에 반감을 가지기 쉽다는 특성도 있다.

성인교육의 특정은 자각적 자발성에 기초한 자기 성취추구의 면과 동시에 자유로운 이성의지에 의한 자기교육이라는 점이다. 따라서 성인학습은 학습자 개인의 자발적 학습의지를 북돋아 주고 그 적용 -학습효괴를 높이고 지속시키는- 방법을 알려주고 조정해주는 데 중점을 두어야 한다. 이를 위해서는 학습자 자신의 자기 학습의지를 계속해서 유지할 수 있도록 하기 위한 동기부여가 절대적이라고 할 수 있다.[2)3)]

2) 갈원모 외(2018). 안전보건교육론. 서울: 동화기술. 43.
3) 박경실 외(2013). 평생교육론. 서울: 학지사. 87~88.

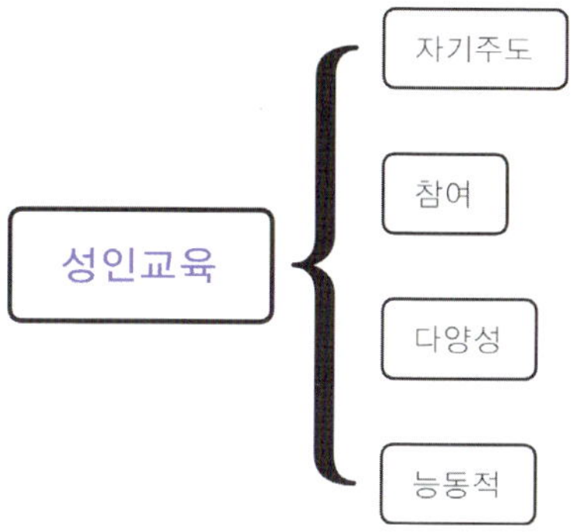


## 2.1 산업안전보건법상 안전교육

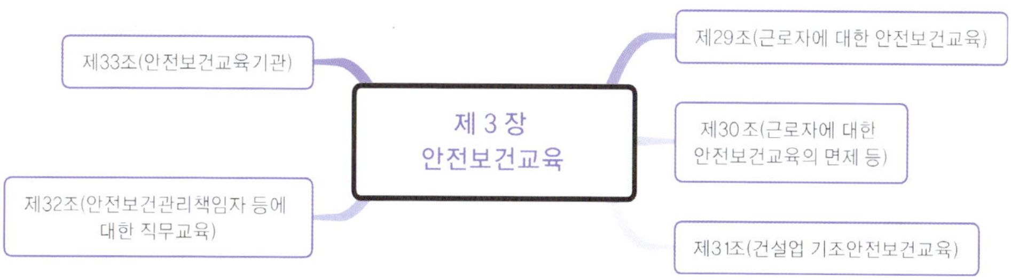


산업안전보건교육은 1981년 산업안전보건법 제정에 따라 의무적으로 실시하게 되었으며, 교육대상은 관련 법 개정에 따라 일부 변화가 있어왔다. 특히 안전 및 보건관리 대행기관 종사자는 2007년에 교육대상에서 제외되었으나, 2016년 안전 및 보건관리전문기관이 다시 교육대상에 포함되었으며, 안전보건관리담당자, 석면조사기관 종사자도 교육대상에 포함되었다.

1981년 산업안전보건법이 제정됨에 따라 산업재해율을 낮추는 등 산업현장의 안전보건문화 정착을 위한 노력이 이루어지고 있다. 산업안전보건법은 안전보건에 관한 사업주와 근로자의 직·간접적인 의무를 규정하고 있으며, 법 제정 당시 근로자 및 관리책임자 등에 대한 안전보건교육을 사업주의 의무로 규정하는 등 안전보건교육에 관한 기반을 마련하였다.

1997년 기업규제완화특별조치법에 따라 산업안전보건법상 안전보건교육에 대한 의무규정이 완화되었으나, 사업주의 안전·보건에 대한 관심 저하, 재해율 상승 등 부작용이 나타남에 따라, 2007년 기업규제완화특별조치법의 개정으로 다시 관리책임자 등에 대한 안전보건교육이 의무화되어 안전보건 문화 정착에 지속적인 기여를 하고 있다.

특히, 산업안전보건법의 안전보건교육 대상자는 법 개정에 따라 지속적으로 변화되어 왔으며, 2016년 산업안전보건법 개정으로 직무교육 대상자가 확대되었다. 기존 산업안전보건법에서는 관리책임자, 안전관리자, 보건관리자 및 재해예방전문지도기관 종사자 등을 직무교육 대상자로 하고 있었으나 법 개정에 따라 안전보건관리담당자, 안전관리전문기관 종사자, 보건관리전문기관 종사자, 석면조사기관 종사자 등으로 직무교육 대상자가 확대되었다.

한편, 산업안전보건교육은 고용노동부에서 정한 등록여건에 따라 등록된 교육기관에서 교육운영을 담당하고 있으며, 이 중 산업안전보건교육원은 산업현장의 안전 및 보건관계자에게 산업안전보건에 관한 지식과 기술보급 및 실용적 사례교육과 실험실습교육을 통한 직무능력을 배양하는 교육을 실시하는 기관으로 산업재해율 감소에 기여하여 왔다.

산업안전보건교육원은 2017년 직무교육, 양성교육, 전문화교육 이러닝교육 등 운영을 통해 전체 149,469명의 산업 안전 및 보건관리 관계자들의 역량향상을 도모하고 있다. 산업안전보건교육원은 다른 교육기관과 차별적으로 법정 직무교육 외에도 안전 및 보건관리 관계자들을 대상으로 다양한 전문화교육을 운영하고 있는데, 2017년 전체 88개의 교육과정 중에서 74개의 교육과정이 안전관리, 안전공학, 건설안전, 산업보건 등 전문화분야로 개설・운영되고 있는 상황이다.

즉 산업안전보건교육원은 법정 직무교육(보수 및 신규)을 중심으로 운영되는 다른 기타 직무교육기관과 비교하여 안전 및 보건관리 관계자의 직무역량 향상을 위해 직무교육 이외에도 차별적인 교육과정을 개발・운영하는 기관으로 산업안전보건분야의 전문 교육기관이라고 볼 수 있다.[4)]

4) 우용하(2018). 산업안전보건교육의 교육효과 및 교육만족도 분석에 관한 연구. 울산대학교 대학원 석사학위논문. 3~4.

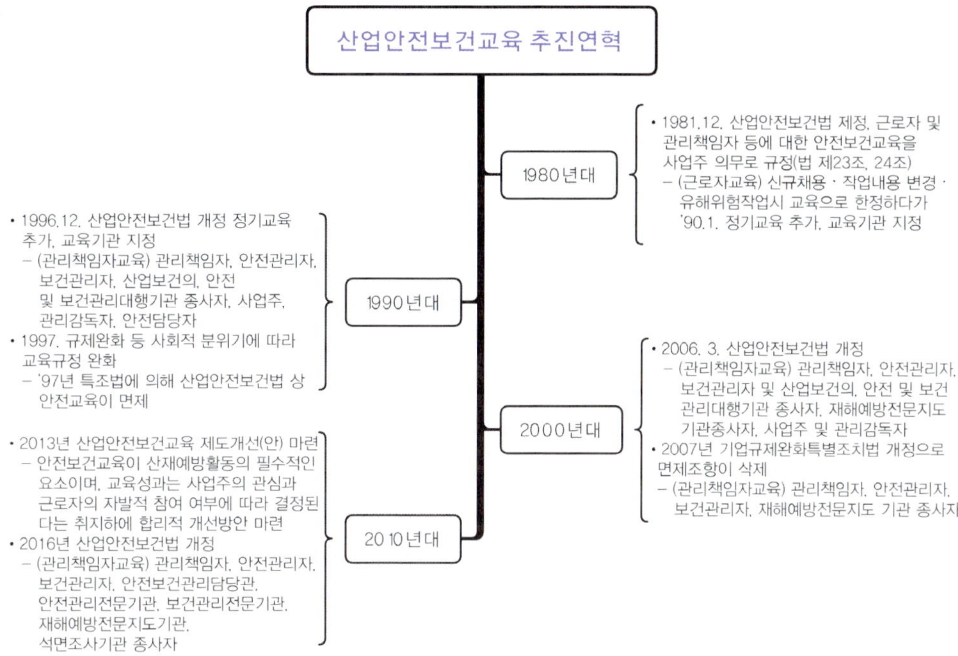


근로기준법에서도 근로자의 안전보건 강화를 위해 안전보건교육을 규정하고 있다. 그러나 산업안전보건법 제정됨에 따라 근로자 안전과 보건에 관하여서는 "산업안전보건법"이 정하는 바에 의한다고 규정하고 있으며 근로자 안전보건교육에 대한 사항은 법 제29조~제33조에 서술되어 있으며, 법령은 다음과 같다.

### 2.1.1 안전보건교육

산업안전보건법에서는 사업주가 신규채용자, 유해·위험업무종사자 등에게 미리 필요한 안전보건교육을 실시할 것을 의무화하고 있지만, 사업주는 법정교육 뿐만 아니라 사업장의 구체적인 수요를 기초로 추가적인 안전보건교육을 계획적이고 효과적으로 실시할 필요가 있다.

한편, 안전장치의 설치, 배치의 변경 등 기계·설비의 안전화로 어느 정도의 불안전상태는 제거할 수 있지만, 비정상작업 시의 불안전한 동작, 순식간의 잘못된 판단·행동 등을 방지하기 위해서는 안전보건교육의 역할이 중요하다고 말하지 않을 수 없다. 예를 들면, 가동 중의 기계가 멈추어 수리를 위하여 기계 속에 손을 넣었을 때에 기계가 갑자기 작동하는 바람에 손이 끼이는 사고가 종종 발생하고 있는바, 이러한 사고를 방지하기 위해서는 사전에 안전보건교육을 실시하는 것 또한 반드시 필요하다.

직장에서 일하는 사람은 성별, 연령, 경험 등이 다양하고, 일이 요구하는 능력과 일하는 사람의 능력의 차이에 의해 재해가 발생하고 있는 것을 생각하면, 그 다양성과 차이를 감안한 안전보건교육은 중요하다고 할 수 있다.[5)]

근로자가 작업장의 유해·위험요인 등 안전보건에 관한 지식을 습득하고, 이에 적절히 대응할 수 있는 능력을 배양케 하여 근로자 스스로 산업재해를 사전에 예방토록 하기 위해 근로자에 대한 각종 안전·보건교육 의무를 부여하고 있다. 사업주가 근로자에게 실시하여야 하는 안전보건교육의 교육시간은 [별표4], 교육내용은 [별표5]와 같다.

<table>
<tr><th>구분</th><th>교육대상</th><th>교육시간</th><th>교육내용</th></tr>
<tr><td rowspan="3">정기교육</td><td>사무직 및 판매업무 근로자</td><td>매분기 3시간 이상</td><td rowspan="2">• 산업안전보건법 및 일반관리에 관한 사항<br>• 산업안전 및 사고 예방에 관한 사항 등</td></tr>
<tr><td>사무직 및 판매업무 외 근로자 외</td><td>매분기 6시간 이상</td></tr>
<tr><td>관리감독자</td><td>연간 16시간 이상</td><td>• 산업안전보건법 및 일반관리에 관한 사항<br>• 관리감독자의 역할과 임무에 관한 사항 등 교육</td></tr>
<tr><td rowspan="2">채용 시의 교육</td><td>일용근로자</td><td>1시간 이상</td><td rowspan="4">• 기계·기구의 위험성과 작업의 순서 및 동선에 관한 사항<br>• 작업 개시 전 점검에 관한 사항<br>• 산업보건 및 직업병 예방에 관한 사항<br>• 산업안전보건법 및 일반관리에 관한 사항 등 교육</td></tr>
<tr><td>일용근로자 외</td><td>8시간 이상</td></tr>
<tr><td rowspan="2">작업내용 변경교육</td><td>일용근로자</td><td>1시간 이상</td></tr>
<tr><td>일용근로자 외</td><td>2시간 이상</td></tr>
<tr><td rowspan="3">특별교육*</td><td>일용근로자 [타워크레인 신호작업 근로자 제외]</td><td>2시간 이상</td><td rowspan="3">• 공통내용(산업안전보건법 및 일반관리에 관한 사항)<br>• 개별내용(유해·위험 작업별 개별교육 등에 관한 교육)</td></tr>
<tr><td>일용근로자 [타워크레인 신호작업 종사자]</td><td>8시간 이상</td></tr>
<tr><td>일용근로자 외</td><td>16시간 이상**<br>(2시간 이상***)</td></tr>
</table>

5) 정진우(2020). 안전관리론. 청문각. 154.

*  특별교육 대상인 경우에는 상시 근로자 수에 관계없이 교육을 실시
**  최초 작업에 종사하기 전 4시간 이상 실시하고 12시간은 3개월 이내에서 분할하여 실시 가능
*** 단기간 작업 또는 간헐적 작업인 경우에는 2시간 이상 실시
※ 상시근로자 50인 미만의 도매업과 숙박 및 음식점업은 위 표의 교육과정별 교육시간의 2분의 1 이상 실시하여야 함

**특수형태근로종사자*에 대한 안전보건교육**

| 교육과정 | 교육시간 | 교육내용 |
|---|---|---|
| 가. 최초 노무 제공 시 교육 | 2시간 이상<br>(단기간 작업 또는 간헐적 작업에 노무를 제공하는 경우에는 1시간 이상 실시하고, 특별교육을 실시한 경우는 면제) | • 교통안전 및 운전안전에 관한 사항<br>• 보호구 착용에 대한 사항<br>• 산업안전 및 사고 예방에 관한 사항<br>• 산업보건, 건강증진 및 질병 예방에 관한 사항<br>• 유해 · 위험 작업환경 관리에 관한 사항<br>• 기계 · 기구의 위험성과 작업의 순서 및 동선에 관한 사항<br>• 작업 개시 전 점검에 관한 사항<br>• 정리정돈 및 청소에 관한 사항<br>• 사고 발생 시 긴급조치에 관한 사항<br>• 물질안전보건자료에 관한 사항<br>• 직무스트레스 예방 및 관리에 관한 사항<br>• 산업안전보건법 및 산업재해보상보험 제도에 관한 사항 |
| 나. 특별교육 | 16시간 이상<br>(최초 작업에 종사하기 전 4시간 이상 실시하고 12시간은 3개월 이내에서 분할하여 실시 가능) | • 공통내용(산업안전보건법 및 일반관리에 관한 사항)<br>• 개별내용(유해 · 위험 작업별 개별교육 등에 관한 교육) |
| | 단기간 작업 또는 간헐적 작업인 경우에는 2시간 이상 | |

* 특수형태 근로종사자 중 안전보건교육 실시 대상: 건설기계 운전사, 골프장 캐디, 택배기사, 퀵서비스기사, 대리운전기사

안전 · 보건교육에는 사업주가 해당 사업장의 근로자에 대해 정기적으로 실시하는 정기교육, 근로자를 신규 채용할 때(건설 일용근로자는 제외), 작업내용을 변경할 때, 유해 · 위험작업에 근로자를 종사하게 할 때 업무와 관계되는 내용으로 실시하는 채용 시 교육, 작업내용 변경교육 및 특별교육이 있다.

1. 상시근로자 50명 미만의 도매업과 숙박 및 음식점업은 위 표의 가목부터 라목까지의 규정에도 불구하고 해당 교육과정별 교육시간의 2분의 1

이상을 실시해야 한다.

2. 근로자(관리감독자의 지위에 있는 사람은 제외한다)가 「화학물질관리법 시행규칙」 제37조 제4항에 따른 유해화학물질 안전교육을 받은 경우에는 그 시간만큼 가목에 따른 해당 분기의 정기교육을 받은 것으로 본다.
3. 방사선작업종사자가 「원자력안전법 시행령」 제148조 제1항에 따라 방사선작업종사자 정기교육을 받은 때에는 그 해당시간 만큼 가목에 따른 해당 분기의 정기교육을 받은 것으로 본다.
4. 방사선 업무에 관계되는 작업에 종사하는 근로자가 「원자력안전법 시행령」 제148조 제1항에 따라 방사선작업종사자 신규교육 중 직장교육을 받은 때에는 그 시간만큼 라목 중 [별표5] 제1호 라목 33에 따른 해당 근로자에 대한 특별교육을 받은 것으로 본다.

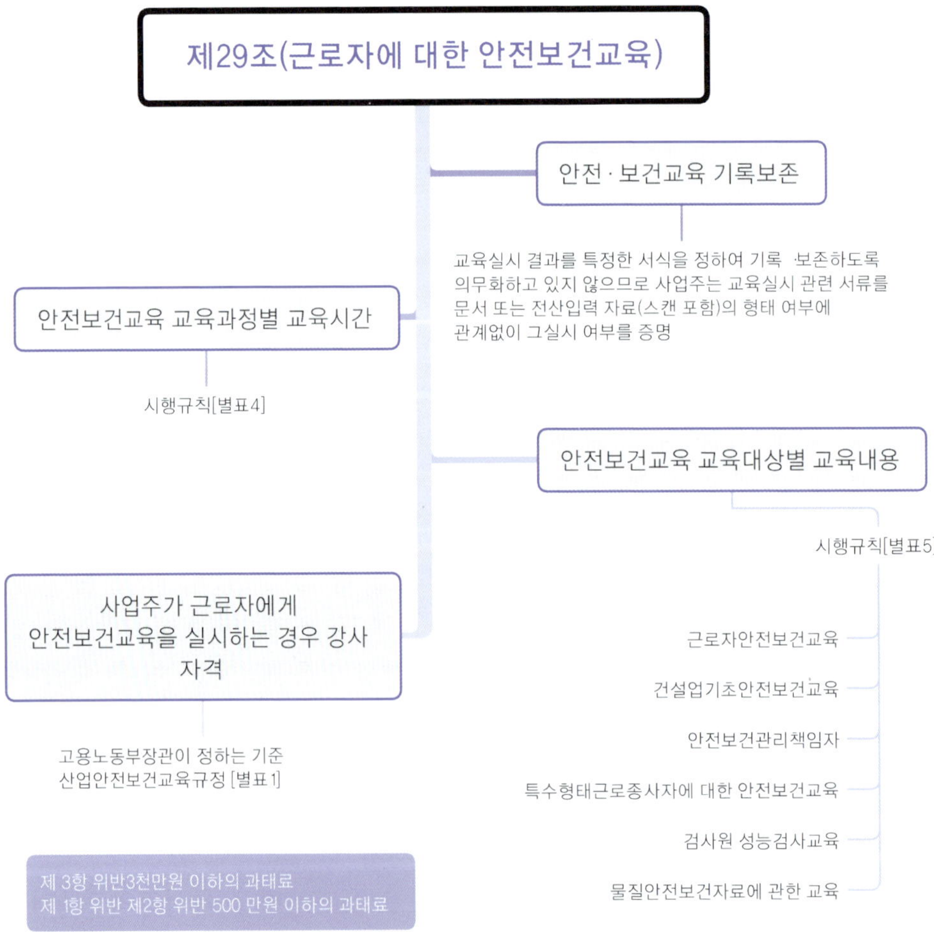

시행규칙 [별표 5] 〈개정 2021. 1. 19.〉

## 안전보건교육 교육대상별 교육내용(제26조 제1항 등 관련)

1. 근로자 안전보건교육(제26조 제1항 관련)

가. 근로자 정기교육

| 교육내용 |
|---|
| • 산업안전 및 사고 예방에 관한 사항<br>• 산업보건 및 직업병 예방에 관한 사항<br>• 건강증진 및 질병 예방에 관한 사항<br>• 유해·위험 작업환경 관리에 관한 사항<br>• 산업안전보건법령 및 산업재해보상보험 제도에 관한 사항<br>• 직무스트레스 예방 및 관리에 관한 사항<br>• 직장 내 괴롭힘, 고객의 폭언 등으로 인한 건강장해 예방 및 관리에 관한 사항 |

나. 관리감독자 정기교육

| 교육내용 |
|---|
| • 산업안전 및 사고 예방에 관한 사항<br>• 산업보건 및 직업병 예방에 관한 사항<br>• 유해·위험 작업환경 관리에 관한 사항<br>• 산업안전보건법령 및 산업재해보상보험 제도에 관한 사항<br>• 직무스트레스 예방 및 관리에 관한 사항<br>• 직장 내 괴롭힘, 고객의 폭언 등으로 인한 건강장해 예방 및 관리에 관한 사항<br>• 작업공정의 유해·위험과 재해 예방대책에 관한 사항<br>• 표준안전 작업방법 및 지도 요령에 관한 사항<br>• 관리감독자의 역할과 임무에 관한 사항<br>• 안전보건교육 능력 배양에 관한 사항<br>– 현장근로자와의 의사소통능력 향상, 강의능력 향상 및 그 밖에 안전보건교육 능력 배양 등에 관한 사항. 이 경우 안전보건교육 능력 배양 교육은 별표 4에 따라 관리감독자가 받아야 하는 전체 교육시간의 3분의 1 범위에서 할 수 있다. |

다. 채용 시 교육 및 작업내용 변경 시 교육

| 교육내용 |
|---|
| • 산업안전 및 사고 예방에 관한 사항<br>• 산업보건 및 직업병 예방에 관한 사항<br>• 산업안전보건법령 및 산업재해보상보험 제도에 관한 사항<br>• 직무스트레스 예방 및 관리에 관한 사항<br>• 직장 내 괴롭힘, 고객의 폭언 등으로 인한 건강장해 예방 및 관리에 관한 사항<br>• 기계·기구의 위험성과 작업의 순서 및 동선에 관한 사항<br>• 작업 개시 전 점검에 관한 사항<br>• 정리정돈 및 청소에 관한 사항<br>• 사고 발생 시 긴급조치에 관한 사항<br>• 물질안전보건자료에 관한 사항 |

라. 특별교육 대상 작업별 교육

| 작업명 | 교육내용 |
| --- | --- |
| 〈공통내용〉<br>제1호부터 제40호까지의 작업 | 다목과 같은 내용 |
| 〈개별내용〉<br>1. 고압실 내 작업(잠함공법이나 그 밖의 압기공법으로 대기압을 넘는 기압인 작업실 또는 수갱 내부에서 하는 작업만 해당한다) | • 고기압 장해의 인체에 미치는 영향에 관한 사항<br>• 작업의 시간 · 작업 방법 및 절차에 관한 사항<br>• 압기공법에 관한 기초지식 및 보호구 착용에 관한 사항<br>• 이상 발생 시 응급조치에 관한 사항<br>• 그 밖에 안전 · 보건관리에 필요한 사항 |
| 2. 아세틸렌 용접장치 또는 가스집합 용접장치를 사용하는 금속의 용접 · 용단 또는 가열작업(발생기 · 도관 등에 의하여 구성되는 용접장치만 해당한다) | • 용접 흄, 분진 및 유해광선 등의 유해성에 관한 사항<br>• 가스용접기, 압력조정기, 호스 및 취관두(불꽃이 나오는 용접기의 앞부분) 등의 기기점검에 관한 사항<br>• 작업방법 · 순서 및 응급처치에 관한 사항<br>• 안전기 및 보호구 취급에 관한 사항<br>• 화재예방 및 초기대응에 관한 사항<br>• 그 밖에 안전 · 보건관리에 필요한 사항 |
| 3. 밀폐된 장소(탱크 내 또는 환기가 극히 불량한 좁은 장소를 말한다)에서 하는 용접작업 또는 습한 장소에서 하는 전기용접 작업 | • 작업순서, 안전작업방법 및 수칙에 관한 사항<br>• 환기설비에 관한 사항<br>• 전격 방지 및 보호구 착용에 관한 사항<br>• 질식 시 응급조치에 관한 사항<br>• 작업환경 점검에 관한 사항<br>• 그 밖에 안전 · 보건관리에 필요한 사항 |
| 4. 폭발성 · 물반응성 · 자기반응성 · 자기발열성 물질, 자연발화성 액체 · 고체 및 인화성 액체의 제조 또는 취급작업(시험연구를 위한 취급작업은 제외한다) | • 폭발성 · 물반응성 · 자기반응성 · 자기발열성 물질, 자연발화성 액체 · 고체 및 인화성 액체의 성질이나 상태에 관한 사항<br>• 폭발 한계점, 발화점 및 인화점 등에 관한 사항<br>• 취급방법 및 안전수칙에 관한 사항<br>• 이상 발견 시의 응급처치 및 대피 요령에 관한 사항<br>• 화기 · 정전기 · 충격 및 자연발화 등의 위험방지에 관한 사항<br>• 작업순서, 취급주의사항 및 방호거리 등에 관한 사항<br>• 그 밖에 안전 · 보건관리에 필요한 사항 |
| 5. 액화석유가스 · 수소가스 등 인화성 가스 또는 폭발성 물질 중 가스의 발생장치 취급 작업 | • 취급가스의 상태 및 성질에 관한 사항<br>• 발생장치 등의 위험 방지에 관한 사항<br>• 고압가스 저장설비 및 안전취급방법에 관한 사항<br>• 설비 및 기구의 점검 요령<br>• 그 밖에 안전 · 보건관리에 필요한 사항 |
| 6. 화학설비 중 반응기, 교반기 · 추출기의 사용 및 세척작업 | • 각 계측장치의 취급 및 주의에 관한 사항<br>• 투시창 · 수위 및 유량계 등의 점검 및 밸브의 조작주의에 관한 사항<br>• 세척액의 유해성 및 인체에 미치는 영향에 관한 사항<br>• 작업 절차에 관한 사항<br>• 그 밖에 안전 · 보건관리에 필요한 사항 |

| | |
|---|---|
| 7. 화학설비의 탱크 내 작업 | • 차단장치·정지장치 및 밸브 개폐장치의 점검에 관한 사항<br>• 탱크 내의 산소농도 측정 및 작업환경에 관한 사항<br>• 안전보호구 및 이상 발생 시 응급조치에 관한 사항<br>• 작업절차·방법 및 유해·위험에 관한 사항<br>• 그 밖에 안전·보건관리에 필요한 사항 |
| 8. 분말·원재료 등을 담은 호퍼(하부가 깔때기 모양으로 된 저장통)·저장창고 등 저장탱크의 내부작업 | • 분말·원재료의 인체에 미치는 영향에 관한 사항<br>• 저장탱크 내부작업 및 복장보호구 착용에 관한 사항<br>• 작업의 지정·방법·순서 및 작업환경 점검에 관한 사항<br>• 팬·풍기(風旗) 조작 및 취급에 관한 사항<br>• 분진 폭발에 관한 사항<br>• 그 밖에 안전·보건관리에 필요한 사항 |
| 9. 다음 각 목에 정하는 설비에 의한 물건의 가열·건조작업<br>가. 건조설비 중 위험물 등에 관계되는 설비로 속부피가 1세제곱미터 이상인 것<br>나. 건조설비 중 가목의 위험물 등 외의 물질에 관계되는 설비로서, 연료를 열원으로 사용하는 것(그 최대연소소비량이 매 시간당 10킬로그램 이상인 것만 해당한다) 또는 전력을 열원으로 사용하는 것(정격소비전력이 10킬로와트 이상인 경우만 해당한다) | • 건조설비 내외면 및 기기기능의 점검에 관한 사항<br>• 복장보호구 착용에 관한 사항<br>• 건조 시 유해가스 및 고열 등이 인체에 미치는 영향에 관한 사항<br>• 건조설비에 의한 화재·폭발 예방에 관한 사항 |
| 10. 다음 각 목에 해당하는 집재장치(집재기·가선·운반기구·지주 및 이들에 부속하는 물건으로 구성되고, 동력을 사용하여 원목 또는 장작과 숯을 담아 올리거나 공중에서 운반하는 설비를 말한다)의 조립, 해체, 변경 또는 수리작업 및 이들 설비에 의한 집재 또는 운반 작업<br>가. 원동기의 정격출력이 7.5킬로와트를 넘는 것<br>나. 지간의 경사거리 합계가 350미터 이상인 것<br>다. 최대사용하중이 200킬로그램 이상인 것 | • 기계의 브레이크 비상정지장치 및 운반경로, 각종 기능 점검에 관한 사항<br>• 작업 시작 전 준비사항 및 작업방법에 관한 사항<br>• 취급물의 유해·위험에 관한 사항<br>• 구조상의 이상 시 응급처치에 관한 사항<br>• 그 밖에 안전·부건관리에 필요한 사항 |
| 11. 동력에 의하여 작동되는 프레스기계를 5대 이상 보유한 사업상에서 해당 기계로 하는 작업 | • 프레스의 특성과 위험성에 관한 사항<br>• 방호장치 종류와 취급에 관한 사항<br>• 안전작업방법에 관한 사항 |

| | |
|---|---|
| | • 프레스 안전기준에 관한 사항<br>• 그 밖에 안전·보건관리에 필요한 사항 |
| 12. 목재가공용 기계[둥근톱기계, 띠톱기계, 대패기계, 모떼기기계 및 라우터기(목재를 자르거나 홈을 파는 기계)만 해당하며, 휴대용은 제외한다]를 5대 이상 보유한 사업장에서 해당 기계로 하는 작업 | • 목재가공용 기계의 특성과 위험성에 관한 사항<br>• 방호장치의 종류와 구조 및 취급에 관한 사항<br>• 안전기준에 관한 사항<br>• 안전작업방법 및 목재 취급에 관한 사항<br>• 그 밖에 안전·보건관리에 필요한 사항 |
| 13. 운반용 등 하역기계를 5대 이상 보유한 사업장에서의 해당 기계로 하는 작업 | • 운반하역기계 및 부속설비의 점검에 관한 사항<br>• 작업순서와 방법에 관한 사항<br>• 안전운전방법에 관한 사항<br>• 화물의 취급 및 작업신호에 관한 사항<br>• 그 밖에 안전·보건관리에 필요한 사항 |
| 14. 1톤 이상의 크레인을 사용하는 작업 또는 1톤 미만의 크레인 또는 호이스트를 5대 이상 보유한 사업장에서 해당 기계로 하는 작업(제40호의 작업은 제외한다) | • 방호장치의 종류, 기능 및 취급에 관한 사항<br>• 걸고리·와이어로프 및 비상정지장치 등의 기계·기구 점검에 관한 사항<br>• 화물의 취급 및 안전작업방법에 관한 사항<br>• 신호방법 및 공동작업에 관한 사항<br>• 인양 물건의 위험성 및 낙하·비래(飛來)·충돌재해 예방에 관한 사항<br>• 인양물이 적재될 지반의 조건, 인양하중, 풍압 등이 인양물과 타워크레인에 미치는 영향<br>• 그 밖에 안전·보건관리에 필요한 사항 |
| 15. 건설용 리프트·곤돌라를 이용한 작업 | • 방호장치의 기능 및 사용에 관한 사항<br>• 기계, 기구, 달기체인 및 와이어 등의 점검에 관한 사항<br>• 화물의 권상·권하 작업방법 및 안전작업 지도에 관한 사항<br>• 기계·기구의 특성 및 동작원리에 관한 사항<br>• 신호방법 및 공동작업에 관한 사항<br>• 그 밖에 안전·보건관리에 필요한 사항 |
| 16. 주물 및 단조(금속을 두들기거나 눌러서 형체를 만드는 일) 작업 | • 고열물의 재료 및 작업환경에 관한 사항<br>• 출탕·주조 및 고열물의 취급과 안전작업방법에 관한 사항<br>• 고열작업의 유해·위험 및 보호구 착용에 관한 사항<br>• 안전기준 및 중량물 취급에 관한 사항<br>• 그 밖에 안전·보건관리에 필요한 사항 |
| 17. 전압이 75볼트 이상인 정전 및 활선작업 | • 전기의 위험성 및 전격 방지에 관한 사항<br>• 해당 설비의 보수 및 점검에 관한 사항<br>• 정전작업·활선작업 시의 안전작업방법 및 순서에 관한 사항<br>• 절연용 보호구, 절연용 보호구 및 활선작업용 기구 등의 사용에 관한 사항<br>• 그 밖에 안전·보건관리에 필요한 사항 |

| | |
|---|---|
| 18. 콘크리트 파쇄기를 사용하여 하는 파쇄작업(2미터 이상인 구축물의 파쇄작업만 해당한다) | • 콘크리트 해체 요령과 방호거리에 관한 사항<br>• 작업안전조치 및 안전기준에 관한 사항<br>• 파쇄기의 조작 및 공통작업 신호에 관한 사항<br>• 보호구 및 방호장비 등에 관한 사항<br>• 그 밖에 안전·보건관리에 필요한 사항 |
| 19. 굴착면의 높이가 2미터 이상이 되는 지반 굴착(터널 및 수직갱 외의 갱 굴착은 제외한다)작업 | • 지반의 형태·구조 및 굴착 요령에 관한 사항<br>• 지반의 붕괴재해 예방에 관한 사항<br>• 붕괴 방지용 구조물 설치 및 작업방법에 관한 사항<br>• 보호구의 종류 및 사용에 관한 사항<br>• 그 밖에 안전·보건관리에 필요한 사항 |
| 20. 흙막이 지보공의 보강 또는 동바리를 설치하거나 해체하는 작업 | • 작업안전 점검 요령과 방법에 관한 사항<br>• 동바리의 운반·취급 및 설치 시 안전작업에 관한 사항<br>• 해체작업 순서와 안전기준에 관한 사항<br>• 보호구 취급 및 사용에 관한 사항<br>• 그 밖에 안전·보건관리에 필요한 사항 |
| 21. 터널 안에서의 굴착작업(굴착용 기계를 사용하여야 하는 굴착작업 중 근로자가 칼날 밑에 접근하지 않고 하는 작업은 제외한다) 또는 같은 작업에서의 터널 거푸집 지보공의 조립 또는 콘크리트 작업 | • 작업환경의 점검 요령과 방법에 관한 사항<br>• 붕괴 방지용 구조물 설치 및 안전작업 방법에 관한 사항<br>• 재료의 운반 및 취급·설치의 안전기준에 관한 사항<br>• 보호구의 종류 및 사용에 관한 사항<br>• 소화설비의 설치장소 및 사용방법에 관한 사항<br>• 그 밖에 안전·보건관리에 필요한 사항 |
| 22. 굴착면의 높이가 2미터 이상이 되는 암석의 굴착작업 | • 폭발물 취급 요령과 대피 요령에 관한 사항<br>• 안전거리 및 안전기준에 관한 사항<br>• 방호물의 설치 및 기준에 관한 사항<br>• 보호구 및 신호방법 등에 관한 사항<br>• 그 밖에 안전·보건관리에 필요한 사항 |
| 23. 높이가 2미터 이상인 물건을 쌓거나 무너뜨리는 작업(하역기계로만 하는 작업은 제외한다) | • 원부재료의 취급 방법 및 요령에 관한 사항<br>• 물건의 위험성·낙하 및 붕괴재해 예방에 관한 사항<br>• 적재방법 및 전도 방지에 관한 사항<br>• 보호구 착용에 관한 사항<br>• 그 밖에 안전·보건관리에 필요한 사항 |
| 24. 선박에 짐을 쌓거나 부리거나 이동시키는 작업 | • 하역 기계·기구의 운전방법에 관한 사항<br>• 운반·이송경로의 안전작업방법 및 기준에 관한 사항<br>• 중량물 취급 요령과 신호 요령에 관한 사항<br>• 작업안전 점검과 보호구 취급에 관한 사항<br>• 그 밖에 안전·보건관리에 필요한 사항 |
| 25. 거푸집 동바리의 조립 또는 해체작업 | • 동바리의 조립방법 및 작업 절차에 관한 사항<br>• 조립재료의 취급방법 및 설치기준에 관한 사항<br>• 조립 해체 시의 사고 예방에 관한 사항<br>• 보호구 착용 및 점검에 관한 사항<br>• 그 밖에 안전·보건관리에 필요한 사항 |

| | |
|---|---|
| 26. 비계의 조립·해체 또는 변경작업 | • 비계의 조립순서 및 방법에 관한 사항<br>• 비계작업의 재료 취급 및 설치에 관한 사항<br>• 추락재해 방지에 관한 사항<br>• 보호구 착용에 관한 사항<br>• 비계상부 작업 시 최대 적재하중에 관한 사항<br>• 그 밖에 안전·보건관리에 필요한 사항 |
| 27. 건축물의 골조, 다리의 상부구조 또는 탑의 금속제의 부재로 구성되는 것(5미터 이상인 것만 해당한다)의 조립·해체 또는 변경작업 | • 건립 및 버팀대의 설치순서에 관한 사항<br>• 조립 해체 시의 추락재해 및 위험요인에 관한 사항<br>• 건립용 기계의 조작 및 작업신호방법에 관한 사항<br>• 안전장비 착용 및 해체순서에 관한 사항<br>• 그 밖에 안전·보건관리에 필요한 사항 |
| 28. 처마 높이가 5미터 이상인 목조건축물의 구조 부재의 조립이나 건축물의 지붕 또는 외벽 밑에서의 설치작업 | • 붕괴·추락 및 재해 방지에 관한 사항<br>• 부재의 강도·재질 및 특성에 관한 사항<br>• 조립·설치 순서 및 안전작업방법에 관한 사항<br>• 보호구 착용 및 작업 점검에 관한 사항<br>• 그 밖에 안전·보건관리에 필요한 사항 |
| 29. 콘크리트 인공구조물(그 높이가 2미터 이상인 것만 해당한다)의 해체 또는 파괴작업 | • 콘크리트 해체기계의 점점에 관한 사항<br>• 파괴 시의 안전거리 및 대피 요령에 관한 사항<br>• 작업방법·순서 및 신호방법 등에 관한 사항<br>• 해체·파괴 시의 작업안전기준 및 보호구에 관한 사항<br>• 그 밖에 안전·보건관리에 필요한 사항 |
| 30. 타워크레인을 설치(상승작업을 포함한다)·해체하는 작업 | • 붕괴·추락 및 재해 방지에 관한 사항<br>• 설치·해체 순서 및 안전작업방법에 관한 사항<br>• 부재의 구조·재질 및 특성에 관한 사항<br>• 신호방법 및 요령에 관한 사항<br>• 이상 발생 시 응급조치에 관한 사항<br>• 그 밖에 안전·보건관리에 필요한 사항 |
| 31. 보일러(소형 보일러 및 다음 각 목에서 정하는 보일러는 제외한다)의 설치 및 취급 작업<br>가. 몸통 반지름이 750밀리미터 이하이고 그 길이가 1,300밀리미터 이하인 증기보일러<br>나. 전열면적이 3제곱미터 이하인 증기보일러<br>다. 전열면적이 14제곱미터 이하인 온수보일러<br>라. 전열면적이 30제곱미터 이하인 관류보일러(물관을 사용하여 가열시키는 방식의 보일러) | • 기계 및 기기 점화장치 계측기의 점검에 관한 사항<br>• 열관리 및 방호장치에 관한 사항<br>• 작업순서 및 방법에 관한 사항<br>• 그 밖에 안전·보건관리에 필요한 사항 |
| 32. 게이지 압력을 제곱센티미터당 1킬로그램 이상으로 사용하는 압력용기의 설치 및 취급작업 | • 안전시설 및 안전기준에 관한 사항<br>• 압력용기의 위험성에 관한 사항<br>• 용기 취급 및 설치기준에 관한 사항 |

| | • 작업안전 점검방법 및 요령에 관한 사항<br>• 그 밖에 안전 · 보건관리에 필요한 사항 |
|---|---|
| 33. 방사선 업무에 관계되는 작업(의료 및 실험용은 제외한다) | • 방사선의 유해 · 위험 및 인체에 미치는 영향<br>• 방사선 측정기기 기능의 점검에 관한 사항<br>• 방호거리 · 방호벽 및 방사선물질의 취급 요령에 관한 사항<br>• 응급처치 및 보호구 착용에 관한 사항<br>• 그 밖에 안전 · 보건관리에 필요한 사항 |
| 34. 맨홀작업 | • 장비 · 설비 및 시설 등의 안전점검에 관한 사항<br>• 산소농도 측정 및 작업환경에 관한 사항<br>• 작업내용 · 안전작업방법 및 절차에 관한 사항<br>• 보호구 착용 및 보호 장비 사용에 관한 사항<br>• 그 밖에 안전 · 보건관리에 필요한 사항 |
| 35. 밀폐공간에서의 작업 | • 산소농도 측정 및 작업환경에 관한 사항<br>• 사고 시의 응급처치 및 비상시 구출에 관한 사항<br>• 보호구 착용 및 사용방법에 관한 사항<br>• 밀폐공간작업의 안전작업방법에 관한 사항<br>• 그 밖에 안전 · 보건관리에 필요한 사항 |
| 36. 허가 및 관리 대상 유해물질의 제조 또는 취급작업 | • 취급물질의 성질 및 상태에 관한 사항<br>• 유해물질이 인체에 미치는 영향<br>• 국소배기장치 및 안전설비에 관한 사항<br>• 안전작업방법 및 보호구 사용에 관한 사항<br>• 그 밖에 안전 · 보건관리에 필요한 사항 |
| 37. 로봇작업 | • 로봇의 기본원리 · 구조 및 작업방법에 관한 사항<br>• 이상 발생 시 응급조치에 관한 사항<br>• 안전시설 및 안전기준에 관한 사항<br>• 조작방법 및 작업순서에 관한 사항 |
| 38. 석면해체 · 제거작업 | • 석면의 특성과 위험성<br>• 석면해체 · 제거의 작업방법에 관한 사항<br>• 장비 및 보호구 사용에 관한 사항<br>• 그 밖에 안전 · 보건관리에 필요한 사항 |
| 39. 가연물이 있는 장소에서 하는 화재위험작업 | • 작업준비 및 작업절차에 관한 사항<br>• 작업장 내 위험물, 가연물의 사용 · 보관 · 설치 현황에 관한 사항<br>• 화재위험작업에 따른 인근 인화성 액체에 대한 방호조치에 관한 사항<br>• 화재위험작업으로 인한 불꽃, 불티 등의 흩날림 방지 조치에 관한 사항<br>• 인화성 액체의 증기가 남아 있지 않도록 환기 등의 조치에 관한 사항<br>• 화재감시자의 직무 및 피난교육 등 비상조치에 관한 사항<br>• 그 밖에 안전 · 보건관리에 필요한 사항 |

| | |
|---|---|
| 40. 타워크레인을 사용하는 작업시 신호업무를 하는 작업 | • 타워크레인의 기계적 특성 및 방호장치 등에 관한 사항<br>• 화물의 취급 및 안전작업방법에 관한 사항<br>• 신호방법 및 요령에 관한 사항<br>• 인양 물건의 위험성 및 낙하・비래・충돌재해 예방에 관한 사항<br>• 인양물이 적재될 지반의 조건, 인양하중, 풍압 등이 인양물과 타워크레인에 미치는 영향<br>• 그 밖에 안전・보건관리에 필요한 사항 |

2. 건설업 기초안전보건교육에 대한 내용 및 시간(제28조 제1항 관련)

| 구분 | 교육내용 | 시간 |
|---|---|---|
| 공통 | 산업안전보건법령 주요 내용(건설 일용근로자 관련 부분) | 1시간 |
| | 안전의식 제고에 관한 사항 | |
| 교육대상별 | 작업별 위험요인과 안전작업 방법(재해사례 및 예방대책) | 2시간 |
| | 건설 직종별 건강장해 위험요인과 건강관리 | 1시간 |

3. 안전보건관리책임자 등에 대한 교육(제29조 제2항 관련)

| 교육대상 | 교육내용 | |
|---|---|---|
| | 신규과정 | 보수과정 |
| 가. 안전보건관리책임자 | 1) 관리책임자의 책임과 직무에 관한 사항<br>2) 산업안전보건법령 및 안전・보건조치에 관한 사항 | 1) 산업안전・보건정책에 관한 사항<br>2) 자율안전・보건관리에 관한 사항 |
| 나. 안전관리자 및 안전관리전문기관 종사자 | 1) 산업안전보건법령에 관한 사항<br>2) 산업안전보건개론에 관한 사항<br>3) 인간공학 및 산업심리에 관한 사항<br>4) 안전보건교육방법에 관한 사항<br>5) 재해 발생 시 응급처치에 관한 사항<br>6) 안전점검・평가 및 재해 분석기법에 관한 사항<br>7) 안전기준 및 개인보호구 등 분야별 재해예방 실무에 관한 사항<br>8) 산업안전보건관리비 계상 및 사용기준에 관한 사항<br>9) 작업환경 개선 등 산업위생 분야에 관한 사항<br>10) 무재해운동 추진기법 및 실무에 관한 사항<br>11) 위험성 평가에 관한 사항<br>12) 그 밖에 안전관리자의 직무 향상을 위하여 필요한 사항 | 1) 산업안전보건법령 및 정책에 관한 사항<br>2) 안전관리계획 및 안전보건개선계획의 수립・평가・실무에 관한 사항<br>3) 안전보건교육 및 무재해운동 추진실무에 관한 사항<br>4) 산업안전보건관리비 사용기준 및 사용방법에 관한 사항<br>5) 분야별 재해 사례 및 개선 사례에 관한 연구와 실무에 관한 사항<br>6) 사업장 안전 개선기법에 관한 사항<br>7) 위험성 평가에 관한 사항<br>8) 그 밖에 안전관리자 직무 향상을 위하여 필요한 사항 |

| | | |
|---|---|---|
| 다. 보건관리자 및 보건관리전문기관 종사자 | 1) 산업안전보건법령 및 작업환경측정에 관한 사항<br>2) 산업안전보건개론에 관한 사항<br>3) 안전보건교육방법에 관한 사항<br>4) 산업보건관리계획 수립・평가 및 산업역학에 관한 사항<br>5) 작업환경 및 직업병 예방에 관한 사항<br>6) 작업환경 개선에 관한 사항(소음・분진・관리대상 유해물질 및 유해광선 등)<br>7) 산업역학 및 통계에 관한 사항<br>8) 산업환기에 관한 사항<br>9) 안전보건관리의 체제・규정 및 보건관리자 역할에 관한 사항<br>10) 보건관리계획 및 운용에 관한 사항<br>11) 근로자 건강관리 및 응급처치에 관한 사항<br>12) 위험성 평가에 관한 사항<br>13) 그 밖에 보건관리자의 직무 향상을 위하여 필요한 사항 | 1) 산업안전보건법령, 정책 및 작업환경 관리에 관한 사항<br>2) 산업보건관리계획 수립・평가 및 안전보건교육 추진 요령에 관한 사항<br>3) 근로자 건강 증진 및 구급환자 관리에 관한 사항<br>4) 산업위생 및 산업환기에 관한 사항<br>5) 직업병 사례 연구에 관한 사항<br>6) 유해물질별 작업환경 관리에 관한 사항<br>7) 위험성 평가에 관한 사항<br>8) 그 밖에 보건관리자 직무 향상을 위하여 필요한 사항 |
| 라. 건설재해예방전문지도기관 종사자 | 1) 산업안전보건법령 및 정책에 관한 사항<br>2) 분야별 재해사례 연구에 관한 사항<br>3) 새로운 공법 소개에 관한 사항<br>4) 사업장 안전관리기법에 관한 사항<br>5) 위험성 평가의 실시에 관한 사항<br>6) 그 밖에 직무 향상을 위하여 필요한 사항 | 1) 산업안전보건법령 및 정책에 관한 사항<br>2) 분야별 재해사례 연구에 관한 사항<br>3) 새로운 공법 소개에 관한 사항<br>4) 사업장 안전관리기법에 관한 사항<br>5) 위험성 평가의 실시에 관한 사항<br>6) 그 밖에 직무 향상을 위하여 필요한 사항 |
| 마. 석면조사기관 종사자 | 1) 석면 제품의 종류 및 구별방법에 관한 사항<br>2) 석면에 의한 건강유해성에 관한 사항<br>3) 석면 관련 법령 및 제도(법, 석면안전관리법 및 건축법 등)에 관한 사항<br>4) 법 및 산업안전보건 정책방향에 관한 사항<br>5) 석면 시료채취 및 분석방법에 관한 사항<br>6) 보호구 착용방법에 관한 사항<br>7) 석면조사결과서 및 석면지도 작성방법에 관한 사항<br>8) 석면 조사 실습에 관한 사항 | 1) 석면 관련 법령 및 제도(법, 석면안전관리법 및 건축법 등)에 관한 사항<br>2) 실내공기오염 관리(또는 작업환경측정 및 관리)에 관한 사항<br>3) 산업안전보건 정책방향에 관한 사항<br>4) 건축물・설비 구조의 이해에 관한 사항<br>5) 건축물・설비 내 석면함유 자재 사용 및 시공・제거방법에 관한 사항<br>6) 보호구 선택 및 관리방법에 관한 사항<br>7) 석면해체・제거작업 및 석면 흩날림 방지 계획 수립 및 평가에 관한 사항 |

| | | |
|---|---|---|
| | | 8) 건축물 석면조사 시 위해도평가 및 석면 지도 작성·관리 실무에 관한 사항<br>9) 건축 자재의 종류별 석면조사실무에 관한 사항 |
| 바. 안전보건관리 담당자 | | 1) 위험성 평가에 관한 사항<br>2) 안전·보건교육방법에 관한 사항<br>3) 사업장 순회점검 및 지도에 관한 사항<br>4) 기계·기구의 적격품 선정에 관한 사항<br>5) 산업재해 통계의 유지·관리 및 조사에 관한 사항<br>6) 그 밖에 안전보건관리담당자 직무 향상을 위하여 필요한 사항 |
| 사. 안전검사기관 및 자율안전검사기관 | 1) 산업안전보건법령에 관한 사항<br>2) 기계, 장비의 주요장치에 관한 사항<br>3) 측정기기 작동 방법에 관한 사항<br>4) 공통점검 사항 및 주요 위험요인별 점검내용에 관한 사항<br>5) 기계, 장비의 주요안전장치에 관한 사항<br>6) 검사 시 안전보건 유의사항<br>7) 기계·전기·화공 등 공학적 기초 지식에 관한 사항<br>8) 검사원의 직무윤리에 관한 사항<br>9) 그 밖에 종사자의 직무 향상을 위하여 필요한 사항 | 1) 산업안전보건법령 및 정책에 관한 사항<br>2) 주요 위험요인별 점검내용에 관한 사항<br>3) 기계, 장비의 주요장치와 안전장치에 관한 심화과정<br>4) 검사 시 안전보건 유의 사항<br>5) 구조해석, 용접, 피로, 파괴, 피해예측, 작업환기, 위험성 평가 등에 관한 사항<br>6) 검사대상 기계별 재해 사례 및 개선 사례에 관한 연구와 실무에 관한 사항<br>7) 검사원의 직무윤리에 관한 사항<br>8) 그 밖에 종사자의 직무 향상을 위하여 필요한 사항 |

4. 특수형태근로종사자에 대한 안전보건교육(제95조 제1항 관련)

가. 최초 노무제공 시 교육

| 교육내용 |
|---|
| 아래의 내용 중 특수형태근로종사자의 직무에 적합한 내용을 교육해야 한다.<br>• 산업안전 및 사고 예방에 관한 사항<br>• 산업보건 및 직업병 예방에 관한 사항<br>• 건강증진 및 질병 예방에 관한 사항<br>• 유해·위험 작업환경 관리에 관한 사항<br>• 산업안전보건법령 및 산업재해보상보험 제도에 관한 사항<br>• 직무스트레스 예방 및 관리에 관한 사항<br>• 직장 내 괴롭힘, 고객의 폭언 등으로 인한 건강장해 예방 및 관리에 관한 사항<br>• 기계·기구의 위험성과 작업의 순서 및 동선에 관한 사항 |

• 작업 개시 전 점검에 관한 사항
• 정리정돈 및 청소에 관한 사항
• 사고 발생 시 긴급조치에 관한 사항
• 물질안전보건자료에 관한 사항
• 교통안전 및 운전안전에 관한 사항
• 보호구 착용에 관한 사항

나. 특별교육 대상 작업별 교육 : 제1호 라목과 같다.

5. 검사원 성능검사 교육(제131조 제2항 관련)

| 설비명 | 교육과정 | 교육내용 |
|---|---|---|
| 가. 프레스 및 전단기 | 성능검사교육 | • 관계 법령<br>• 프레스 및 전단기 개론<br>• 프레스 및 전단기 구조 및 특성<br>• 검사기준<br>• 방호장치<br>• 검사장비 용도 및 사용방법<br>• 검사실습 및 체크리스트 작성 요령<br>• 위험검출 훈련 |
| 나. 크레인 | 성능검사교육 | • 관계 법령<br>• 크레인 개론<br>• 크레인 구조 및 특성<br>• 검사기준<br>• 방호장치<br>• 검사장비 용도 및 사용방법<br>• 검사실습 및 체크리스트 작성 요령<br>• 위험검출 훈련<br>• 검사원 직무 |
| 다. 리프트 | 성능검사교육 | • 관계 법령<br>• 리프트 개론<br>• 리프트 구조 및 특성<br>• 검사기준<br>• 방호장치<br>• 검사장비 용도 및 사용방법<br>• 검사실습 및 체크리스트 작성 요령<br>• 위험검출 훈련<br>• 검사원 직무 |
| 라. 곤돌라 | 성능검사교육 | • 관계 법령<br>• 곤돌라 개론<br>• 곤돌라 구조 및 특성<br>• 검사기준<br>• 방호장치 |

| | | |
|---|---|---|
| | | • 검사장비 용도 및 사용방법<br>• 검사실습 및 체크리스트 작성 요령<br>• 위험검출 훈련<br>• 검사원 직무 |
| 마. 국소배기장치 | 성능검사교육 | • 관계 법령<br>• 산업보건 개요<br>• 산업환기의 기본원리<br>• 국소환기장치의 설계 및 실습<br>• 국소배기장치 및 제진장치 검사기준<br>• 검사실습 및 체크리스트 작성 요령<br>• 검사원 직무 |
| 바. 원심기 | 성능검사교육 | • 관계 법령<br>• 원심기 개론<br>• 원심기 종류 및 구조<br>• 검사기준<br>• 방호장치<br>• 검사장비 용도 및 사용방법<br>• 검사실습 및 체크리스트 작성 요령 |
| 사. 롤러기 | 성능검사교육 | • 관계 법령<br>• 롤러기 개론<br>• 롤러기 구조 및 특성<br>• 검사기준<br>• 방호장치<br>• 검사장비의 용도 및 사용방법<br>• 검사실습 및 체크리스트 작성 요령 |
| 아. 사출성형기 | 성능검사교육 | • 관계 법령<br>• 사출성형기 개론<br>• 사출성형기 구조 및 특성<br>• 검사기준<br>• 방호장치<br>• 검사장비 용도 및 사용방법<br>• 검사실습 및 체크리스트 작성 요령 |
| 자. 고소작업대 | 성능검사교육 | • 관계 법령<br>• 고소작업대 개론<br>• 고소작업대 구조 및 특성<br>• 검사기준<br>• 방호장치<br>• 검사장비의 용도 및 사용방법<br>• 검사실습 및 체크리스트 작성 요령 |
| 차. 컨베이어 | 성능검사교육 | • 관계 법령<br>• 컨베이어 개론 |

| | | • 컨베이어 구조 및 특성<br>• 검사기준<br>• 방호장치<br>• 검사장비의 용도 및 사용방법<br>• 검사실습 및 체크리스트 작성 요령 |
|---|---|---|
| 카. 산업용 로봇 | 성능검사교육 | • 관계 법령<br>• 산업용 로봇 개론<br>• 산업용 로봇 구조 및 특성<br>• 검사기준<br>• 방호장치<br>• 검사장비 용도 및 사용방법<br>• 검사실습 및 체크리스트 작성 요령 |

6. 물질안전보건자료에 관한 교육(제169조 제1항 관련)

| 교육내용 |
|---|
| • 대상화학물질의 명칭(또는 제품명)<br>• 물리적 위험성 및 건강 유해성<br>• 취급상의 주의사항<br>• 적절한 보호구<br>• 응급조치 요령 및 사고시 대처방법<br>• 물질안전보건자료 및 경고표지를 이해하는 방법 |

**시행규칙 제26조(교육시간 및 교육내용)** ① 법 제29조 제1항부터 제3항까지의 규정에 따라 사업주가 근로자에게 실시해야 하는 안전보건교육의 교육시간은 별표 4와 같고, 교육내용은 별표 5와 같다. 이 경우 사업주가 법 제29조 제3항에 따른 유해하거나 위험한 작업에 필요한 안전보건교육(이하 "특별교육"이라 한다)을 실시한 때에는 해당 근로자에 대하여 법 제29조 제2항에 따라 채용할 때 해야 하는 교육(이하 "채용 시 교육"이라 한다) 및 작업내용을 변경할 때 해야 하는 교육(이하 "작업내용 변경 시 교육"이라 한다)을 실시한 것으로 본다.

② 제1항에 따른 교육을 실시하기 위한 교육방법과 그 밖에 교육에 필요한 사항은 고용노동부장관이 정하여 고시한다.

③ 사업주가 법 제29조 제1항부터 제3항까지의 규정에 따른 안전보건교육을 자체적으로 실시하는 경우에 교육을 할 수 있는 사람은 다음 각 호의 어느 하나에 해당하는 사람으로 한다.

1. 다음 각 목의 어느 하나에 해당하는 사람
   가. 법 제15조 제1항에 따른 안전보건관리책임자
   나. 법 제16조 제1항에 따른 관리감독자
   다. 법 제17조 제1항에 따른 안전관리자(안전관리전문기관에서 안전관리자의

위탁업무를 수행하는 사람을 포함한다)

라. 법 제18조 제1항에 따른 보건관리자(보건관리전문기관에서 보건관리자의 위탁업무를 수행하는 사람을 포함한다)

마. 법 제19조 제1항에 따른 안전보건관리담당자(안전관리전문기관 및 보건관리전문기관에서 안전보건관리담당자의 위탁업무를 수행하는 사람을 포함한다)

바. 법 제22조 제1항에 따른 산업보건의

2. 공단에서 실시하는 해당 분야의 강사요원 교육과정을 이수한 사람
3. 법 제142조에 따른 산업안전지도사 또는 산업보건지도사(이하 "지도사"라 한다)
4. 산업안전보건에 관하여 학식과 경험이 있는 사람으로서 고용노동부장관이 정하는 기준에 해당하는 사람

## 2.1.2 근로자에 대한 안전보건교육 면제

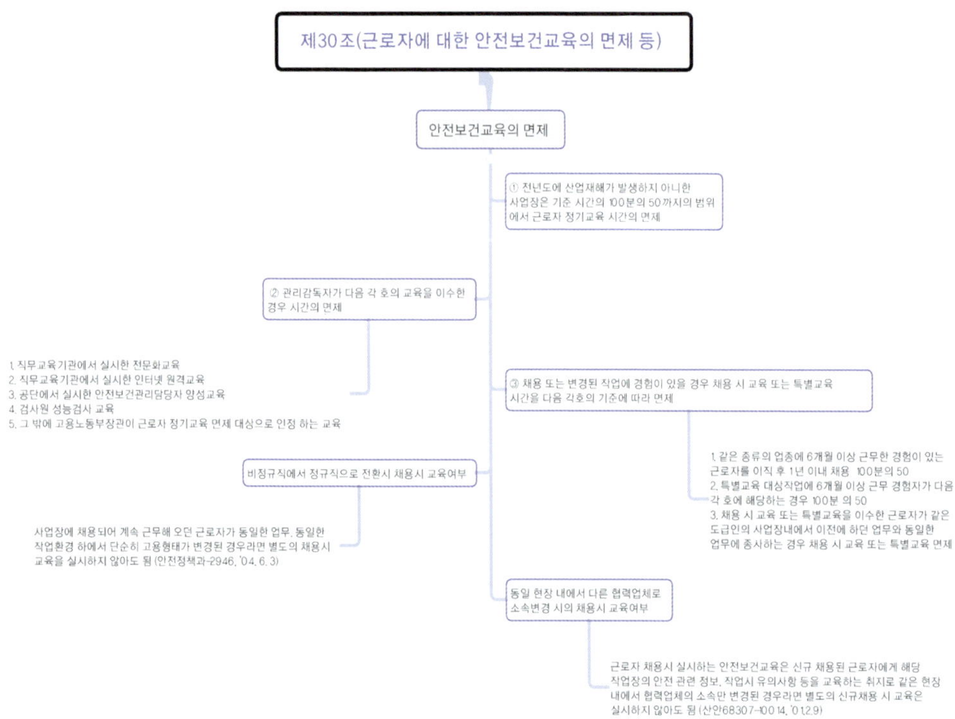

시행규칙 제27조(안전보건교육의 면제) ① 전년도에 산업재해가 발생하지 않은 사업장의 사업주의 경우 법 제29조 제1항에 따른 근로자 정기교육(이하 "근로자 정기교육"이라 한다)을 그 다음 연도에 한정하여 별표 4에서 정한 실시기준 시간의 100분의 50 범위에서 면제할 수 있다.

② 영 제16조 및 제20조에 따른 안전관리자 및 보건관리자를 선임할 의무가 없는 사업장의 사업주가 법 제11조 제3호에 따라 노무를 제공하는 자의 건강 유지・증진을 위하여 설치된 근로자건강센터(이하 "근로자건강센터"라 한다)에서 실시하는 안전보건교육, 건강상담, 건강관리프로그램 등 근로자 건강관리활동에 해당 사업장의 근로자를 참여하게 한 경우에는 해당 시간을 제26조 제1항에 따른 교육 중 해당 분기(관리감독자의 지위에 있는 사람의 경우 해당 연도)의 근로자 정기교육 시간에서 면제할 수 있다. 이 경우 사업주는 해당 사업장의 근로자가 근로자건강센터에서 실시하는 건강관리활동에 참여한 사실을 입증할 수 있는 서류를 갖춰 두어야 한다.

③ 법 제30조 제1항 제3호에 따라 관리감독자가 다음 각 호의 어느 하나에 해당하는 교육을 이수한 경우 별표 4에서 정한 근로자 정기교육시간을 면제할 수 있다.

1. 법 제32조 제1항 각 호 외의 부분 본문에 따라 영 제40조 제3항에 따른 직무교육기관(이하 "직무교육기관"이라 한다)에서 실시한 전문화교육
2. 법 제32조 제1항 각 호 외의 부분 본문에 따라 직무교육기관에서 실시한 인터넷 원격교육
3. 법 제32조 제1항 각 호 외의 부분 본문에 따라 공단에서 실시한 안전보건관리담당자 양성교육
4. 법 제98조 제1항제2호에 따른 검사원 성능검사교육
5. 그 밖에 고용노동부장관이 근로자 정기교육 면제대상으로 인정하는 교육

④ 사업주는 법 제30조 제2항에 따라 해당 근로자가 채용되거나 변경된 작업에 경험이 있을 경우 채용 시 교육 또는 특별교육 시간을 다음 각 호의 기준에 따라 실시할 수 있다.

1. 통계법 제22조에 따라 통계청장이 고시한 한국표준산업분류의 세분류 중 같은 종류의 업종에 6개월 이상 근무한 경험이 있는 근로자를 이직 후 1년 이내에 채용하는 경우: 별표 4에서 정한 채용 시 교육시간의 100분의 50 이상
2. 별표 5의 특별교육 대상작업에 6개월 이상 근무한 경험이 있는 근로자가 다음 각 목의 어느 하나에 해당하는 경우: 별표 4에서 정한 특별교육 시간의 100분의 50 이상
   가. 근로자가 이직 후 1년 이내에 채용되어 이직 전과 동일한 특별교육 대상작업에 종사하는 경우
   나. 근로자가 같은 사업장 내 다른 작업에 배치된 후 1년 이내에 배치 전과 동일한 특별교육 대상작업에 종사하는 경우

3. 채용 시 교육 또는 특별교육을 이수한 근로자가 같은 도급인의 사업장 내에서 이전에 하던 업무와 동일한 업무에 종사하는 경우: 소속 사업장의 변경에도 불구하고 해당 근로자에 대한 채용 시 교육 또는 특별교육 면제
4. 그 밖에 고용노동부장관이 채용 시 교육 또는 특별교육 면제 대상으로 인정하는 교육

### 2.1.3 건설업기초안전보건교육

시행규칙 제28조(건설업 기초안전보건교육의 시간·내용 및 방법 등)에는 건설 일용근로자를 채용할 때 실시하는 안전보건교육시간 [별표4], 교육내용, 교재는 [별표5]에 있다. 인력기준은 시행령 제40조(안전보건교육기관의 등록 및 취소) [별표11]에 적합한 사람을 배치하여야 하도록 하고 있다.

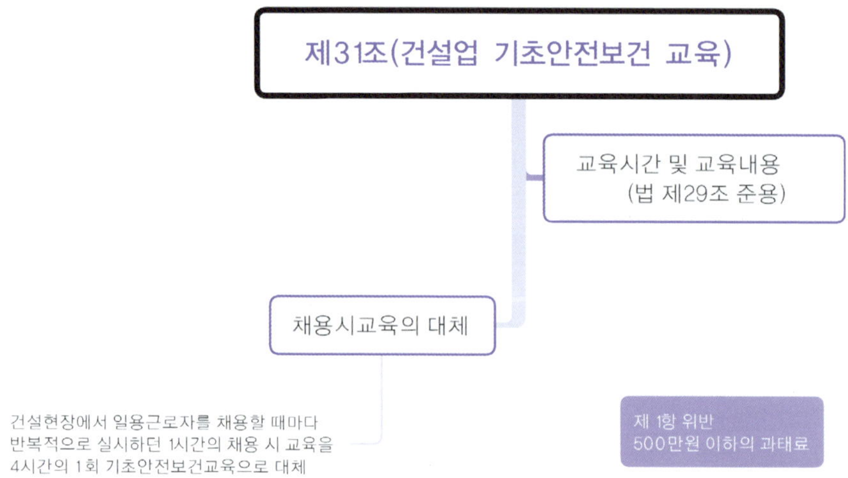


**시행규칙 제31조(안전보건교육기관 등록신청 등)** ① 영 제40조 제1항 및 제3항에 따라 안전보건교육기관으로 등록하려는 자는 다음 각 호의 구분에 따라 관련 서류를 첨부하여 주된 사무소의 소재지를 관할하는 지방고용노동청장에게 제출해야 한다.

1. 영 제40조 제1항에 따라 근로자안전보건교육기관으로 등록하려는 자: 별지 제9호서식의 근로자안전보건교육기관 등록 신청서에 다음 각 목의 서류를 첨부
   가. 영 제40조 제1항에 따른 법인 또는 산업안전보건 관련 학과가 있는 고등교육법 제2조에 따른 학교에 해당함을 증명하는 서류
   나. 영 별표 10에 따른 인력기준을 갖추었음을 증명할 수 있는 자격증(국가기술자격증은 제외한다), 졸업증명서, 경력증명서 또는 재직증명서 등 서류

다. 영 별표 10에 따른 시설 및 장비 기준을 갖추었음을 증명할 수 있는 서류와 시설·장비 명세서
라. 최초 1년간의 교육사업계획서
2. 영 제40조 제3항에 따라 직무교육기관으로 등록하려는 자: 별지 제10호서식의 직무교육기관 등록 신청서에 다음 각 목의 서류를 첨부
가. 영 제40조 제3항 각 호의 어느 하나에 해당함을 증명하는 서류
나. 영 별표 12에 따른 인력기준을 갖추었음을 증명할 수 있는 자격증(국가기술자격증은 제외한다), 졸업증명서, 경력증명서 또는 재직증명서 등 서류
다. 영 별표 12에 따른 시설 및 장비 기준을 갖추었음을 증명할 수 있는 서류와 시설·장비 명세서
라. 최초 1년간의 교육사업계획서

② 제1항에 따른 신청서를 제출받은 지방고용노동청장은 전자정부법 제36조 제1항에 따른 행정정보의 공동이용을 통하여 다음 각 호의 서류를 확인해야 한다. 다만, 신청인이 제1호 및 제3호의 서류의 확인에 동의하지 않는 경우에는 그 사본을 첨부하도록 해야 한다.
1. 국가기술자격증
2. 법인등기사항증명서(법인만 해당한다)
3. 사업자등록증(개인만 해당한다)

③ 지방고용노동청장은 제1항에 따른 등록 신청이 영 제40조 제1항 또는 제3항에 따른 등록 요건에 적합하다고 인정되면 그 신청서를 받은 날부터 20일 이내에 별지 제11호서식 또는 별지 제12호서식의 근로자안전보건교육기관 등록증 또는 직무교육기관 등록증을 신청인에게 발급해야 한다.

④ 제3항에 따라 등록증을 발급받은 사람이 등록증을 분실하거나 등록증이 훼손된 경우에는 재발급 신청을 할 수 있다.

⑤ 법 제33조 제1항에 따라 안전보건교육기관이 등록받은 사항을 변경하려는 경우에는 별지 제9호서식 또는 별지 제10호서식의 변경등록 신청서에 변경내용을 증명하는 서류와 등록증을 첨부하여 지방고용노동청장에게 제출해야 한다. 이 경우 변경등록 신청서의 처리에 관하여는 제3항을 준용한다.

⑥ 안전보건교육기관이 해당 업무를 폐지하거나 등록이 취소된 경우 지체 없이 제3항 및 제5항에 따른 등록증을 지방고용노동청장에게 반납해야 한다.

### 2.1.4 안전보건관리책임자 등에 대한 직무교육

안전보관관리책임자등에 대한 교육은 사업상에서 조직에서의 역할과 기능은 기획입안과 그 관리이다. 안전보건관리는 조직구성원의 안전보건직무가

확실하고 원활하게 실시되도록 하는 역할과 기능이 요구된 직무와 관련한 내용을 교육함으로써 재해의 사전예방에 중요한 역할을 담당하는 것이고 교육의 목적은 안전보건관리를 추진하는 체계에 필요한 기본적 지식을 습득을 요한다.

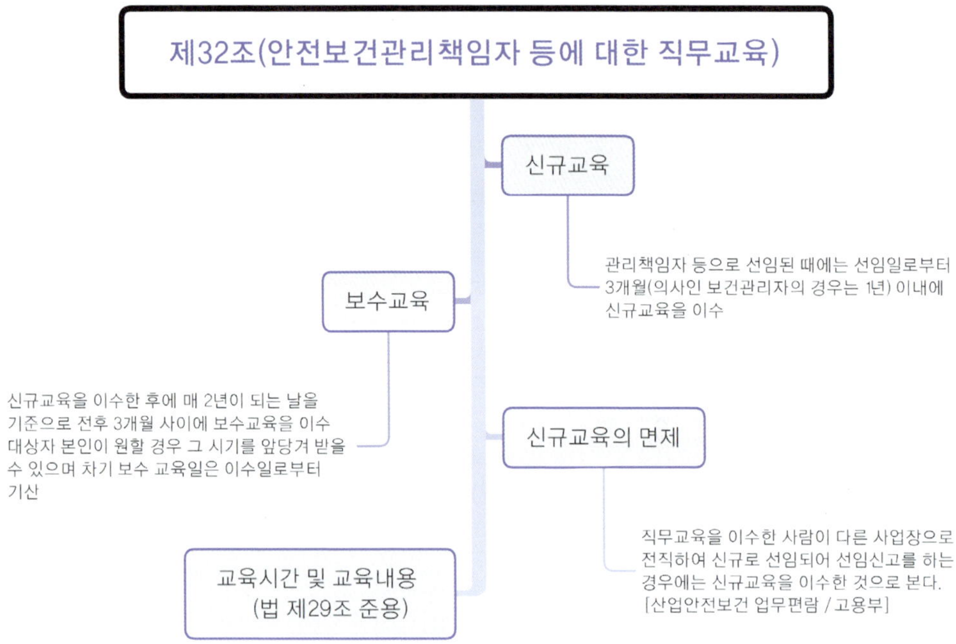


제 1항 1호부터 4호까지 위반 500만원 이하의 과태료
제 1항 5호 위반 300만원 이하의 과태료

시행규칙

제29조(안전보건관리책임자 등에 대한 직무교육) 직위에 선임(위촉의 경우를 포함한다. 이하 같다)되거나 채용된 후 개월(보건관리자가 의사인 경우는 년) 이내에 직무를 수행하는 데 필요한 신규교육을 하며, 신규교육을 이수한 후 매 년이 되는 날을 기준으로 전후 개월 사이에 고용노동부장관이 실시하는 안전보건에 관한 보수교육을 받아야 한다.

1. 법 제15조 제1항에 따른 안전보건관리책임자
2. 법 제17조 제1항에 따른 안전관리자(기업활동 규제완화에 관한 특별조치법 30조 제1항에 따라 안전관리자로 채용된 것으로 보는 사람을 포함한다)
3. 법 제18조 제1항에 따른 보건관리자
4. 법 제19조 제1항에 따른 안전보건관리담당자

5. 법 제21조 제1항에 따른 안전관리전문기관 또는 보건관리전문기관에서 안전관리자 또는 보건관리자의 위탁 업무를 수행하는 사람
6. 법 제74조 제1항에 따른 건설재해예방전문지도기관에서 지도업무를 수행하는 사람
7. 법 제96조 제1항에 따라 지정받은 안전검사기관에서 검사업무를 수행하는 사람
8. 법 제100조 제1항에 따라 지정받은 자율안전검사기관에서 검사업무를 수행하는 사람
9. 법 제120조 제1항에 따른 석면조사기관에서 석면조사 업무를 수행하는 사람

제30조(직무교육의 면제) ① 법 제32조 제1항 단서에 따라 다음 각 호의 어느 하나에 해당하는 사람에 대해서는 직무교육 중 신규교육을 면제한다.
1. 법 제19조 제1항에 따른 안전보건관리담당자
2. 영 별표 4 제6호에 해당하는 사람
3. 영 별표 4 제7호에 해당하는 사람

### 2.1.5 안전보건교육기관

시행령 제40조에 안전보건교육기관의 등록 및 취소 규정이 있다. 등록에 관한 사항은 [별표10]에 따른 인력・시설 및 장비 기준을 갖추어 고용노동부장관에게 등록하여야 한다.

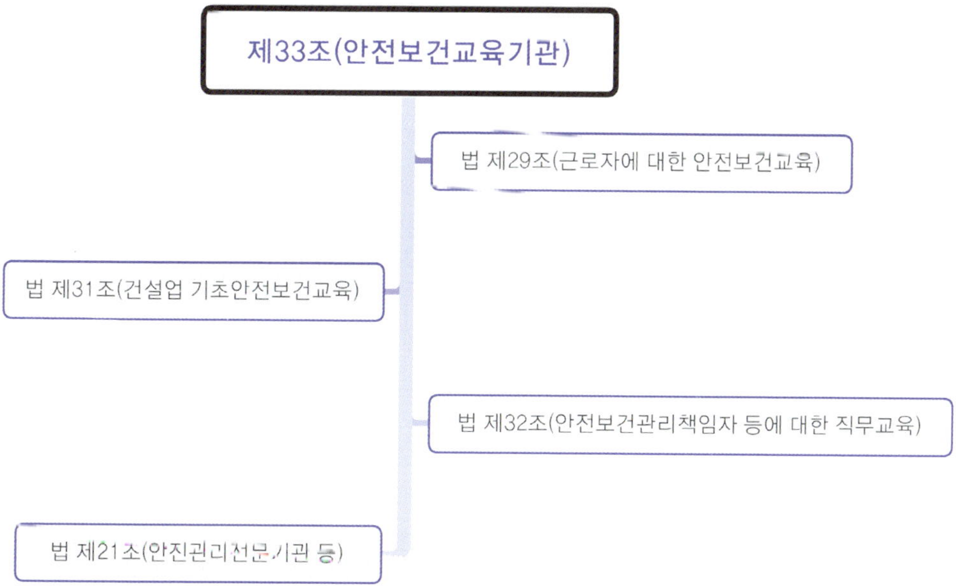

시행령 제40조(안전보건교육기관의 등록 및 취소) ① 법 제33조 제1항 전단에 따라 법 제29조 제1항부터 제3항까지의 규정에 따른 안전보건교육에 대한 안전보건교육기관(이하 "근로자안전보건교육기관"이라 한다)으로 등록하려는 자는 법인 또는 산업안전·보건 관련 학과가 있는 고등교육법 제2조에 따른 학교로서 별표 10에 따른 인력·시설 및 장비 등을 갖추어야 한다.

② 법 제33조 제1항 전단에 따라 법 제31조 제1항 본문에 따른 안전보건교육에 대한 안전보건교육기관으로 등록하려는 자는 법인 또는 산업안전·보건 관련 학과가 있는 고등교육법 제2조에 따른 학교로서 별표 11에 따른 인력·시설 및 장비를 갖추어야 한다.

③ 법 제33조 제1항 전단에 따라 법 제32조 제1항 각 호 외의 부분 본문에 따른 안전보건교육에 대한 안전보건교육기관(이하 "직무교육기관"이라 한다)으로 등록할 수 있는 자는 다음 각 호의 어느 하나에 해당하는 자로 한다.

1. 한국산업안전보건공단법에 따른 한국산업안전보건공단(이하 "공단"이라 한다)
2. 다음 각 목의 어느 하나에 해당하는 기관으로서 별표 12에 따른 인력·시설 및 장비를 갖춘 기관
   가. 산업안전·보건 관련 학과가 있는 고등교육법 제2조에 따른 학교
   나. 비영리법인

④ 법 제33조 제1항 후단에서 "대통령령으로 정하는 중요한 사항"이란 다음 각 호의 사항을 말한다.

1. 교육기관의 명칭(상호)
2. 교육기관의 소재지
3. 대표자의 성명

⑤ 제1항부터 제3항까지의 규정에 따른 안전보건교육기관에 관하여 법 제33조 제4항에 따라 준용되는 법 제21조 제4항 제5호에서 "대통령령으로 정하는 사유에 해당하는 경우"란 다음 각 호의 경우를 말한다.

1. 교육 관련 서류를 거짓으로 작성한 경우
2. 정당한 사유 없이 교육 실시를 거부한 경우
3. 교육을 실시하지 않고 수수료를 받은 경우
4. 법 제29조 제1항부터 제3항까지, 제31조 제1항 본문 또는 제32조 제1항 각 호 외의 부분 본문에 따른 교육의 내용 및 방법을 위반한 경우

## 2.2 다른 법률 상 안전교육

### 2.2.1 재난 및 안전관리 기본법에 의한 안전교육

제정이유는 각종 재난으로부터 국민의 생명·신체 및 재산을 보호하기 위하여 재해 및 재난 등으로 다원화되어 있는 재난 관련 법령의 주요 내용을 통합함으로써 국가 및 지방단체의 재난에 대한 대응관리체계를 확립하고, 각 부처에 분산되어 있는 안전관리업무에 대한 총괄조정 기능을 보강하는 등 현행 제도의 문제점을 개선·보완하여 재난의 예방·수습·복구 및 긴급구조 등에 관하여 필요한 사항을 제정하였다. 이 법령에서 안전문화 활동에 의한 교육, 훈련, 홍보 등이 포함되며 재난안전분야 책임기관의 종사자 및 전문가 양성 교육이 있다.

가. 재난안전분야 종사자 전문교육

- 재난안전분야 종사자 전문교육은 2014년부터 「재난안전법」 제29조의2에 따라 재난안전업무종사자들은 전문교육을 이수해야 하고, 전문교육은 대행하여 실시할 수 있으며, 동법 시행령 제37조의2에 따라 전문교육기관은 공무원·재난관리책임기관 소속, 민간 교육기관을 지정하고, 동법 시행규칙 제6조의2에서 교육대상, 기간, 종류 등에 대한 내용을 명시하고 있다.
- 교육대상은 재난관리책임기관(중앙행정기관 및 지방자치단체, 지방행정기관, 공공기관·공공단체(지부 포함)에서 재난 및 안전관리 업무 담당 부서의 장·공무원·직원과 시·군·구의 부단체장이다.
- 전문교육 기간은 3일 이내로 하고, 대상자는 해당 재난업무를 맡은 후 1년 이내에 신규교육을 받아야 하며, 2년마다 정기교육을 받도록 규정한다.
- 전문교육기관은 행정안전부, 관계 중앙행정기관 또는 시·도 소속의 공무원교육기관, 재난관리책임기관(행정기관 이외) 소속의 교육기관, 행정안전부 장관이 지정하는 민간교육기관이 있다.

- 재난안전 교육과정 설계 시 신규자, 실무자, 관리자 공통으로 국가재난관리체계의 이해, 재난 및 안전관리 기본법, 재난안전 종사자의 임무와 역할, 재난관리 협업기능, 재난발생 시 중(지)대본의 운영, 위기관리 매뉴얼, 자연재난의 이해, 사회재난의 이해, 재난과 언론 등을 계층별 공통교과목으로 구성하고, 선택과목으로 재난관리의 이해, 정책기획과 예산, 재난관리 리더십 등을 지정할 수 있다.

나. 재난관리 분야 전문인력 양성사업

- 「자연재해대책법」 제65조의2에 따라 국가는 방재 분야 전문인력을 양성및 전문인력 양성기관을 지정할 수 있고, 「재해경감을 위한 기업의 자율활동 지원에 관한 법률」(이하 기업재해경감법) 제10조에 근거하여 행정안전부장관은 재해경감활동 전문인력을 육성 및 전문교육과정을 위탁하여 운영한다.
- 전문인력 교육과정 위탁은 대학(재난관리, 지진분야)으로, 매년 2억원의 국비가 2년에 걸쳐 지원되며 교육이수 요건은 필수 교과목 중 12학점 이상을 포함한 24학점 이상 이수 및 학위논문 1편 이상을 제출해야 한다.
- 필수 교과목은 방재안전분야와 기업재난관리 분야로 나눌 수 있다.
  - 방재안전분야: 재난관리론, 안전관리론, 방재법규, 도시방재학
  - 기업재난관리: 재해경감 이해, 재해경감활동 절차 및 계획수립실행, 업무연속성 계획, 업무영향분석 및 위험평가

다. 재해구호 전문인력 양성사업

- 「재해구호법」 제16조의3에 따라 행정안전부장관 및 시・도지사는 이재민 구호를 위해 재해구호 전문인력을 양성하고, 학교・전문기관 등을 재해구호 양성기관으로 지정할 수 있으며, 동법 시행령 제9조의3에서 전문인력 양성기관의 교육훈련 내용으로 재해구호 절차 및 체계, 구호물자 및 장비 사용법 등을 규정하고 있다.
- 전문인력 양성 교육기관은 3개 기관으로 나눌 수 있다.
  - 「고등교육법」 제2조에 따른 학교

- 「재해구호법」 제16조의2에 따른 전문기관(재해구호협회 등)
- 그 밖에 구호활동을 목적으로 설립된 기관 또는 단체
- 교육기관 지정유효기간은 4년을 넘지 않아야 한다.

• 교육대상자는 실무자급은 구호담당 공무원, 자원봉사자(지역자율방재단, 대학생) 등, 관리자급은 5급 이상 공무원, 재해구호관련 기관 임원, 자원봉사자 리더 등이며 재해구호분야 강사들로 구성할 수 있다.
• 교육과정은 기본과정, 전문과정, 보수교육과정으로 구성하고, 보수교육과정은 기본 또는 전문교육을 이수한 지 2년이 경과 시 1년 이내에 이수해야 한다.

라. 방재분야 특수전문교육

• 「자연재해대책법」 제65조 제3항에 따라 국가는 방재분야 전문인력을 양성하기 위하여 전문교육과정을 운영하고, 동법시행령 제58조에 의하여 외부전문기관 또는 단체에 위탁을 통해 방재교육 대상자 중 전문교육과정이 필요한 종사자를 대상으로 특수전문교육과정을 개설 할 수 있다.
• 교육대상자는 중앙 및 지자체의 재해 관련 업무 담당공무원, 재난관리책임기관에 근무하는 재해 관련 업무 종사자, 재해 관련 업종에 종사하는 기술인, 자원봉사단체, 구호단체, 협의회, 학교와 민간 분야의 특수한 기술과 지식을 필요로 하는 종사자를 대상으로 한다.
• 교육과정은 지진 및 풍수해 2개 분야에 대해 기본, 전문, 보수과정을 운영하고, 재해 업무에 종사한 경력이 2년 미만인 사람은 업무 담당 후 1년 이내에 1회 이상 방재교육을 받아야 하며, 방재전문인력의 보수교육은 인증서를 발급받은 날부터 3년마다 행정안전부장관이 정하는 바에 따라 이수해야 한다.

### 2.2.2 국민 안전교육 진흥 기본법에 의한 안전교육

제정이유는 경주리조트 붕괴 사건 및 세월호 침몰사고, 장성 요양병원 사

태 등 각종 안전사고 발생 이후 안전에 대한 국민의 요구가 증가하고 있어 국민 스스로 재난에 대비할 수 있는 역량을 제고할 수 있도록 생애주기별 안전교육의 필요성이 강조되고 있다.

그런데 현행법에서는 안전교육에 관한 사항을 개별법령에서 정하고 있어 국민에 대하여 생애주기별 안전교육을 체계적으로 실시하기에 한계가 있는 실정이므로 이에 각종 재난 및 안전사고 발생 시 국민을 안전하게 보호할 수 있도록 종합적이고 체계적인 안전교육의 실시 및 지원에 필요한 사항을 종합하여 하나의 단일 법안으로 규정함으로써 각종 재난 및 안전사고에 대한 국민의 대처능력을 제고하고 안전한 사회를 만드는 데 이바지하려는 것이다.

주요내용으로는

가. 이 법은 국민의 안전교육 진흥에 필요한 사항을 정함으로써 재난으로부터 안전한 사회를 만드는 데 이바지함을 목적으로 함(제1조).

나. 행정안전부장관은 5년마다 안전교육 기본목표, 추진 내용, 전문인력 양성 등의 내용을 포함한 안전교육기본계획을 「재난 및 안전관리 기본법」 제9조에 따른 중앙안전관리위원회의 심의를 거쳐 확정·시행하여야 함(제5조).

다. 국가 및 지방자치단체는 안전교육의 원활한 시행을 위하여 안전교육 교재 및 프로그램 개발·보급, 안전교육 전문인력의 양성·활용 등 시책을 추진하여야 함(제9조).

라. 학교·다중이용시설 및 사회복지시설 등에서 안전교육을 실시하도록 함(제10조부터 제13조까지).

마. 국가 및 지방자치단체는 안전교육 전문인력의 양성을 위하여 전문인력 육성 등에 관한 시책을 수립·추진하여야 함(제20조).

### 2.2.3 기타 법령에 의한 안전교육

국내 대형 재난사고를 원인은 어떤 원인보다 의식에 있다는 것에 공감대가 형성되어 안전교육 향상에 대한 사회적 필요성이 강화되고 있다. 기타 법령에 의한 교육을 정리하면 다음과 같다.

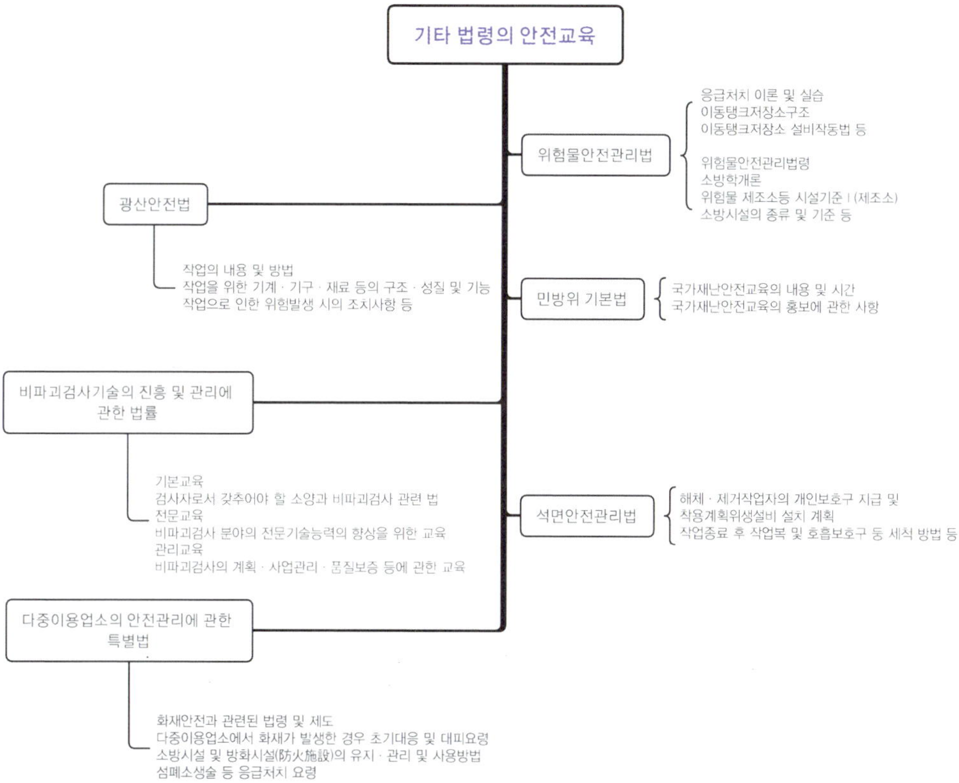


## 3.1 다른 나라의 안전교육

국외의 안전보건교육은 법적으로 강제하기보다는 사업장 자율적인 형태로 운영되고 있다. 영국은 사업장에서 자율적으로 시행하도록 하고 있으며, 미국, 일본, 독일은 제한적으로 의무를 부과하는 형태로 운영되어 모든 산업안전보건교육을 의무사항에 포함하고 있는 국내와 다른 형태로 운영되고 있다.

국외는 법령은 단순하지만 사업장에서 시행되는 안전보건교육은 대상에 따라서 다양한 교육과정을 운영하는 것으로 나타났다. 안전보건교육방법을 보면 국내의 경우에는 대부분 집체교육으로 실시되는 반면에 미국, 일본, 영국, 독일 등은 세미나 또는 워크숍 등 교육대상자가 참여하는 방식으로 교육을 실시하고 있다. 특히, 산업안전보건교육을 사업장에서 자율적으로 실시하도록 한 유럽에서는 산업안전보건교육의 실행력을 확보하기 위한 방안으로 산업재해가 발생한 경우에 산업안전보건교육의 실시여부를 확인하여 미실시 한 경우에는 벌금 등을 부과하는 방식으로 엄격하게 관리하고 있다.[6)]

### 3.1.1 미국의 안전교육

미국의 산업안전보건교육 관련 법규는 연방정부(노동부)가 관장하는 OSHAct(산업안전보건법), CFR(연방규정)과 주정부에서 개별적으로 제정하는 안전기준 등으로 구성된다. 연방정부는 일부 안전기준에 개별적인 교육요건을 명시하고 있으며, 세부적으로 약 100여 개의 안전기준이 교육요건에 명시되어 있다.

미국의 주정부에서는 연방정부보다 더 강화된 산업재해예방정책을 수립할 수 있으며 이러한 경우 모든 OSHAct를 준수하는 내용으로 수립되어야 하고 OSHA(산업안전보건청)의 승인을 받아야 한다. 캘리포니아 주정부는 연방정부보다 강화된 안전기준인 IIPP(부상 및 직업병 예방 프로그램, Injury and Illness Prevention Program)를 수립하여 운영하고 있다. IIPP는 국내 산업안전보건교육의 신규채용교육과 작업내용변경교육과 유사한 내용을 포함하고 있으며 캘리포니아 주정부의 개별적인 안전기준으로 제정되었으나 IIPP를 의무적인 안전기준으로 준수하도록 하는 주정부가 많아지고 있다. 해의 원인이 될 수 있는 불안전한 작업환경을 인식하고 이에 대한 대처방안 및 산업재해를 예방할 수 있는 교육훈련프로그램을 수립과 감독하도록 제정하고 있다.

산업안전보건교육을 실시할 대상은 일반산업(General Industry), 해양산업(Maritime), 건설업(Construction), 농업(Agricultural) 등 4개 업종과 연방정부의 직원용 교육으로 구분하고 있다. 이와 관련된 세부적인 교육내용은 산업안전보건법 관련 연방규정인 29CFR에서 상세히 정하고 있다.

미국은 우리나라보다 상세히 교육내용, 교육방법, 교육범위를 정하고 있으며 단순히 교육시간을 이수하는 것으로 사업주의 의무가 면제되지 않으며

6) 지준석(2018). 건설업 안전관리자의 효과적인 직무교육을 위한 교육과정 개선에 관한 실증적 연구. 명지대학교 대학원 박사학위논문.

근로자 필요한 교육내용을 이해하고 지속적으로 유지하도록 하는 것까지 의무를 부여하고 있다.

안전보건교육기관은 OSHA가 대표적이다. OSHA는 본부조직과 10개 주의 지역사무소가 50개 주를 관할하도록 하는 조직체계를 마련하여 산업안전보건업무를 총괄하고 있다. OSHA는 산업안전보건에 대한 사업장 감독이 주된 업무이며, 사업주를대상으로 하는 산업안전보건교육과 교육훈련컨설팅을 지원하고 있다. 근로자를 대상으로 하는 산업안전보건교육은 3가지 형태로 실시되고 있다. 사업장에서 자체적으로 교육을 실시하는 형태가 있으며, 순수한 민간교육기관이나 OSHA가 지정한 OSHA 교육센터에 위탁하여 교육하는 형태로 실시되고 있다.

OSHA가 지정한 교육센터인 UCSD(University of California, San Diego)의 일반현황과 교육과정을 분석하였다. UCSD는 시간제 강사 35명이 산업안전보건교육을 담당하며 이를 지원하는 16명의 운영인력으로 구성되어 있다. OSHA에서 제정한 일반산업, 건설산업, 해양산업 등 3개 업종에 대한 교육과정을 핵심과정으로 운영하고 있으며 농업에 대한 과정은 운영하지 않고 있다. 교육과정은 대상 및 운영성격에 따라서 4가지로 구분된다. 법에 의하여 수강하여야 하는 의무교육과정, 안전전문가를 대상으로 하는 안전전문가과정, 산업안전보건강사를 육성하기 위한 강사과정, 사업장에 방문하여 식섭교육을 지원하는 사업장 방문교육과정, 온라인시스템을 이용한 지원하는 온라인 교육과정이 있으며 세부적으로 총 300여 개의 교육과정이 있다. 교육수수료는 $125~$925로 UCSD의 산정기정에 따라서 자체적으로 정하고 있다.

NIOSH(국립직업안전건강연구소)는 작업장 안전과 건강을 개선하기 위한 연구와 이와 관련된 교육을 수행하는 미국 질병통제센터의 부속기관이다. NIOSH는 역학, 의학, 안전 등 다양한 분야의 전문가 약 1,300명으로 구성되어 있다. 교육측면을 보면 안전보건전문가를 위한 다양한 교육프로그램을 지원하고 있으며 예비산업인력인 고교교육과정에도 산업안전보건교육 프로그램을 지원하고 있다. 또한, 전문인력양성을 위해 산업위생분야 등에 대한 학위프로그램과 연구훈련기회를 제공하고 있다.

NSC(미국안전협회)는 안전, 건강 및 환경활동을 수행하는 비영리기관으로 약 55,000개의 기업회원과 21개 지부로 구성되어 있으며, 작업장 안전 등 부상과 사망이 많은 분야에 사업을 집중하고 있다. NSC는 미국 노동부 및 OSHA와 협력하여 작업장 안전을 강화하도록 지원하고 있으며, 산업안전 및 건강 등의 모범사례를 위주로 한 교육과정을 제공하고 있다.

미국의 산업안전보건교육은 국내와는 다르게 일부 유해·위험한 작업으로 특별히 지정한 분야를 제외하면 교육시수와 교육내용 등에 대한 일체의 제한이 없다. 다만, OSHA의 감독에서 산업안전보건교육의 결과로 인하여 안전규정의 위반이 확인된 경우에는 벌금 등으로 강력히 제재하고 있다. 미국은 사업장 특성에 맞는 산업안전보건교육을 자율적으로 시행하도록 하고 정부는 안전보건전문가를 육성과 교육지원으로 이를 뒷받침하며 실행력이 확보될 수 있도록 운영하고 있다.

OSHA의 산업안전보건교육에 대한 감독은 단순히 교육실시서류를 확인하는 데 그치지 않고 교육을 받은 근로자의 면접을 통하여 교육의 효과성을 판단하도록 하고 있다. 벌금은 재해의 강도에 따라서 $7,000~$25,000의 수준이며, 교육서류 미비 등에 대한 벌금은 $25~$7,000 수준이다. 또한 국내와는 다르게 귀책사유가 있는 근로자에게도 벌금을 부과하고 있다.

### 3.1.2 일본의 안전교육

일본의 산업안전보건교육 관련 법규로는 노동기준법, 노동안전위생법, 작업환경측정법 등이며 관련된 하위 법령으로 정령(시행령), 성령(시행규칙), 고시, 지침 등이 있다. 노동안전위생법에서는 안전보건교육을 신규채용교육, 작업내용변경교육, 위험·유해한 작업의 특별교육, 직장교육, 건설현장 신규채용자교육 등으로 구분하고 있다. 신규채용교육, 작업내용변경교육, 위험·유해한 작업의 특별교육에 한하여 교육의무가 부여되고 있으며, 국내와 다르게 주기적으로 교육을 실시하여야 하는 정기교육의 의무는 부여되지 않고 있다.

관리감독자교육은 직무를 처음으로 맡은 경우에 12시간의 의무교육을 이수하도록 하고 있으며, 정기교육을 의무사항으로 부여하고 있지 않다. 관리감독자의 직책을 직장과 작업주임자로 구분하고 있다. 직장의 교육대상 업종은 건설업, 제조업(위험성이 낮은 일부 업종은 제외), 전기업, 가스업, 자동차정비업, 기계수리업 등 일부 위험업종에 한하여 교육을 받도록 하고 있으며, 작업주임자는 고위험작업별로 구분하여 교육을 받도록 하고 있다.

사업주가 근로자의 신규채용 시에는 지체 없이 안전보건교육을 하도록 규정하고 있으나 별도로 교육시간을 규정하고 있지는 않으며 충분한 지식이 있다고 인정하는 근로자에게는 안전보건교육을 생략할 수도 있도록 규정하고 있다. 일본은 근로자가 해당 직무에 대한 재해의 위험성을 인식하고 재해예방을 위한 지식을 숙지하고 있는가에 중점을 두고 있다.

특별안전보건교육은 40개의 유해·위험한 직무를 세부적으로 정하고 있다. 각 특별작업별로 최소 3시간에서 최대 11시간까지 교육시간을 정하고 있으나 해당 작업의 위험성 등을 충분히 알고 있는 근로자에게는 특별교육을 생략할 수 있다. 산업안전보건교육강사는 현장경험이 풍부한 해당분야의 퇴직자를 강사로 활용하여 실질적으로 도움이 되는 교육이 되도록 하고 있다.

일본 노동안전위생법상 의무교육을 이행하지 않은 경우에는 벌금을 부과하도록 정하고 있다. 신규채용교육 및 작업내용변경교육을 실시하지 않은 경우에는 벌금 50만 엔 이하를 부과하고, 유해위험업무특별교육을 실시하지 않은 경우에는 징역 6개월 이하나 벌금 50만 엔 이하를 부과하도록 하고 있으나, 신규 관리감독자(작업주임자 제외)에 대한 교육의 미이행에 대한 별도의 벌칙 규정은 없다.

일본은 민간기관인 JISHA(중앙노동재해방지협회)에서 다양한 산업안전보건교육을 지원하고 있다. 법령에 의한 교육과정과 내부강사양성과정 등을 운영하고 있으며 안전보건전문가가 현장에 상주하며 기술을 전수하는 교육방식도 운영하고 있다.

JISHA는 이론과 실무를 겸비하도록 교육과정을 운영하고 있으며 교육강사들의 능력향상을 위하여 주기적인 세미나를 개최하고 있다.

### 3.1.3 영국의 안전교육

영국의 산업안전보건교육은 HSWAct(사업장보건안전법)에서 사업주가 산업안전보건교육을 실시하도록 규정하고 있으며 하위규칙에서 교육대상과 교육방법만을 포괄적으로 규정하고 있다. 기본적으로 사업주가 사업장내 위험평가, 안전보건조치, 안전보건교육실시, 안전보건전문가 채용 등에 책임이 있고 사망사고와 같이 특별한 경우를 제외하고는 세부적 시행까지 사업장에서 자율적으로 시행하도록 하고 있다.

정부는 직접적으로 산업안전보건교육은 실시하지 않고 있으며 산업안전보건법령의 이행에 대한 감독과 재해조사 등을 수행하고 있다. 안전보건규정에서 신규채용, 업무내용변경, 새로운 장비 도입 및 교체 등에 국내와 유사하게 산업안전보건교육을 실시하도록 규정하고 있다.

단순히 실행지침을 위반한 경우에 대한 처벌규정은 없으나 법령을 위반하여 처벌하는 경우에는 실행지침도 증거로 채택할 수 있도록 하여 실행력을 확보하고 있다.

안내지침은 권고사항으로 실행지침의 부족한 부분을 보완하고 있다. 영국의 산업안전보건교육은 미국과 독일보다도 자율성이 강한 수준으로 국내와 비교해도 사업주의 자율성을 상당히 보장하고 있다.

영국에서 산업안전보건교육은 BSI(영국표준협회)의 BS(British Standard) CODE와 개별 교육기관에서 기준을 정하여 활용하고 있다. 영국의 주요한 교육기관은 HSE(보건안전청), RoSPA(왕실재해방지협회), IOSH(산업안전보건협회) 등이 있다(최준철, 2020). HSE는 안전보건 파트너십(Good Neighbor)과 주요기관 파트너십(Lead Authority Partnership Scheme)을 통하여 안전보건관리체계의 확산과 향상을 지원하고 있다. RoSPA와 IOSH는 안전보건전문가 대상의 전문기술과정과 경영층, 관리자, 근로자 대상의 안전보건교육을 지원하고 있으며 안전세미나 개최와 간행물을 제공하고 있다.

HSWAct 및 안전보건규정의 강행규정을 위반한 경우에는 기소되거나 벌칙을 받도록 규정하고 있다. 개선조치, 금지조치, 배상명령위반 등은 무제한 벌금 또는 징역 2년(군복무 가능)이 부과될 수 있고 제3자 사고와 양벌규정으로 자격정지 15년까지 부과될 수 있다.

### 3.1.4 독일의 안전교육

독일은 다른 나라 정부와 DGUV(산재보험조합)가 이중으로 연계되어 산업안전보건예방활동을 하고 있다. 산업안전보건법에서 신규채용교육, 작업내용변경교육, 신기술도입교육을 의무교육으로 규정하고 있다. 제국보험법에서도 안전보건관계자에 대한 산업안전보건교육을 의무하고 있다.

사회법전(SGB: Sozialgesetzbuch)에서는 DGUV가 산업안전보건교육을 실시하도록 규정하고 있다. 산업안전보건교육에 대한 비용은 DGUV가 모두 부담하도록 규정하고 있으며 개별사업장에 소속되지 않은 안전관리자 등 안전보건관련 전문가도 의무교육 대상으로 포함하고 있다. 또한 교육기간동안 근로자의 인건비는 사업주가 부담하도록 규정하고 있다.

DGUV 산하에 독일 최대 규모의 안전보건교육기관인 IAG(드레스덴 교육센터)가 있다. IAG는 산업안전보건교육과 컨설팅을 지원하고 있으며 산업재해예방을 위한 연구사업도 수행하고 있다. 교육과정은 예방전문가 자격과정, 산업안전분야 석사학위과정, 작업장 안전을 위한 경력근로자 자격과정, 강사자격과정, 예방전문과정 등을 운영하고 있다. 모든 교육과정은 세미나 형식을 포함하고 체험이 필요한 과정은 해당분야전문가가 교육생과 전과정을 체험하는 형식으로 운영하여 효과성을 높이고 있다.

독일의 안전보건교육에 관한 감독 및 처벌과 관련 사법적 권한은 연방정부 및 주정부가 가지고 있다. 연방정부와 주정부는 상호 협의를 통해 사업장 중복 출입을 피하고 방문보고서를 공유한다. 산업안전보건교육 의무를 위반한 경우 사업주는 25,000유로, 근로자는 5,000유로의 과태료 처분을 받을 수 있다. 또한 고의적이나 반복적인 개선지시의 불이행은 1년 이하의 징역 또는 벌금을 받을 수 있다.

PART 4

# 안전보건경영시스템

# CHAPTER 11 안전보건경영시스템 개요



## 1. 개요

세계 역사발전에 따른 법제화된 안전보건활동을 살펴보면 18세기 영국에서는 공장법이 제정되어 안전한 작업조건 및 작업시간에 대한 표준이 제정되었다. 또한 독일에서는 18세기 근로자 보상법이 제정 · 시행되었으며, 20세기에 접어들면서 북미에서는 산업화가 시작되어 각종 재해가 증가하게 되었고 근로자를 상해로부터 보호 및 보상하기 위한 여러 법률이 통과되었다.

마찬가지로 유럽지역에서도 불과 100년 전에 산업혁명을 시작으로, 경제활동이 증가함에 따라 산업재해 및 직업병이 발생하여 사회적 문제로 발전하면서 안전보건활동에 대해 심각하게 논의하게 된다. 또한 1919년에는 국제노동기구(ILO)가 발족되어 장해보상기준 및 직업병 인성기준이 마련되었다. 2차 세계대전 이후 전자, 석유화학 및 중공업산업의 급속한 발전으로 안전사고가 증가하고, 새로운 직업병이 발생하였으며, 근로자들의 생활수준 향상과 노동조합의 영향력이 강화됨으로써 안전보건에 관한 사전예방 대책에 대한 관심이 고조되었다.

따라서 정부는 나름대로 강력한 안전보건정책으로 기업을 규제하려 했으나, 오히려 강제적 관리방식은 비효율적인 행정임을 드러내게 되었고, 이러한 차원에서 이제는 사업장 내 안전보건의 문제를 경영의 한 범주로 간주하였으며, 고용노동부에서는 1999년 초 산업안전보건법에 정부의 책무로서 안전보건경영시스템을 명시하고, 한국산업안전공단으로 하여금 KOSHA 18001 인증제도를 시행하기에 이르렀다. 사실 산업안전보건분야의 연구는 산업혁명을 제쳐두고 말할 수는 없다. 많은 근로자가 공장에 모여 일하는 과정에서 안전이 담보되지 않은 열악한 작업환경에서 산업재해로 희생되는 근로자가 많아지면서 이를 예방하기 위한 노력이 생겨났다.

선진국에서도 처음에는 우리나라처럼 재해를 줄이기 위해 제도적인 규제와 기술적인 대책으로 산업재해를 예방하고자 하는 노력을 계속하여 왔지만, 어느 시점에서 재해가 감소하기보다는 오히려 증가하거나 거의 변화가 없는 추세로 나타났다. 즉, 안전보건관리에 대한 꾸준한 노력으로, 산업재해의 증가를 억제하는 성과는 일부 있었으나, 산업현장에는 위험요인(hazard)과 위험성(risk)이 여전히 존재하기 때문이라 할 수 있다.

이에 따라 영국에서는 안전보건관리를 전체경영의 틀에서 관리하고자 하는 노력으로 안전보건경영시스템을 시작하게 되었으며, 안전보건경영시스템은 잠재위험과 위험성을 찾아서 사전에 예방할 수 있는 위험성 평가를 근간으로 하게 되었다. 이러한 흐름 속에서 재해를 예방하기 위해서는 기술적인 대책과 함께 안전보건을 경영시스템에 포함하여 시스템적으로 접근하는 것이 산업재해를 예방하고, 지속적으로 감소시킨다는 사실을 알게 되었다. 이에 따라 1991년 영국의 산업안전보건청(Health and Safety Executive, HSE)은 성공적인 안전보건경영지침 HS(G)(Health and Safety(Guidance)) 65를 개발하게 되었고, 1992년에는 위험성 평가에 관한 사업장 안전보건규정을 제정하였다. 이때, 안전보건경영시스템은 산업현장에서 모두가 참여한 가운데 쾌적한 작업환경 및 재해예방을 위한관리시스템 P-D-C-A 사이클을 체계화한 것이라 할 수 있다.

이와 같이 영국에서는 안전보건경영시스템을 사업장에 적용한 결과 처음에는 재해감소에 변화를 나타내지 않았으나 지속적으로 실행하며 위험성이 관리되고 난 후인 3년 후부터 재해가 감소되는 효과를 나타내었다. 이것은 안전보건경영시스템을 처음 도입하여 구축했다고 하더라도 바로 효과가 나타나는 것이 아니라 어느 정도 조직에 접목되어 시스템이 정상적으로 가동되어야 그 효과가 나타나는 것을 볼 수 있는데, 영국의 재해율 변화는 그림 11-1과 같다.

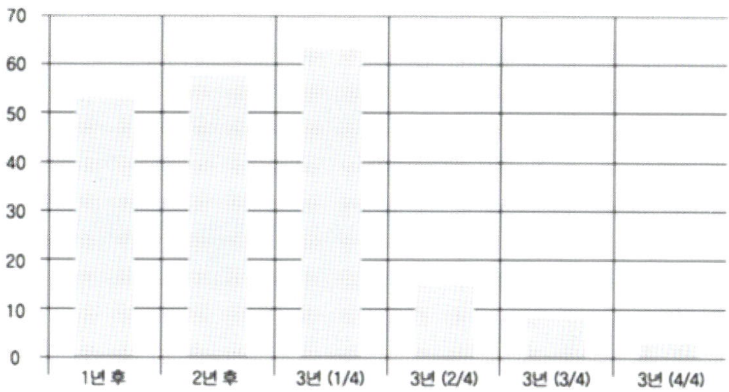


[그림 11-1] 영국의 안전보건경영시스템 도입 후 재해율 변화

또한 안전보건경영시스템의 실시를 통해 관련 안전보건법규에 대한 대응, 기업의 가치 상승, 이해집단 요구에 대한 부응 등 안전보건경영시스템의 필요성은 더욱 증대되었다. 우리나라의 산업안전보건은 200년의 역사를 가지고 있는 유럽에 비해 50여 년 짧은 역사를 가지고 있다. 즉, 1953년 「근로기준법」이 제정되면서 작업환경 부분이나 산업현장의 기계·기구·설비 등에 대해서도 일정한 기준을 설정하고, 이를 강제로 사업주가 준수하도록 하였다. 그러나 당시에는 산업기반도 미비했고, 산업재해도 발생이 적음으로 인해 피해 역시 미미하여 산업안전보건에 대한 인식이 부족하였다.

1963년에 들어서서 우리나라는 「산업재해보상보험법」을 제정하게 되있고, 이를 통해 산업재해로 인한 보상체계를 구축하였다. 그리고 1970년대에는 산업재해가 더욱 빈번하게 발생되고 대형화됨에 따라 더욱 관심을 기울이게 되었다. 당시에 물론 「근로기준법」상에 근로보건 안전관리규칙이 있기는 하였으나, 사업장에 큰 역할을 하지 못하였고 산업재해 예방을 위해 새로운 기구인 국립노동과학연구소가 설립되기에 이르렀다. 1980년대 들어서는 산업안전보건 분야에 큰 변화를 가져온 시기인데, 1981년에 「산업안전보건법」이 제정되었고, 1987년도에는 한국산업안전공단이 설립되었다. 그리고

1987년에 발생한 원진레이온 이황화탄소 중독사고와 1988년에 수은 중독에 의한 15세 소년의 사망사고는 대중의 관심을 끌기에 충분하였고, 산업재해는 근로자의 단순한 실수가 아니라 구조적인 작업환경의 요인에 기인하여

발생한다는 사실을 알게 되었다. 이로 인해 직업병에 대한 사회적 관심과 더불어 산업재해 발생 시 보상문제보다 산업재해로부터 근로자를 보호하기 위한 예방 측면으로 방향이 전환되는 계기가 되었다. 또한 직업병 발병에 따라 물질안전보건자료를 작업장 내에 비치 및 게시를 통하여 유해위험물질에 대한 유해성을 고지하게 되었고, 급박한 위험에 대한 작업중지권의 인정은 매우 중요한 안전상의 조치라고 할 수 있다. 이러한 일련의 산업재해로 인하여 법과 제도는 정비가 이루어졌고, 이것은 1990년대 산업재해 예방을 위한 중·장기 계획 및 근로자 안전보건교육의 이행이 보다 활발하게 이루어지는 계기가 되었다.

1995년에 들어서 세계무역기구(World Trade Organization, WTO)의 출범은 국가 간의 시장 개방속도를 빠르게 변화시켰으며, 이것은 세계경제를 국경이 없는 구조로 만들었다. 또한 WTO체제에서는 규약에 따라 국적과 관계없이 글로벌 시장에서 경쟁하게 되었으며, 이 가운데 기업 간의 경쟁이 격화되며, 교역조건으로 안전기준의 준수요구 및 산업안전보건이 통상의 규제수단으로 부상되었다. 이와 같이 세계무역기구체제 출범은 품질, 환경 및 안전에 관한 국제적 규격화를 필요로 하게 되었으며, 이에 따라 ISO 규격이 제정되었다.

안전에 관한 규격화는 1996년 6월 ISO에서 워크숍을 개최하게 되었고, 총 52개국이 참가하여 이중 29개국 찬성, 20개국 반대, 3개국 기권으로, 안전에 대한 규격화는 최초부결되게 되었다. 부결이 된 후 안전분야의 규격화는 ISO에서 ILO로 이관되어 ILO에서는 2001년 6월 각 나라별로 법령, 문화 및 실정에 따라 안전보건경영시스템을 도입하도록 권고안(guideline)이 제시되었다. 이 권고안에 따라 OHSAS 18001, K-OHSMS, KOSHA 18001 등의 다양한 형태로 안전보건경영시스템이 개발되게 되었다. 영국의 경우에는 영국표준협회의 BS 8800 및 OHSAS 18001, ILO의 산업안전보건경영시스템 구축에 관한 지침(ILO-OSH 2001)을 참조해 인증규격에 적합한지를 평가하여 심의를 거쳐 인증을 부여하고 있다. 국내의 안전보건경영시스템은 안전보건공단의 KOSHA 18001과 한국인정지원센터의 K-OHSMS 18001, 그리고 해외의 안전보건경영시스템은 해외 인증원이 인증을 부여하는 OHSAS 18001로 구분되어 있으나, 그 근간은 BS 8800이라 할 수 있으며, 이것은 체계적으로 근로자의 안전보건에 관한 활동을 분석하는 경영시스템이라 할 수 있다. OHSAS 18001과 K-OHSMS 18001의 차이점은 OHSAS 18001은 13개 국제인증기관이 합의하여 발행한 안전보건경영시스템에 대한 표준이며, K-OHSMS 18001은 국내 기업의 안전보건경영시스템 도입을 촉진하고, 작업장 안전보건경영의 효율성을 제고시키고자 한국인정지원센터에서 OHSAS 18001을 바탕으로 제정한 안전보건경영시스템 표준이라고 할 수 있다.

이러한 가운데 안전보건공단은 이원화된 안전보건경영시스템을 사업장의 편의를 위하여 공동인증을 희망하는 신청사업장에 대하여 합동 인증심사를 통하여 국제인증기관과 양해각서(memorandum of understanding, MOU)를 체결하여 KOSHA 18001 및 OHSAS 18001 인증을 한 번의 심사로 취득할 수 있도록 하였다. 그러나 2019년 7월 1일부터는 KOSHA 18001이 KOSHA-MS로 명칭이 바뀌면서 인증기준도 제정됨에 따라 기존 2018년 3월 12일에 통과된 ISO 45001과 공동인증제도는 실시하지 않게 되었다. 이로 인해 현재로서는 두 가지 인증이 합동 인증심사를 통해 인증을 모두 취득하는 일은 없게 되었으며, 각각의 인증을 취득하여야 하고, 특히 수출을 하는 사업장의 경우에는 성격은 유사하지만 두 가지의 인증을 각각 취득해야 할 상황에 이르렀다. 또한 사업장에서는 재해예방활동이 법적인 테두리 안에서만 이뤄져야 하는 것이 아니라 자율적인 재해예방활동을 위해 안전보건경영시스템을 적극 도입하고 있는 상황이다.

## 2. 안전보건경영시스템이란?

안전보건경영시스템(Occupational Health & Safety Management System, OHSMS)이란 산업재해 예방이라는 목표를 세우고, 이를 이루기 위하여 안전조직의 구축, 책임과 권한, 업무절차를 구축하고 기업의 물적 및 인적자원을 효율적으로 배분하여 이를 체계적으로 관리하는 경영시스템이라고 볼 수 있다. 즉, 최고경영자는 자사의 경영방침에 안전보건방침을 선포하고, 이를 달성하기 위한 계획을 수립하며(plan), 계획을 실행·운영하며(do), 검검과 시정조치를 통해(check), 최고경영자가 결과를 검토하여, 지속적인 개선을 하는(action) 일련의 체계적인 활동이라 할 수 있다.

PDCA[Plan(계획)-Do(실시) -Check(평가)-Act(개선)]의 사이클(그림 10-2 참조)을 나선형으로 돌리면서, 계속적으로 자율적인 안전보건관리를 일상업무 속에서 행함으로써 사업장의 산업 재해의 방지를 도모함과 아울러 근로자의 건강증진 및 쾌적한 작업환경 조성의 촉진을 도모하는 것이다.

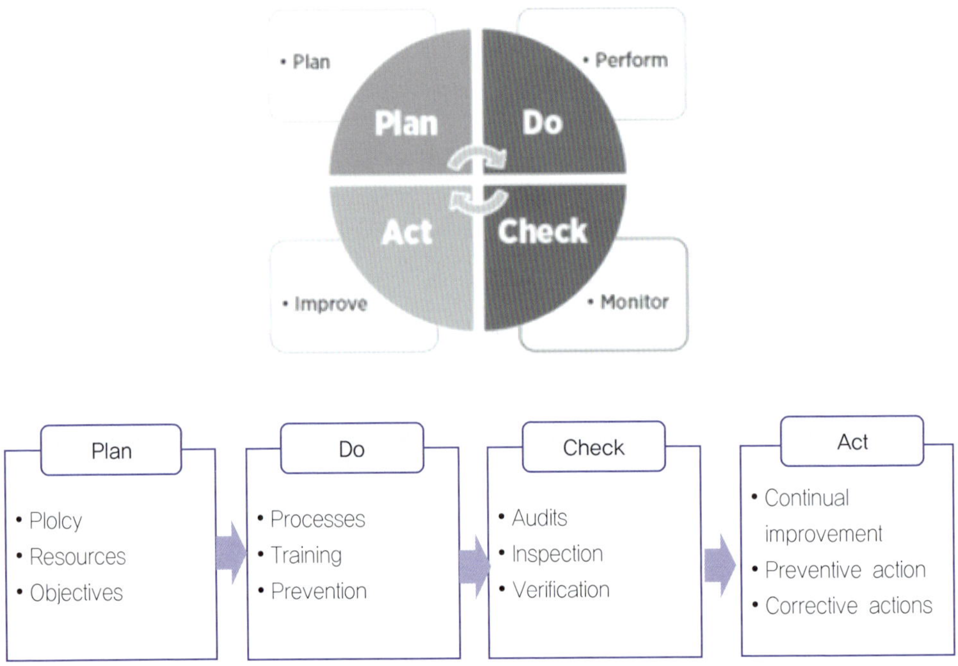


[그림 11-2] PDCA 사이클

재해율을 감소시키기 위한 안전보건관리의 발전단계는 일반적으로, 아래 그림 10-3에서와 같이 처음에는 법률에 의한 강제단계인 설비의 안전장치 등을 설치하는 기술적인 접근방법이고, 두 번째는 스스로 위험을 찾는 절차적 단계로, 안전보건경영시스템과 같이 시스템으로 접근하는 방법이며, 세 번째는 행동을 통한 안전문화를 정착하여 인적오류를 감소시키는 단계이다.

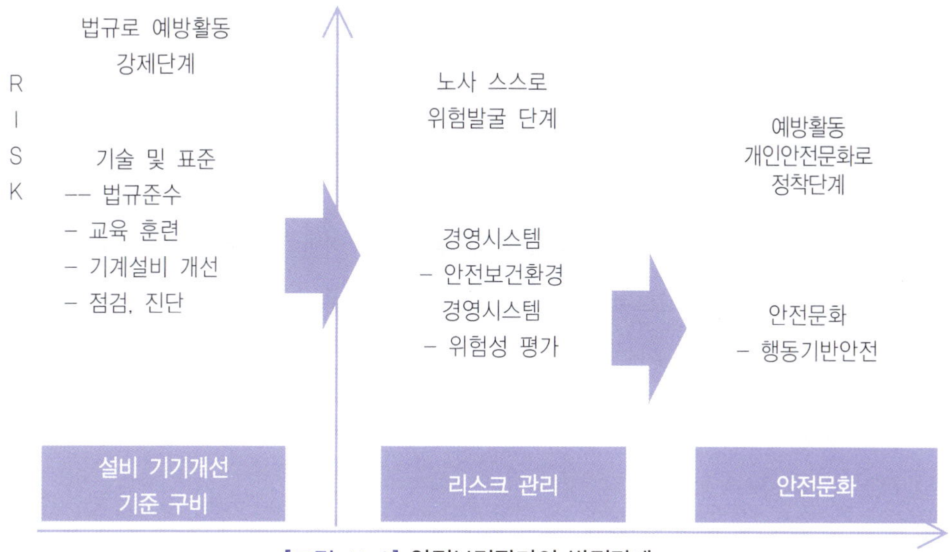


**[그림 11-3] 안전보건관리의 발전단계**

OSHMS는 1990년대부터 유럽에서 추진되어 온 것으로서, 특히 영국에서는 국제적인 논의를 시작하기 전부터 이에 대한 규격화 작업을 개시하였다. OSHMS는 1990년 중반에 ISO(International Standard Organization: 국제노동기구)가 ISO 9000(품질), ISO 14000 시리즈(환경)에 이어, ISO 18000(안전보건경영)시리즈로서 ISO 규격화하는 것을 제기한 것이 발단이 되어 국제적으로 논의하게 되었다.

그러나 ISO 규격화의 시도는 회원국들의 의견 차이로 3차례에 걸쳐 보류되었다. 그 사이(2001년)에 ILO가 OSHMS 가이드라인(ILO-OSH 2001)을 제정·공표하였고, 현재 이 가이드라인이 국제규격으로서는 유일한 기준으로 되어 있다. 그리고 민간기구 차원에서는 영국 BSI(British Standards Institution)을 중심으로 OHSAS(Occupational Health and Safety Assessment Series) 18001을 제정하였고, 그간 이것이 국제적으로 많이 보급되어 왔다. 그러다가 2013년 10월에 마침내 OSHMS를 ISO 규격으로 만들기로 결정(합의)하였고, 우여곡절 끝에 2018년 3월 12일 정식으로 규격(ISO 45001)을 제정하여 공표하기에 이르렀다.

# 3. OSHMS 시스템

## 3.1 OSHMS의 의의

OSHMS를 도입하는 의의는 '안전과 경영의 일체화', '본질 안전화를 위한 노력', '자율적인 활동의 촉진' 등을 추진함으로써 안전보건수준을 향상시키는 것이라고 할 수 있다(그림 10-4 참조).

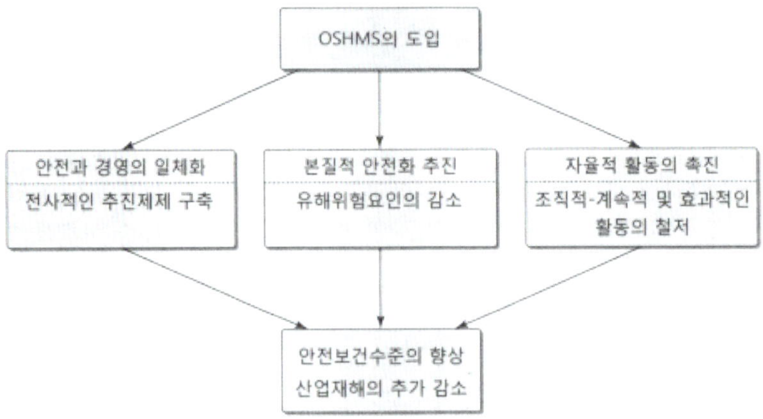


[그림 11-4] OSHMS 도입의 의의

## 3.2 OSHMS의 도입 필요성

우리나라에서는 1981년에 산업안전보건법이 제정된 영향 등으로 사업장의 안전보건관리 조직이 구축되고 충실해지는 한편, 지금까지 산업재해가 지속적으로 감소하여 왔다. 그러나 장기적으로는 산업재해의 발생건수는 감소하고 있지만, 여전히 많은 근로자가 재해를 입고 있고, 재해예방 선진국에 비해 높은 사망재해 발생률을 보이고 있으며, 다음과 같은 안전보건상의 문제가 지적되고 있다.

- 장년의 안전보건 노하우를 축적한 안전보건담당자 등의 퇴직 등에 의해 안전보건에 관한 지식, 노하우가 원활하게 승계되지 않고, 자칫하면 사업장의 안전보건수준이 저하하고, 산업재해의 발생으로 연결되지 않을까 하는 우려가 있다.

- 무재해를 계속하고 있는 사업장의 경우, 일정 기간 산업재해가 발생하지 않았을 뿐이고, 산업재해의 '리스크가 없는' 사업장이라는 것을 의미하는 것은 아니며, 산업재해의 리스크는 여전히 잠재하고 있다. 이러한 문제점이 지적되는 가운데, 앞으로 산업재해를 한층 감소시키기 위해서는 사업장에서 생산관리, 품질관리, 기타의 관리와 일체가 된 PDCA라고 하는 일련의 과정을 정하고, 그 과정이 연속적이고 계속적으로 실시될 수 있는 구조를 만들며, 적절하게 실시되는 것이 중요하다고 생각된다.
- 핵심적인 필요한 배경에는 법적 안전보건기준의 준수만으로는 산업재해를 충분히 감소시키기 어렵다는 인식이 깔려있다. 법적 안전보건기준은 개별 사업장의 안전보건 상황을 일일이 고려하기 어려운 획일적·일률적인 특징을 가지고 있으며, 기술변화 및 환경변화 등에 신속하게 대처하기 어려운 구조적 한계를 가지고 있다.[1]

따라서 산재를 한층 감소시키기 위해서는 사업장에서 PDCA라는 일련의 과정을 통하여 조직적이고 계속적으로 실시하는 안전보건관리의 구조를 확립하고, 안전보건관리를 생산관리 등 사업실시의 관리에 관한 구조와 일체화하여 적절하게 실시·운영하는 것이 중요하다.

PDCA 흐름을 좀 더 구체적으로 제시하면 그림 11 5와 같다.

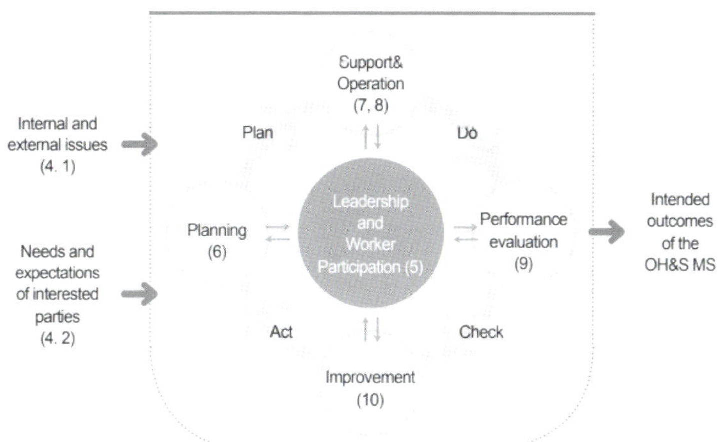


[그림 11-5] ISO 45001 구조와 PDCA 개념

1) 안전저널(http://www.anjunj.com)

# 4. OSHMS의 구성

## 4.1 안전보건방침의 표명

OSHMS에서는 먼저 사업주의 최고경영자가 안전보건방침을 표명하는 것으로 하고 있다. 이 방침에는 사업주의 안전보건에 대한 자세, 이념과 함께 중요과제에 대한 노력이 제시되는 것이 중요하다. "안전보건이란 생산성, 품질유지 다음으로 생각하면 된다."라는 것이 아니라, "안전보건은 생산과 일체이다." 등으로 기본적인 생각을 제시하는 것이 중요하다. 이 표명에 대해서는 사업장 규모, 사업내용, 기업문화(사풍), 지금까지의 안전보건활동의 실적, 안전 보건수준, 안전보건계획의 진척상황, 산업재해의 발생상황 등의 실태를 토대로 하여야 하고, 관계자 전원에게 주지시킬 필요가 있다.

## 4.2 근로자 의견의 반영

안전보건은 기업경영의 일부이고, 안전보건수준의 향상을 위하여 OSHMS를 운용해 가는 것은 당연히 사업주의 책임이다. 그러나 그 운용에는 근로자의 참가, 협력이 불가결하고, 그 의견을 듣는 것은 기본적인 사항이다. 후술하는 안전보건목표의 설정 및 안전보건계획의 작성, 실시, 평가 및 개선에 있어서는 근로자의 의견을 반영하는 절차를 정하는 한편, 이 절차에 근거하여 근로자의 의견을 반영하는 것이 필요하다.

## 4.3 체제의 구축

OSHMS는 사업장의 최고경영자로부터 작업자에 이르기까지 모든 사람이 참가하여 추진하는 것이다. OSHMS를 담당하는 자로서, 사업장에서 그 사업을 총괄하는 자 및 생산 · 제조 부문, 안전보건부문 등에서의 부장, 과장, 계장, 직장 등의 관리 · 감독자를 시스템 각급 관리자로 정하여 실시하는 것이 효과적이다. 50인 미만 사업장에서도 그 조직 중에 각 담당자의 역할과 권한을 정하고, 주지하며 경영자로부터 작업자에 이르기까지 전원참가로 추진하는 것도 하나의 방법이다. 그리고 리스크의 제거, 감소를 위해서는 설비개선 비용을 비롯하여 비용이 수반되므로 예산의 확보도 중요하다.

## 4.4 문서 및 기록의 보존

### 4.4.1 문서화

안전보건활동의 추진방법 등 중요한 사항에 대하여 문서화해 두는 것이 필요하다. 이것은 절차 등을 명문화함으로써, 시스템 각급 관리자의 인사이동이 있어도 후임자에게 그 내용이 확실하게 계승되도록 하고, 결정된 것을 확인하고 실시할 수 있도록 한다. 그리고 문서에 의해 과거의 실패, 성공 등을 알 수 있고 현재와 미래에 대한 교훈이 된다. 사회적으로 계약서를 중요시 여기는 선진외국과 이심전심으로 일을 처리하는 우리나라 간의 차이가 문서화라는 면에 강하게 나타나고 있다. 시스템의 실시, 운용, 감사 등에 관하여 필요한 사항을 모두 문서화하는 것에 익숙해질 필요가 있다.

문서는 문서관리의 절차에 따라 보관, 개정, 폐기가 확실하게 이루어져 항상 최신의 문서를 열람할 수 있도록 한다. 문서화하여야 할 것은 다음과 같다.

- 안전보건방침
- 안전보건목표
- 안전보건계획
- 시스템 각급관리자

■ OSHMS의 절차

① 안전보건목표의 설정 및 안전보건계획의 작성 등을 할 때 근로자의 의견을 반영하는 절차

② 문서를 관리하는 절차

③ 위험성 평가 절차

④ 법령 등에 근거하여 실시하여야 할 사항 및 위험성 평가 결과에 따라 위험 및 건강장해를 방지하기 위하여 필요한 조치를 정하는 절차
⑤ 안전보건계획을 적절하고 계속적으로 실시하는 절차
⑥ 안전보건계획을 적절하고 계속적으로 실시하기 위하여 필요한 사항을 근로자, 관계 수급인(협력사), 기타 관계자에게 주지시키는 절차
⑦ 안전보건계획의 실시상황 등의 일상적 점검 및 개선을 실시하는 절차
⑧ 산업재해 발생원인의 조사 문제점의 파악 및 개선을 실시하는 절차
⑨ 시스템감사를 실시하는 절차

### 4.4.2 기록의 보존

기록은 OSHMS의 운용 궤적을 기록한 것으로서, 일상적인 점검・개선, 시스템감사, OSHMS의 재검토(수정) 시의 중요한 자료가 된다. 어떤 기록을 어느 정도의 기간 동안 사업장에 보관할 것인지, 또는 작업장에 보관할 것인지를 사전에 구분하여 어떤 방법으로, 누가 책임을 지고 보관할 것인지의(rule)을 정해 둘 필요가 있다.

## 5. 위험성 평가

작업장에 잠재해 있는 유해위험요인을 파악하고 그 위험성의 크기를 추정하며, 위험성의 감소를 검토하여 필요한 조치를 하는 위험성 평가는 OSHMS의 중요한 구성요소이다. 위험성 평가는 기계, 설비, 원재료 등의 신규도입, 변경 시 등뿐만 아니라, 작업장의 안전보건수준을 계속적으로 향상시키기 위하여 매년 1회 이상 정기적으로 행하고, 유해위험요인을 찾아내어 개선을 도모해 가는 것이 중요하다.

근로자의 안전과 건강을 확보하기 위하여 단순히 "산업안전보건법령을 준수하면 된다."고 하는 것만으로는 충분하지 않다는 것은 물론이거니와, 사업

주가 근로자의 안전과 건강 확보에 가능한 한 노력하여야 한다는 것은 사회의 당연한 요청이 되고 있다. 이러한 요청에 부응하기 위해서 사업주는 실행 가능한 한 사업장의 안전보건수준을 최대한으로 높일 수 있는 방법을 반영한 안전보건관리를 행할 필요가 있다. 이것을 실현하기 위한 유력한 방법의 하나가 위험성 평가이다.

현재 많은 사업장에서는 직장에 존재하는 유해위험요인을 찾아내고, 사전에 안전보건대책을 세우기 위하여 안전보건순찰, 안전보건진단, 위험예지활동, TBM, 아차사고 발굴활동 등이 이루어지고 있다. 위험성 평가는 이들 경험적인 활동과 비교하여, 체계적이고 논리적으로 추진하는 점에 특정이 있다.

## 6. 안전보건목표의 설정

안전보건목표의 설정은 그 달성수단이 명확하고, 달성도를 평가할 수 있는 것 중요하다. 이를 위하여 '완전 무재해의 달성', '기계・설비의 본질안전화의 철저'라는 슬로건이 아니라, 구체적으로 정하는 것이 필요하다. 안전보건방침에 근거하여 위험성 평가의 실시결과, 과거의 안전보건목표의 달성상황, 안전보건수준, 산재발생현황 등의 실태를 토대로 간결하고 알기 쉬우며 실현가능성이 높은 목표(목표가 너무 높거나 낮지 않은 것)이면서 가급적 수치화된 것을 설정한다.

## 7. OSHMS 재검토

사업장 안전보건수준의 향상 상황, 사회환경의 변화 등을 고려하여 사업주 스스로가 시스템의 타당성 및 유효성을 평가하고, 그 결과를 토대로 필요한 수정을 행하는 것도 필요하다. 사전에 OSHMS의 정기적인 재검토를 스케줄에 넣어 두면, 그 재검토(수정)가 용이하게 된다. 수정된 OSHMS는 바로 전원에게 주지하는 것이 중요하다. 이상이 OSHMS의 개요이다.

그 포인트를 정리하면, 일반적으로 다음 4가지가 제시된다.

- 전사적인 추진체제를 갖출 것
- 위험성 평가의 실시를 실시할 것
- PDCA 사이클의 자율적인 시스템을 갖출 것
- 절차화, 문서화 및 기록화할 것 OSHMS는 현재 대기업을 중심으로 도입되어 구축되고 있지만, 앞으로 보다 많은 기업에 널리 보급되어 정착되는 것이 기대된다.

CHAPTER 12

# 안전보건경영시스템 현황과 효과

## 1. 안전보건경영시스템 인증현황

### 1.1 K-OHSMS 18001 인증현황

한국인정지원센터의 통계에 의한 연도별 누적된 K-OHSMS 18001 인증현황은 아래 표 12-1에서와 같이 1997년 시범사업으로 출발하여 2010년까지는 113개의 사업장만이 인증을 취득할 정도로 성장이 미미하였으나, 2013년 713건과 2019년 934건으로, 대폭 인증취득이 늘어난 것을 볼 수 있다.

〈표 12-1〉 K-OHSMS 18001 인증현황

(단위: 개소)

| 연도 | 2002 | 2003 | 2004 | 2005 | 2006 | 2007 | 2008 | 2009 | 2010 |
|---|---|---|---|---|---|---|---|---|---|
| 인증유지 건수 | 4 | 7 | 15 | 23 | 30 | 39 | 52 | 76 | 113 |
| 연도 | 2011 | 2012 | 2013 | 2014 | 2015 | 2016 | 2017 | 2018 | 2019 |
| 인증유지 건수 | 236 | 405 | 1,118 | 1,334 | 1,679 | 1,972 | 2,383 | 2,843 | 3,777 |

또한 한국인정센터에서 집계된 K-OHSMS 18001의 업종별 인증현황은 표 12-2에서와 같이 2019년 12월 31일 현재 총 3,770개 사업장에 4,460 업종이 인증을 유지하는 것으로 나타났다.

〈표 12-2〉 산업별 K-OHSMS 18001 인증현황

(단위: 개소)

| 인증코드 | 1 | 2 | 4 | 5 | 6 | 7 | 9 | 10 | 11 |
|---|---|---|---|---|---|---|---|---|---|
| 코드업종 | 농업 | 식품 담배 | 섬유 | 가죽 | 나무 | 종이 | 인쇄 | 코크스, 석유 정제품 | 핵연료 |
| 인증유지 건수 | 1 | 48 | 9 | 1 | 3 | 22 | 9 | 5 | 1 |
| 인증코드 | 12 | 13 | 14 | 15 | 16 | 17 | 18 | 19 | 20 |
| 코드업종 | 화학 | 의약품 | 고무, 플라스틱 | 비금속 광물 | 콘크리트 | 금속 | 기계 | 전기, 전자 | 조선 |
| 인증유지 건수 | 101 | 10 | 140 | 26 | 10 | 429 | 510 | 399 | 23 |
| 인증코드 | 21 | 22 | 23 | 24 | 25 | 26 | 27 | 28 | 29 |
| 코드업종 | 항공기 | 운송 장비 | 기타 제조 | 재생 | 전기 공급 | 가스 공급 | 수도 공급 | 건설 | 도소매, 수리 |
| 인증유지 건수 | 1 | 187 | 14 | 2 | 44 | 3 | 12 | 1,873 | 30 |
| 인증코드 | 30 | 31 | 32 | 33 | 34 | 35 | 36 | 37 | 39 |
| 코드업종 | 숙박업 | 통신 운수 | 금융 보험 | 정보 기술 | 과학기술 서비스 | 기타 서비스 | 공공 행정 | 교육 서비스 | 기타 사회 서비스 |
| 인증유지 건수 | 4 | 100 | 3 | 10 | 88 | 296 | 19 | 2 | 25 |

전체 누적 인증사업장 수와 업종별 인증사업장 수가 다른 이유는 KOSHA 18001이 개별단위 사업장 단위로 업종을 세분화해서 인증을 부여하고 있지 않으나, K-OHSMS 18001의 경우에는 한국인정지원센터에서 기존에 정해진 인증코드에 따라 인증을 부여하고 있으므로, 업종별 인증사업장 수가 더 많은 것으로 계산되고 있다. 예를 들어 1개 사업장의 코드업종이 18-기계와 19-전기 · 전자에 모두 포함될 경우 사업장은 1개 사업장이나, 업종별로 각각 계산하면 2개의 업종으로 계산되기 때문이다.

또한 위의 산업별 K-OHSMS 18001 인증현황에서와 같이 전체 4,460개의 코드업종이 부여되었으며, 이중 가장 큰 점유율은 건설업종으로, 전체의 42%(1,873개소)를 나타내고 있으며, 기계는 510개소(11.4%), 금속은 429개소

(9.6%), 전기 · 전자는 399개소(8.9%), 기타 서비스는 296개소(6.6%)의 순으로 나타났다. 그동안 안전보건경영시스템은 ISO 표준규격이 제정되지 않음으로 인해 OHSAS 18001이라는 임의규격만 있었고, 한국의 표준규격은 없는 상태이었다. 그러한 상황에서 OHSAS 18001이라는 임의규격을 한국판으로 번역한 K-OHSMS 18001이라는 임의의 대응규격이 있었다. 안타깝게도 OHSAS 18001은 외국계 인증기관에 의해 인증을 부여하고 있고, 별도로 한국인정지원센터에 등록되지 않은 만큼 OHSAS 18001에 대한 인증현황은 파악할 수 없는 것이 현실이다.

이와 같이 OHSAS 18001을 기반으로 한 K-OHSMS 18001 인증이 대폭 증가하였으나, 이것은 상대적으로 품질경영시스템인 ISO 9001과 환경경영시스템인 ISO 14001에 비해 아직도 많이 적은 수라고 할 수 있다. 이것은 ISO 국제규격이 없는 상태에서 언젠가는 소멸하게 될 임의규격이라는 이유도 그 원인이 된다고 할 수 있다. 품질경영시스템(ISO 9001)과 환경경영시스템(ISO 14001)의 인증현황은 그림 11-1과 같이 2019년 12월 31일 현재 ISO 9001 인증은 29,946개소이고, ISO 14001는 14,096 개소사업장이 인증을 유지하고 있는 것으로 나타났다[79]. 즉, 안전보건경영시스템인 K-OHSMS 18001보다 품질경영시스템인 ISO 9001이 약 8배이고, 환경경영시스템인 ISO 14001은 3.7배가 많은 인증을 나타내고 있다.

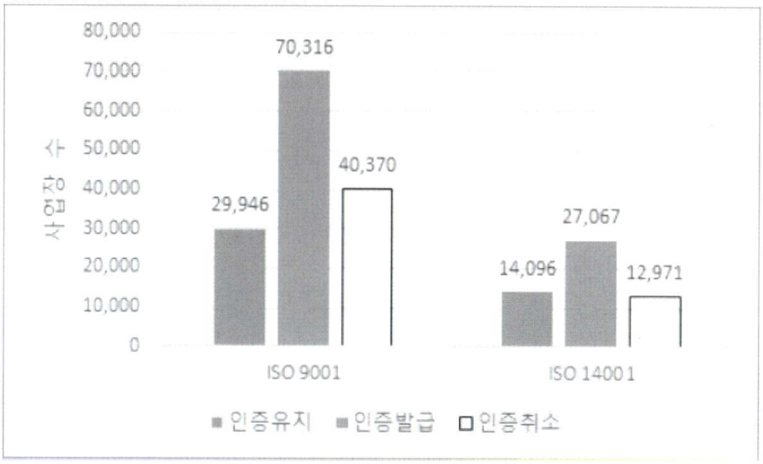


[그림 12-1] ISO 9001과 ISO 14001 인증현황

## 5.2 KOSHA 18001 인증현황

KOSHA 18001의 추진경과를 보면 표 12-3에서와 같이 1999년 6월 KISCO 2000 프로그램이 운영규칙으로 제정(공단 규칙 제27호)되어 1999년 7월에 제1호 인증사업장으로, LG전자㈜ 정보통신 청주공장이 인증을 취득하였으며, 2014년 5월에는 한국발전기술㈜가 제1500호 인증을 받기에 이르렀다.

〈표 12-3〉 K-OSHA 18001 추진경과

| 연도 | 내용 |
|---|---|
| 1999. 06 | KISCO 2000 프로그램 운영규칙 제정(공단 규칙 제27호) |
| 1999. 07 | 제1호 인증(LG전자(주) 정보통신 청주공장) |
| 2000. 01 | KOSHA 2000 프로그램으로 명칭 변경 |
| 2000. 12 | 적용범위를 건설업을 제외하여 전 업종으로 확대 |
| 2003. 02 | KOSHA 18001 인증으로 명칭 변경 |
| 2012. 11 | 제1,000호 인증(CJ 제일제당(주) 안산공장) |
| 2014. 05 | 제1,500호 인증(한국발전기술(주)) |

또한 건설업을 제외한 제조업 및 서비스업의 KOSHA 18001 연도별 인증현황을 살펴보면 아래 〈표〉에서와 같이 2019년 12월 31일을 기준으로, 총 1,576개 사업장이 KOSHA 18001 인증을 취득하였으며, 건설업은 108개소, 건설업외는 총 1,468개소로 나타났다. 특히, 2019년 3월 말 현재의 1,831개 인증사업장에서 255개 사업장이 감소되었는데, 이것은 ISO 45001 국제인증기준이 새롭게 제정됨에 따라 기존 KOSHA 18001 인증사업장이 ISO 45001 인증으로 교체하였기 때문으로 보이며, 앞으로도 ISO45001 인증사업장은 지속적으로 증가할 것으로 예상된다.

〈표 12-4〉 제조업 및 서비스업의 KOSHA 18001 연도별 인증현황

(단위: 개소)

| 연도 | 2002 | 2003 | 2004 | 2005 | 2006 | 2007 | 2008 | 2009 | 2010 |
|---|---|---|---|---|---|---|---|---|---|
| 인증유지 사업장 수 | 188 | 224 | 254 | 264 | 291 | 337 | 351 | 409 | 576 |

| 연도 | 2011 | 2012 | 2013 | 2014 | 2015 | 2016 | 2017 | 2018 | 2019 |
|---|---|---|---|---|---|---|---|---|---|
| 인증유지 사업장 수 | 876 | 1,046 | 1,200 | 1,293 | 1,357 | 1,597 | 1,683 | 1,701 | 1,576 |

또한, 규모별 인증비율을 통해 보면 그림 12-2에서와 같이 2019년 3월 31일을 기준으로 볼 때 KOSHA 18001 인증사업장은 총 1,831개이었으며, 이 중에서 제조업과 서비스업은 1,723개 사업장이고, 건설업은 108개 사업장이었다. 또한 건설업을 제외한 제조 및 서비스업의 경우 50인 이상이 전체 62.8%, 20인~50인 미만이 21%를 나타내었고, 20인 미만의 사업장에서도 전체의 15.4%가 인증을 취득한 것으로 나타났다.

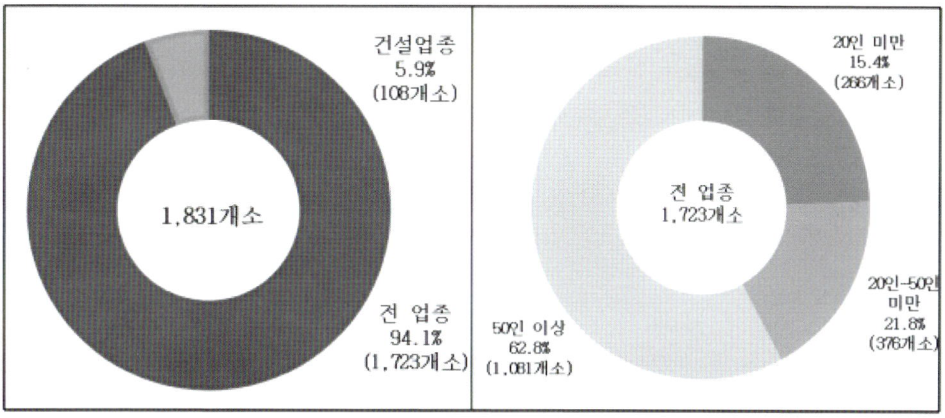


[그림 12-2] 규모별 및 종업원 비율에 따른 KOSHA 18001 인증현황

표 12-5는 2019년 12월 31일을 기준으로, 건설업종을 제외한 KOSHA 18001의 지역본부별 인증현황을 나타낸 것이다. 안전보건공단의 경우 KOSHA 18001 업무는 6개 지역본부에서 실시하는데(2020년부터는 광역본부로 명칭이 바뀜) 서울지역본부를 제외한 나머지 5개 지역본부에서 전반적으로 고르게 나타내고 있다.

〈표 12-5〉 지역본부별 KOSHA 18001 인증현황

(단위: 개소)

| 연도 | 서울 | 부산 | 광주 | 인천 | 대구 | 대전 | 계 |
|---|---|---|---|---|---|---|---|
| 인증개소 | 67 | 270 | 291 | 410 | 254 | 306 | 1,576 |

# CHAPTER 13 국내외 안전보건경영시스템



## 1. 국외 안전보건경영시스템

선진국에서는 안전에 대한 규제를 더욱 강화하고 있으며 안전사고 발생 시 보상비용, 설비 가동정지에 따른 손실 증가, 취급하는 유해물질 증가, 근로자의 안전요구사항 증가, 사업장 지역주민의 안전사고 불안감 및 요구사항 증대 등의 여러 가지 이유로 사고예방에 더욱 심혈을 기울이고 있다.

미국의 경우는 1984년 인도 보팔(Bhopal)시에 메틸 이소시아네이트(methyl isocyanate, MIC)가 대량으로 누출되어 약 3,000명 사망과 부상 10,000여 명 및 손실액 60억 달러로 추정되는 대형사고가 발생함에 따라 위험 유해 플랜트에 대하여 미국 산업안전보건청(OSHA)에서 1992년부터 유해·위험설비로부터 중대산업사고를 예방하기 위해 적용하는 안전관리시스템인 공정안전관리(Process Safety Management, PSM)를 의무화하여 실시하고 있다. 또한 안전관리시스템을 도입·운영하여 효과를 분석한 결과에 따르면 종합안전관리시스템인 PSM을 도입한 5년 후 사망자 132명, 부상 등은 연간 767명이 감소하여 42%의 재해감소 효과를 보았으며, 비용으로는 시행 5년간 연 7.2억 달러, 시행 6년부터 10년간은 연간 14.4억 달러의 비용을 절감하였다. 그리고 다국적 기업인 미국 듀퐁사는 초일류 안전경영회사로, 안전을 경영의 핵심가치로 정하고, 무사고에 의해 회사 내 직원에게 신뢰감을 제공하고 있으며, 자사의 안전경영을 상품화로 전 세계 기업에 제공하여 회사의 부가가치를 창출하고 있다.

유럽에서도 1998년부터 종합안전관리시스템을 도입하여 운영하고 있다.

국제기구인 ILO에서도 국제적인 예방안전대책으로, 1991년도에 중대산업사고 예방규격(prevention of major industrial accident)을 발간하여 94년에 국제협약 제174호로 채택하여 회원국에 도입을 권고하고 있다.

이와 같이 선진국에서는 안전보건의 문제를 제도와 규제의 방식이 아닌 경영시스템과 통합하여 관리하는 방식, 즉 사전적 예방 접근방식인 시스템적인 경영으로 전환하여 관리하고 있다. 즉, 각 국가나 기관에서는 안전보건경영시스템의 중요성을 인식하여 자국에 적합한 안전보건경영시스템을 도입하여 실행하고 있는데, 주요 외국의 안전보건경영시스템은 다음과 같다.

## 1.1 OHSAS 1800

OHSAS 18001은 국외의 대표적인 안전보건경영시스템으로 ISO가 인정한 규격은 아니나 인증기관의 합의에 의한 규격으로, BS 8800에 따른 직업건강안전보건경영의 가이드 규격을 기준으로 하여 1999년 4월 여러 인증기관들이 인증기준을 통일화시킨 것이다. 국제 인증기관들은 OHSAS 18001 인증규격과 이 규격을 수행하기 위한 OHSAS 18002 지침서를 마련하여 조직이 위험성을 관리하고, 성과를 개선하도록 안전보건경영시스템에 대한 요구사항을 규정하고 있다[19].

### 1.1.1 OHSAS 18001 인증제도

OHSAS 18001은 13개국의 국가표준기관과 인증기관이 참여하여 제정한 안전보건경영시스템 국제규격으로 자율적으로 조직이 산업재해 예방을 위해 유해·위험요인을 파악하고, 이를 개선하며 지속적으로 재해예방을 관리하기 위한 기준을 준수하고 있는지를 평가하는 인증시스템이라 할 수 있다. OHSAS 18001 규격은 OHSAS Project 그룹에서 제정하였으며, OHSAS Project 그룹은 여러 나라의 인증기관들이 주체가 된 모임으로, 안전보건경영시스템 규격개발 등을 수행하며, BSI가 간사기관을 담당하고 있다.

OHSAS 18001 인증규격은 BSI를 중심으로 로이드, DNV 등의 국제적 인증기관들이 OHSAS 18001 규격 수행을 위한 OHSAS 18002 지침서를 마련한 규격으로, ISO에서 국제규격으로 안전보건경영시스템이 채택되기 이전에 인증시장 활성화를 위해 만들어진 규격이라 할 수 있다. 또한 OHSAS 18001 규격은 품질경영시스템과 환경경영시스템의 통합 운영이 가능하도록 ISO 9001(품질)과 ISO 14001(환경) 규격을 바탕으로 개발되었다.

### 1.1.2 OHSAS 18001의 적용범위 및 참조규격

OHSAS 18001의 적용범위는 제품안전이나 서비스 안전이 아닌 직장 내에서의 안전보건에 대하여 규정하고 있다. 또한, 참조규격으로는 OHSAS 18001의 실행 가이드라인인 OHSAS 18002와 영국의 직장안전보건 경영시스템 가이드인 BS 8800을 들 수 있다.

### 1.1.3 OHSAS 18001의 목적

OHSAS 18001은 조직이 자율적으로 안전과 보건에 관련된 재해를 사전에 예방하기 위하여 정기적으로 위험도를 자체적으로 평가하고, 위험도의 경중에 따라 지속적인 개선 및 관리를 통해 근로자에게 안전한 작업환경을 제공하는 데 그 목적이 있다.

### 1.1.4 OHSAS 18001의 구성요소

OHSAS 18001의 구성은 크게 일반요건, 목표, 점검・시정조치 및 경영검토로 이루어져 있으며, 구성요소는 표 13-1과 같다.

〈표 13-1〉 OHSAS 18001의 구성

| 구분 | 구성요소 |
|---|---|
| 일반요건 | • 안전보건경영방침<br>• 위험요인 파악<br>• 위험성 평가 및 관리의 계획<br>• 법규 및 그 밖의 요건 |
| 목표 | • 안전보건경영 추진계획<br>• 실행 및 운영<br>• 구조 및 책임<br>• 훈련, 인식 및 자격<br>• 협의 및 의사소통<br>• 문서화, 문서, 데이터관리<br>• 운영관리<br>• 비상사태 대비 및 대응 |
| 점검・시정조치 | • 성과 측정 및 모니터링<br>• 사고, 사건, 부적합 사항, 시정・예방조치, 기록, 기록관리<br>• 감사 |
| 경영검토 | |

### 1.1.5 OHSAS 18001의 필요성과 기대효과

직업 관련 사고와 질병을 방지하기 위해서는 기업들은 직업과 관련된 많은 유해・위험인자를 줄이는 데 노력하여야 한다. OHSAS 18001은 이러한 유해・위험인자를 줄임으로 인해 불필요한 비용을 절감하는 효과적인 방법으로 인정되고 있다.

### 1.1.6 인증기업의 혜택

OHSAS 18001 인증기업의 혜택으로는 조직의 인적자원 보호, 직업안전 및 보호의 신뢰도 향상, 사고, 재해 및 질병 등으로부터 야기되는 비용의 절감, 국제적으로 높은 인지도와 수용성을 가진 인증서 획득, 지속적인 개선활동을 위한 객관적인 조언 획득, 시스템의 효율성과 해당 지역에서의 실효성 확인, 조직 내 위험성 감소 및 위험관리를 통한 개선, 재해율의 감소 및 직장 분위기의 향상, 품질경영시스템 및 환경경영시스템과의 통합된 경영시스템 구축, 이해관계자 및 기업의 사회적 요구에 부응 등을 들 수 있다.

## 1.2 영국의 안전보건경영시스템

영국은 산업화에 따른 산업재해가 발생함에 따라 재해를 예방하고자 규제 방안으로 세계에서 최초로 건강 및 도덕에 관한 내용을 포함한 공장법(Factory Act)을 1819년에 제정하였으며, 1844년에는 부녀자의 근로시간을 12시간 이내로 제한하였고, 근로감독관 제도를 시행하는 등 근로자의 안전과 보건에 관심을 기울였다. 그리고 1991년에는 정부기관인 산업안전보건청(HSE)이 개발한 안전보건경영지침과 1992년에 제정한 위험성 평가에 관한 안전보건관리규정을 토대로 안전보건경영시스템을 운영하였다.

영국은 특히 안전보건경영시스템의 방법을 사업장에 제공하고 있으며, 법적으로 강제하지는 않지만 사고발생 시 법원에 의한 인용이 가능하며, 상시 근로자 5인 이상인 사업장은 반드시 위험성 평가를 실시하고 그 기록을 유지하도록 하고 있다. 이때, 사업주는 위험성 평가를 통하여 도출된 위험요소 제거를 위한 조치를 하도록 하고 있으며, 위험성 평가 및 개선대책에 대한 수행 가능한 담당자를 선임하도록 하고 있다.

영국표준협회는 1996년 산업안전보건관리 표준화 정책위원회에서 이러한 규정과 지침을 기반으로, 환경경영시스템을 접목한 BS 8800이라는 산업안전보건경영시스템지침을 개발하였고, 1999년 국제적인 인증기관에서 OHSAS 18001을 발표하면서 BSI를 주축으로 다수의 인증기관들이 전 세계에 안전보건경영시스템을 보급하고 있으며, 우리나라에서도 안전보건경영시스템 도입 시 영국의 안전보건경영시스템 일부를 참조하여 도입하였다. 이에 따라 영국의 안전보건경영시스템은 크게 산업안전보건청(HSE)의 HS(G)65와 영국표준협회(BSI)의 BS 8800으로 나눌 수 있다.

### 1.2.1 HS(G)65

이러한 HS(G)65는 산업안전보건법에서 사업주가 근로자에 대하여 책임지는 의무와 근로자가 이행하여야 할 의무에 의해 안전보건에 관련된 책임을 모두 적시하고 있으며, 안전관리자나 안전보건에 책임이 있는 관리자 및 경영자를 위하여 제정되었다. 또한, 근로자 대표에게도 안전보건의 원칙이나 프로그램의 개선, 자체감사 또는 자체평가를 개발하는 데 도움을 줄 수 있도록 하고 있다.



### 1.2.2 영국표준협회(BSI)의 BS 8800

본 지침은 경영시스템 전문위원회의 감독 아래 기술위원회 HS/1에서 작성하였으며, 안전보건경영시스템에 대한 지침을 제공하여 설정된 안전보건 방침과 목표를 준수하고, 안전보건이 조직 내의 총체적 경영시스템으로 통합될 수 있도록 지원하기 위한 것이다. 이 지침에서는 권고사항을 담고 있으므로, 반드시 준수해야 하는 규정으로 인용되거나 인증목적으로 사용되어서는 안 된다고 하고 있다. 또한 직업병이나 사고를 예방하기 위해 조직활동을 관리하고, 산업안전보건을 위한 포괄적인 법적 기틀은 이미 마련되었다는 전제 아래 만들어진 지침이라 볼 수 있다. 이것은 법을 기초로 하고 있기는 하나 반드시 준수해야 하는 법적 근거나 규정은 없다. 이러한 BS 8800 지침(guide)은 근로자 및 다른 사람의 위험성을 최소화하며, 업무성과를 개선하여 책임감을 가진 기업 이미지를 만들 수 있도록 지원한다는 취지 아래 제정되었다.

BS 8800의 구성요소는 그림 13-1과 같다.

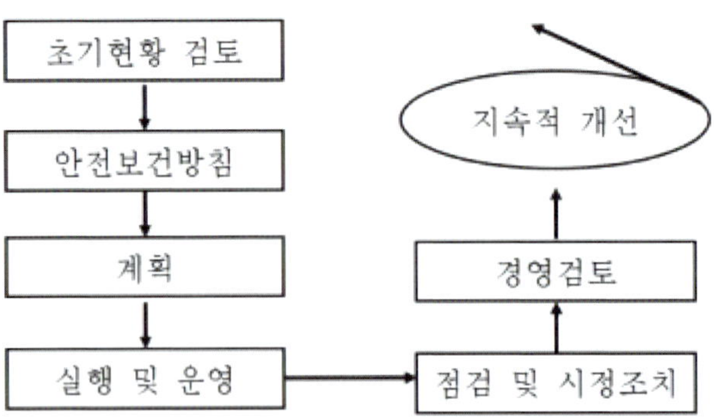


[그림 13-1] BS 8800의 구성요소

## 1.3 미국의 안전보건경영시스템

미국은 1970년 산업안전보건법에 근거하여 설립된 산업안전보건청(OSHA)이 인증하는 자율안전보건프로그램(Voluntary Protection Program, VPP)과 미국산업위생학회(American Industrial Hygiene Association, AIHA)에서 1996년에 개발한 지침인 OHSMS가 있다.

### 1.3.1 자율안전보건프로그램

자율안전보건프로그램인 VPP는 미국 산업안전보건법(OSHA Act)의 목적을 달성하고 산업안전보건의 중요성을 자각하여 쾌적한 작업환경에서 일하도록 국가적 차원에서 도입하였다. 또한 VPP는 안전보건 관리상태가 우수한 사업장에게는 공식적인 인증서를 부여하고 수준 향상을 위해 지원하며 스스로 위험을 찾아내 해결하도록 각종 혜택을 부여하고 있다. VPP의 구성내용은 표 13-2와 같다.

자율안전보건프로그램은 말 그대로 자율적인 프로그램으로 미국 산업안전보건법 제5조에는 사업주에 대한 의무와 더불어 근로자에 대한 의무도 규정하고 있다. 또한 제정 목적은 미국 정부(산업안전보건청)의 산업재해 예방을 강력하게 추진하고자 하는 의지의 일환이라고 할 수 있으며 VPP 프로그램 운영절차를 살펴보면 다음과 같다.

〈표 13-2〉 VPP의 구성내용

| VPP 평가사항 | VPP 세부 평가사항 |
|---|---|
| (1) 재해예방을 위한 경영층의 관심, 노력 및 지원 | (1) 경영자의 안전정책과 실천계획 |
| (2) 안전보건프로그램의 문서화 존재여부 | (2) 책임과 권한 부여 |
| (3) 재해율 | (3) 교육훈련 프로그램 |
| (4) 유해·위험한 요인에 대한 분석평가시스템 | (4) 재해율 |
| (5) 위험예방/통제시스템 | (5) 근로자의 참여 |
| (6) 안전보건교육훈련 | (6) 자체점검 |
| (7) 근로자의 참여도(안전보건활동) | (7) 근로자의 위험예지 시스템 |
| (8) 자체평가(사업장 안전보건 프로그램) | (8) 사고조사 |
| (9) 기록의 유지, 관리상태(안전보건관련) | (9) 안전작업분석 검토 |
| (10) VPP 참여에 대한 노사합의사항 | (10) 안전보건훈련 |

(11) 작업설비안전
(12) 비상조치계획
(13) 보건프로그램
(14) 개인보호구 사용
(15) 공정변화에 따른 안전보건관리자 배치
(16) 하청업체관리
(17) 건강관리프로그램
(18) 자원보유
- 안전보건위원회
- 안전 · 보건전문가 보유현황

(19) 연간 평가표
- 규정된 평가표 이용
- 조치사항 기록
- 19개 항목의 모두 요소를 포함
- 평가 전년도를 포함한 통계유지

### 1.3.2 미국산업위생학협회의 OHSMS

미국의 경우에는 영국 등 유럽의 여러 국가들이 국가지침으로 만들어 보급할 때 국가규격으로 해야 할 당위성이 없어서 OSHA에서는 VPP 프로그램을 시행하다가 제네바회의(1996년 9월) 이후 미국산업위생학회에서 안전보건경영시스템 지침을 협회 차원에서 제정하여 기업들에게 보급하고 있다. 이 지침은 미국산업위생학회에서 승인한 것이기는 하지만, BS 8800과 마찬가지로 반드시 준수해야 한다는 규정(specification)과 법적 근거는 없다. 이 지침의 제정 목적은 미국산업위생학회의 근로자와 관련하여 재난이나 부상 또는 질병을 예방 · 감소하고 사고로 인한 직간접적인 비용을 절감함으로써 제품과 서비스의 질을 높이며, 생산성을 향상시키는 것을 목적으로 한다. 또한 ISO 9001과 IS0 14001 규격을 바탕으로 제정된 지침으로 미국산업위생학회의 OHSMS는 조직특성에 맞도록 제정된 지침이다.

## 1.4 일본의 안전보건경영시스템

일본의 경우에는 2003년 3월부터 JISHA(Japan Industrial Safety and Health Association) 방식의 적격 OSHMS(Occupational Safety & Health Management

System 인정사업을 시작하여 현재까지 운영하고 있으며, 구성내용을 살펴보면 표 13-3과 같다.

〈표 13-3〉 JISHA의 구성요소 및 내용

| 구성요소 | 내용 |
|---|---|
| 안전위생방침의 표명 | • 노동자의 협력 하에 안전위생 활동 실시<br>• 노동안전위생관계법령, 사업장에서 정한 안전위생에 관한 규정준수<br>• 노동안전위생 관리시스템 실시 및 운용 |
| 위험·유해 요인의 측정 및 실시사항의 측정 | • 노동안전위생 관계법령, 사업장 안전 위생규정 등에 의거하여 실시할 사항 측정<br>• 위험이나 유해·위험요인을 제거, 감소하기 위한 실시사항 측정 |
| 안전과 위생목표의 설정 | • 안전과 위생 방침에 의거 안전과 위생 목표의 설정 |
| 안전과 위생계획 작성 | • 안전과 위생 목표달성을 위한 실시 사항, 일상적인 안전위생 활동에 관계되는 사항 계획 작성 |
| 노동자의 의견반영 | • 안전과 위생 목표의 설정, 안전과 위생 계획 작성에 안전위생위원회의 활용을 통한 노동자 의견 반영 |
| 안전과 위생계획 실시 및 운용 | • 안전위생 계획을 지속적으로 실시 및 운용 순서를 정함<br>• 순서에 의거하여 안전과 위생계획 실시 및 운용<br>• 안전과 위생 계획 실시 및 운용을 위한 필요사항의 노동자, 관계 도급업자, 기타 관계자에게 주지 |
| 체제의 정비 | • 시스템 각급 관리자의 역할, 책임 및 권한 지정 및 노동자 관계 도급업자, 기타 관계자에게 주지<br>• 시스템 각급 관리자 지명<br>• 노동안전위생 관리시스템에 관련된 예산확보<br>• 노동자에 대한 노동안전위생관리시스템 교육 실시 및 운용에 따른 안전위생위원회 활용 |
| 문서 | • 안전위생 방침<br>• 안전위생 목표<br>• 안전위생 계획<br>• 시스템 각급 관리자의 역할, 책임 및 권한 |
| 긴급 사태대응 | • 긴급사태가 발생할 가능성 평가 및 긴급사태 발생 후 재해를 방지하기 위한 조치 |
| 일상적인 점검 및 개선 | • 일상적인 점검 및 개선을 실시 순서<br>• 순서에 의거, 안전위생계획 실시 상황 등 일상적인 점검 및 개선을 실시<br>• 사고발생 시 원인조사, 문제점의 파악 및 개선 실시 |
| 시스템 감사 | • 정기적 시스템 감사계획 작성, 시스템 감사 순서 및 순서에 의한 시스템 감사를 실시<br>• 시스템 감사결과 필요하다고 인정할 때는 노동안전, 생산관리 시스템의 실시 및 운용에 대한 개선 |

| 기록 | • 안전위생 계획의 실시 및 운용상황, 시스템 감사결과 등 노동안전 위생 관리시스템의 실시 및 운용에 관한 사항의 기록 및 보관 |
|---|---|
| 재검토 | • 시스템 감사결과를 바탕으로 정기적으로 시스템의 타당성 및 유효성 확보를 위한 재검토 |

일본은 1997년 중앙노동재해방지협회에서 산재예방을 위한 새로운 기법을 조사연구하여 JISHA 노동안전 위생경영시스템의 평가기준을 수립하고, 사업장으로부터 신청을 받아 평가기준에 따라 평가사업을 실시하게 되었다. 이 사업에서는 안전보건관리의 수준을 도수율이나 강도율 등 수치적으로 평가하는 것이 사실상 어려운 부분이 있어서 산재예방을 위해서는 각 사업장별 현황을 평가하고, 산재예방을 위한 구조적 측면인 안전보건경영시스템의 수준을 평가하여 이에 따른 개선이 이루어지도록 평가기준을 수립하였다.

이 지침은 노동안전위생법의 노동안전위생규칙 제8절의2 자주적 활동의 촉진을 위한 지침과 규칙 제24조의2, 즉 "노동부장관은 사업장의 안전위생 수준의 향상을 도모하는 것을 목적으로 사업주가 행하는 일련의 과정을 자주적으로 촉진시키기 위한 필요한 지침을 공포할 수 있다"는 규칙에 근거하며, 사업주와 노동자가 상호협력하에 자주적인 안전위생 활동을 통해 재해의 위험성을 감소시키고, 나아가 노동자가 쾌적한 환경에서 건강증진 및 안전위생을 향상시키는 것을 목적으로 한다.

지금까지 살펴본 해외 국가들의 안전보건경영시스템을 바탕으로 해외안전보건경영시스템 규격표는 표 13-4와 같다.

안전보건경영시스템의 제정 시기는 90년 초 영국을 시작으로 현재까지 각국에서는 자국에 적합한 규격을 개발하고 있다. 규격의 제정기관은 HS(G)65 규격을 제정한 영국산업안전보건청을 제외하면 안전 관련 단체, 협회, 법인에서 자율적으로 제정하였다. 또한 규격은 기존의 ISO 9001, 14001과 같이 인증을 목적으로 한 규격이라기보다는 자율적으로 실행할 수 있는 지침을 제공하는 것이 하나의 특징이다.

〈표 13-4〉 해외의 안전보건경영시스템 비교분석

| 국가 | 규격 및 제정연도 | 규격제정기관 | 규격의 성격 | 비고 |
|---|---|---|---|---|
| 영국 | HS(G)65 (1991년) | 산업안전 보건청(HSE) | 지침 | • 최초의 안전보건경영시스템 규격<br>• 안전관련 통합 정부기관인 HSE에서 제정한 지침<br>• 사업장에서 자율적으로 제공한 지침 |
| | BS8800 (1996년) | 영국표준협회 (BSI) | 지침 | • HS(G)65,ISO 14001참조로 개발<br>• 영국표준협회에서 개발한 지침<br>• 지침이나 기업에서 원할 경우 평가업무 수행 |
| 미국 | VPP (1982년) | 산업안전보건청 (OSHA) | 인증 | • OSHA 자체 개발<br>• 안전보건경영시스템과는 약간의 차이로 Index에 가까움<br>• 인증과 법적인 인센티브 부여 |
| | OHSMS (1996년) | 미국산업 위생학협회 (AIHA) | 지침 | • AIHA 자체 개발<br>• 미국의 사회여건에 따라 안전보건 관련 협회 차원에서 개발한 지침<br>• 지침의 성격 |
| 일본 | OHSMS (안전위생 매니지먼트 시스템) (1996년) | 중앙노동 재해방지협회 | 평가 | • 일본적인 자체 모델로 개발<br>• 일본 노동성 관계기관인 중앙노동 재해방지 협회에서 제정한 규격<br>• 평가업무 수행 |
| 기관 | OHSAS 18001 (1999년) | BSI 등 13개의 다국적 인증기관 | 인증규격 | • ISO 9001과 14001을 기초로 개발<br>• 다국적 인증기관들의 인증을 위한 규격<br>• 인정기관은 없으나 각 인증기관별로 인증업무를 수행함 |
| 한국 | KOSHA 18001 (1999년) | 고용노동부 산하 한국산업안전 보건공단 | 인증기준 | • BS8800을 모델로 개발<br>• 고용노동부산하 한국산업안전보건공단에서 제정한 규격<br>• 인정 · 인증 업무를 동시에 수행 |

## 2. 국내 안전보건경영시스템

국내의 안전보건경영시스템으로는 KOSHA 18001과 K-OHSMS 18001이 있는데, 이를 살펴보면 다음과 같다.

## 2.1 KOSHA 18001

2003년 3월부터 시행하고 있는 KOSHA 18001 인증은 1999년 7월 1일부터 도입・시행해 오던 KISCO(Korea Industrial Safety Corporation) 2000 프로그램의 명칭을 달리하여 시행한 것으로, 이것은 기존 선진국에서 시행하던 안전보건경영시스템 인증기준을 우리나라의 실정에 적합하도록 국내의 산업안전보건법 등을 반영하여 한국산업안전공단에서 개발한 사업장 자율안전보건경영시스템 인증체계이다.

KOSHA 18001은 영국표준협회(BSI)에서 제정한 사업장 자율안전관리기법인 BS8800을 중심으로 우리나라 실정에 맞게 구성하였다. OHSAS 18001 인증규격은 안전보건경영 체제분야에 국한하여 인증기준을 구성하고 있으며, KOSHA 18001 인증기준은 안전보건경영 체제분야, 안전보건 활동수준분야, 안전보건경영관계자 면담분야의 3개 분야로 세분화하여 구성되어 있다. 이와 같이 KOSHA 18001을 3개 분야로 세분화한 것은 국내 사업장의 재해를 분석한 결과, 안전보건체제분야가 잘 갖춰져 있다 하더라도 작업현장에서 재해가 발생하는 원인을 살펴보면 안전기준 및 수칙의 이행이 부족하고, 근로자의 안전에 관한 인식 수준이 낮은 경우가 많기 때문에 이를 인증분야에 포함시켜 인증효과를 높이고자 한 것이다.

### 2.1.1 관련 규격, 자료 및 관련 법규

KOSHA 18001의 관련 규격 및 자료는 BS 8800, OHSAS 18001 및 ILO-OSH 가이드라인 2001을 들 수 있으며, 관련 법규로는 「산업안전보건법」 제4조(정부의 책무)의 내용을 보면 "사업주의 자율적인 산업 안전 및 보건 경영체제 확립을 위해 지원한다"라고 규정하고 있다. 이에 근거하여 안전보건경영시스템 구축에 관한 지침을 정하고, 사업장 내 자율안전보건활동의 원활한 운영을 위한 기준을 정하고 있다.

### 2.1.2 KOSHA 18001의 주요 내용

KOSHA 18001의 목적, 적용대상, 인증기준, 안전보건경영 구성요소 등의 주요 내용은 표 13-5와 같이 3개의 인증기준에 대해 인증신청에서부터 인증심사까지 안전보건공단의 관할 지역본부에서 이루어지고 있다.

〈표 13-5〉 KOSHA의 항목 및 주요내용

| 항목 | 주요 내용 |
|---|---|
| 목적 | • 안전보건경영시스템 구축지원 및 인증업무에 필요한 사항을 정함 |
| 적용대상 | • KOSHA 18001 인증을 신청하는 모든 사업장 |
| 인증기준 | • 안전보건경영체제, 안전보건활동수준, 안전보건경영관계자 면담 |
| 안전보건경영 구성요소 | • 초기현황 자체평가, 안전보건방침, 계획수립, 실행・운영, 점검・시정조치, 경영자 검토 |
| 인증신청 | • 신청서 1부(※자체평가표 및 안전보건경영 조직표, 사업장 현황조사 첨부) |
| 계약체결 | • 공단(수행자)과 신청사업장(신청자) 간에 인증평가 업무수행 위한 계약체결 |
| 인증절차 | • 신청 → 계약체결(본부) → 평가팀 구성 → 실태분석 평가 → 인증평가 → 인증여부 결정(본부) → 인증서 및 인증패 발급(공단) → 사후평가 및 인증유효기간 연장평가(지역본부) |
| 인증유효기간 | • 인증유효기간 3년(1년 단위로 계속하여 사후평가 후 연장)<br>• 유효기간 주기도래시 유효기간 연장신청을 한 사업장을 평가하여 유효기간 연장 여부를 결정 |
| 평가요원 | • 공단직원으로서 양성교육을 이수하고 자격시험에 합격한 후 자격을 부여받은 자 |
| 인증결정위원회 | • 공단 본부에 설치하여 인증팀장이 인증 추천한 사업장에 대해 인증여부 심사결정 |
| 평가팀 구성 | • 사업장 규모와 위험특성을 고려하여 심사팀 구성 |
| 수수료 | • 공단의 인증평가 수수료 징수규성에 의해 산정 |

### 2.1.3 KOSHA 18001 인증업무 흐름도

KOSHA 18001 인증을 신규취득 및 유지하기 위해서는 신규취득 시 실태심사 및 인증심사 각 1회의 심사를 통과하여야 하고, 인증의 유효기간은 3년이며, 최초인증 후 1년마다 사후심사를 실시하고, 3년이 경과되는 해에는 연장심사를 받아야 한다. 이때, KOSHA 18001 심사에 따른 업무흐름은 최초 신규인증심사의 경우 인증의 신청부터 인증패의 수여까지의 과정은 표 13-6과 같다.

〈표 13-6〉 KOSHA 18001 심사에 따른 업무흐름

| 업무흐름 | | 주요 사항 |
|---|---|---|
| 인증의 신청 | | KOSHA 18001 인증신청자<br>또는 신청서류표로 대체 |
| ↓ 계약의 체결 | 공단 지역본부<br>(서울, 부산, 광주,<br>인천, 대구, 대전) | 접수일로부터 15일 이내 체결 |
| ↓ 심사팀의 구성 | 공단 각 지역본부<br>(서울, 부산, 광주,<br>인천, 대구, 대전) | 심사팀의 구성 및 계획수립 |
| ↓ 1단계 실태심사 | 공단 각 지역본부<br>(서울, 부산, 광주,<br>인천, 대구, 대전) | 계약 후 실시 |
| 2단계 인증심사 | 공단 각 지역본부<br>(서울, 부산, 광주,<br>인천, 대구, 대전) | 실태심사 후 실시<br>※ 실태심사결과 부적합사항<br>보완조치 완료 후 실시 |
| ↓ 인증여부의 결정 | 공단본부<br>인증심사위원회 | 인증여부결정 : 인증심사위원회<br>(위원장 : 공단기술이사) |
| ↓ 인증서 / 인증패의 수여 | 지사장/지역본부장 | 공고 및 홍보<br>- 언론매체를 통해 공고 가능 |

KOSHA 18001 인증기준의 구성요소 흐름도는 그림 13-2와 같다. 인증기준의 적용에 있어서 인증심사원은 인증신청 사업장의 경영여건 및 사업장의 규모, 사업장의 요구 등을 고려하여 기준 A형(일반 사업장용으로, 안전관리자가 선임되어 자발적 안전보건경영시스템의 운용이 가능한 사업장)이나, 기준 B형(소규모 사업장용으로 안전관리자가 비 선임된 사업장)에 적용하여야 하나 사업장에서 안전관리자 선임 여부 또는 사업장 규모와 상관없이 기준 A형을 요구할 때에는 기준 A형을 적용할 수 있다. 또한 KOSHA 18001 인증기준의 규정에 따라 인증을 획득하여 유지되더라도 산업안전보건법에서 요구하는 법적 의무사항이 면제되는 것이 아니므로, 산업안전보건법상의 법적 요구사항은 반드시 반영하고 실천하여야 한다.

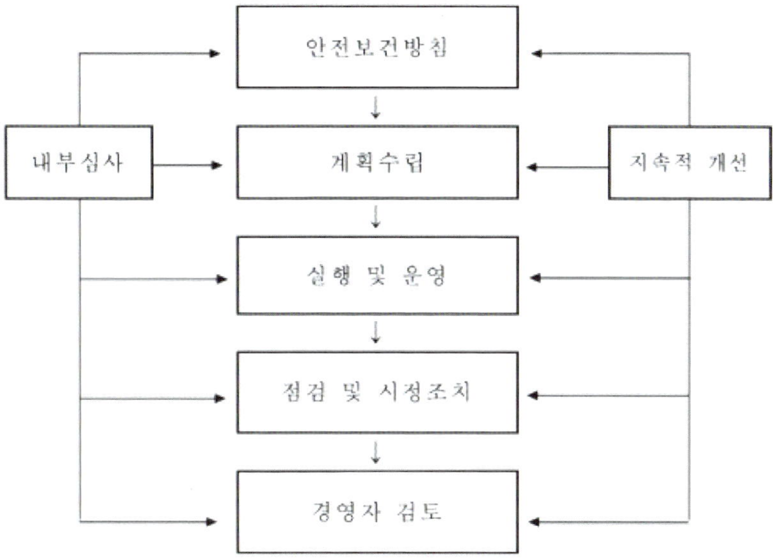

[그림 13-2] KOSHA 18001 인증기준의 구성요소 흐름도

### 2.1.4 인증기준별 주요 내용

기업경영에 있어서 안전보건경영이 중요한 경영요소이며, 안전보건활동은 법에서 요구하는 이상을 보장한다는 내용과 지속적인 개선을 통해 조직 구성원의 안전보건을 확보하겠다는 실행의지, 안전보건방침을 수행하기 위한 인적 · 물적 자원의 제공 및 근로자의 참여를 보장한다는 내용이 안전보건방침에 포함되어야 한다. 계획의 수립에 있어서 위험성 평가는 사업주가 산업안전보건법 상에 위험성 평가를 실시하도록 규정하고 있다. 이때, 위험성 평가의 목적은 현존하고 있는 위험요인을 발견하고 위험요인을 제거하거나, 허용 가능한 범위 내로 감소시키는 데 있다.

위험성 평가에 있어서 작업장에서 사용하는 기계설비나 화학물질의 유해 · 위험요인을 찾아서 관리하는 방안은 첫째, 근원적으로 위험을 제거하는 것을 원칙으로 하며, 둘째로는 재해발생 가능성이나 중대성을 줄임으로써 위험요인을 감소시키는 방법을 채택하고, 마지막 방법으로 개인보호구 착용을 통한 방법을 적용하도록 한다. 위험성 평가는 단계별로 시행하며, 위험성 평가에 대한 5단계 절차는 그림 13-3과 같다.

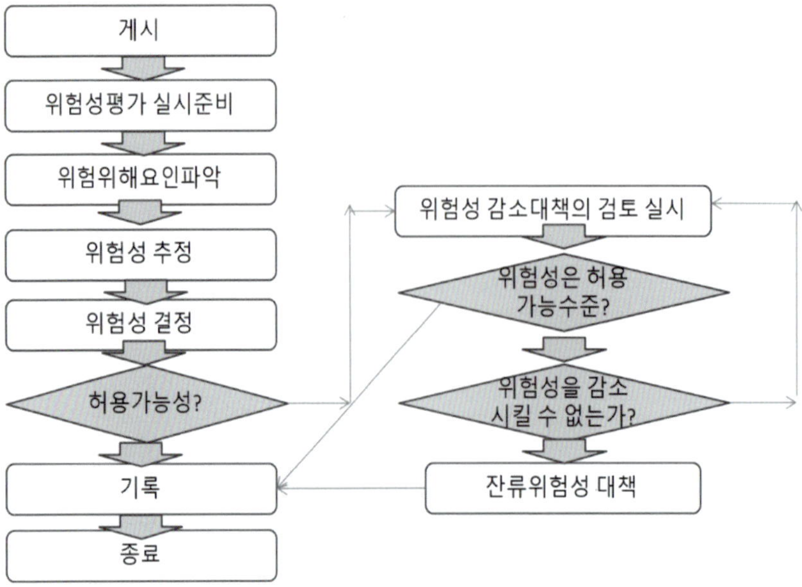


[그림 13-3] 위험성 평가 흐름

위험성 평가의 주요 절차는 공정의 분류, 유해·위험요인의 확인, 위험도의 계산, 위험성 결정, 개선대책의 수립으로 정하며 위험성 평가에 따른 문서 및 기록은 최신의 것으로 유지하도록 하여야 한다. 법규와 그 밖의 요건에 있어서는 사업주는 조직에 해당되고 적용되는 법규 및 그 밖의 요구사항에 대하여 파악되고, 검토되어야 하며, 의사소통을 통하여 인식되어야 한다.

## 2.2 K-OHSMS 18001

K-OHSMS은 한국 안전보건경영시스템의 의미로서 사업장 내 근무하는 근로자의 안전보건을 위한 안전보건 목표설정 및 목표를 달성하기 위한 경영시스템이 이행되고 있는지를 제3자가 국제기준이나 이와 동등한 한국인정지원센터의 단체규격에 의거하여 심사를 통해 인증을 부여해주는 제도이다. 이러한 K-OHSMS은 OHSAS 18001 규격을 번역하여 활용하고 있는 관계로, OHSAS 18001 인증체계와 동일한 규격과 운영절차를 갖고 있다. OHSAS 18001 규격 제정 이후 한국인정지원센터 및 산업자원부에서도 국내 산하인증기관을 대상으로, 2001년부터 K-OHSMS 18001을 도입하여 시행하고 있

다. 또한 OHSAS Project 그룹과 한국인정지원센터는 OHSAS 18001 한글어판 발간에 대한 저작권 계약을 통해 K-OHSMS 18001 발간하게 됨에 따라 K-OHSMS 18001 인증을 취득하는 경우에도 인증서에 OHSAS 18001과 동등하게 표기할 수 있다.

### 2.2.1 적용범위

이 규격은 안전보건경영시스템 요구사항을 제시하는 것이며, 조직이 안전보건에 관한 위험성을 관리함으로 성과를 개선시킬 수 있도록 해준다. 이 규격은 구체적인 안전보건성과 기준을 규정하는 것은 아니며, 안전보건경영시스템을 수립하여 조직활동과 관련이 있는 안전보건 위험성에 근로자나 이해관계자의 노출을 최소화하거나 제거하고자 할 때 안전보건경영시스템을 실행 또는 유지하거나 지속적 개선을 하고자 할 때, 안전보건방침이 규정에 적합한지 여부를 보증할 때, 적합성을 여부를 타인에게 입증하고자 할 때 또는 규격의 적합성을 확인 및 선언하고자 할 때 적용이 가능하다. 이 규격에서의 모든 요구사항은 다른 안전보건경영시스템과 통합할 수 있도록 구성 되었다. 또한 적용범위는 조직에서의 안전보건방침, 조직의 운영에 있어서의 위험성이나 복잡성, 활동의 특성 등의 여러 가지 요인에 따라 다르다.

## 2.3 KISA 18001

KISA 18001 인증은 대한산업안전협회(Korea Industrial Safety Association, KISA)가 2009년 7월에 자체적으로 인증제도를 제정하여 회원사인 소규모 사업장을 대상으로 추진하고 있다. 이것은 OHSAS 18001과 SIMS ERP(Student Information Management System Enterprise Resource Planning)를 기초로 개발하였으며, 인정과 인증업무를 동시에 수행하고 있다.

## 2.4 각 안전보건경영시스템별 유형 및 특징

이상에서 설명한 국내 안전보건경영시스템 인증제도인 KOSHA 18001, OHSAS 18001 및 K-OHSMS 18001의 유형 및 특징을 비교하면 표 13-7과 같다.

〈표 13-7〉 국내 안전보건경영시스템 인증제도 유형 및 특징

| 시스템 | 특징 | 인증기관 |
|---|---|---|
| KOSHA 18001 | • 고용노동부, 안전보건공단 인증시스템<br>• 공공기관 인증 | • 안전보건공단과 인증기관과의 공동인증협정 체결(BSI, BVQI, DNV 등) |
| OHSAS 18001 | • 다국적 인증기관에 의한 인증시스템<br>• 민간기관에 의한 인증 | • BSI, BVQI, DNV, LRQA 등 |
| K-OHSMS 18001 | • 산자부, 한국인정지원센터 인증시스템<br>• 민간기관 인증 | • 한국인정지원센터에서 인증 및 교육기관 관리 |

안전보건활동분야는 기존과 큰 차이가 없으며, 표 13-8에서와 같이 산업안전보건위원회 운영부분이 KOSHA-MS에서는 제외된 부분만 차이가 있다. 이것은 산업안전보건위원회에 대한 내용은 체제분야의 근로자 참여 및 협의부분에 포함되기 때문에 제외된 것이다.

〈표 13-8〉 KOSHA 18001과 KOSHA-MS의 항목 비교

| KOSHA 18001 | | KOSHA-MS | | 비고 |
|---|---|---|---|---|
| 번호 | 항목 | 번호 | 항목 | |
| 1 | 작업장 안전조치 | 1 | 작업장의 안전조치 | 산업안전보건위원회 항목 삭제 |
| 2 | 중량물·운반기계에 대한 안전조치 | 2 | 중량물·운반기계에 대한 안전조치 | |
| 3 | 개인보호구 지급 및 관리 | 3 | 개인보호구 지급 및 관리 | |
| 4 | 기계·기구에 대한 방호조치 | 4 | 기계·기구에 대한 방호조치 | |
| 5 | 떨어짐·무너짐에 의한 위험방지 | 5 | 떨어짐·무너짐에 의한 위험방지 | |
| 6 | 안전검사 실시 | 6 | 안전검사 실시 | |
| 7 | 폭발·화재 및 위험물누출 예방활동 | 7 | 폭발·화재 및 위험물누출 예방활동 | |
| 8 | 전기재해 예방활동 | 8 | 전기재해 예방활동 | |
| 9 | 쾌적한 작업환경 유지활동 | 9 | 쾌적한 작업환경 유지활동 | |
| 10 | 근로자 건강장해 예방활동 | 10 | 근로자 건강장해 예방활동 | |
| 11 | 협력업체의 안전보건활동 지원 | 11 | 협력업체의 안전보건활동 지원 | |
| 12 | 안전·보건 관계자 역할과 활동 | 12 | 안전·보건 관계자 역할과 활동 | |
| 13 | 산업안전보건위원회 운영 | | | |
| 14 | 산업재해조사 활동 | 13 | 산업재해조사 활동 | |
| 15 | 무재해운동의 자율적 추진 및 운영 | 14 | 무재해운동의 자율적 추진 및 운영 | |

## 2.5 안전보건경영시스템의 인증효과

안전보건경영시스템의 인증효과는 먼저 국제적 통용 수준의 안전보건경영시스템 구축을 통해 생산제품 및 작업환경에 대해 국제인증을 받음으로써 안전보건에 대한 근로자의 편향된 불만을 해소하고, 노사관계 안정에 기여할 수 있다는 점이다. 또한 안전보건에 대한 경영자 의지를 확고히 천명하여 사업장 자율안전보건을 추진함으로써 근로자 참여를 통한 원활한 의사소통으로 안정적이고 지속적인 안전관리 실현이 가능하다는 점이다. 이것은 위험성 평가에 기초한 체계적인 위험관리체계 구축으로 인한 작업장 내의 위험성 관리를 통한 재해예방, 근로자의 안전보건 위험성의 개선을 통한 생산성 향상, 산업재해율 감소로 인한 보험료의 절감 등 많은 유무형의 효과를 나타낸다고 볼 수 있다.

특히, 안전보건경영시스템 구축으로 인한 재해율을 비교하면 시스템을 도입하여 운영한 사업장과 도입하지 않은 사업장과는 재해율에 있어서 상당한 차이를 나타내고 있다. 즉, 그림 13-4에서와 같이 2019년 12월 31일을 기준으로, 2007년부터 인증사업장과제조업 사업장의 재해율을 살펴보면 약 2배 이상의 격차를 나타내고 있다.

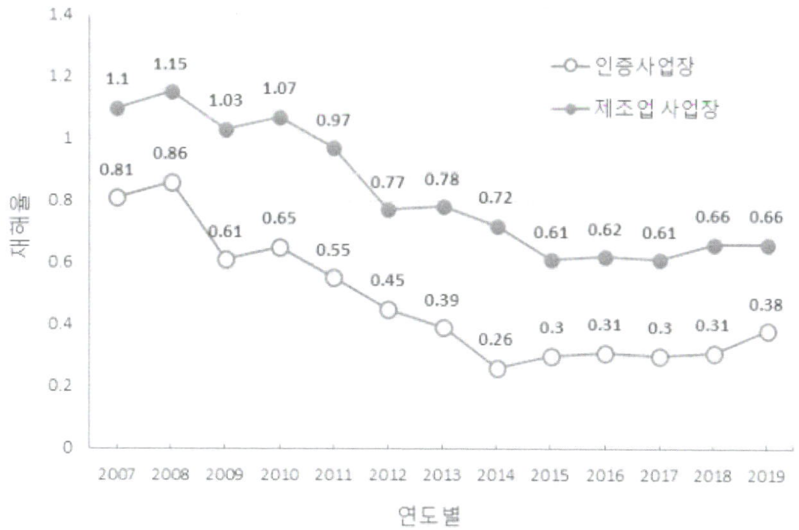


[그림 13-4] 인승사업장과제조업 사업장의 재해율

그리고 안전보건공단에서는 안전보건 조치를 소홀히 하여 사회적 물의를 일으킨 경우이거나, 인증 이후 사후관리기간 동안 사고사망 만인율이 3년 연속 동종업종 평균 이상이고, 지속적으로 증가하는 경우 직권으로 인증을 취소하게 되는데, 2013년 3월 21일 OO타이어(재해율 6.62)의 경우 산재다발로 인한 직권취소, 2013년 10월 29일 OO제철(질식사망 5명) 대형사고 발생으로 인한 직권취소가 대표적인 인증취소의 사례라고 볼 수 있다.

이와 같이 인증사업장에서 재해율이 낮아진 결과는 인증취득 후에도 안전보건공단심사원이 매년 사후심사에서 안전보건체제분야 및 활동분야의 심사를 통해 위험요인을 사전에 파악하고, 개선하도록 유도한 결과로 보인다. 따라서 안전보건경영시스템이 산업재해율을 낮추는 중요한 수단이고, 효과가 검증된 방법이라고 볼 때 품질경영시스템인 ISO 9001과 환경경영시스템인 ISO 14001 인증사업장처럼 많은 사업장이 안전보건경영시스템을 구축하여야 할 당위성을 나타내고 있다고 할 수 있다.

## 2.6. 안전보건경영시스템 구축 활성화 방안

안전보건경영시스템 구축지원에 있어서 무엇보다 안전보건경영시스템과 관련된 교육지원이 부족한 만큼 충분한 교육기회를 제공하는 것이 필요하다. 그 이유는 안전보건경영시스템이 HLS 구조에 따라 새롭게 인증기준이 추가된 것도 있고 기존 인증기준에서 강화된 조항도 있으나, 이를 사업장에서는 잘 모르고 있기 때문이다.

또한 인증구축 및 규격전환 컨설팅에 대한 현실적인 지원의 확대가 필요하다. 현재 안전보건공단에서는 50인 미만 사업장에 대하여 예산의 범위 내에서 일부 신규 사업장과 규격전환 사업장에 대하여 컨설팅비를 지급하고 있으나, 컨설팅에 필요한 충분한 M/D의 설정과 더불어 컨설팅비를 현실화할 필요가 있다. 그리고 심사비 지원에 있어서도 기존의 범위에서 일부 추가로 포함되어야 할 필요가 있다. 예를 들어 동종업종 평균이상의 재해율을 나타내는 사업장이나, 허가대상 유해화학물질을 취급하는 사업장 중에서 경제적으로 어려운 사업장이 안전보건경영시스템을 구축하고자 하는 경우에는 심사비를 대폭 감면하거나 면제해 주는 방안도 검토해 볼 필요가 있다.

성과 및 보상에 있어서는 위험성 평가 인정제도처럼 안전보건경영시스템도 적절한 평가체계에 따라 우수사업장에 인센티브를 제공하는 것이 필요하다. 사업장에서는 안전보건경영시스템이 법의 제재에 의한 활동이 아니라 자율안전보건시스템인 만큼 책임과 권한의 강조보다는 성과 및 보상의 혜택을 원하는 것으로 조사되었다. 이에 따라 안전보건경영시스템에 대한 객관적인 성과평가 지표의 개발이 시급하다고 판단된다.

제도개선 측면에서는 현재 이원화되어 있는 안전보건경영시스템(KOSHA-MS, ISO45001)으로 인하여 사업장에서는 시간적으로나 경제적으로 낭비요소라고 느끼며, 불편함을 나타내고 있기 때문에 기존과 같이 KOSHA-MS와 ISO 45001의 경우에도 합동심사를 통한 공동인증제도를 실시하는 것이 필요하다. 또한 KOSHA-MS와 ISO 45001의 공동인증이 성사되지 않을 경우에는 어느 하나의 인증을 취득하더라도 고용노동부나 안전보건공단이 실시하는 공생협력프로그램 실시 등에서 동일하게 인정할 필요가 있다.

특히, 안전보건공단의 경우 모든 사업장에 KOSHA-MS 인증을 취득하게 하기보다는 상대적으로 재해율이 높은 중소규모 사업장이나 유해위험 업종에 대하여 인증을 취득히도록 선택하여 집중을 할 필요가 있다.

그리고 재해발생이 동종업종 평균 재해율보다 높은 사업장이나, 유해위험물질 취급사업장에 대하여는 KOSHA-MS 인증구축을 법적으로 의무화 하고, 산업안전보건법에 정부의 책무를 규정하고 있는 만큼 안전보건공단에서 매년 사후심사를 통해 지속적인 관리가 필요하다. 특히, 재해다발 사업장이나 유해위험물질 취급사업장은 안전보건경영시스템 인증을 구축 시 외부전문가에 의한 컨설팅 지원과 더불어 산업재해 예방을 위한 기술·재정적 능력이 취약하여 재해발생 가능성이 높은 50인 미만 고위험 사업장의 안전보건관리시스템 구축을 위한 보조지원을 통하여 안전하고 건강한 일터를 조성하여 산업재해를 감소하고자 하는 CLEAN 지원사업과도 연계하여 작업환경 개선비용을 지원할 필요가 있다고 본다.

이밖에 안전문화를 이루기 위하여 안전보건경영시스템이 전사적인 안전보건활동인 만큼 참여를 통한 안전이 무엇보다 우선하여야 하며, 최고경영자가 리더십을 발휘하여 근로자의 참여를 의무화하는 노력과 안전보건경영시스템 운영에 있어서 문서와 기록도 최소한의 문서와 기록만을 유지할 수 있도록 하여야 한다.

또한, 안전보건경영시스템 컨설팅의 경험을 통해 느낀 점은 인증시스템을 활성화하기 위해서는 최고경영자의 시스템에 대한 인식 향상이 무엇보다 중요하다고 생각한다. 최고경영자의 안전보건을 대하는 인식에 따라 근로자의 참여도 달라지는 것을 볼 때 안전보건경영은 단순히 사고예방을 넘어 생산성이나 품질 등에도 성과를 나타낸다는 것을 인식시키고, 명확하게 경영방침에 포함하도록 할 필요가 있다. 그리고 근로자의 참여를 위해서는 무엇보다 안전보건경영시스템에 대한 이해가 필요하며, 이를 위해서는 근로자 정기교육에 이를 포함하여 교육할 필요가 있고, 위험성 평가에 근로자를 참여시킬 필요가 있다. 또한 안전보건경영 목표에 따른 실시계획에 핵심성과지표(key performance indicator, KPI)를 적용하여 안전보건경영시스템에 따른 실천이 이루어진다는 것을 피부적으로 느끼게 할 필요가 있다고 판단된다.

CHAPTER 14

# 항공안전시스템



## 1. 항공안전시스템 개념 및 구성

### 1.1 항공안전관리시스템 개념

21세기에 들어 급격한 항공기술의 발전에도 불구하고 항공사고는 크게 줄어들지 않고 있어 항공운송 이용자들의 안전에 대한 우려가 항상 중요한 이슈가 되어오고 있다. 이에 국제민간항공기구는 항공안전의 향상을 위해 사전예방적 안전관리시스템을 제시하였고 우리나라도 항공안전관리시스템(SMS)을 제정하여 운영하고 있다.

국제민간항공기구(ICAO)에서는 항공안전의 시대적 변화를 기술, 인적요인, 조직의 3가지 시대로 구분하고 있다. 기술의 시대는 시기적으로는 1900년대 초반에서 1960년대 후반까지로 대량운송이 가능해지고 기술발전으로 사고빈도는 점차 감소했으며, 항공안전에 있어 기술적인 측면이 가장 중점이 되었고 규제준수와 안전감독을 통해 안전절차가 이루어졌다. 1970년대 초반에서 1990년대 후반까지는 인적요인이 안전노력에 있어 가장 중점이 되었던 인적요인의 시대로 지속적인 기술발전과 안전규정 강화로 항공기 사고 빈도수는 감소되었으나 인적요인은 여전히 사고재발의 요인으로 남아 있었다. 1990년대 후반부터 현재에 이르러 항공안전시스템 관점에서 안전을 인식하고 조직사고(Organizational accident)의 개념이 도입되어 안전노력을 위해 기술 및 인적요인에 조직요인을 추가한 조직의 시대로 보고 있다.[1] 이러

1) ICAO, Safety Management Manual(SMM). Doc 9859, 3rd Edi.(2013). Chapter 2, Safety Management

한 항공안전의 시대별 관점변화에 따라 항공안전은 다음과 같이 정의되고 있다.

국토교통부에서는 안전(Safety)을 지속적인 위해요인(Hazard)의 발굴과 위험관리(Risk Management)를 통하여 인명 피해나 재산 손실을 야기할 수 있는 위험(Risk)이 수용 가능한 수준 이하로 유지되는 상태라고 정의한다.[2] 이는 항공활동에 대해 규정하는 용어로 안전이 항공안전(Aviation Safety)을 의미한다고 연계하여 볼 수 있다. ICAO, Safety Management Manual(SMM), Doc98598)와 국제항공운송협회(IATA)[3]에서는 항공안전을 지속적인 위해요인 식별과 위험관리를 통해서 인명피해나 재난 손실을 야기할 가능성이 수용 가능한 수준 또는 그 아래로 감소되고 유지되는 상태라고 정의하고 있다. 또한, 이구희는 항공안전을 안전을 저해하는 위험요인에 대하여 중요한 3가지 개념 즉, 인적·물적 피해 위험이 없는 상태, 위험정도가 수용이 가능하도록 줄어든 상태 및 위험요인을 통제할 수 있는 상태를 포함하는 상태로 정의하였다.

국토교통부는 항공안전관리시스템(Safety Management System, SMS)을 항공법 제49조 제2항 및 제3항에 따라 SMS를 운용하는 항공운송사업자, 항공기정비업자, 항공교통관제기관, 공항운영자 및 항행안전시설의 설치자·관리자 등 서비스제공자(Service Provider)가 정부의 항공안전프로그램에 따라 자체적으로 안전관리를 하기 위하여 갖추어야 하는 조직, 책임과 의무, 안전정책, 안전관리절차 등을 포함하는 안전관리체계라고 정의한다.[4] ICAO에서는 SMS를 "정책과 절차, 책임 및 필요한 조직구조를 포함한 안전관리를 위한 체계적인 접근방법이라 정의하며, 캐나다 교통성은 항공기 운영 및 정비 사업과 관련된 모든 활동에 대하여 재정 및 인적자원 관리를 기술적 시스템과 통합하여 위험을 관리하려는 시스템적이고 명확하며 포괄적인 절차로 SMS를 정의하고 있다.[5]

---

Fundamentals, p.2-2.

2) 국토교통부 항공정책실(2014). "국가항공안전프로그램-국토교통부 고시 제2014-135호. 1.

3) IATA(2015). Reference Manual for Audit Programs(IRM), 6th Ed., Glossaryofterms. 85.

4) 국토교통부 항공정책실(2011). 항공안전관리시스템 승인 및 운영지침. 2.

이와 같은 안공안전에 대한 개념을 바탕으로, 항공안전시스템에 대한 개념을 재정의하면 안전관리 철학을 바탕으로 공항의 안전한 운영을 위해 항공관련 모든 분야 조직, 항공운영, 정비 등 안전성을 위해 인적·물적자원을 통합적, 전사적이고 효율적으로 관리하는 체계라고 개념화한다.

## 1.2 항공안전관리 시스템 구성

항공안전을 시스템 관점에서 인식하고 조직적으로 안전관리를 운영하는 SMS의 필요성이 대두되어 민간항공의 안전을 주요 목표로 설립된 ICAO는 Doc9859, Safety Management Manual과 Annex 19를 제정하여 회원국에 배포함으로써 새로운 개념의 SMS가 항공 산업 전반에 직접적인 영향을 미치게 되었다. 이를 근간으로 제정된 우리나라의 국가항공안전프로그램과 국적항공사들을 비롯한 개별항공서비스 제공자들의 SMS는 그림 13-1과 같이 ICAO의 SMS 체계와 동일하게 4개 분야 총 12개의 요소로 핵심 안전관리 활동이 구성되어 있다. 이뿐만 아니라 전 세계 모든 ICAO 회원국의 항공당국과 개별항공서비스 제공자도 이와 동일하거나 유사한 구성 차원으로 SMS를 제정하여 운영하고 있다.

일반석인 안전관리시스댐의 중요 구성요소는 정책, 조직, 관리시행과 절차, 감시와 감사, 관리검토로 구성되나, 본 연구에서는 국토부로부터 인가되어 국적항공사들이 실제 운영하고 있는 SMS의 구성 차원인 안전정책과 목표,위험관리, 안전증진과 안전보증 4개의 차원으로 구성하였다. 조직의 규보 및 다양성과 무관하게 안전관리시스템은 위의 체계를 기본으로 각 기업의 특징에 맞게 구성하는 것이 기본원칙이라고 할 것이다(그림 14-1 참조).

5) Transport Canada(2002). Safety Management System Operatorfor Flight Operationsand Aircraft Maintenance Organization, TP13881E. 6.

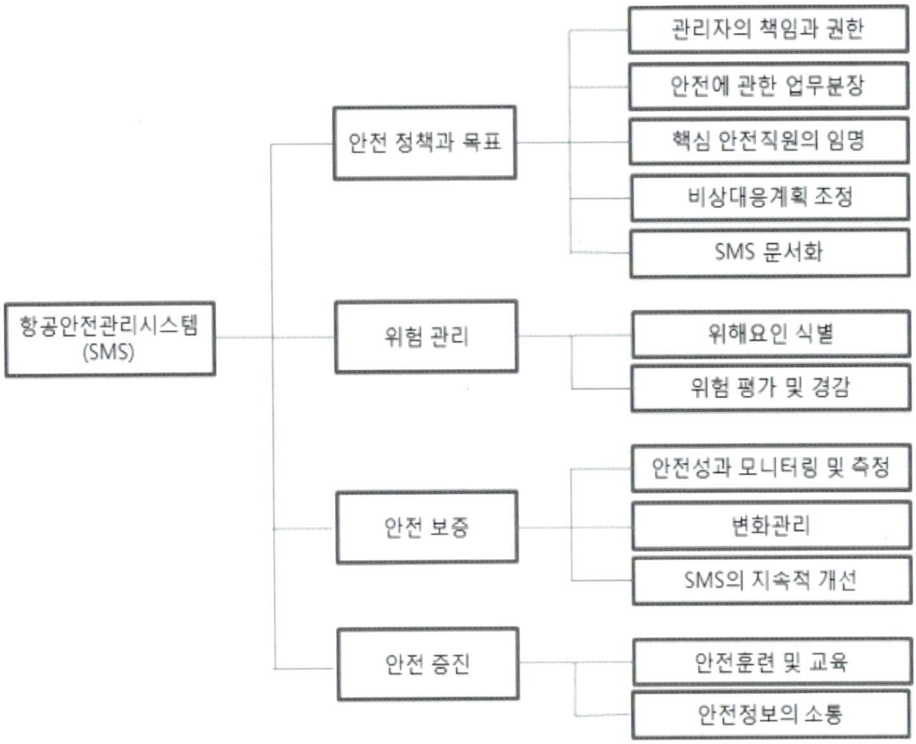


[그림 14-1] 항공안전관리시스템 체계 구성 차원[6)]

〈표 14-1〉 항공안전관리시스템의 구성차원 세부 내용

| 구성 | 차원 | 내용 |
|---|---|---|
| 안전정책 | 관리자의 책임 및 권한, 업무분장, 핵심안전종사자 임명, 비상대책계획, SMS 문서화 | 최고관리자 승인 안전정책, 안전정책의 효율적 전파 및 주기적 평가, 고위관리자들의 지속적 안전정책 이행 노력, 적극적 안전보고 장려 및 활용, 사건·사고 관련 처벌조치 기준, 최고 관리자의 조직 내 안전 관련 시스템에 대한 책임 및 권한, 종사자에 대한 명확한 안전 관련 책임과 권한, SMS 담당자 지정 및 안전위원회 운영, 안전규정에 따른 비상대응계획 수립 및 실행 여부 평가, 안전 관련 문서의 기록·저장 및 정기적 관리. |
| 위험관리 | 위해요인 식별, 위험평가, 위험경감 | 사고 및 준사고 조사 등 잠재적 위해요인 식별 절차, 위해요인, 오류 및 사고 유발 가능 사례에 대한 보고제도와 운영방안, 주요 위험요인의 사후 및 사전예측 평가, 잠재적 위험요소 확인을 위한 안전조사 및 사전조치, 식별된 위험요인 평가절차, 조직이 수용 가능한 위험수준 기준, 합리적으로 실행 가능한 수준의 위험을 분석·평가·통제. |

6) 국토교통부 항공정책실(2013). 항공안전관리시스템 승인 및 운영지침. 10.

| 안전보증 | 안전성과 모니터링, 조직 변화관리, SMS 지속적 개선 | 지속적 안전성과지표 설정·공표 및 평가, 위험경감조치 효과 지속적 평가, SMS의 효율성 평가와 감독, 조직의 안전성과를 위한 안전감사, 새로운 위험요인 및 불필요하거나 비효율적인 위험통제요소 제거·수정을 위한 변화관리 절차, SMS지속적 개선 및 개선노력의 입증자료. |
|---|---|---|
| 안전증진 | 안전훈련·교육, 안전정보 소통 | 안전교육훈련프로그램 운영, SMS 교육·훈련의 효율적 운영및 지속적 측정, SMS를 통한 소통방안 공유, 안전소통의 장려, 안전정보 전파 및 그 효과 모니터링. |

## 2. 항공안전관리 시스템 관련 연구

항공안전에 대한 다양한 연구에 비해 SMS에 관한 연구는 매우 한정적으로 연구되어왔다. 가장 대표적인 SMS에 관한 연구는 ICAO의 Doc9859, Safety Management Manual과 Annex19, Safety Management이며 이를 기반으로 제정된 우리나라의 국가항공안전프로그램(SSP)과 항공안전관리시스템(SMS)이라고 할 수 있다.

안혁수는 항공 안전관리시스템 모형개발 연구를 통해 SMS의 개념과 외국의 현황 및 분석을 통해 효과적인 항공 안전관리시스템을 모형을 제안하였다. 손성화는 항공사고 예방을 위한 안전관리시스템 연구를 통해 안전관리시스템의 이론과 운영사례 및 발전방향을 연구하였다. 김재윤은 항공안전 자율보고제도의 활성화 요인 분석을 통한 SMS에 대한 개념 연구에서 타인의 보고행동에 대한 부정적 또는 긍정적 간접경험이 자율적 보고행동에 직접적인 영향을 미친다는 것과 비밀보장이나 포상 등이 이에 대해 매개역할을 한다는 것을 확인하였다. 김연명·안혁수·최연용는 공항안전관리체계(SMS)도입방안이라는 연구에서 선진국의 사례를 분석하여 국내 항공산업 부문의 특성을 고려한 공항안전관리체계를 제안하였다. 즉 공항규모별 특성에 따른 두 가지의 조직체계·보고체계를 제안하였다. 조성환, 김기웅, 박성식은 Chen & Chen(2014)의 SMS 실증척도를 적용하여 항공사 안전관리시스템에 대한 조종사의 인식과 안전행동에 대한 연구를 진행했다.

많은 연구를 통해 안전사고는 종사자가 업무수행에 있어 안전하게 이행하지 않았을 때 발생하는 것으로 알려져 있다. 종사자의 안전행동에 대한 기준은 SMS에 의해 그 절차와 규정이 정해지고 교육훈련 및 다양한 소통경로를 통해 종사자에게 전달된다. 따라서 SMS이 종사자의 안전행동에 직·간접적으로 영향을 미칠 개연성은 매우 높다. 그러나 시스템과 행동 변수 간의 관계를 확인한 연구는 많지 않다.

조성환, 김기웅, 박성식의 항공사 SMS에 대한 조종사의 인식과 안전행동에 대한 연구에서는 SMS이 조종사의 안전행동 동기부여에 대부분 유의한 영향을 미치는 것을 파악했다.[7] 김연명·안혁수·최연용은 공항안전관리체계(SMS)도입방안이라는 연구에서는 선진국의 사례를 분석하여 국내의 항공산업 부문의 특성을 고려한 공항안전관리 체계를 제안하였다.

또한, 항공관련 정비조직, 관제사와 공군 등 다양한 관련 직종을 대상으로 하여 안전문화와 안전분위기 연구가 이루어졌다. 유상영의 항공관제사를 대상으로 한 연구에서 중요성과 규정절차의 2개 요인으로 구성하여 안전문화를 측정하였으며, 안전문화에 대한 개념 정의는 일관성이 없이 다양한 여러 산업 분야에서 다르게 다루어지고 있고, 측정하는 방법마다 장단점이 있기 때문에 모든 산업분야에 적용할 수 있는 표준화된 측정도구는 없다고 하였다. 그의 연구는 안전문화와 안전분위기가 모두 안전행동에 미치는 영향을 살펴보았으며, 안전행동을 규정준수와 소극적 행동으로 구성하였다. 안전문화는 안전행동에 영향을 미치지 않는 것으로 나타났으며, 안전분위기 중 한 개 요인이 소극적 행동에만 유의한 영향을 미치는 것으로 나타났다.

그리고, 김규형은 항공사 안전관리시스템이 안전인식과 안전행동에 미치는 연구에서 항공사 SMS가 안전문화에 미치는 영향을 분석한 결과, SMS 3개의 요인 모두 안전규범 문화에는 유의한 영향을 미치는 것으로 나타났으며, 안전인식 문화에는 안전정책 요인을 제외한 2개 요인만 유의한 영향을 미치는 것으로 나타났다. SMS가 안전분위기에 미치는 영향을 분석한 결과, SMS

7) 조성환, 김기웅, 박성식(2014). 항공사 안전관리시스템에 대한 조종사의 인식과 안전행동에 대한 연구. 한국항공운항학회지, 22(2), 60-70.

의 하위요인인 안전정책이 안전지향과 안전학습에는 영향을 미치지 않고, 안전공감에는 부(-)의 영향을 미치는 것으로 나타났다. 위험관리와 안전보증은 안전분위기의 모든 요인에 유의한 영향을 미치는 것으로 나타났다.[8]

Chen & Chen은 항공 관련 기업의 SMS 성과를 평가하기 위해 항공전문가와 항공사 관리자 관점에서 SMS 측정척도를 개발하는 연구를 하였다. Diaz & Cabrera의 항공사 지상직 종사자들을 대상으로 한 연구에서는 안전정책, 생산성 대비 안전성, 안전에 대한 조직 태도, 안전정책, 공항 안전수준, 직무 안전수준의 6개 요인으로 안전분위기를 측정하였다.[9]

## 3. 항공안전 사고 사례

### 3.1 개요

세계 각국의 항공사 안전을 평가한 기관인 JACDEC(Jet Airliner Crash Data Evaluation Centre)의 2012년 자료를 토대로 우리나라 국적 항공사인 대한항공과 아시아나항공이 전체 60개 항공사 중 각각 56위와 46위를 기록한 것에 착안하여, 국적항공사들의 항공안전에 문제가 있음을 제기하고 항공사의 안전과 경쟁력 간의 관계에 관한 탐색적 연구에 대한 내용이다. 구체적으로 항공사고를 발생시키는 요인, 사고예방조치, 사고 발생 후 후속조치를 각각 내재적 차원과 외재적 차원으로 구분하여, 대한항공과 아시아나항공의 창사 이래 모든 항공사고사례를 대상으로 분석하였으며, 이를 토대로 국적항공사의 안전개선전략을 도출 제시한다. 본 연구를 통해 한 번 발생하면 대형 인명사고와 물적 손실로 연결되는 항공사고 예방과 항공안전 강화를 위한 방안을 모색할 수 있기를 기대한다.

8) 김규형(2015). 항공사 안전관리시스템이 안전인식과 안전행동에 미치는 영향. 경기대학교대학원 박사학위논문.

9) Diaz R.I. & Cabrera D. D., Op. cit., 1997, pp. 643-650.

## 3.2 일반 항공사고

2013년 7월 7일 샌프란시스코 공항에서 한국을 대표하는 국적항공사인 아시아나항공은 착륙사고가 발생했다. 아시아나항공은 1993년 추락사고(Boeing 737-500, HL7229, 목포공항, 사망자 68명) 이후 위기대응 매뉴얼을 마련한 이후 2011년 오인사격사고와 추락사고(Boeing 747-400, HL7604, 제주공항 인근, 사망 2명)에 이어 또다시 사상자 사고가 발생한 것이다.

항공기 사고를 비행단계별로 구분하면 약 반 이상이 이륙 및 착륙 단계에서 일어나고 있으며, 항공사고는 일반적으로 1가지 이상의 복합요인에 의해 발생하는 경우가 많다. 주요사고 원인으로 생각될 수 있는 것은 조종사의 판단조작 실수, 기상의 영향, 정비과실, 항공기의 설계결함, 장치의 고장, 비행장 및 지상 항법시설의 결함, 항공교통관제의 착오 등을 들 수 있다. ICAO의 규정에 따라 착륙과 이륙의 단계 중 사고가 발생하는 시점은 아래의 그림과 같이 탑승(taxi, load/ unload, parked, tow), 이륙(takeoff), 초기 상승(initial climb), 상승(climb), 순항(cruise), 하강(descent), 초기 진입(initial approach), 최종 진입(final approach), 착륙(landing)으로 이루어져 있다.

Boeing(2012)의 보고서에 따르면, 사상자 사고의 빈도가 가장 높은 단계는 초기 진입에서부터 착륙이며 각각은 14%, 16%, 20%를 차지하고 있어 50%에 해당한다. 사상자 사고의 빈도가 두 번째로 높은 단계는 이륙(10%)과 초기 상승(6%)단계이다. 한편, 탑승 상태에서의 사상(on board fatalities)은 순항상태가 가장 높게 나타났지만(22%), 대부분 위의 경우와 유사한 결과를 보였다(그림 14-2 참조).

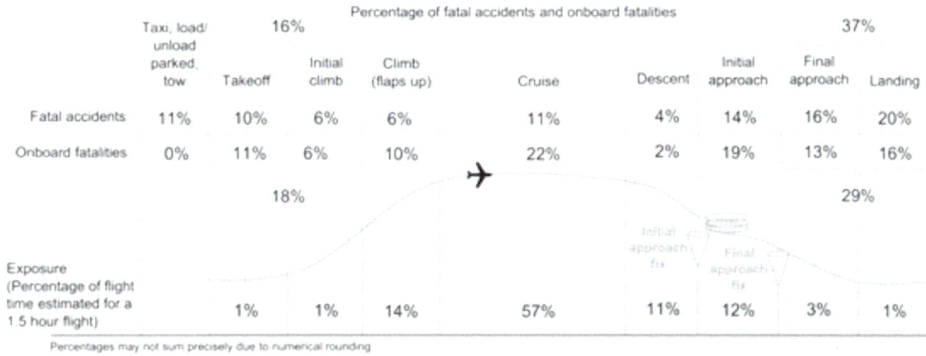


[그림 14-2] 사상자 발생과 탑승 상태에서의 사상자 발생 비율(출처: Boeing, 2012)

[그림 14-3] 항공사고

국제민간항공운송협의회(IATA, International Air Transport Association)는 사고 분류 시스템을 개발하여 항공사고의 원인 요소를 크게 인적(human performance), 조직(organizational issues), 기술적 이유(technological issues), 위험과 오류관리(threat and error management)로 나누고 있으며, 세부적으로는 조종사 숙련도 미숙, 조종사 훈련 부족, 조종사 커뮤니케이션 미흡, 기상악화, 공항시설 부족, 조종사의 절차 실수, 표준절차 미확인 등이 포함되어 있다. IATA가 제시하고 있는 다양한 사고는 항공사고가 발생한 결과에 주안점을 두고 만들어진 것이기 때문에 기업(항공사) 입장에서는 발생의 원인이 무엇인지를 밝히는 것에는 한계가 있다. 조종사와 항공기를 운영함에 있어서 항공사고가 발생했을 때 항공사는 주로 외재적 요인보다는 내재적 요인에 책임져야 하는 구조를 가지고 있기 때문에 불가항력적인 특성을 가지는 외재적 요인은 항공사고와 관련된 사안들 중 다소 고려대상의 우선순위에서 낮을 수밖에 없다.

## 3.3 항공사례분석

본 내용에서 다루는 두 항공사의 항공사고는 준사고를 포함한 모든 사고를 말한다. 이러한 항공 사고를 조사하면서 항공사고의 발생에 대해서는 항공정보포털시스템(www.airportal.go.kr), ASN(Aviation Safety Network, aviation-safety.net), IATA(www.iata.org), 항공사고정보(www.planecrashinfo.com) 등을 참고하였고, 항공사고 내용은 국내 신문사(네이버 아카이브), 각 항공사가 공시하는 연례보고서, 그리고 다양한 인터넷 뉴스매체를 통해 사고사례를 조사하였다. 본 내용에서는 항공사의 경쟁력을 판가름하는 기준으로 기내서비스와 같은 고객서비스만족도와 함께 항공안전을 중요하게 다루고 있다. 어쩌면 고객만족보다 항공운송이용객을 목적지까지 안전하게 모시는 항공안전이야말로 항공사의 기본 중의 기본이라고 할 수 있을 것이기 때문이다.

### 3.3.1 대한항공

#### 1) 항공사고와 사고요인

대한항공은 1969년 3월 1일 창립된 이후 28건의 사고가 발생했다. 현재까지 발생한 항공사고의 흐름을 살펴보면 아래와 같은 몇 가지 특이점을 발견할 수 있다. 우선, 연대별로 살펴보면 과거에는 주로 인적, 기타, 공항 등의 요인에 의해 사고가 발생하였고, 1980년대와 90년대를 거치면서 물적요인이나 해당 기업의 요인에 의해 사고가 발생한 것으로 나타났다. 둘째, 전반적으로 사상자는 급상승하다가 감소하는 추세를 보였다. 이는 항공기 기술이 점차 발전함에 따라서 대형 사고보다는 미미한 안전사고가 발생하고 있음을 확인할 수 있다. 셋째, 표에 의하면 1980년대 사고는 인적 요인과 테러로 발생하였고, 90년대는 항공시설의 미비와 인적 요인의 복합적 작용으로 발생했다. 즉, 위의 기술적 발전 요인과 함께 고려해 볼 때 정치적 안정과 사회적 인프라의 발달로 사고 자체의 빈도수는 줄어든 것으로 확인되었다.

(1) 내재적 요인

인적요인. 먼저, 조종사의 과실은 항공사 창립 당시부터 2000년대까지 가장 많은 사상자를 발생시켰다. 이 때문에 1978년 4월 12일 KE902편 격추 사고, 1983년 9월 1일 KE007기 격추사고 등이 발생하였는데, 특히 2번째로 발생한 KE007기 사고는 앵커리지로부터 서울까지 자동비행시스템으로 운항 중에 소련 영공으로 항로를 이탈하여 격추되었다. 소련 영공의 침범 이후 격추된 두 번째 사고기였던 이 항공기는 INS(Inertial Navigation System) 모드가 아닌 헤딩모드에 있었고 조종사는 이 문제를 발견하지 못했다. 이 때문에 소련 영공으로 들어가게 된 후 미국 정찰기 RC-135호에 모든 신경을 곤두세우고 있었던 소련 공군은 KE007편을 정찰기로 오인하여 민항기에 대한 어떠한 ICAO의 표준을 따르지 않고 미사일로 민항기를 요격했다. 하지만 이 사고는 여러 가지 의문이 남아 있다. 항공기 조종의 관련된 승무원 누구도 항로 이탈을 파악하지 못했고 왜 소련 공군이 민항기임을 파악하고도 격추했는지는 밝혀지지 않았다. 다만, 대한항공은 1978년과 1983년 두 차례에 걸쳐 소련 전투기에 의해 격추되었다. 대한항공은 소련 영공의 항로에 대해 조종사에게 엄격한 교육을 시행해야 했음에도 불구하고 사고를 미리 방지하지 못했다.

한편, 과거에 많은 사고 원인으로 지목된 조종사의 과실은 특히 기장과 부기장의 위계질서에 인해 발생 된 경우가 많다. 잘못된 운전임에도 불구하고 부기장은 제대로 된 언급을 하지 못해 많은 사상자가 발생했다(Gladwell, 2009).

하지만 1990년대의 사고에 인해 대한항공은 이런 점을 숙지하여 위계질서를 없애고 조종의 권한을 똑같이 배분하여 최근 이런 유형의 사고는 거의 일어나지 않게 되었다(ZDNet Korea, 2013).

- 물적 요인: 1980년 11월 19일 KE015편 비상 착륙 사고, 1981년 9월 15일 B747편 철책 충돌사고, 1993년 3월 15일 KE1533편 활주로 이탈사고, 2010년 11월 15일 B747기 기름 유출 사고 등이 있다. 대한항공은 기계적 결함으로 인한 사고가 특히 많았다. 비록 항공기 제작사의 문제도 간과할 수 없지만, 대한항공 자체 엔지니어들이 사고를 발생시킨 문제점을 사전에 발견하지 못하여 출항 혹은 이륙 후에 발견해 회항하는 경우가 많았다. 또한, 이런 사고는 복합적 요인과 함께 일어나는 경우가 많았다. KE015편 사고는 기상 악화, 기계적 결함의 복합적인 원인에 인한 사고였고 KE1533편 활주로 이탈 사고도 조종사의 과실, 기계적 결함의 동시다발적 문제에 인해 발생하였다. 최근에는 기술의 발달에 인해 이런 복합적 요인에 있어서 기계적 결함은 점차 줄어들어 사상자가 발생하지 않고 있지만 발생 빈도는 줄어들지 않고 있다(동아일보, 1998).
- 상호작용 요인: 이 요인은 공항과 항공기의 조종사 간에 발생하는 커뮤니케이션 오류에 의해 발생한 사고 유형이다. 1976년 8월 2일 B707-373C (HL7412편)기 추락사고는 관제사와의 커뮤니케이션 미스에 인해 발생했으며 사상자는 5명으로 집계되었다. 다른 국가와의 비행 시스템을 제대로 이해하지 못한 데에서 발생한 사고라 볼 수 있다. 최근에서야 국제적 기준이 통합되고 표준화되어 이러한 유형의 사고는 이제 거의 발생하지 않지만, 과거에는 언어, 측정하는 단위까지 달라서 많은 어려움과 사고의 위험성이 존재하고 있었고 조종사의 과실이 복합적 요인이 되어 발생했다.

(2) 외재적 요인

- 타 항공사 요인: 타 항공사의 실수로는 1999년 4월 1일 발생한 대한항공 KE036편과 에어차이나 9018편의 충돌 미수사고, 2002년 1월 9일 카고 581편 꼬리 파손사고 등이 있다. 다행히도 이런 사고에서 사상자는 발생하지 않았다. 특히 KE036편 충돌 미수사고는 오헤어 공항에서 활주로에서 이륙하던 순간 진입을 잘못한 에어차이나 항공기와 충돌을 할 수도 있었지만,

대한항공 036편의 기장이 가까스로 방향을 틀어 미수에 그쳤다.

- **공항 요인**: 다른 원인보다 발생 횟수가 적지만 그에 비해 엄청난 사상자를 발생시키는 것은 바로 항공시설 미비로 인한 사고다. 1997년 8월 6일 KE801편 사고와 1999년 12월 23일 발생한 KE8509편 추락사고를 예로 들 수 있다. 항공시설 미비는 공항의 인적자원에 의해서 발생한 사고 혹은 시설물에 의한 사고 2가지 경우로 나눌 수 있다. 먼저 801편은 조종사의 과실과 공항의 시설 미비로 괌 공항으로 착륙 중 추돌 사고가 발생하여 225명이 사망하고 29명이 부상을 당하는 최악의 참사가 일어났다. 이 사고는 최저안전고도경보시스템(MSAW, Minimum Safe Altitude Warning)이 다른 공항과는 다르게 바깥 부분 해상에서 신호를 보내는 방식으로 되어 있는 괌 공항의 특성 때문으로 항공시설 미비의 책임을 묻지 않을 수 없었기에 미연방교통조사위원회(NTSB, National Transportation Safety Board)는 한때 자국 공항 보호를 위해 빠른 진화를 위해 노력했다. 하지만 이러한 운영방식은 오히려 세계 최대의 항공 사고 조사기관이 공정하지 못했다는 평가를 받았다. 다음으로 공항의 인적자원에 의해 발생한 KE8509편 추락 사고는 런던 스텐스테드 공항 엔지니어의 판단 실수에 인해 고장 난 부분이 방치된 상태에서 기장이 부기장을 압박하여 비행기의 잘못된 운행에도 제대로 된 언급을 하지 않아 발생했다. 이륙하던 기체는 추락하였고 승무원 2명을 포함 기장, 부기장 등 탑승인원 4명이 전원 사망하였다. 항공시설 미비는 그나마 발생률이 적은 사고이긴 하지만 그만큼 사상자나 피해가 다른 사고들에 비해 크고 공항과 항공사 모두에게 나쁜 악영향을 미친다. 이런 유형의 사고도 조종사의 과실, 커뮤니케이션 문제와 함께 발생하며 관제소와의 의사소통 실패와 조종사의 독자적 판단으로 인해 무리를 하게 되었고 그에 인해 사고가 발생한 것으로 나타났다.
- **기타요인**: 미소냉전 시대에 들어서 북한의 테러는 당시 가장 큰 항공안전의 위협이자 직접적인 사고요인으로 작용하였다. 1987년 11월 29일 KE858기는 이라크의 바그다드에서 출발하여 아랍에미리트의 아부다비에 기착한 후, 다시 방콕에 기착하기 위하여 비행하던 중이었으며 다국

적의 승객들이 탑승하고 있었다. 여객기는 29일 미얀마 상공에서 마지막으로 보고를 끝낸 뒤 소식이 끊겼고 사건발생 15일 만인 12월 13일에 다수의 파손 된 물품들을 발견, 수거하여 감식한 결과 비행 중 폭파되어 추락하였다. 이후 많은 의혹이 제기되었고 추가 조사를 벌인 결과, 북한의 대남공작원 김승일과 김현희가 김정일의 지령을 받고 기내에 잠입하였고 시한폭탄과 술로 위장한 액체폭탄을 설치하여 KE858기를 폭파했음이 밝혀졌다. 대한항공은 1960년~80년대까지 지령을 받고 내려온 북한 간첩들에 의해 많은 피해를 받았다. 이처럼 테러에 의한 납치, 격추사고는 항공사가 통제할 수 없는 사고지만 당시의 국제정치의 기류를 생각하면 충분히 예측할 수 있었음에도 불구하고 공항의 보안검사가 철저하게 진행되지 않았다는 점을 간과할 수 없다.

다음에 이러한 사고가 재발하지 않도록 국제적 정치기류를 이해하여 보안 및 신분검사를 철저히 시행하는 안전 대책이 필요해 보인다(동아일보, 1987). 항공기 사고 중에 빼놓을 수 없는 것이 기상악화 현상으로 인한 사고이다. 1998년 8월 5일 김포공항으로 착륙을 시도하던 KE8702편이 활주로에 미끄러져 탑승자 25명이 부상을 입는 사고가 발생했다. 이 사고는 근처 경비행기와 격납고를 파손시켰고 항공기 자체의 오른쪽 날개가 파손되어 불이 나서 승객들이 긴급 대피하였다. 사고 조사 결과, 당시 비가 많이 내려 미끄러운 활주로에서 역추력장치 중 1개가 제대로 작동하지 않았고 바람이 심하게 부는 등 기상 악화가 원인으로 드러났다. 최근 들어 다양한 장치의 개발에 인해 인명 피해는 대폭 줄어들었지만 미미한 사고가 자주 발생했다. 이런 사고들이 큰 사고로 이어질 확률이 높으므로 작은 사고부터 방지하는 가이드라인을 제시해 한 단계 더 안전한 항공사로 성장해야 한다(연합뉴스, 1998).

### 2) 항공사고의 사고요인과 예방 및 후속조치

2000년대 이후로 사고요인 예방 및 이에 대한 후속 조치가 이루어짐에 따라 2000년대 이후로 사상자는 발생하지 않고 있지만, 지속해서 사고 자체는 발생하고 있다. 따라서 그 원인을 알기 위해 예방책 및 후속 조치에 따라 시대별로 크게 3개의 Stage로 분류하여 분석해 보았다.

Stage는 국가차원에서 예방 및 후속조치가 실시된 Stage 1, 기업차원에서 본격적으로 예방 및 후속조치가 가능해진 Stage 2, IT기술을 도입해 안전을 더욱 개선하고자 했던 Stage 3으로 구분된다. 우선 외부적 요인에 인하여 발생한 사고의 가장 큰 비율을 차지하는 사고는 정치적 이해관계에 의한 테러에 의한 사고다. 1958년 대한 국립항공(KNA)의 납북사건 이후 한국은 항공기 탑승객의 무기 소지에 대한 단속을 강화하여 이를 예방하고자 했다(국토교통부, 2010). 그럼에도 불구하고 테러에 의한 사고는 1969년의 YS11편의 납북사건을 시작으로 빈번히 발생하여, 1987년 858편 폭파사고를 마지막으로 끝을 맺었다. 1969년 YS11 항공기의 납북사고는, 12월 11일 강릉에서 승객 및 승무원 51명을 태우고 김포로 향하던 중 승객으로 위장 탑승한 고정간첩 조창희에 의해 북으로 납치된 사건이다. 이후 정부는 납북된 국민의 송환을 위해 교섭하고자 노력하였다(데일리NK, 2008). 이 사건은 후에 청원경찰법 제8조 2항과 청원경찰법시행령 제12조에 근거를 두고 국내선과 국제선 승무원들에게 총기를 휴대하는 계기가 되었다. 1987년에는 이라크바그다드에서 출발한 KE858기가 1987년 인도양 상공에서 북한공작원에 의하여 공중폭파된 사건이 발생하였다. 이후 당국은 현지 조사반을 파견하여 사건의 진상을 규명하고자 하였으며, 대북 안보 체제 강화에 힘썼다. 그 이후 1990년대에는, 1993년 11월 부산 항공청 및 대한 공항공단이 공기 피랍방지 및 사고처리 모의훈련을 시행하는 등 테러상황이 발생했을 때, 그 조치를 강화하기 위한 훈련을 시행하기도 하였다(연합뉴스, 1993). 대부분 테러에 의한 사고 후 조치는 사건의 원인을 정확히 파악하고, 그 책임을 묻는 데에 집중되었으며 항공사의 보안을 강화하기 위해 그 권한을 검찰에게 넘기는 등의 정책을 마련하여 예방하고자 했다. 이처럼 테러로 인한 사고는 국제적 관계로 인하여 발생하는 경우가 대부분이기 때문에 그 후속조치 및 예방조치가 대부분 국가차원에서 이루어지는 모습을 볼 수 있었다.

NASA의 연구에 따르면, 항공사고 원인의 70% 이상은 기계적 오류나 기상

악화가 아닌, Human Error에 의해 발생하는데, Stage 2에 해당하는 1980년대 초반 대한항공은 1980년 KE015편 비상 착륙 사고 및 1981년 B747편 절책 충돌사고를 겪으며 Human Error로 인한 사고의 심각성을 파악하여, 1983년을 기점으로 조종사 훈련프로그램 강화를 통해 사고를 예방하고자 하였다(American Psychological Association, 2004). 특히, 항공기 조종 상황을 실제로 체험할 수 있는 Simulator Building(이하 SIM BLDG)을 1983년 12월 건설하여 이를 훈련에 도입하였다. 이후 이 SIM BLDG를 점차 증축하고, 항공기 종별 Simulator를 도입하면서 조종사의 숙련도를 높여갔다.

Stage 3에서는 점차 컴퓨터를 이용한 기술이 발달하면서, CBT-System (Computer Based Training) 및 E-learning을 도입하여 그 훈련의 효율을 높이고자 하였다. 또한, FSBTI(Flight Safety Boeing Training International)에 훈련을 위탁하여 그 전문성을 높였다. 이는 훈련의 전문성을 높여 사고를 예방하고자 한 노력으로 보이나, 아시아나항공 및 여러 국가의 항공사와 달리 조종사 훈련을 항공사 자체에서 진행하지 않고 타 국에 위탁했다는 점에서 예방조치로의 약점을 드러내기도 했다.

한편, 상호 간 커뮤니케이션 문제에 인해 발생하는 사고를 예방하기 위해서 1986년 United Airlines와 Scientific Methods Inc.에서 공동 개발한 CRM (Cockpit Resource Management)을 도입하여, 커뮤니케이션 문제를 수정하고자 노력했다(대한항공 운항 훈련소, http://www.kalft.co.kr). CRM 프로그램은 올바른 인적자원 관리를 위한 훈련 프로그램으로 이루어져 있다. 이는 1981년 미국에서 처음 시작되었고, 거듭되는 훈련 개발을 통하여 항공사고를 줄여나가는 데에 크게 기여했다(Helmreich, Merritt, and Wilhelm, 1999).

대한항공은 1986년 CRM 프로그램을 도입한 이래로 현재까지 총 75차의 훈련을 시행하여 1,500명의 직원이 과정을 이수한 상태이다. CRM훈련은 3박 4일간 총 40시간의 세미나를 통해 교육을 받는다. 또한, 세미나 이후 LOFT (Line Oriented Flight Training) 훈련을 1년에 2회 시행하여 직접시뮬레이션을 통한 훈련이 가능하도록 한다. 이러한 훈련의 성과를 LOE(Line Oriented Evaluation)을 통해 검증한다(Skynews, 2005).

이러한 예방조치에도 불구하고 1997년 대한항공은 조종사의 과실이 큰 원인으로 작용한 801편 추락사고를 겪게 된다. 이는 총 225명 사망, 29명 부상이라는 큰 인명피해를 초래한 사고였다. 사후 미국 연방 항공국(FAA, Federal Aviation Administration)과 괌 공항 당국은 괌 주둔 미군해군과 공군, 해안경비대, 괌 정부에 즉각 사실을 알리고 사고 수습에 나섰다. 곧이어 현장 조사와 희생자 처리를 책임지는 NTSB와 연방 항공국교통부 요원들이 괌으로 급파되었고, 사고 현장에서는 생존자 구조 작업이 전개되었다. 이를 통해 대한항공은 그동안 시행해 오던 CRM 시스템에 위계질서를 강조하는 커뮤니케이션상의 문제가 있음을 발견하고, 이를 대폭 수정하게 된다. 그러나 이러한 CRM 프로그램에도 맹점은 존재했다. 대한항공은 기종에 상관없이 조종사들이 동일한 CRM훈련을 받도록 하고 있는데, 이러한 훈련의 획일화에 대하여 항공사 운영기종 변경에 따른 신규훈련과 심사 전문성에 대한 민원이 발생한 것이다. 실제로 최신 항공기의 도입, 자동화 등 항공기 특성의 변화로 새로운 운항환경에 맞는 훈련, 평가체계 없이 한 프로그램을 모든 조종사에게 적용하였으며, 또한 이는 훈련 평가 시 교육 단계별 문제점 파악이 어려워 평가 표준화 및 feedback이 불가한 상황이 발생했다(항공안전관리연구소, 2011). 이를 통해 CRM을 통한 훈련, 평가 체계는 환경의 변화와 무관하게 같은 교육 방법을 적용하고 있기 때문에, 환경변화에 대하여 유연성과 전문성이 부족했음을 알 수 있다. 미국 및 유럽의 여러 항공사는 AQP(Advanced Qualification Program)라고 하는 새로운 훈련 프로그램을 Stage 2에 해당하는 1980년대 후반에 도입했다(ICAO, 2010). 그러나 국내 항공사는 그 필요성이 2000년대 초반부터 꾸준히 언급되었음에도 불구하고 비교적 늦은 2010년 10월 국토교통부를 통하여 도입하도록 규정이 만들어졌다.

한편 최근 조종사의 인적자원관리가 주요한 사고의 원인으로 제기되고 있다. 2013년 8월 25일 항공업계의 조사에 따르면 현재 대한항공의 조종사 수는 1,300명이다. 이는 FAA의 FRMS(조종사 피로도 관리 시스템)가 규정하는 의무 휴식시간 등을 감안했을 때 약 5~10% 부족하다. 이 때문에 대한항공은 전체 조종사 중 15%를 외국인 용역업체에서 고용하고 있다. 조종사 수 부족의 원인은 다양하게 꼽을 수 있지만, 대한항공의 경우 아시아나항공과 다르게 자체적인 비행훈련원을 보유하다가 폐지한 것이 가장 큰 원인이라 하겠다. 또한, 최근 중국 항공사들이 동시다발적으로 급증하며, 외국인 조종사의 고용을 위해 스카우트 비용으로 한국의 항공사보다 많은 급여를 지급하면서, 다수의 조종사들이 중국으로 떠나고 있다. 이 또한 국내 항공사의 조종사의 인력난을 가중시키고 있다. 대한항공은 이러한 상황에 인해 본래 1,000시간으로 규정되어있던 연간 비행시간을 1,050시간으로 늘리고자 노조와 협의하고 있다(국토교통부, 2013). 이처럼 조종사 수가 부족하게 되면, 그만큼 조종사별 운항시간이 길어질 수밖에 없고, 이는 그들이 피로감을 느끼게 한다. 이는 자칫하면 큰 사고를 유발할 수 있는 인적요인으로 작용할 우려가 크다.

### 3) 항공사고의 사고요인과 예방 및 후속조치 시사점

Stage 1부터 3까지 항공기의 기계적 결함으로 인한 사고는 지속해서 발생해 왔다. 그럼에도 불구하고 대한항공은 유가 및 정비료 절감을 위하여 이에 대한 관리를 소홀히 해 온 것으로 보인다. 그 결과 정비관리 분야에서는 항공기제작사가 권고하는 정비개선 기술지시서를 받고도 부분품 및 공구 부족 등에 인해 지정 기간 내에 수리하지 못하는가 하면 지상 정비시간의 부족으로 운항할 수 없게 되어 있는 경우에도 변칙으로 분할점검을 한 사례 등이 1990년 교통부의 감사로 적발됐다. 또한, 1988년 12월 31일 토론토 공항 계류장 진입 시 엔진이 장애물과 접촉해 손상을 입은 사고를 비롯하여 1985년 이후 일어난 공항에서의 접촉 사고 등 4건의 사고를 교통부에 보고하지 않은 것들이 적발되었다(연합뉴스, 1990). 이처럼 Stage 1, 2에서 대한항공은 항공기의 기계적 결함에 인해 계속하여 발생하는 사고에도 불구하고, 그에 대한 대책을 마련하지 않는 안일한 태도를 보였으며, 이는 2000년대에 발생한 많은 사고의 원인이 되었다.

Stage 3에 들어서며, 앞선 사고에 대한 예방책으로 대한항공은 기존의 안전관리 시스템을 IT 기술을 바탕으로 구축한 'SafeNet' 시스템을 2009년부터 새로이 구축하였다. 이는 세계적인 인정을 받고 있다. 그 결과 지난 2010년 미국 EtQ사의 주최로 열린 '2010 EtQ 사용자 회의(2010 EtQ User Conference)'에서 최우수 업체로 선정되었다. 대한항공의 안전관리시스템인 세이프 넷(SafeNet)은 각종 위험요소를 총괄적으로 검토하여 정량적 평가가 가능한 기반을 확보했다. 대한항공은 4개월 동안 총 47만 달러를 투입해 비행자료 분석 시스템의 고장 탐구 지원 및 예방 정비 기능을 강화했으며, 총 19만 달러를 투입해 회사의 안전관리 IT 시스템을 대폭 개선했다(서울경제, 2011). 이를 통해 대한항공이 2009년 이후로 안전관리 시스템의 강화에 큰 박차를 가하고 있으며, 이것이 실제 비행의 안전성을 높이는 데에 효과적이라고 인정을 받고 있다는 사실을 알 수 있다.

IT 시스템의 개선은 안정성을 높일 것이라는 예상과 달리 2010년 항공기의 기계 결함에 인한 사고는 한 달간 4건이나 발생했다. B747기를 비롯하여 B737, B777기 사고의 대부분이 항공기의 결함으로 발생하였다. 국토 해양부는 이에 대한항공 엔진 정비 실태에 대해 특수 점검을 시행했다. 그 결과 '비개선회보(Service Bulletin)의 신속한 이행과 반복적인 엔진결함에 대한 항공사 차원의 원인 분석 및 예방대책 수립, 엔진 사용가능 시간의 단축 정비규정 준수'에 관하여 문제점을 발견했고 이에 과징금을 부과했다(노컷뉴스, 2010). 그 후 대한항공은 2012년부터 시행하기 위해 설계해 오던 ERP System(전사적 자원관리 시스템)에서 정비 관련 부분을 강화하였다. 실제로 기존의 정비 시스템은 실제 문제 발생으로부터 정보 전달까지의 차이가 약 30%였던 것으로 나타났다. 전사적 관리 시스템은 2012년 1월부터 시행되었으며, 항공사의 자산 관리 및 정비 상태 파악에 큰 도움을 주었다.

전사적 시스템의 도입을 시행한 뒤, 2013년 5월 정비문제로 비행기가 4시간 반 연착된 데 이어, 2013년 7월 엔진결함으로 러시아에 비상착륙하는 사태가 있었다. 후에 B777-300ER기의 GE엔진 제작상 결함이 있었던 것으로 밝혀졌으나, 이륙 후에서나 그 결함을 발견한 점은 문제시된다(동아일보, 2013). 실제로 대한항공은 그 정비 기술과 시스템의 숙련으로 세계에서 좋은 평가를 받아왔지만, 정비미숙으로 인한 사고가 끊임없이 발생하고 있는 것이 현황이다. 이는 기계 정비를 위한 장비와 시스템을 잘 갖추고 있음에도, 아직도 정비 과정에 대한 숙련 및 관련 규정 준수 의식이 미성숙한 것으로 보인다.

결론적으로, 대한항공은 사고원인을 다각적으로 분석하여 그 해결을 위해 사고 예방책을 위주로 하여 꾸준히 노력해 왔음을 알 수 있다. 또한, 시대에 따라 부각되는 사고원인이 달라지면서 그 예방책도 다양하게 변화했다.

Stage 1에서 가장 크게 부각되었던 사고 원인은 항공사 자체의 내재적 요인보다는 북한 및 다양한 국제 관계에서 오는 외재적 요인이었다. 이는 항공사뿐만 아니라 국가 차원에서 항공 관련 규정을 개선해 나가면서 해결되었다.

Stage 2에 들어서게 되면서, 1980년대에는 조종사의 숙련도 향상을 위한 노력이 이어졌다. 각종 Simulation 기계와 해외 선진국 항공사의 훈련 시스템 등을 도입하여, 한층 전문적으로 조종사를 육성하고자 노력했다.

또한, 이러한 노력은 Stage 3에서 네트워크 기술의 발달함에 따라 더욱 보편적, 포괄적인 조종사 교육을 가능하도록 했다. 시설 증축을 통한 심화된 전문성을 갖춘 점 또한 큰 강점이라 할 수 있다. 그러나 아시아나항공과는 달리 항공사 자체의 훈련원이 부재하여, 해외 항공사에 훈련을 위탁하고 있다. 이는 국내 환경을 고려하지 않은 교육시스템이라 판단되며, 국내 출신 조종사 수 부족에 일조하고 있는 큰 원인이다.

위에서 언급된 항공사고 및 후속조치와 관련하여 대한항공이 JACDEC 2012에서 56위로 최하위권을 기록하게 된 원인은 JACDEC이 지난 30년간 다양한 사고 기록의 누적을 평가했기 때문이다. 평가항목이 사고 발생 건수, 사망자 수, 무사고 운항기록, 결항, 항공 손실 등으로 구성되어 있다는 점을 고려해 볼 때, 대한항공이 2000년 이후 무사고를 기록했지만 1983년 9월 1일 소련 전투기 피격 사건 등 대형 참사와 관련한 대형 항공사고가 누적된 것이 평가에 큰 영향을 미친 것으로 보인다.

### 3.3.2. 아시아나항공

#### 1) 항공사고와 사고요인

아시아나항공은 1988년 설립 이후 총 4건의 사고가 발생했다. 본 연구는 사고의 원인이 명확하게 발표되지 않은 2013년 추락사고(B777-200ER, HL7742,

샌프란시스코 국제공항, 사망자 3명)를 아래의 표에서 제외했다. JACDEC의 통계에 따르면 현재까지 아시아나항공의 기체손실은 3건, 사망자 수는 73명에 달한다. 아시아나항공의 사고 요인을 내재적 요인과 외재적 요인으로 분류하여 설명하면 다음과 같다.

(1) 내재적 요인

- **인적요인**: 아시아나항공의 사고 중 인적 요인으로 발생한 사고는 1993년 추락사고이다. 이 사고는 아시아나항공의 첫 번째 사고로써 1993년 7월 26일 목포공항에서 발생했다. 이 사고로 승무원 포함 탑승객 106명 중 68명이 사망했고 38명이 생존했다. 해당 여객기는 기상악화로 총 3회의 착륙시도를 실패한 후 관제탑과 교신이 단절되며 추락하였다. 조종사가 기상악화에 인해 거리착각을 일으켜 규정 고도보다 낮게 운행하여 산과 충돌하였다는 것을 알 수 있다. 조사결과를 참고하면 이 사고는 조종사의 과실, 기상악화, 항공시설의 미비 등 여러 가지 원인이 복합적으로 작용한 사고인 것을 알 수 있다.
- **물적요인**: 아시아나항공의 사고 중 물적 요인으로 발생한 사고는 2011년 추락사고이다. 이 사고는 아시아나항공의 두 번째 추락 사고로써 제주공항 인근에서 발생하였다. 이 사고로 기장과 부기장이 사망하였다. 당시 이 사고는 기내 화물화재가 사고의 원인으로 밝혀졌다. 당시 항공기는 LCD와 반도체 부품 등 일반 화물과 화재의 가능성이 있는 리튬 이온 전지, 페인트, 아미노산 등을 싣고 있었다. 하지만 최근에 정부는 기내에 있던 화물이 폭발 가능성이 낮다는 점 등 여러 가지 의문스러운 점을 바탕으로 사고의 원인을 재조사하여 규명하기로 결정하였다(머니투데이, 2013).

(2) 외재적 요인

- **기타요인**: 아시아나항공의 사고 중 기타 요인으로 발생한 사고는 2011년 오인 사격 사고이다. 이 사고는 2011년 6월 17일 인천 교동도 해병대에서 발생하였으며, 대공감시초소 초병 2명이 아시아나항공 여객기를 북한 공군기로 오인하여 사격한 사고이다. 여객기의 위치가 소총의 사정거리 밖

이어서 기체 피해는 없었다. 군 관계자는 초병들이 새벽 시간 해무가 짙은 바다 상공 때문에 여객기의 거리를 착각하게 되어 오인 사격을 하였다고 말했다(한국일보, 2011). 하지만 민항기 운항 교육을 받은 초병이 아시아나항공이 지난 10년간 항로로 사용해 오던 위치에 오인 사격을 한 것은 논란의 여지를 낳았다. 사고 이후 군 당국은 민항기 식별 및 운항 시간 교육을 더 강화하였다.

2013년 추락사고(B777-200ER, HL7742, 샌프란시스코 국제공항, 사망자 3명)는 사고 조사 단계 중이어서 정확한 사고 원인을 알 수 없다. 이사고는 7월 7일 미국 샌프란시스코 국제공항에서 발생하였다. 승무원 포함 탑승 승객 307명 중 3명이 사망했고 304명이 생존했다. 이 사고는 항공기가 착륙하는 과정에서 활주로 앞에 방파제 부분에 언더캐리지(랜딩기어)가 충돌하여 발생하였다. 이 사고로 해당 여객기는 기체의 뒤쪽 부분이 파손되었으며, 동체 연장부 전기 전자 계통 회선에서 화재가 발생하였다. 현재까지 발표된 조사 일지에 따르면, 기계의 결함은 발견되지 않고 있다고 한다. 이러한 이유로 NTSB(미국연방교통안전위원회)는 사고의 원인을 조종사의 과실로 성급하게 몰아가려 하였다(파이낸셜뉴스, 2013). 이와 같은 조사진행상황에 대해서 국제 민간 조종사 협회와 국제 조종사 노조는 강력하게 반발하고 있다.

### 2) 항공사고의 사고요인과 예방 및 후속조치

아시아나항공은 1988년 창립 이후 1993년 1건, 2011년 2건, 2013년 1건 총 4번의 항공사고가 발생했다. 항공사고를 발생 시기에 따라 2단계로 나누어 보면 다음과 같다. 첫 번째 Stage 1은 1970~1990년대로 아시아나항공 창립시점이 포함된 기간이다. 두 번째 Stage 2는 1990년대부터 현재까지의 기간이다. 아시아나항공의 Stage도 대한항공의 Stage와 유사한 편으로, Stage 1은 정부가 직접 관여하여 후속조치를 실시하게 했으며, Stage 2에서는 기업이 내부적으로 안전을 개선하기 위해 다양한 시도를 하였다.

아시아나항공의 첫 번째 사고는 Stage 1단계의 1993년 7월 26일 발생한 여객기 추락사고로, 회사가 창설된 후 5년이 채 되지 않아 탑승객의 인명피해를 냈다. 이 사고는 내부적 요인의 인적요인(조종사 과실), 외부적 요인의 공항요인(항공시설 미비)과 기타요인(기상악화)의 복합작용에 의해 발생한 것으로 사고 직후 아시아나항공의 조치는 사고 직후 사고대책본부를 구성하고, 사망자와 부상자의 후송방안 등을 마련하였다(매일경제, 1993). 아시아나항공 측은 사고발생 후 약 4시간 뒤 특별기를 마련하고 교통부 장관을 포함한 사고대책반과 아시아나항공 사장을 포함한 회사관계자, 탑승객 가족 등을 싣고 광주공항으로 출발했다. 사고 당일 버스를 포함해 유족 60명을 현지로 수송했으며, 다음날에는 3편의 비행기로 149여 명의 유족들을 수송하였다.

아시아나항공 사고대책반은 사망자들이 대부분 서울이 연고지임을 고려해 한양대, 순천향대, 영동세브란스, 신촌세브란스, 용산중앙대 강남시립병원 영안실을 확보하고 사고 다음날 새벽부터 가족들의 생사와 장례절차, 현지 교통편을 묻는 전화에 대응하였다. 한편 아시아나항공은 사고수습을 위해 사고 난 비행기와 같은 기종의 B737-500 1대를 동원하여 운행하되 서울~목포 간 정기운항은 하지 않기로 했다. 아시아나항공은 1993년 추락사고 이후 '위기대응 매뉴얼'을 마련하여 운영하고 있으며, 탑승자 및 가족들의 정신적·물질적 지원을 담당하는 'Special Assistance Team'을 구성하여 지속적인 교육훈련을 시행하고 있고, 매년 항공기 사고 위기대응모의 훈련을 시행하고 있다. 이는 첫 번째 사고의 후속조치이자 사고 재발을 방지하기 위한 예방조치이기도 하다(아시아나항공, 2009).

아시아나항공은 Stage 1에서 Stage 2로 진입하면서 안전도를 향상하기 위해 지속적인 예방조치를 취했다(아시아나항공, 2010). 2004년 국내 항공사 최초로 안전도 향상 최고의 프로그램인 LOSA(Line Operation Safety Audit)를 도입하여 사고 잠재요인과 운항승무원의 과실 유발 요인을 사전에 확인하고, 문제점들을 발췌한다. 2007년부터는 정비본부에서 작업 중 안전사고, 항공기 비정상 운항, 운항 지연 및 결함을 최소화하기 위하여 항공기 품질관리 시스템을 전면적으로 개편·시행했다. 정비품질점검활동은 정비현장의 간단하고 일상적인 점검으로 시작하여 제규정규칙의 준수, 작업절차 준수, 적절한 장비 등의 사용여부 등을 집중적으로 점검하여 불안전 요소를 개선하기 위한 것이다. 또한, 아시아나항공은 2008년부터 ICAO 관련 규정에 따라 국토교통부 항공정책실로부터 시스템 인증을 획득하여 국내 항공사 중 최초로 안전관리시스템을 구축 운영하고 있다. 뿐만 아니라 아시아나항공은 안전을 위한 교육훈련 프로그램을 시행하고 위기 및 위험관리를 하는데, 먼저 교육훈련프로그램의 내용을 살펴보면 다음과 같다.

첫째, 아시아나항공은 CRM과 안전 교육에 집중하고 있다. 가장 먼저 예방조치로 CRM교육을 증강하였다(아시아나항공, 2012). 다양한 조종사 구성 및 동서양 문화적 차이 등 기장과 부기장 간 수직적 관계에 인해 발생할 수 있는 비행안전의 장애요인을 제거하고 운항승무원 고유의 역할과 책임을 존중하는 조종실 문화를 정착시키기 위한 것으로, 운항관리사, 정비사, 객실승무원까지 확대하였다. CRM의 초기교육은 7시간이며 보수교육은 연 1회로 객실(매니저급)과 운항 직원들을 대상으로 합동교육을 시행하고 있다.

둘째, 안전 교육 프로그램을 시행하고 있다. 조종사의 자질은 안전운항에 직결되는 요소이다. 기장 교육을 받기 위해서는 조종사 개인의 기본자격 요건을 자격심의위원회를 통해 검증한 후 이를 통과한 대상자에 한하여 재차 인사위원회를 시행하며, 이 두 단계를 통과해야 기장승격훈련에 입과 할 수 있다. 이후에도 규정된 모의비행장치(Simulator) 훈련과 실제 비행훈련의 2단계 평가를 통과해야 기장자격이 주어진다. 조종사를 대상으로 하여 안전운항을 위해 주어진 연도별 의무교육시간을 제시하고 있다. 이러한 교육프로그램은 객실승무원에게도 적용되고 있으며 법정초기훈련(신입기본교육/40시간), 승객안전데모(신입기본교육/8시간), Safety and Emergency(국제선 캐빈 매니저 교육/15시간) Leadership Skill(국제선 B737 캐빈 매니저 교육/8시간), 장기 휴직자 복직훈련(23시간) 등 다양하게 시행되고 있다. 2011년 6월 17일 발생한 민항기 오인 사격 사건은 외재적 요인 중에서도 기타요인(군사적 실수)에 의해 발생한 사고로 아시아나항공은 회사 차원에서의 공식적인 항의나 법적인 대응은 하지 않았다(쿠키뉴스, 2011). 오인사격의 예방을 위해서는 민항기를 포함한 모든 항공기와 군의 방공무기에 피아식별장비가 장착된 것뿐만 아니라 방공무기 사격체계상 통제 및 확인 절차가 마련되어있다. 다만, 군 당국은 이 같은 오인 사격 사건의 재발을 방지하기 위해 초병들의 민항기 식별 교육을 강화하고, 미확인 물체 접근 시 초병이 경고사격 전 신호탄이나 조명탄을 발사하는 방안을 마련하였다.

2011년 7월 28일 발생한 화물기 화재 사건은 내부적 요인 중에서도 물적요인(기내 화물 화재)에 의해 발생한 사고이지만 아직 정확한 사고 원인 규명을 하지 않고 있다(아시아나항공, 2008). 아시아나항공은 자연재해, 화재, 폭발, 유해물질 유출 등 각종 사고에 인해 인적·물적 피해가 발생하는 상황에 대비하여 비상 대응조직을 갖추고 매년 비상훈련 계획을 수립시행하고 있지만 안타깝게도 이 사고에서는 빛을 발하지 못했다(뉴스제주, 2011). 아시아나항공은 동 사건의 후속조치로, 줄어든 수송여력을 보강하기 위해 미국항공사 World Airway로부터 화물기 한 대를 임차했다.

Stage 2로 접어들면서 아시아나항공은 2차례의 사고가 추가로 발생하였지만, Stage 1의 1993년의 여객기 사고 이후 더 이상의 여객기 사고는 발생하지 않아 항공안전에 있어 안정화를 찾는 듯했다. 하지만 2013년 7월 7일 인명피해를 낸여객기 추락사고가 한 차례 더 발생하였다. 아시아나항공은 사고 발생 1시간 만에 비상체제로 돌입했다. 하지만 현장을 향한 사고대책반은 사고 발생 10시간 후에 인천공항을 출발했으며 아시아나항공의 최초 기자회견은 사고 발생 후 12시간 만에 개최되었나(국토교통부의 최초 기자회견은 사고 발생 이후 약 6시간이 지난 후 개시). 충돌 이후 정보를 얻으려는 탑승객의 가족들을 위한 수신자 부담번호는 항공기 충돌 후 약 9시간 후에 아시아나항공 웹 사이트에 개시되었으며, 사고 현장에 아시아나항공 사장과 직원, 가족들을 파견하는 데에는 3일이 걸렸다. 한편 아시아나항공의 '회원 항공사 간 상호 협정에 의거, 평상시 협력 체제를 공고히 하고 중대한 위기 상황 및 비정상 상황 시 관련 협정과 절차에 따라 시행'한다는 기존의 위기 및 위험관리 매뉴얼에 따라 파트너 사인 '유나이티드 콘티넨탈 홀딩스'는 아시아나항공 승객들에게 긴급 지원을 제공하기 위해 공항 라운지를 개방했고 유나이티드 대표들이 부상자들과의 연락책 역할을 위해 지역 병원으로 파견됐다. 또 승객들을 위해 호텔 객실을 마련하고 승객들과 그 가족들이 항공편을 다시 예약할 수 있도록 도왔다.

1993년 첫 사고 발발 이후와 비교했을 때에 2013년의 후속조치는 비슷한 맥락을 보인다. 그러나 대응 속도(시간)에서는 오히려 덜 신속했다. 사고 발생 지점이 각각 국내, 해외인 점을 고려하더라도 2013년에 국내에서 이루어질 수 있는 초기 대응이 발 빠르지 못했다는 점은 분명한 듯하다. 따라서 사전에 사고 발생률을 줄이려는 안전관리뿐만 아니라, 사고 발생 후 사후 위기 대응 관리에 대해서도 체계적인 관리가 필요할 것으로 생각된다. 특히 막대한 인명피해가 수반될 수 있는 대규모의 사고가 대부분인 만큼 사상자 및 부상자, 탑승객의 가족들과의 즉각적이고 원활한 커뮤니케이션이 이루어질 수 있도록 하고 이들에 대한 즉각적인 조치도 함께 이루어져야 할 것이다.

아시아나항공은 2013년 7월 15일 항공업계 긴급 안전대책 회의에서 운항승무원의 훈련프로그램 강화(기종 전환 비행시간 연장), 전 운항승무원을 대상으로 자동비행 시스템과 비정밀 접근절차, 시계 착륙 등에 관한 특별 교육을 시행, 안전 취약 공항에 대한 관리 강화, 경력이 부족한 조종사들에게 전담 교관을 붙이는 멘토링 제도 도입, 안전관리 분야 강화, 현장 정비조직을 제작사별로 운영해 전문성 강화, 기종별 운영위원회에 정비사 3명을 충원, 안전조사 분야의 시스템 및 조직적 원인을 발굴해 예방대책을 수립, 승무원 자원관리, 위협과 과실관리 훈련 등을 통한 승무원 간 의사소통 능력 향상, 피로위험관리시스템의 조기 도입 등의 추가적인 안전 대책 및 앞으로 사고 재발을 방지하기 위한 예방책을 발표하였다.

### 3) 항공사고의 사고요인과 예방 및 후속조치 시사점

Stage 1단계에서의 예방조치는 미미했다. 1993년 목포 여객기 추락사고 이전에도 대한항공에서 발생한 항공사고가 몇 건 있었지만, 정부가 항공사에 대한 행정상의 지시로서 업무상 지켜야 할 운항규정과 정비규정 등에서 정한 규정의 강화와 외국인 조종사의 채용 및 관리상의 문제를 개선토록 하는 정도였다(김맹선, 2008). 하지만 아시아나항공은 Stage 1에서 Stage 2로 진입하면서 안전도를 강화하기 위한 지속적인 예방조치를 취한다. 2004년 국내 항공사 최초로 안전도 향상 프로그램인 LOSA(Line Operation Safety Audit)를 도입했고, 2007년부터는 정비본부에서 항공기 품질관리 시스템을 전면적으로 개편 시행했다. 또한, 2008년부터 아시아나항공은 ICAO 관련 규정에 의거하여, 국토교통부 항공정책실로부터 시스템 인증을 획득하여 국내 항공사 중 최초로 안전관리시스템을 구축운영하고 있다. 더불어 체계적인 안전 교육훈련 프로그램을 실행하고 있다. 이렇듯 Stage 2단계에서는 항공 안전도를 향상하기 위해 항공사 자체적으로 많은 노력을 하고 있고 체계적인 안전 시스템을 갖추게 되었다. 하지만 여전히 관련 규정을 위반하는 사례가 발생하는 등 항공 안전의 근간이 되는 사항을 소홀히 하는 점이 최대 약점으로 보인다.

후속조치의 경우, Stage 1단계에서 1993년 사고가 국내에서 발생한 만큼 사고 현장에의 도착, 유가족 관련 조치 등이 비교적 신속하게 이루어졌다. 또한, 이 사고 발생 후 '위기대응매뉴얼'을 제정하여 추후 발생 가능한 항공사고에 대한 대비책을 항공사 자체적으로 마련하였다. 실제로 이는 Stage 2단계의 2013년 7월 사고에서 빛을 발했다. 더불어 아시아나항공은 사고 동일 기종 항공기를 도입하여 사고에 인한 운항 스케줄 차질을 최소화했다. Stage 2단계의 후속조치는 Stage 1단계와 유사하다. 특히 2013년 7월에 발생한 민항기 추락사고에서의 후속조치는 Stage 1단계에서의 후속조치와 매우 비슷한 맥락을 보인다. 이는 '여객기 추락사고'와 '인명피해'라는 공통점 때문으로 보인다. 다른 점은 사고 현장 파악과 탑승객 관련 조치가 Stage 1보다 신속하지 못했다는 것이다. Stage 2에서의 사고가 국외에서 발생한 사고임을 고려하더라도 국내에서 취할 수 있는 초기 대응이 발 빠르지 못했다는 점은 분명하다. 항공사는 항공시장의 범위가 전 세계라는 점을 유념하여 사고 발생 지점이 국내/국외임을 불문하고 후속 조치가 신속하게 이루어질 수 있도록 개선해야 할 것이다.

한편, 2011년 6월에 발생한 민항기 오인 사격 사건에서는 군사적 실수로 발생한 것으로 아시아나항공 측은 불쾌함을 보이기도 했으나 공식적인 항의나 법적 대응은 하지 않았다. 2011년 7월에 발생한 화물기 화재 사건 이후에는 미국항공사 World Airway로부터 화물기 한 대를 임차하여 줄어든 수송 여력을 보강하였다

위에서도 설명한 바와 같이, 아시아나항공이 JACDEC 2012에서 46위로 하위권을 기록하게 된 원인은 JACDEC이 지난 30년간 다양한 사고 기록의 누적을 평가했기 때문인데, 아시아나항공이 1994년 이후 무사고를 기록했지만 1993년 7월 26일 전남 해남군 추락사고 및 다른 몇몇 사고에서 사망자 수가 많았던 점이 크게 작용한 것으로 보인다.

### 3.3.4. 사고 후 안전조치 개선전략제시

- 관련 규정 준수

  항공사고의 원인 중 인적 요인에 의해 발생한 것이 상당수이다. 연구 결과 우리나라 국적 항공사들의 관련 규정위반 또는 규정 불이행의 사례가 많다는 것을 발견하였다. 항공사는 자체적으로 감독기능을 강화하고 있지만 이것에 상관없이 항공종사자들이 관련 규정을 준수하는 것은 아주 기본적이며 항공안전에 있어 핵심이 되는 요소이다. 더욱이 항공사고는 한번 발생하면 그 규모가 상당하기 때문에 미미하다고 생각되는 안전 요소일지라도 소홀히 하거나 놓쳐서는 아니 된다. 2013년 7월 발생한 사고에서도 관련 규정을 준수하지 않은 사실이 있는바, 항공사고의 예방과 항공안전도 향상을 위해 기본적이고 핵심이 되는 '안전 관련 규정의 준수'가 반드시 선행되어야 할 것이다. 대한항공과 아시아나항공 모두 공정거래 관련 법률의 규정을 준수할 수 있도록 '자율 준수프로그램'을 도입하여 운영하고 있다. 이와 같은 시스템을 안전·정비 부문까지 적극적으로 확대하여 안전 관련 감독 체계를 더욱 강화하고 지속적인 관련 교육 등을 통해 준법정신 함양에 힘써야 할 것이다. 또한, 항공사는 자체적으로 안전문화 확산을 위해 지속해서 개선책을 마련해야 할 것이다. 이는 단기적으로는 안전규정 위반을 사전에 방지하여 과징금 부과 등 법적 비용을 줄일 수 있고, 장기적으로는 항공사 안전도 향상으로 인해 기업 경쟁력과 가치가 제고될 수 있을 것이다.

- 승무원 피로 위험 관리 시스템(Fatigue Risk Management System)

  앞에서 언급했듯이 인적 요인은 항공사고의 중점적인 원인이다. 승무원의 피로는 이러한 인적 요인에 큰 영향을 미친다. ICAO는 승무원의 피로관리에 관해 규정하고 있으며 각 체약국은 ICAO의 기준을 바탕으로 해당 국가의 피로관리 규정을 수립하고 있다. 우리나라는 '항공법 및 운항 기술기준'에 승무원 피로관리 기준을 수립하고 있다. 하지만 우리나라의 기준은 최소한의 항목에 대한 규제 위주의 획일적인 기준이다. 우리나라의 기준이 얼마나 미비한지 알 수 있다. 운항승무원 피로관리는 비행시간, 비행근무시간, 근무시간 제한과 휴식시간의 기준으로 구성되어 있다. 아시아나항공은 Flight Time Limitation(FTL)이라는 최대 비행시간을 규정하고 있는데, 이 시간은 실제 예상되는 비행시간이 아닌 '타임테이블'상에 편성된 비행시간을 말한다. 실제로 비행하고 있는 승무원에게는 적합한 정의가 아니다. 따라서 아시아나항공의 예를 참고하면 우리나라의 운항승무원 피로관리의 기준이 합리적이지 않다는 것을 알 수 있다. 이 외에도 우리나라의 승무원 피로 관리 시스템은 부족한 부분이 많다. 아시아권에서 가장 먼저 FRMS에 대해 준비를 시작한 케세이 항공은 3년 동안 모든 승무원들에게 피로도 관련 자료를 받아 그것을 분석하고 평가하여 케세이 항공만의 FRMS를 구축하는 데 힘을 쏟았다. 이후에도 승무원들이 자발적으로 피로관련 보고서들을 제출해 분석된 자료들은 운항 스케줄에 반영되고 있다. 이러한 시스템의 결과로서 캐세이 항공은 JACDEC2012에서 3위를 차지하였다. 이를 통해서 FRMS는 항공 안전과 밀접한 관련을 가지며 우리나라가 FRMS의 도입이 시급하다는 것을 알 수 있다.

- 능숙한 인적재원 마련

체계적인 안전시스템, 교육훈련 프로그램, 정비시스템은 기존에도 잘 수립되어 있었고 앞으로 더욱 강화될 것으로 보인다. 특히 시스템과 각종 장비들은 성능이 좋은 최신의 것을 많이 도입하고 있다. 하지만 체계적인 안전시스템과 정비, 교육훈련 프로그램이 시너지 효과를 발휘하기 위해서는 이들의 도입과 마련뿐만 아니라 기본규칙규정 준수에 보다 힘써야 할 것이다. 실제로 현재 국도부 운항기술기준에 따라 새로운 형식의 항공기로 전환하는 기장은 이착륙이 포함된 최소 20회 비행 또는 이착륙

10회가 포함된 60시간의 비행을 비행교관의 감독 아래 수행해야 하지만 2013년 7월 사고 발생 시 관숙비행 중이었던 기장의 B777 운항 경력은 9회, 운항시간은 총 43시간이었다. 아무리 좋은 시스템과 체계적인 교육 훈련 프로그램을 가졌다 하더라도 기본 규정을 지키지 않고서는 회사의 안전 개선을 위한 노력과 투자가 빛을 발하기 어려울 것이다.

- 잠재적 사고 예방에 대한 논의

두 항공사는 꾸준히 항공사 내부의 문제로 인한 사고를 예방하고자 노력하였다. 그러나 위에서 언급된 조종사 피로도 관리 및 정비 규정 준수에 대한 예방은 아직 미비하다고 볼 수 있다. 또한, 타 국에 비해 사고 후 대책반이 미흡하며 단순히 여론을 수습하기 위한 노력으로 그 대책이 이루어지고 있다. 물론 지금까지 2000년대에는 사고로 인한 사상자가 발생하지 않은 점은 훌륭하지만 한 번의 사고가 돌이킬 수 없이 많은 사상자를 내는 것이 항공기 사고이니만큼 훗날 큰 사고로 이어질 수 있는 이러한 잠재적 사고 예방에 대해 충분한 논의와 대책이 필요하다. 즉, 더는 사고 후 예방책 세우기 혹은 사고 후 시스템의 수정이라는 식의 태도는 그만두어야 할 것이다. '예방'이란, 사고가 일어나기 전에 이를 막기 위한 것이라는 점을 명심해야 할 것이다. 이를 위해서 국적항공사인 두 기업은 시초를 다루는 중요한 문제에 대해서는 당국(국토교통부 등)과 Hot line을 설치하여 잠재적 문제에 즉각 대응할 수 있는 수단을 마련해야 할 것이다.

- 시스템 도입보다는 안정화

각 항공사는 IT시스템이나 ERP 등 해외 선진 효율성 강화 시스템을 도입하여 경쟁력이 뒤떨어지지 않도록 경영선진화를 이룩하고자 노력하였다. 특히, 대한항공은 전사적 관리 시스템을 정비부분까지 확장하여 정보전달의 지연시간을 확실히 줄였다. 시스템의 도입이 주는 장점이 앞으로 제구실하기 위해서 기업이 노력해야 하는 점은 도입한 시스템을 내재화(internalization)하여 모든 직원이 이해하고 습득해야 한다. 이를 위해서는 시스템을 도입하기 이전에 교육이 필요하고 도입 이후에는 직원 간

충분한 모의실전 훈련을 지속해서 수행하여 신입직원이나 기존에 교육을 받지 못했던 직원들까지 참여시켜야 하므로 상당한 기간의 인내가 요구된다. 실제로 대한항공은 그 정비 기술과 시스템의 숙련으로 세계에서 좋은 평가를 받았지만, 정비 미숙으로 인한 사고가 끊임없이 발생하고 있다. 이는 기계 정비를 위한 장비와 시스템을 잘 갖추고 있음에도, 아직도 정비 과정에 대한 숙련도를 높이고 있지 못함이 드러난 사례이다. 아시아나항공도 예외 없이 신규 시스템도입에 대한 발표와 비전을 발표하고 있지만 제대로 작동하고 있는 것은 드물다고 볼 수 있다.

예컨대, ICAO나 IATA에서 권장하는 안정화 시스템을 일본의 JAL 혹은 ANA와 비교해 부족한 부분을 보완할 수 있다면 사절단 혹은 벤치마킹팀을 만들어 몇몇 부서에 모의 도입을 시도해 성과를 판단하여 도입을 결정해야 할 것이다.

### 3.3.5. 결론 및 시사점

본 내용에서는 항공안전에 관한 연구로서 과거부터 현재까지 발생하고 있는 두 국적항공사의 항공사고의 원인이 무엇이며, 사고에 관한 예방조치와 후속조치는 어떻게 이루어지고 있는지 제시하였다. 이를 통하여 각 항공사가 어떠한 사고 요소에 더 관심을 기울여야 하는지 파악할 수 있도록 도움을 주며, 항공사 입장에서 통제 가능한 요소들을 중심으로 구체적인 항공안전 개선 전략을 다음과 같이 제시하였다.

항공사에게 항공사고는 기업의 경쟁력에 있어서 큰 악영향을 미친다. 대한민국의 대표적인 항공사라 할 수 있는 대한항공, 아시아나항공은 JACDEC에 의한 안전평가를 통해 보았을 때, 문제점이 있는 것으로 밝혀졌다. 본 내용은 항공사별 발생한 사고의 원인과 그로 인한 피해를 살펴보았다. 또한, 이러한 사고의 예방책 및 사고 후 대책의 변화를 1930년대부터 현재까지 시대에 따라 세 단계로 나누어 살펴보고, 이를 JACDEC 안전평가에서 그 안전성을 높게 평가받은 외국의 타 항공사와 비교하였다. 이는 이를 통해 국내 항공사의 사고 예방책 및 사후 대책에서 개선방안을 찾기 위함이다.

연구 결과 두 항공사의 사고 원인은 내재적, 외재적 요인으로 나누어진다. 그중 항공사 자체적 노력으로 개선될 수 있는 내재적 사고요인은 크게 인적 요인, 물적(기계적) 요인, 상호적(의사소통 문제) 요인 등 세 가지로 나누어 볼 수 있다. 두 항공사 모두 이러한 사고 요인의 예방을 위해 지속해서 그 교육시스템 및 훈련 장비 등을 개선해 왔다. 그러나 아직도 항공사고 예방에서 몇 가지 문제점이 발견되었다. 첫째, 조종사의 인적자원관리에서의 문제이다. 다른 국가에 비하여 우리나라 항공기 조종사의 비행시간은 ICAO에 의해 권장된 기준보다 높은 편이다. 최근 조종사의 피로도가 항공기 사고의 큰 원인으로 부각되고 있는 만큼, 다른 국가의 항공사는 FRMS 등을 도입하여 이를 예방하고자 한다. 그러나 우리나라에는 아직 이 시스템이 도입되지 않았으며 이 때문에 항공사와 노동조합 간의 갈등도 계속해서 이어지고 있다. 둘째, 규정 준수의 문제를 들 수 있다. 우리나라는 사고 예방을 위한 정비기계 및 훈련시스템 및 장비가 잘 갖춰져 있지만, 그 적용에서 국제적인 규정을 따르지 않아 사고가 발생하는 일이 잦다. 실제로 최근 발생한 대한항공과 아시아나 항공기의 사고에서 운항규정 준수가 미흡한 점이 수차례 발견되었다. 이 때문에 국토교통부에서 정기적 혹은 특별감사를 시행하나, 크게 개선되지 않고 있다.

한편, 사고 후 처리에서 두 항공사 모두 사고 대책반이 존재하며, 아시아나 항공 같은 경우 사고대책 매뉴얼까지 갖추고 있는 등 대비책을 갖추고 있으나, 다른 국가에 비해 기동력이 떨어지고 체계적 관리가 되어 있지 않다는 아쉬움이 있었다. 항공사고는 그 원인이 다양하며, 한 번 발생할 경우 그 규모와 피해가 막대할 수 있기 때문에 사고를 미리 방지하기 위한 노력의 중요성이 매우 크다. 항공사고는 항공사의 입장에서 항공기 자체의 유실, 인명손실, 사고 후 처리 및 보상, 회사의 명성과 이미지 실추 등에서 다양한 비용을 유발할 가능성이 높으며, 이 때문에 장·단기적으로 해당 항공사의 가치 및 경쟁력을 떨어뜨리는 요인으로 작용한다. 항공사고의 다각적 요인 중에서도 내재적 요인을 중점적으로 분석한 본 연구를 통해 국적 항공사 및 일반 항공사에게 다음과 같은 도움을 줄 수 있을 것이다.

첫째, 항공사 자체적으로 반드시 선행되어야 할 관련 규정준수 등 안전문화 확산을 통한 안전의식 제고에 대한 중요성을 전사적으로 각인시켜 항공사의 근본적인 경쟁력인 항공안전을 확보할 수 있어야 한다. 둘째, 승무원 피로도 관리시스템 등과 같이 항공사고에 중대한 영향을 미칠 수 있는 시스템 도입의 필요성과 선진사례를 제시하여, 항공서비스 분야에서뿐만 아니라 항공안전 분야에서도 세계 최고 수준을 달성할 수 있어야 할 것이다. 셋째, 항공사고의 원인 중에서도 많은 부분을 차지하며 항공사 자체적으로 상당부분 통제 가능한 인적 요인 관리의 중요성을 강조하여, 항공사가 앞으로 안전도 향상을 위해 나아가야 할 방향을 제시하였다. 넷째, 기존 국적 항공사뿐만 아니라 신생 항공사들이 후발주자로서 기존 항공사의 문제점을 보완하고 좀 더 높은 수준의 항공안전을 확보한 항공사로 성장할 수 있도록 도움을 주고자 한다.

결론적으로, 본 사례를 통하여 항공사가 사고 발생률을 줄이고 안전도를 향상하기 위해 취할 수 있는 실질적인 안전개선 전략을 제시함으로써 국적항공사 및 일반 항공사의 가치 및 경쟁력 제고에 도움을 주고자 하였다. 세계 각국의 항공사들은 고객편의와 서비스개선, 규모의 경제 등을 목적으로 점차 글로벌 전략적 제휴를 확대하고 있다. 그럼에도 불구하고 항공안선은 여전히 개별 항공사들의 몫으로 남아 있으며, 그 중요성이 점점 더 커지고 있다. 아울러, 세계적인 항공규제완화 흐름 속에서도 항공안전과 관련된 규제는 점점 더 강화되는 추세이며, 특히 항공사고를 유발한 항공사에 대한 각종 제재조치는 한층 더 강화될 전망이다. 이러한 추세를 감안하여 우리나라 국적항공사들의 항공안전에 대한 인식과 경쟁력 모두가 강화되기를 바라며 본 연구가 보탬이 되기를 기대한다.

CHAPTER 15

# 보건관리



## 1. 건강의 개념

### 1.1 건강의 정의

질병과 역사의 물결 사이에는 모종의 상관관계가 존재한다. 그 예를 살펴보면 고대 로마시대에 얀토니누스 역병, 두창, 매독, 결핵 등 역사의 전환점에 항상 이렇게 역병이 있었다. 14세기에는 흑사병으로 인해서 약 1억명이 사망하였다. 또한, 1918년 스페인 인플루엔자로 인해서 작게는 5,000만 명 많게는 1억 명이 사망했고, 놀랍게도 그 당시 한국에서도 이 스페인 인플루엔자 때문에 15만 명이 사망을 했습니다. 그 당시 한국 인구가 약 1,700만 명이니까 인구의 1%가 사망을 한 것이다. 그로 인해 발생한 사회적, 경제적 여파에 대해서는 상세한 연구들이 진행된 바 있다. 그만큼 질병은 매우 중요한 부분이고 건강하지 못한 생활에서 비롯된다.

세계보건기구(WHO, world health organization)는 '건강이란 단순히 질병이 없고 허약하지 않은 상태만을 의미하는 것이 아니라 신체적 · 정신석 · 사회적으로 완전히 안녕한 상태'라고 명시한다. 이는 육체적, 정신적으로 건강해야 함은 물론이고 사회생활 중에 자기의 역할과 기능을 만족스럽게 수행할 수 있는 상태까지를 건강의 개념으로 확대시키고 있음을 알 수 있다.

## 1.2 질병발생의 요인

인체의 조직 혹은 기관의 이상으로 원활한 생리기능을 수행하지 못하여 신체의 기능이나 구조에 장애를 초래한 상태를 질병이라 정의한다.

질병의 3가지 요소는 병인과 숙주 그리고 환경 등이 있다. 병인은 질병 발생의 직접적인 원인으로 세균, 바이러스, 기생충, 진균, 성인병, 직업병 등이 있다. 숙주는 질병 발생에 영향을 주는 신체의 내부 요인이라 하고 연령, 성병, 유전, 저항력, 생활습관, 스트레스 등이 원인이다. 질병 발생에 영향을 주는 신체를 둘러싼 외부 요인을 환경 요인이며 기후, 지형, 인구분포, 생활환경 등의 원인이다.

## 1.3 질병의 자연사

- 1단계: 비병원성

  병원성이 없는 건강한 상태로 정상적인 사회생활을 하는 상태이다.
  환경위생을 개선하고 운동과 영양개선을 통해 건강을 위한 적극적인 예방이 필요하다.
- 2단계: 초기병원성기

  질병이 걸리는 초기 단계로 예방접종 등을 통한 소극적인 예방이 필요한 시기이다.
- 3단계: 불현성 감염기

  감염은 되었으나 증상이 나타나지 않는 시기이고, 감염병에 감염되었을 경우는 잠복기, 만성병인 경우에는 자각증상이 없는 시기이다. 조기 진단, 조기 치료 및 정기 검진 등의 대책이 필요한 시기이다
- 4단계: 발현성 감염기

  완전한 질병 상태로 질병의 증상이 나타나며 신체기능이 상실되는 시기이다.
  진단과 치료를 통해 더 이상 질환이 진행되지 않도록 하여야 한다.
- 5단계: 회복기

  환자에게는 질병으로 인한 후유증을 최소화하고 잔여 기능을 재생시켜

활용하도록 도와주고 사회에 복귀할 수 있도록 있는 재활의학이 주가 되는 시기이다.

## 1.4 역학과 감염

역학(疫學, epidemiology)은 Epidemic에서 유래되었고, 질병 혹은 감염병(疫)에 관한 학문으로 정의한다.

인간사회의 집단을 대상으로 질병의 발생, 분포를 관찰하고(기술역학), 그 원인을 규명(분석역학)하여 질병에 대한 관리와 예방책을 강구하는 목적을 가지고 있다. 또한 역학의 역할은 질병 발생 원인 규명, 질병 발생과 유행 상태의 감시, 보건의료 기획과 평가자료 제공, 임상연구 분야에 활용, 질병의 자연사를 관찰 및 기술 등이다

그리고 질병발생의 역학적 개념에는 삼각형 모형설, 거미줄 모형설, 수레바퀴 모형설으로 구성된다.

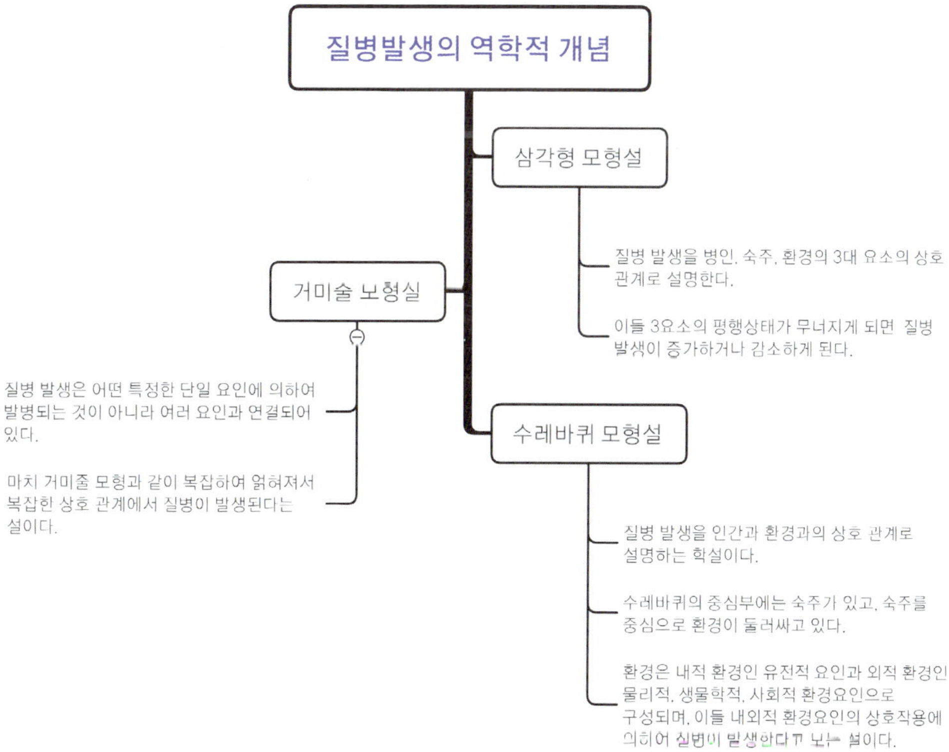

## 1.5 환경 보건

환경(Environment)은 인간을 둘러싸고 있는 모든 외부적인 요소를 통칭하는 개념으로 자연환경, 사회적 환경으로 분류한다.

① 자연환경

- 이화학적 환경: 기후, 공기, 물, 광선, 토양, 소리 등
- 생물학적 환경: 동물, 식물, 곤충, 미생물 등

② 사회적 환경

- 인위적 환경: 의복, 식생활, 주거, 위생시설, 산업시설 등
- 문화적 환경: 정치, 사회, 문화, 경제 등

③ 환경보호 대상

- 대기환경(기후, 태양광선, 공기)
- 수질환경(상수, 하수)
- 주거 및 의복 환경

주거환경은 인간이 살고 있는 주거환경은 자연환경(비, 눈, 바람)으로부터 인간의 생명과 재산을 보호하여 건강하고 쾌적한 삶을 유지할 수 있는 공간이며 보건학적 조건은 대지, 주택구조(사업장) 등을 말한다.

① 대지

- 대기, 소음, 진동 등의 환경오염을 발생요소 없고, 교통이 편리한 곳
- 주택은 남향, 동남향으로 채광확보
- 토양은 건조하고, 물의 침투성이 크며, 쓰레기 매립지가 아닌 지질
- 깨끗한 상수를 충분히 공급받을 수 있고, 하수처리가 잘된 곳

② 주택구조(사업장)

- 지붕과 벽은 방서, 방한, 방수, 방음이 잘되어야 함
- 거실, 침실, 어린이 방은 남쪽으로 하고, 화장실, 목욕탕, 창고 등은 북쪽에 위치
- 각 공간의 동선 효율성과 연결성을 고려하여 부엌과 식당 배치

## 1.6 산업 보건

산업보건은 '산업재해를 예방하고 쾌적한 작업환경을 조성함으로써 노무를 제공하는 자의 안전과 보건을 유지·증진' 되도록 하는 것이라 정의할 수 있다.

① 산업보건 관리대상

- 작업환경조건관리(작업의 방법, 근로시간, 온도, 습도, 환기, 광선, 소음, 진동 등)
- 근로자의 건강관리(근로자의 체력, 영양 등)
- 유해 위험요인관리(산업피로, 산업재해 등)

② 산업현장 작업조건

- 공장의 입지 - 안전성과 위생적인 측에서 시설 정비
- 근로 생산성향상 - 주거, 교통수단, 보건시설, 여가시설이 구비
- 채광, 환기, 소음, 진동, 방수, 재해 예방설비 설치
- 폐기물 처리장, 폐기물 재활용 시설 등을 완비
- 탈의실, 휴게실, 세면장, 화장실, 기숙사 등의 복지시설

③ 근로자 건강관리

근로자의 일반적인 질병이나 직업병 등을 사전에 예방하고 치료하기 위해서는 근로자의 건강진단을 주기적으로 시행

건강진단 결과는 고용노동부 장관이 정하는 건강진단 개인표에 기재하고, 근로자 및 사업주에게 결과를 통보하고 사업주는 송부받은 결과표를 5년간 보존한다(발암성 확인 물질을 취급하는 근로자에 대한 건강검진 결과는 30년간 보존).

| 종류 | 목적 | 실시 시기 |
|---|---|---|
| 일반 건강진단 | 근로자의 주기적인 건강보호 및 유지 | 사무직: 2년,<br>일반근로자: 매년 |
| 특수 건강진단 | 유해인자에 노출되는 업무 종사자 | 6~12개월 |
| 수시 건강진단 | 직업성 천식, 피부 질환 등의 증상이나 소견이 있는 근로자 | 수시 |
| 임시 건강진단 | 직업병 집단 발생 예방 및 직업병 발생 부서 근로자의 긴급한 건강보호 유지 | 필요시 |

# 2. 업무상 질병

## 2.1 개요

근로자의 업무상의 재해를 신속하고 공정하게 보상하며, 재해근로자의 재활 및 사회 복귀를 촉진하기 위하여 이에 필요한 보험시설을 설치・운영하고, 재해 예방과 그 밖에 근로자의 복지 증진을 위한 사업을 시행하여 근로자 보호에 이바지하는 것을 목적으로 한다. "업무상의 재해"란 업무상의 사유에 따른 근로자의 부상・질병・장해 또는 사망을 말한다.

그러나 업무상 질병과 일반 질병의 구분을 명확하게 하기란 쉽지 않다. 업무상 질병은 시간의 경과로 직업과의 인과관계를 명확하게 규명하기 어려운 경우가 종종 있다.

일반적으로 업무상 질병을 직업병이라고 약간의 차이가 있다. 보통 특수검진에서 직업병 등으로 분류되어도 모든 직업병이 산재에 포함되는 것은 아니다. 예를 들어, 특수검진에서 난청에 대한 직업병 진단이 되었더라도 진단 및 판정의 기준이 산업재해보상보험법과 달라 특수검진 상 직업병이 산업재해보상보험법상 업무상 질병과 일치하지 않는 경우도 있다.[1)]

산업재해보상보험법 제37조 업무상 재해의 인정 기준은 근로자가 다음의 어느 하나에 해당하는 사유로 부상・질병 또는 장해가 발생하거나 사망하면 업무상의 재해로 본다. 다만, 업무와 재해 사이에 상당인과관계(相當因果關係)가 없는 경우에는 그러하지 아니하다.

### 2.1.1 업무상 사고

가. 근로자가 근로계약에 따른 업무나 그에 따르는 행위를 하던 중 발생한 사고

나. 사업주가 제공한 시설물 등을 이용하던 중 그 시설물 등의 결함이나 관리소홀로 발생한 사고

1) 한돈희 외(2020). 산업보건위생. 서울: 신광문화사. 106.

다. 사업주가 주관하거나 사업주의 지시에 따라 참여한 행사나 행사준비 중에 발생한 사고
라. 휴게시간 중 사업주의 지배관리하에 있다고 볼 수 있는 행위로 발생한 사고
마. 그 밖에 업무와 관련하여 발생한 사고

### 2.1.2 업무상 질병

가. 업무수행 과정에서 물리적 인자(因子), 화학물질, 분진, 병원체, 신체에 부담을 주는 업무 등 근로자의 건강에 장해를 일으킬 수 있는 요인을 취급하거나 그에 노출되어 발생한 질병
나. 업무상 부상이 원인이 되어 발생한 질병
다. 「근로기준법」 제76조의2에 따른 직장 내 괴롭힘, 고객의 폭언 등으로 인한 업무상 정신적 스트레스가 원인이 되어 발생한 질병
라. 그 밖에 업무와 관련하여 발생한 질병

### 2.1.3 출퇴근 재해

가. 사업주가 제공한 교통수단이나 그에 준하는 교통수단을 이용하는 등 사업주의 지배관리하에서 출퇴근하는 중 발생한 사고
나. 그 밖에 통상적인 경로와 방법으로 출퇴근하는 중 발생한 사고

그러나 근로자의 고의·자해행위나 범죄행위 또는 그것이 원인이 되어 발생한 부상·질병·장해 또는 사망은 업무상의 재해로 보지 아니한다. 다만, 그 부상·질병·장해 또는 사망이 정상적인 인식능력 등이 뚜렷하게 낮아진 상태에서 한 행위로 발생한 경우로서 대통령령으로 정하는 사유가 있으면 업무상의 재해로 본다. 또한 출퇴근 경로 일탈 또는 중단이 있는 경우에는 해당 일탈 또는 중단 중의 사고 및 그 후의 이동 중의 사고에 대하여는 출퇴근 재해로 보지 아니한다. 다만, 일탈 또는 중단이 일상생활에 필요한 행위로서 대통령령으로 정하는 사유가 있는 경우에는 출퇴근 재해로 본다.

## 2.2 업무상 질병에 대한 구체적인 인정 기준(산업재해보상보험법 제34조 제3항 관련)

### 2.2.1 뇌혈관 질병 또는 심장 질병

가. 다음 어느 하나에 해당하는 원인으로 뇌실질내출혈(腦實質內出血), 지주막하출혈(蜘蛛膜下出血), 뇌경색, 심근경색증, 해리성 대동맥자루(대동맥 혈관 벽의 중막이 내층과 외층으로 찢어져 혹을 형성하는 질병)가 발병한 경우에는 업무상 질병으로 본다. 다만, 자연발생적으로 악화되어 발병한 경우에는 업무상 질병으로 보지 않는다.

1) 업무와 관련한 돌발적이고 예측 곤란한 정도의 긴장・흥분・공포・놀람 등과 급격한 업무 환경의 변화로 뚜렷한 생리적 변화가 생긴 경우
2) 업무의 양・시간・강도・책임 및 업무 환경의 변화 등으로 발병 전 단기간 동안 업무상 부담이 증가하여 뇌혈관 또는 심장혈관의 정상적인 기능에 뚜렷한 영향을 줄 수 있는 육체적・정신적인 과로를 유발한 경우
3) 업무의 양・시간・강도・책임 및 업무 환경의 변화 등에 따른 만성적인 과중한 업무로 뇌혈관 또는 심장혈관의 정상적인 기능에 뚜렷한 영향을 줄 수 있는 육체적・정신적인 부담을 유발한 경우

나. 가목에 규정되지 않은 뇌혈관 질병 또는 심장 질병의 경우에도 그 질병의 유발 또는 악화가 업무와 상당한 인과관계가 있음이 시간적・의학적으로 명백하면 업무상 질병으로 본다.

다. 가목 및 나목에 따른 업무상 질병 인정 여부 결정에 필요한 사항은 고용노동부장관이 정하여 고시한다.

### 2.2.2 근골격계 질병

가. 업무에 종사한 기간과 시간, 업무의 양과 강도, 업무수행 자세와 속도, 업무수행 장소의 구조 등이 근골격계에 부담을 주는 업무(이하 "신체

부담업무"라 한다)로서 다음 어느 하나에 해당하는 업무에 종사한 경력이 있는 근로자의 팔·다리 또는 허리 부분에 근골격계 질병이 발생하거나 악화된 경우에는 업무상 질병으로 본다. 다만, 업무와 관련이 없는 다른 원인으로 발병한 경우에는 업무상 질병으로 보지 않는다.

1) 반복 동작이 많은 업무
2) 무리한 힘을 가해야 하는 업무
3) 부적절한 자세를 유지하는 업무
4) 진동 작업
5) 그 밖에 특정 신체 부위에 부담되는 상태에서 하는 업무

나. 신체부담업무로 인하여 기존 질병이 악화되었음이 의학적으로 인정되면 업무상 질병으로 본다.

다. 신체부담업무로 인하여 연령 증가에 따른 자연경과적 변화가 더욱 빠르게 진행된 것이 의학적으로 인정되면 업무상 질병으로 본다.

라. 신체부담업무의 수행 과정에서 발생한 일시적인 급격한 힘의 작용으로 근골격계 질병이 발병하면 업무상 질병으로 본다.

마. 신체부위별 근골격계 질병의 범위, 신체부담업무의 기준, 그 밖에 근골격계 질병의 업무상 질병 인정 여부 결정에 필요한 사항은 고용노동부장관이 정하여 고시한다.

### 2.2.3 호흡기계 질병

가. 석면에 노출되어 발생한 석면폐증

나. 목재 분진, 곡물 분진, 밀가루, 짐승 털의 먼지, 항생물질, 크롬 또는 그 화합물, 톨루엔 디이소시아네이트(Toluene Diisocyanate), 메틸렌 디페닐 디이소시아네이트(Methylene Diphenyl Diisocyanate), 핵산메틸렌 디이소시아네이트(Hexamethylene Diisocyanate) 등 디이소시아네이트, 반응성 염료, 니켈, 코발트, 포름알데히드, 알루미늄, 산무수물(acid anhydride) 등에 노출되어 발생한 천식 또는 작업환경으로 인하여 악화된 천식

다. 디이소시아네이트, 염소, 염화수소, 염산 등에 노출되어 발생한 반응성 기도과민증후군

라. 디이소시아네이트, 에폭시수지, 산무수물 등에 노출되어 발생한 과민성 폐렴

마. 목재 분진, 짐승 털의 먼지, 항생물질 등에 노출되어 발생한 알레르기성 비염

바. 아연・구리 등의 금속분진(fume)에 노출되어 발생한 금속열

사. 장기간・고농도의 석탄・암석 분진, 카드뮴분진 등에 노출되어 발생한 만성폐쇄성폐질환

아. 망간 또는 그 화합물, 크롬 또는 그 화합물, 카드뮴 또는 그 화합물 등에 노출되어 발생한 폐렴

자. 크롬 또는 그 화합물에 2년 이상 노출되어 발생한 코사이벽 궤양・천공

차. 불소수지・아크릴수지 등 합성수지의 열분해 생성물 또는 아황산가스 등에 노출되어 발생한 기도점막 염증 등 호흡기 질병

카. 톨루엔・크실렌・스티렌・시클로헥산・노말헥산・트리클로로에틸렌 등 유기용제에 노출되어 발생한 비염. 다만, 그 물질에 노출되는 업무에 종사하지 않게 된 후 3개월이 지나지 않은 경우만 해당한다.

### 2.2.4 신경정신계 질병

가. 톨루엔・크실렌・스티렌・시클로헥산・노말헥산・트리클로로에틸렌 등 유기용제에 노출되어 발생한 중추신경계장해. 다만, 외상성 뇌 손상, 뇌전증, 알코올중독, 약물중독, 동맥경화증 등 다른 원인으로 발생한 질병은 제외한다.

나. 다음 어느 하나에 해당하는 말초신경병증

1) 톨루엔・크실렌・스티렌・시클로헥산・노말헥산・트리클로로에틸렌 및 메틸 n-부틸 케톤 등 유기용제, 아크릴아미드, 비소 등에 노출되어 발생한 말초신경병증. 다만, 당뇨병, 알코올중독, 척추손상, 신경포착 등 다른 원인으로 발생한 질병은 제외한다.

2) 트리클로로에틸렌에 노출되어 발생한 세갈래신경마비. 다만, 그 물질에 노출되는 업무에 종사하지 않게 된 후 3개월이 지나지 않은 경우만 해당하며, 바이러스 감염, 종양 등 다른 원인으로 발생한 질병은 제외한다.

3) 카드뮴 또는 그 화합물에 2년 이상 노출되어 발생한 후각신경마비

다. 납 또는 그 화합물(유기납은 제외한다)에 노출되어 발생한 중추신경계장해, 말초신경병증 또는 폄근마비

라. 수은 또는 그 화합물에 노출되어 발생한 중추신경계장해 또는 말초신경병증. 다만, 전신마비, 알코올중독 등 다른 원인으로 발생한 질병은 제외한다.

마. 망간 또는 그 화합물에 2개월 이상 노출되어 발생한 파킨슨증, 근육긴장이상(dystonia) 또는 망간정신병. 다만, 뇌혈관장해, 뇌염 또는 그 후유증, 다발성 경화증, 윌슨병, 척수·소뇌 변성증, 뇌매독으로 인한 말초신경염 등 다른 원인으로 발생한 질병은 제외한다.

바. 업무와 관련하여 정신적 충격을 유발할 수 있는 사건에 의해 발생한 외상후스트레스장애

사. 업무와 관련하여 고객 등으로부터 폭력 또는 폭언 등 정신적 충격을 유발할 수 있는 사건 또는 이와 직접 관련된 스트레스로 인하여 발생한 적응장애 또는 우울병 에피소드

### 2.2.5 림프조혈기계 질병

가. 벤젠에 노출되어 발생한 다음 어느 하나에 해당하는 질병

1) 빈혈, 백혈구감소증, 혈소판감소증, 범혈구감소증. 다만, 소화기 질병, 철결핍성 빈혈 등 영양부족, 만성소모성 질병 등 다른 원인으로 발생한 질병은 제외한다.

2) 0.5피피엠(ppm) 이상 농도의 벤젠에 노출된 후 6개월 이상 경과하여 발생한 골수형성이상증후군, 무형성(無形成) 빈혈, 골수증식성질환(골수섬유증, 진성적혈구증다증 등)

나. 납 또는 그 화합물(유기납은 제외한다)에 노출되어 발생한 빈혈. 다만, 철결핍성 빈혈 등 다른 원인으로 발생한 질병은 제외한다.

### 2.2.6 피부 질병

가. 검댕, 광물유, 옻, 시멘트, 타르, 크롬 또는 그 화합물, 벤젠, 디이소시아네이트, 톨루엔·크실렌·스티렌·시클로헥산·노말헥산·트리클로로에틸렌 등 유기용제, 유리섬유·대마 등 피부에 기계적 자극을 주는 물질, 자극성·알레르겐·광독성·광알레르겐 성분을 포함하는 물질, 자외선 등에 노출되어 발생한 접촉피부염. 다만, 그 물질 또는 자외선에 노출되는 업무에 종사하지 않게 된 후 3개월이 지나지 않은 경우만 해당한다.

나. 페놀류·하이드로퀴논류 물질, 타르에 노출되어 발생한 백반증

다. 트리클로로에틸렌에 노출되어 발생한 다형홍반(多形紅斑), 스티븐스존슨 증후군. 다만, 그 물질에 노출되는 업무에 종사하지 않게 된 후 3개월이 지나지 않은 경우만 해당하며 약물, 감염, 후천성면역결핍증, 악성 종양 등 다른 원인으로 발생한 질병은 제외한다.

라. 염화수소·염산·불화수소·불산 등의 산 또는 염기에 노출되어 발생한 화학적 화상

마. 타르에 노출되어 발생한 염소여드름, 국소 모세혈관 확장증 또는 사마귀

바. 덥고 뜨거운 장소에서 하는 업무 또는 고열물체를 취급하는 업무로 발생한 땀띠 또는 화상

사. 춥고 차가운 장소에서 하는 업무 또는 저온물체를 취급하는 업무로 발생한 동창(凍瘡) 또는 동상

아. 햇빛에 노출되는 옥외작업으로 발생한 일광화상, 만성 광선피부염 또는 광선각화증(光線角化症)

자. 전리방사선(물질을 통과할 때 이온화를 일으키는 방사선)에 노출되어 발생한 피부궤양 또는 방사선피부염

차. 작업 중 피부 손상에 따른 세균 감염으로 발생한 연조직염

카. 세균·바이러스·곰팡이·기생충 등을 직접 취급하거나, 이에 오염된 물질을 취급하는 업무로 발생한 감염성 피부 질병

### 2.2.7 눈 또는 귀 질병

가. 자외선에 노출되어 발생한 피질 백내장 또는 각막변성

나. 적외선에 노출되어 발생한 망막화상 또는 백내장

다. 레이저광선에 노출되어 발생한 망막박리·출혈·천공 등 기계적 손상 또는 망막화상 등 열 손상

라. 마이크로파에 노출되어 발생한 백내장

마. 타르에 노출되어 발생한 각막위축증 또는 각막궤양

바. 크롬 또는 그 화합물에 노출되어 발생한 결막염 또는 결막궤양

사. 톨루엔·크실렌·스티렌·시클로헥산·노말헥산·트리클로로에틸렌 등 유기용제에 노출되어 발생한 각막염 또는 결막염 등 점막자극성 질병. 다만, 그 물질에 노출되는 업무에 종사하지 않게 된 후 3개월이 지나지 않은 경우만 해당한다.

아. 디이소시아네이트에 노출되어 발생한 각막염 또는 결막염

자. 불소수지·아크릴수지 등 합성수지의 열분해 생성물 또는 아황산가스 등에 노출되이 발생한 각막염 또는 결막염 등 점막 자극성 질병

차. 소음성 난청

85데시벨[dB(A)] 이상의 연속음에 3년 이상 노출되어 한 귀의 청력 손실이 40데시벨 이상으로, 다음 요건 모두를 충족하는 감각신경성 난청. 다만, 내이염, 약물중독, 열성 질병, 메니에르증후군, 매독, 머리 외상, 돌발성 난청, 유전성 난청, 가족성 난청, 노인성 난청 또는 재해성 폭발음 등 다른 원인으로 발생한 난청은 제외한다.

1) 고막 또는 중이에 뚜렷한 손상이나 다른 원인에 의한 변화가 없을 것

2) 순음청력검사결과 기도청력역치(氣導聽力閾値)와 골도청력역치(骨

導聽力閾値) 사이에 뚜렷한 차이가 없어야 하며, 청력장해가 저음역보다 고음역에서 클 것. 이 경우 난청의 측정방법은 다음과 같다.

가) 24시간 이상 소음작업을 중단한 후 ISO 기준으로 보정된 순음청력계기를 사용하여 청력검사를 하여야 하며, 500헤르츠(Hz)(a) · 1,000헤르츠(b) · 2,000헤르츠(c) 및 4,000헤르츠(d)의 주파수음에 대한 기도청력역치를 측정하여 6분법[(a + 2b + 2c + d)/6]으로 판정한다. 이 경우 난청에 대한 검사항목 및 검사를 담당할 의료기관의 인력 · 시설 기준은 공단이 정한다.

나) 순음청력검사는 의사의 판단에 따라 48시간 이상 간격으로 3회 이상(음향외상성 난청의 경우에는 요양이 끝난 후 30일 간격으로 3회 이상을 말한다) 실시하여 해당 검사에 의미 있는 차이가 없는 경우에는 그 중 최소가청역치를 청력장해로 인정하되, 순음청력검사의 결과가 다음의 요건을 모두 충족하지 않는 경우에는 1개월 후 재검사를 한다. 다만, 다음의 요건을 충족하지 못하는 경우라도 청성뇌간반응검사(소리 자극을 들려주고 그에 대한 청각계로부터의 전기반응을 두피에 위치한 전극을 통해 기록하는 검사를 말한다), 어음청력검사(일상적인 의사소통 과정에서 흔히 사용되는 어음을 사용하여 언어의 청취능력과 이해의 정도를 파악하는 검사를 말한다.) 또는 임피던스청력검사[외이도(外耳道)를 밀폐한 상태에서 외이도 내의 압력을 변화시키면서 특정 주파수와 강도의 음향을 줄 때 고막에서 반사되는 음향 에너지를 측정하여 중이강(中耳腔)의 상태를 간접적으로 평가하는 검사를 말한다] 등의 결과를 종합적으로 고려하여 순음청력검사의 최소가청역치를 신뢰할 수 있다는 의학적 소견이 있으면 재검사를 생략할 수 있다.

(1) 기도청력역치와 골도청력역치의 차이가 각 주파수마다 10데시벨 이내일 것

(2) 반복검사 간 청력역치의 최대치와 최소치의 차이가 각 주파수마다 10데시벨 이내일 것

(3) 순음청력도상 어음역(語音域) 500헤르츠, 1,000헤르츠, 2,000헤르츠에서의 주파수 간 역치 변동이 20데시벨 이내이면 순음청력역치의 3분법 평균치와 어음청취역치의 차이가 10데시벨 이내일 것



### 2.2.8 간 질병

가. 트리클로로에틸렌, 디메틸포름아미드 등에 노출되어 발생한 독성 간염. 다만, 그 물질에 노출되는 업무에 종사하지 않게 된 후 3개월이 지나지 않은 경우만 해당하며, 약물, 알코올, 과체중, 당뇨병 등 다른 원인으로 발생하거나 다른 질병이 원인이 되어 발생한 간 질병은 제외한다.

나. 염화비닐에 노출되어 발생한 간경변

다. 업무상 사고나 유해물질로 인한 업무상 질병의 후유증 또는 치료가 원인이 되어 기존의 간 질병이 자연적 경과 속도 이상으로 악화된 것이 의학적으로 인정되는 경우

### 2.2.9 감염성 질병

가. 보건의료 및 집단수용시설 종사자에게 발생한 다음의 어느 하나에 해당하는 질병

1) B형 간염, C형 간염, 매독, 후천성면역결핍증 등 혈액전파성 질병

2) 결핵, 풍진, 홍역, 인플루엔자 등 공기전파성 질병

3) A형 간염 등 그 밖의 감염성 질병

나. 습한 곳에서의 업무로 발생한 렙토스피라증

다. 옥외작업으로 발생한 쯔쯔가무시증 또는 신증후군 출혈열

라. 동물 또는 그 사체, 짐승의 털·가죽, 그 밖의 동물성 물체, 넝마, 고물 등을 취급하여 발생한 탄저, 단독(erysipelas) 또는 브루셀라증

마. 말라리아가 유행하는 지역에서 야외활동이 많은 직업 종사자 또는 업무수행자에게 발생한 말라리아

바. 오염된 냉각수 등으로 발생한 레지오넬라증

사. 실험실 근무자 등 병원체를 직접 취급하거나, 이에 오염된 물질을 취급하는 업무로 발생한 감염성 질병

### 2.2.10 직업성 암

가. 석면에 노출되어 발생한 폐암, 후두암으로 다음의 어느 하나에 해당하며 10년 이상 노출되어 발생한 경우

1) 가슴막반(흉막반) 또는 미만성 가슴막비후와 동반된 경우

2) 조직검사 결과 석면소체 또는 석면섬유가 충분히 발견된 경우

나. 석면폐증과 동반된 폐암, 후두암, 악성중피종

다. 직업적으로 석면에 노출된 후 10년 이상 경과하여 발생한 악성중피종

라. 석면에 10년 이상 노출되어 발생한 난소암

마. 니켈 화합물에 노출되어 발생한 폐암 또는 코안·코곁굴[부비동(副鼻洞)]암

바. 콜타르 찌꺼기(coal tar pitch, 10년 이상 노출된 경우에 해당한다), 라돈-222 또는 그 붕괴물질(지하 등 환기가 잘되지 않는 장소에서 노출된 경우에 해당한다), 카드뮴 또는 그 화합물, 베릴륨 또는 그 화학물, 6가 크롬 또는 그 화합물 및 결정형 유리규산에 노출되어 발생한 폐암

사. 검댕에 노출되어 발생한 폐암 또는 피부암

아. 콜타르(10년 이상 노출된 경우에 해당한다), 정제되지 않은 광물유에 노출되어 발생한 피부암

자. 비소 또는 그 무기화합물에 노출되어 발생한 폐암, 방광암 또는 피부암

차. 스프레이나 이와 유사한 형태의 도장 업무에 종사하여 발생한 폐암 또는 방광암

카. 벤지딘, 베타나프틸아민에 노출되어 발생한 방광암

타. 목재 분진에 노출되어 발생한 비인두암 또는 코안·코곁굴암

파. 0.5피피엠 이상 농도의 벤젠에 노출된 후 6개월 이상 경과하여 발생한 급성·만성 골수성백혈병, 급성·만성 림프구성백혈병

하. 0.5피피엠 이상 농도의 벤젠에 노출된 후 10년 이상 경과하여 발생한 다발성골수종, 비호지킨림프종. 다만, 노출 기간이 10년 미만이라도 누적노출량이 10피피엠·년 이상이거나 과거에 노출되었던 기록이 불분명하여 현재의 노출농도를 기준으로 10년 이상 누적 노출량이 0.5피피엠·년 이상이면 업무상 질병으로 본다.

거. 포름알데히드에 노출되어 발생한 백혈병 또는 비인두암

너. 1,3-부타디엔에 노출되어 발생한 백혈병

더. 산화에틸렌에 노출되어 발생한 림프구성 백혈병

러. 염화비닐에 노출되어 발생한 간혈관육종(4년 이상 노출된 경우에 해당한다) 또는 간세포암

머. 보건의료업에 종사하거나 혈액을 취급하는 업무를 수행하는 과정에서 B형 또는 C형 간염바이러스에 노출되어 발생한 간암

버. 엑스(X)선 또는 감마(Y)선 등의 전리방사선에 노출되어 발생한 침샘암, 식도암, 위암, 대장암, 폐암, 뼈암, 피부의 기저세포암, 유방암, 신장암, 방광암, 뇌 및 중추신경계암, 갑상선암, 급성 림프구성 백혈병 및 급성·만성 골수성 백혈병

### 2.2.11 급성 중독 등 화학적 요인에 의한 질병

가. 급성 중독

1) 일시적으로 다량의 염화비닐·유기주석·메틸브로마이드·일산화탄소에 노출되어 발생한 중추신경계장해 등의 급성 중독 증상 또는 소견

2) 납 또는 그 화합물(유기납은 제외한다)에 노출되어 발생한 납 창백, 복부 산통, 관절통 등의 급성 중독 증상 또는 소견

3) 일시적으로 다량의 수은 또는 그 화합물(유기수은은 제외한다)에 노출되어 발생한 한기, 고열, 치조농루, 설사, 단백뇨 등 급성 중독 증

상 또는 소견

4) 일시적으로 다량의 크롬 또는 그 화합물에 노출되어 발생한 세뇨관 기능 손상, 급성 세뇨관 괴사, 급성 신부전 등 급성 중독 증상 또는 소견

5) 일시적으로 다량의 벤젠에 노출되어 발생한 두통, 현기증, 구역, 구토, 흉부 압박감, 흥분상태, 경련, 급성 기질성 뇌증후군, 혼수상태 등 급성 중독 증상 또는 소견

6) 일시적으로 다량의 톨루엔·크실렌·스티렌·시클로헥산·노말헥산·트리클로로에틸렌 등 유기용제에 노출되어 발생한 의식장해, 경련, 급성 기질성 뇌증후군, 부정맥 등 급성 중독 증상 또는 소견

7) 이산화질소에 노출되어 발생한 점막자극 증상, 메트헤모글로빈혈증, 청색증, 두근거림, 호흡곤란 등의 급성 중독 증상 또는 소견

8) 황화수소에 노출되어 발생한 의식소실, 무호흡, 폐부종, 후각신경마비 등 급성 중독 증상 또는 소견

9) 시안화수소 또는 그 화합물에 노출되어 발생한 점막자극 증상, 호흡곤란, 두통, 구역, 구토 등 급성 중독 증상 또는 소견

10) 불화수소·불산에 노출되어 발생한 점막자극 증상, 화학적 화상, 청색증, 호흡곤란, 폐수종, 부정맥 등 급성 중독 증상 또는 소견

11) 인 또는 그 화합물에 노출되어 발생한 피부궤양, 점막자극 증상, 경련, 폐부종, 중추신경계장해, 자율신경계장해 등 급성 중독 증상 또는 소견

12) 일시적으로 다량의 카드뮴 또는 그 화합물에 노출되어 발생한 급성 위장관계 질병

나. 염화비닐에 노출되어 발생한 말단 뼈 용해(acro-osteolysis), 레이노 현상 또는 피부경화증

다. 납 또는 그 화합물(유기납은 제외한다)에 노출되어 발생한 만성 신부전 또는 혈중 납농도가 혈액 100밀리리터(㎖) 중 40마이크로그램(㎍) 이상 검출되면서 나타나는 납중독의 증상 또는 소견. 다만, 혈중 납농

도가 40마이크로그램 미만으로 나타나는 경우에는 이와 관련된 검사(소변 중 납농도, ZPP, δ-ALA 등을 말한다) 결과를 참고한다.

라. 수은 또는 그 화합물(유기수은은 제외한다)에 노출되어 발생한 궤양성 구내염, 과다한 타액분비, 잇몸염, 잇몸고름집 등 구강 질병이나 사구체신장염 등 신장 손상 또는 수정체 전낭(前囊)의 적회색 침착

마. 크롬 또는 그 화합물에 노출되어 발생한 구강점막 질병 또는 치아뿌리(치근)막염

바. 카드뮴 또는 그 화합물에 2년 이상 노출되어 발생한 세뇨관성 신장 질병 또는 뼈연화증

사. 톨루엔·크실렌·스티렌·시클로헥산·노말헥산·트리클로로에틸렌 등 유기용제에 노출되어 발생한 급성 세뇨관괴사, 만성 신부전 또는 전신경화증(systemic sclerosis, 트리클로로에틸렌을 제외한 유기용제에 노출된 경우에 해당한다). 다만, 고혈압, 당뇨병 등 다른 원인으로 발생한 질병은 제외한다.

아. 이황화탄소에 노출되어 발생한 다음 어느 하나에 해당하는 증상 또는 소견

1) 10피피엠 내외의 이황화탄소에 노출되는 업무에 2년 이상 종사한 경우

가) 망막의 미세혈관류, 다발성 뇌경색증, 신장 조직검사상 모세관 사이에 발생한 사구체경화증 중 어느 하나가 있는 경우. 다만, 당뇨병, 고혈압, 혈관장해 등 다른 원인으로 인한 질병은 제외한다.

나) 미세혈관류를 제외한 망막병변, 다발성 말초신경병증, 시신경염, 관상동맥성 심장 질병, 중추신경계장해, 정신장해 중 두 가지 이상이 있는 경우. 다만, 당뇨병, 고혈압, 혈관장해 등 다른 원인으로 인한 질병은 제외한다.

다) 나)의 소견 중 어느 하나와 신장장해, 간장장해, 조혈기계장해, 생식기계장해, 감각신경성 난청, 고혈압 중 하나 이상의 증상 또는 소견이 있는 경우

2) 20피피엠 이상의 이황화탄소에 2주 이상 노출되어 갑작스럽게 발생

한 의식장해, 급성 기질성 뇌증후군, 정신분열증, 양극성 장애(조울증) 등 정신장해

3) 다량 또는 고농도 이황화탄소에 노출되어 나타나는 의식장해 등 급성 중독 소견

### 2.2.12 물리적 요인에 의한 질병

가. 고기압 또는 저기압에 노출되어 발생한 다음 어느 하나에 해당되는 증상 또는 소견

1) 폐, 중이(中耳), 부비강(副鼻腔) 또는 치아 등에 발생한 압착증

2) 물안경, 안전모 등과 같은 잠수기기로 인한 압착증

3) 질소마취 현상, 중추신경계 산소 독성으로 발생한 건강장해

4) 피부, 근골격계, 호흡기, 중추신경계 또는 속귀 등에 발생한 감압병(잠수병)

5) 뇌동맥 또는 관상동맥에 발생한 공기색전증(기포가 동맥이나 정맥을 따라 순환하다가 혈관을 막는 것)

6) 공기가슴증, 혈액공기가슴증, 가슴세로칸(종격동), 심장막 또는 피하기종

7) 등이나 복부의 통증 또는 극심한 피로감

나. 높은 압력에 노출되는 업무 환경에 2개월 이상 종사하고 있거나 그 업무에 종사하지 않게 된 후 5년 전후에 나타나는 무혈성 뼈 괴사의 만성장해. 다만, 만성 알코올중독, 매독, 당뇨병, 간경변, 간염, 류머티스 관절염, 고지혈증, 혈소판감소증, 통풍, 레이노 현상, 결절성 다발성 동맥염, 알캅톤뇨증(알캅톤을 소변으로 배출시키는 대사장애 질환) 등 다른 원인으로 발생한 질병은 제외한다.

다. 공기 중 산소농도가 부족한 장소에서 발생한 산소결핍증

라. 진동에 노출되는 부위에 발생하는 레이노 현상, 말초순환장해, 말초신경장해, 운동기능장해

마. 전리방사선에 노출되어 발생한 급성 방사선증, 백내장 등 방사선 눈 질

병, 방사선 폐렴, 무형성 빈혈 등 조혈기 질병, 뼈 괴사 등

바. 덥고 뜨거운 장소에서 하는 업무로 발생한 일사병 또는 열사병

사. 춥고 차가운 장소에서 하는 업무로 발생한 저체온증

2.2.13 제1호부터 제12호까지에서 규정된 발병요건을 충족하지 못하였거나, 제1호부터 제12호까지에서 규정된 질병이 아니더라도 근로자의 질병과 업무와의 상당인과관계(相當因果關係)가 인정되는 경우에는 해당 질병을 업무상 질병으로 본다.

## 2.3 업무상 질병의 원인[2)]

### 2.3.1 직접원인

대기조건의 변화, 진동, 방사선, 전기 등의 물리적 환경이 원인이 된다. 작업장에서는 가스, 액체, 분진의 형태로 발생하는 화학물질이 공업중독, 진폐증, 직업성 피부질환을 일으키는 환경요인과 격렬한 근육운동으로 인한 근육통, 건초염, 관절염, 요통, 추간판탈출증, 탈장, 경견완장해(頸肩腕障害), 고속도 작업의 건초염, 수지경련, 신경증, 과로성 질환과 부자연스런 자세에서 나오는 척추만곡증(하역부), 하지통, 위장장해(앉아서 하는 작업)를 일으키는 작업, 단순 반복작업에서 발생하는 근골격계질환의 발생. 정신작업에서는 과도한 신경긴장의 신경증 등의 작업요인이 있다.

### 2.3.2 간접요인

작업강도와 작업시간은 직업병 발생의 중요한 간접요인이다. 작업의 종류는 같더라도 작업방법에 따라서는 질병의 종류와 빈도가 달라질 수 있다. 또한 불량한 작업환경은 직업병의 발생과 증세를 악화시킬 수 있다. 일반적으로 직업병은 젊은 연령층에서 발병률이 높다. 그 이유는 유약자가 산업독성물에 대한 저항력이 낮다는 특성 이외에도 작업상의 미숙과 청소년 특유의

2) 한돈희 외(2020). 산업보건위생. 서울: 신광문화사. 110~111.

성격, 심리 등이 가미될 수 있다. 반면에 고령자에게 많은 진폐증, 직업성 암 등은 발병되기까지 많은 시간이 요하는 등의 개체요인이 있다.

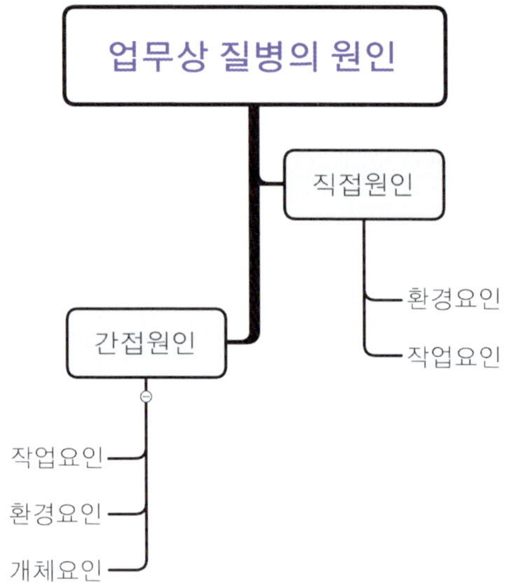


## 3. 근로환경 개선

### 3.1 개요

산업보건은 작업환경관리, 작업관리, 건강관리로 분류한다. 작업환경관리(개선)는 주로 산업위생담당자들이 전담하는 영역이지만 작업관리는 산업위생담당자, 산업간호사 및 인간공학담당자 등, 건강관리 부분은 주로 산업의와 산업간호사가 전담하는 분야라고 할 수 있지만 사업장의 업무로 다소 복합적으로 이루어지기도 한다.

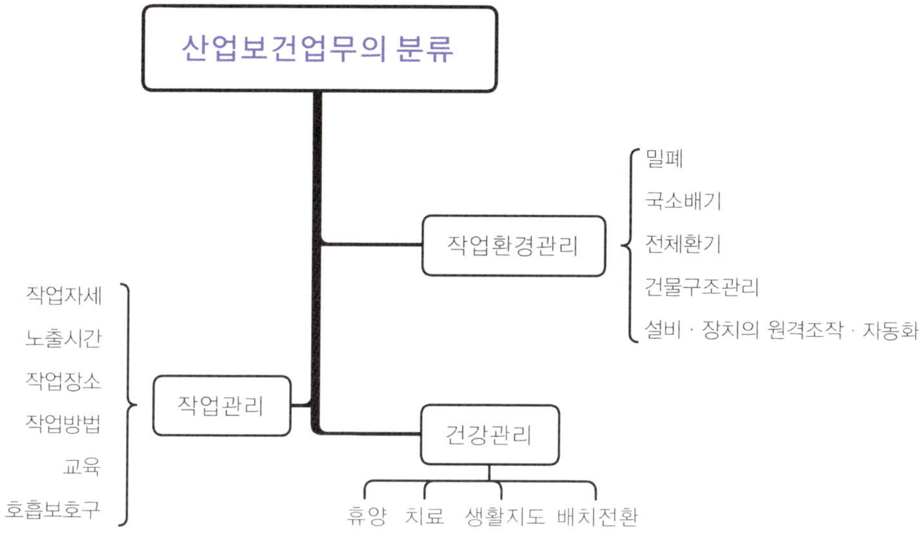


## 3.2 작업환경관리방법[3)]

### 3.2.1 공학측면에서의 관리

공장의 설립 초기부터 유해물질을 제거하거나 감소시키는 대체, 격리, 환기를 이용하는 방법이 가장 안전적이지만 경제적인 측면에서 볼때 어려움이 있다.

### 3.2.2 행정적인 측면에서의 관리

오염물질로부터 노출되는 시간을 최소화, 최적의 작업조건조성, 순환근무, 배치전환, 직장건강관리 등이 있다. 무엇보다도, 적합한 교육과 훈련은 근로자가 유해요소에 대해 인식하고 근로자 스스로가 노출을 줄일 수 있는 작업조건을 만들 수 있어 가장 중요한 부분이나 지속하는 데 한계가 따른다.

### 3.2.3 개인보호구

가장 손쉬운 방법이지만 결코 근본적인 관리방법이 될 수가 없다. 지속적

3) 한돈희 외(2020). 산업보건위생. 서울: 신광문화사. 135.

이지 못하고 호흡보호구를 지급하여도 감독하지 않는 곳에서 근로자가 착용하지 않으면 무용지물이 된다. 따라서 개인보호구는 긴급 상황이나 마지막 수단으로 사용되어야 한다.

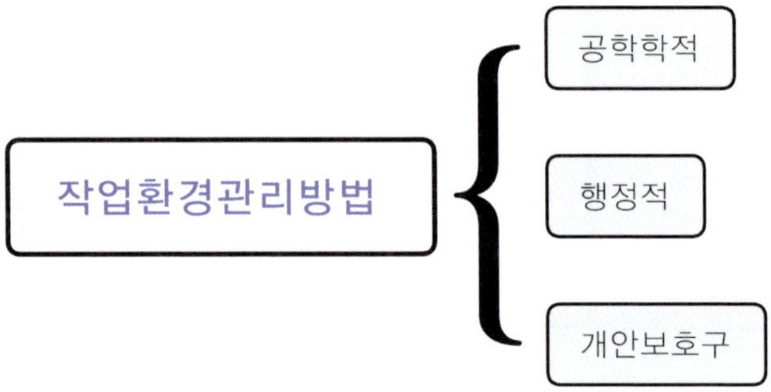


## 3.3 산업안전보건법상의 근로환경

### 3.3.1 작업환경 측정

사업주는 유해인자로부터 근로자의 건강을 보호하고 쾌적한 작업환경을 조성하기 위하여 인체에 해로운 작업을 하는 작업장으로서 고용노동부령으로 정하는 작업장에 대하여 고용노동부령으로 정하는 자격을 가진 자로 하여금 작업환경측정을 하도록 하여야 하며 제1항에도 불구하고 도급인의 사업장에서 관계수급인 또는 관계수급인의 근로자가 작업을 하는 경우에는 도급인이 제1항에 따른 자격을 가진 자로 하여금 작업환경측정을 하도록 하여야 한다.

또한 사업주는 제1항에 따른 작업환경측정을 제126조에 따라 지정받은 기관에 위탁할 수 있다. 이 경우 필요한 때에는 작업환경측정 중 시료의 분석만을 위탁할 수 있고 근로자대표가 요구하면 작업환경측정 시 근로자대표를 참석시켜야 한다.

그리고 사업주는 작업환경측정 결과를 기록하여 보존하고 고용노동부령으로 정하는 바에 따라 고용노동부장관에게 보고하여야 한다. 다만, 제3항에 따라 사업주로부터 작업환경측정을 위탁받은 작업환경측정기관이 작업환경측정을 한 후 그 결과를 고용노동부령으로 정하는 바에 따라 고용노동부장관에게 제출한 경우에는 작업환경측정 결과를 보고한 것으로 보며 작업환경측정 결과를 해당 작업장의 근로자에게 알려야 하며, 그 결과에 따라 근로자의 건강을 보호하기 위하여 해당 시설·설비의 설치·개선 또는 건강진단의 실시 등의 조치를 하여야 한다.

사업주는 산업안전보건위원회 또는 근로자대표가 요구하면 작업환경측정 결과에 대한 설명회 등을 개최하여야 한다. 이 경우 제3항에 따라 작업환경측정을 위탁하여 실시한 경우에는 작업환경측정기관에 작업환경측정 결과에 대하여 설명하도록 할 수 있으며 제1항 및 제2항에 따른 작업환경측정의 방법·횟수, 그 밖에 필요한 사항은 고용노동부령으로 정한다.

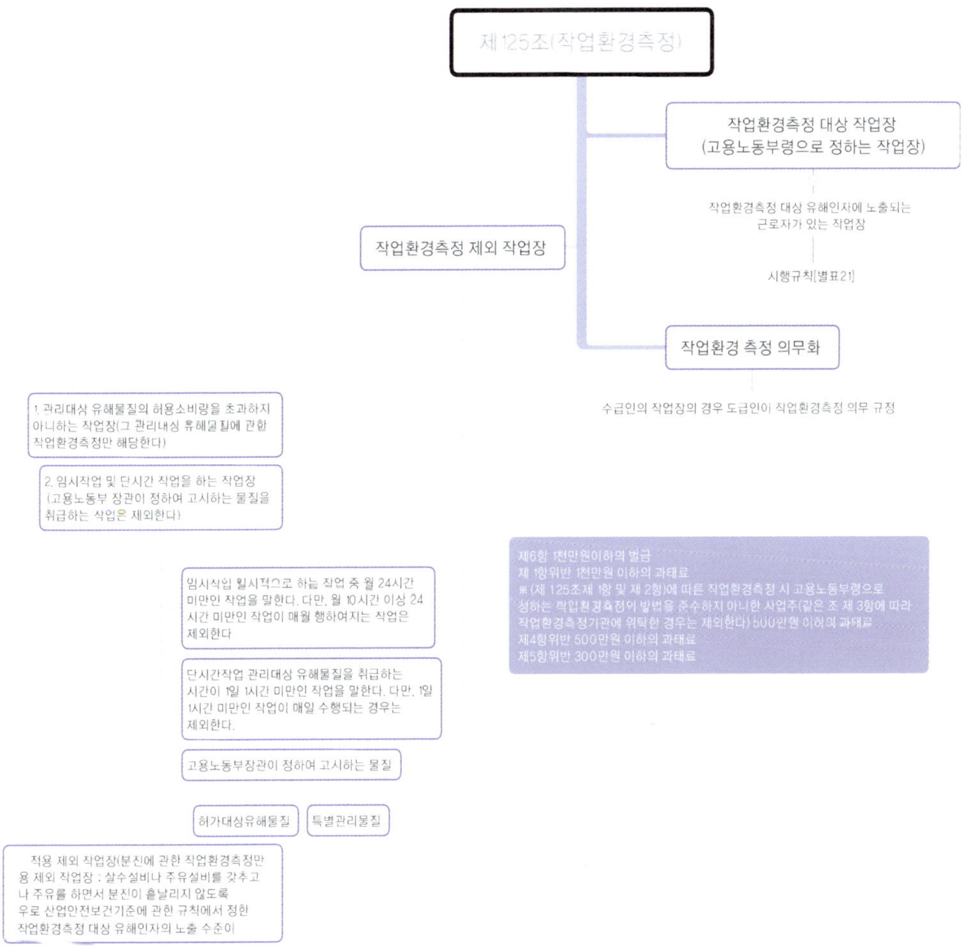

### 3.3.2 작업한경측정기관

작업환경측정기관이 되려는 자는 대통령령으로 정하는 인력·시설 및 장비 등의 요건을 갖추어 고용노동부장관의 지정을 받아야 하며 고용노동부장관은 작업환경측정기관의 측정·분석 결과에 대한 정확성과 정밀도를 확보하기 위하여 작업환경측정기관의 측정·분석능력을 확인하고, 작업환경측정기관을 지도하거나 교육할 수 있다. 이 경우 측정·분석능력의 확인, 작업환경측정기관에 대한 교육의 방법·절차, 그 밖에 필요한 사항은 고용노동부장관이 정하여 고시한다.

또한 고용노동부장관은 작업환경측정의 수준을 향상시키기 위하여 필요한 경우 작업환경측정기관을 평가하고 그 결과를 공개할 수 있다. 이 경우 평가기준·방법 및 결과의 공개, 그 밖에 필요한 사항은 고용노동부령으로 정하며 작업환경측정기관의 유형, 업무 범위 및 지정 절차, 그 밖에 필요한 사항은 고용노동부령으로 정한다.

그리고 작업환경측정기관에 관하여는 제21조 제4항 및 제5항을 준용한다. 이 경우 "안전관리전문기관 또는 보건관리전문기관"은 "작업환경측정기관"으로 본다.

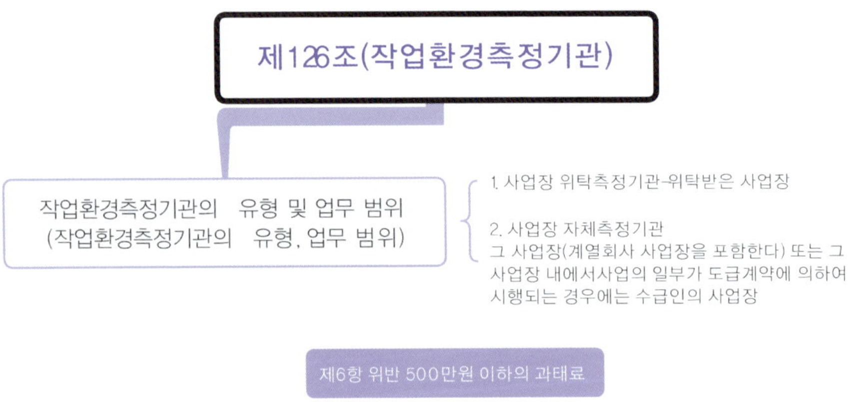


### 3.3.3 작업환경측정 신뢰성 평가

고용노동부장관은 제125조 제1항 및 제2항에 따른 작업환경측정 결과에 대하여 그 신뢰성을 평가할 수 있다. 그리고 사업주와 근로자는 고용노동부장관이 제1항에 따른 신뢰성을 평가할 때에는 적극적으로 협조하여야 하며 제1항에 따른 신뢰성 평가의 방법·대상 및 절차, 그 밖에 필요한 사항은 고용노동부령으로 정하며 신뢰성 평가절차는 시행규칙에 규정하고 있다.

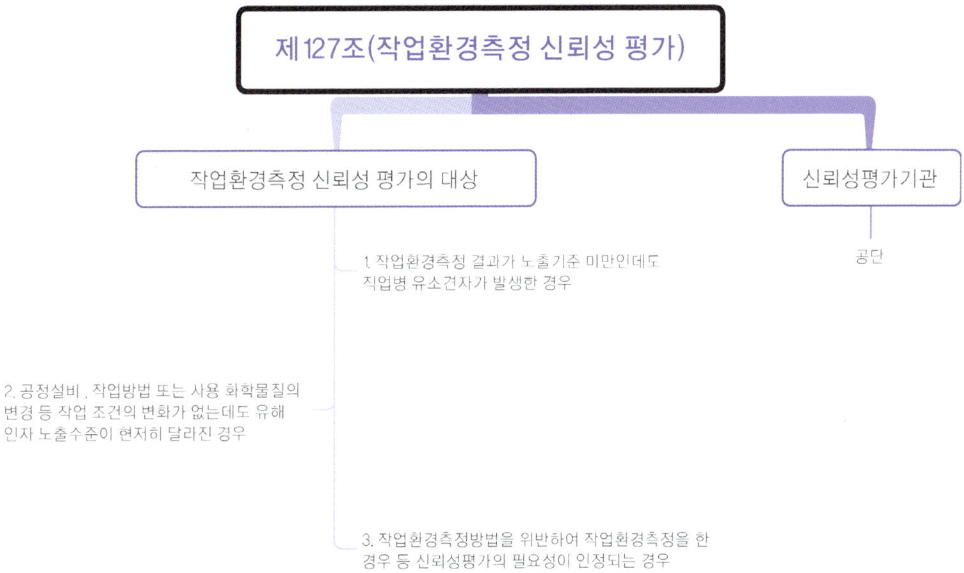


### 3.3.4 작업환경전문연구기관의 지정

직업장의 유해인자로부터 근로자의 건강을 보호하고 작업환경관리방법 등에 관한 전문연구를 촉진하기 위하여 작업환경전문연구기관의 지정에 관한 규정을 두고 있으며 유해인자별·업종별 작업환경전문연구기관을 지정에 대하여 예산의 범위에서 필요한 지원을 할 수 있고 유해인자별·업종별 작업환경전문연구기관의 지정기준과 그 밖에 필요한 사항은 고용노동부장관이 정하여 고시하도록 규정되어 있다.

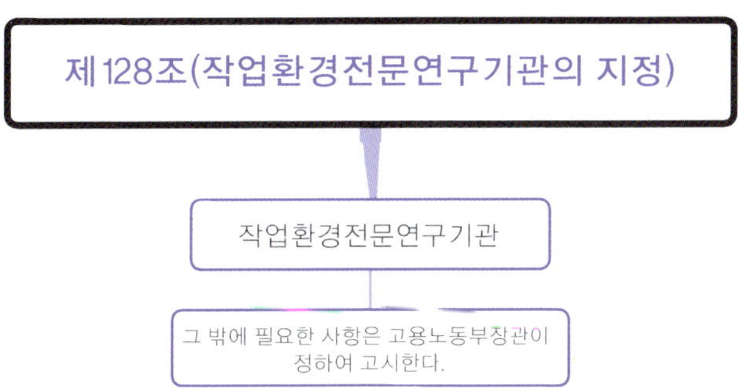

# 4. 건강진단과 건강관리

## 4.1 개요

건강관리활동은 업무상 질병(직업병)으로부터 과거는 근로자들의 직업병 예방에 초점이 맞추어졌다면 현재는 어떻게 하면 근로자들의 건강을 더 건강하게 유지하고 적극적인 건강의 개념으로 바뀌고 있다.

미래에는 신종 유해인자, 서비스업, 사무직 근로자 등까지 포괄하는 직업건강의 개념으로 바뀌게 된 것이다. 현재 실시하고 있는 스트레스관리, 금연실천운동, 식습관개선, 운동, 건전한 음주문화 등 실천운동 등이 건강증진활동의 대표적인 사례라고 할 수 있을 것이다.

## 4.2 산업안전보건법상의 건강관리

### 4.2.1 일반건강관리

사업주는 상시 사용하는 근로자의 건강관리를 위하여 건강진단(이하 "일반건강진단"이라 한다)을 실시하여야 한다. 다만, 사업주가 고용노동부령으로 정하는 건강진단을 실시한 경우에는 그 건강진단을 받은 근로자에 대하여 일반건강진단을 실시한 것으로 본다.

또한 사업주는 제135조 제1항에 따른 특수건강진단기관 또는「건강검진기본법」제3조 제2호에 따른 건강검진기관(이하 "건강진단기관"이라 한다)에서 일반건강진단을 실시하여야 한다. 그리고 일반건강진단의 주기·항목·방법 및 비용, 그 밖에 필요한 사항은 고용노동부령으로 정한다.

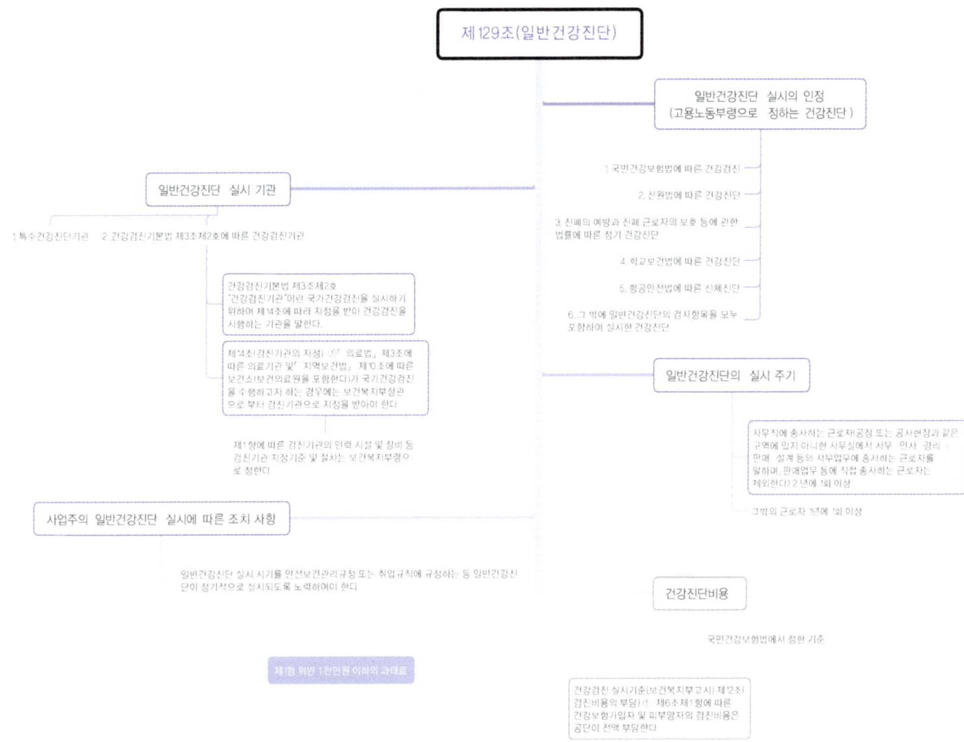


### 4.2.2 특수건강진단

사업주는 고용노동부령으로 정하는 유해인자에 노출되는 업무에 종사하는 근로자, 건강진단 실시 결과 직업병 소견이 있는 근로자로 판정받아 직업 전환을 하거나 작업 장소를 변경하여 해당 판정의 원인이 된 특수건강진단대상업무에 종사하지 아니하는 사람으로서 해당 유해인자에 대한 건강진단이 필요하다는 「의료법」 제2조에 따른 의사의 소견이 있는 근로자 등의 어느 하나에 해당하는 근로자의 건강관리를 위하여 건강진단을 실시하여야 한다. 다만, 사업주가 고용노동부령으로 정하는 건강진단을 실시한 경우에는 그 건강진단을 받은 근로자에 대하여 해당 유해인자에 대한 특수건강진단을 실시한 것으로 본다.

또한 사업주는 특수건강진단대상업무에 종사할 근로자의 배치 예정 업무에 대한 적합성 평가를 위하여 건강진단을 실시하여야 한다. 다만, 고용노동부령으로 정하는 근로자에 대해서는 배치전건강진단을 실시하지 아니할 수 있고, 특수건강진단대상업무에 따른 유해인자로 인한 것이라고 의심되는 건강장해 증상을 보이거나 의학적 소견이 있는 근로자 중 보건관리자 등이 사업주에게 건강진단 실시를 건의하는 등 고용노동부령으로 정하는 근로자에 대하여 건강진단을 실시하여야 한다.

그리고 사업주는 제135조 제1항에 따른 특수건강진단기관에서 제1항부터 제3항까지의 규정에 따른 건강진단을 실시하여야 하며 제1항부터 제3항까지의 규정에 따른 건강진단의 시기·주기·항목·방법 및 비용, 그 밖에 필요한 사항은 고용노동부령으로 정한다.

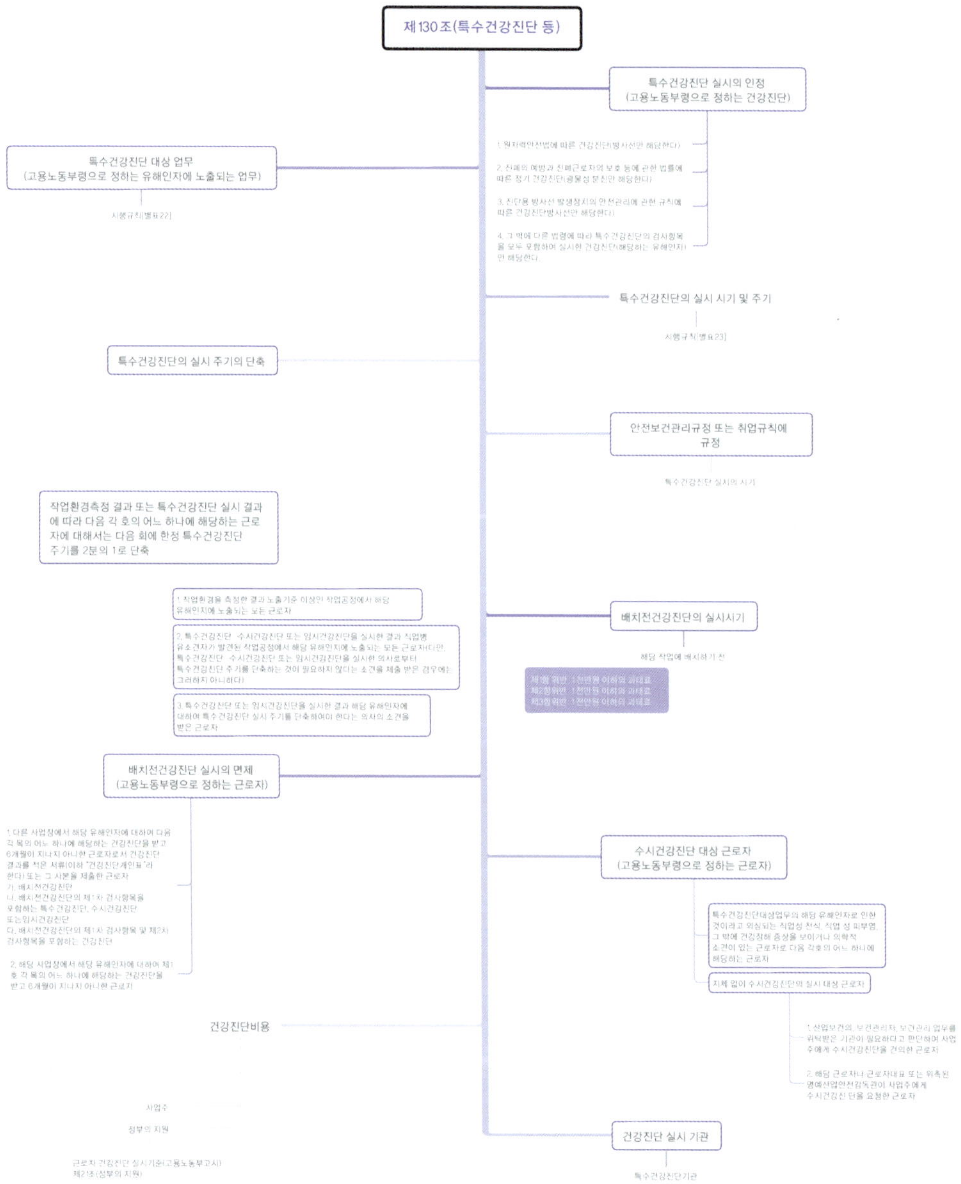

### 4.2.3 임시건강진단

고용노동부장관은 같은 유해인자에 노출되는 근로자들에게 유사한 질병의 증상이 발생한 경우(같은 부서에서 근무하는 근로자에게 유해인자에 노출될 경우 유사한 질병의 증상이 발생한 경우) 등 고용노동부령으로 정하는 경우에는 근로자의 건강을 보호하기 위하여 사업주에게 특정 근로자에 대한 건강진단(이하 "임시건강진단"이라 한다)의 실시나 작업전환, 그 밖에 필요한 조치를 명할 수 있고 임시건강진단의 항목, 그 밖에 필요한 사항은 고용노동부령으로 정한다.

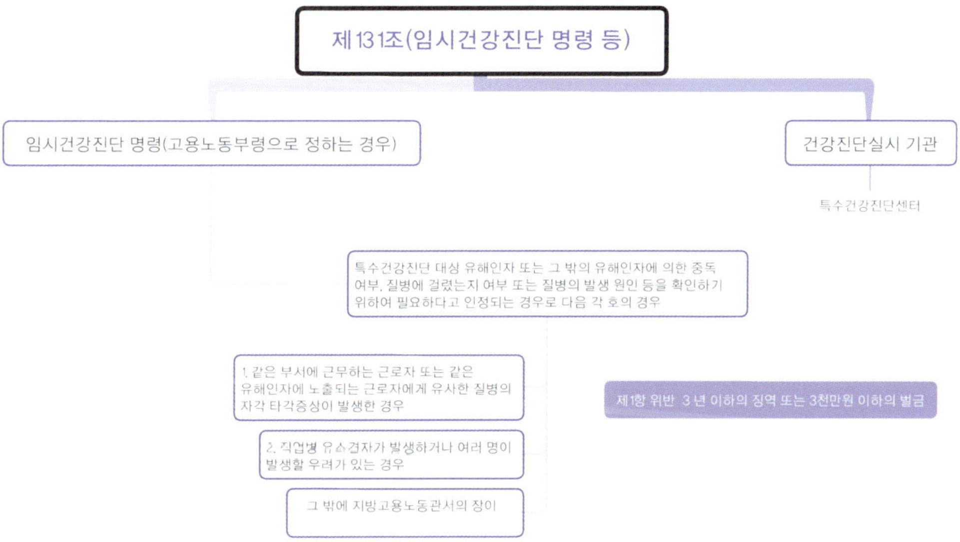


### 4.2.4 건강진단에 관한 사업주의 의무

사업주는 제129조부터 제131조까지의 규정에 따른 건강진단을 실시하는 경우 근로자대표가 요구하면 근로자대표를 참석시켜야 하며 사업주는 산업안전보건위원회 또는 근로자대표가 요구할 때에는 직접 또는 건강진단을 한 건강진단기관에 건강진단 결과에 대하여 설명하도록 하여야 한다. 다만, 개별 근로자의 건강진단 결과는 본인의 동의 없이 공개해서는 아니 된다.

그리고 사업주는 건강진단의 결과를 근로자의 건강 보호 및 유지 외의 목적으로 사용해서는 아니 되며 제129조부터 제131조까지의 규정 또는 다른 법령에 따른 건강진단의 결과 근로자의 건강을 유지하기 위하여 필요하다고 인정할 때에는 작업장소 변경, 작업 전환, 근로시간 단축, 야간근로(오후 10시부터 다음 날 오전 6시까지 사이의 근로를 말한다)의 제한, 작업환경측정 또는 시설・설비의 설치・개선 등 고용노동부령으로 정하는 바에 따라 적절한 조치와 그 조치 결과를 고용노동부령으로 정하는 바에 따라 고용노동부장관에게 제출하여야 한다.

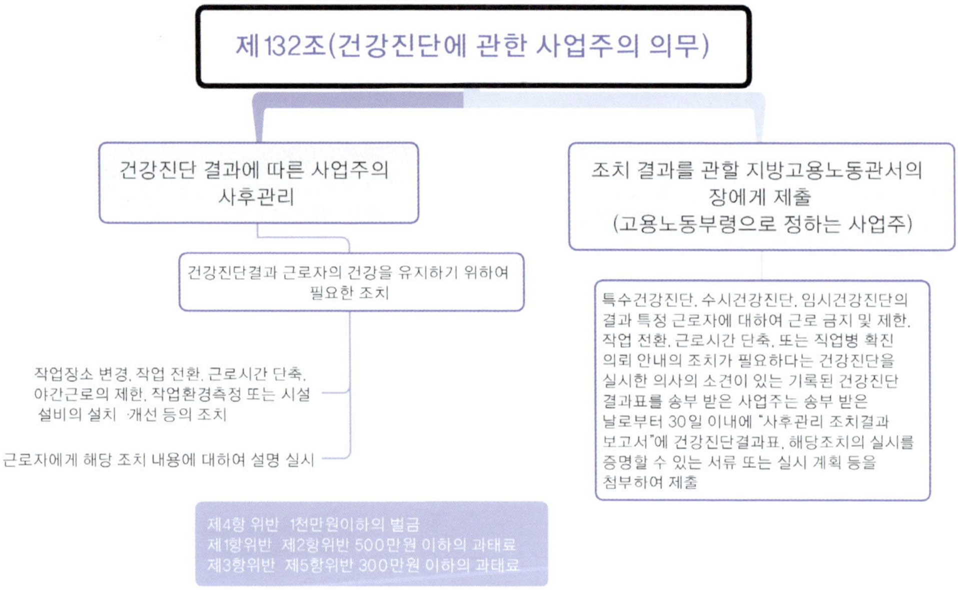


## 4.2.5 건강진단에 관한 근로자의 의무

근로자는 제129조부터 제131조까지의 규정에 따라 사업주가 실시하는 건강진단을 받아야 한다. 다만, 사업주가 지정한 건강진단기관이 아닌 건강진단기관으로부터 이에 상응하는 건강진단을 받아 그 결과를 증명하는 서류를 사업주에게 제출하는 경우에는 사업주가 실시하는 건강진단을 받은 것으로 본다.

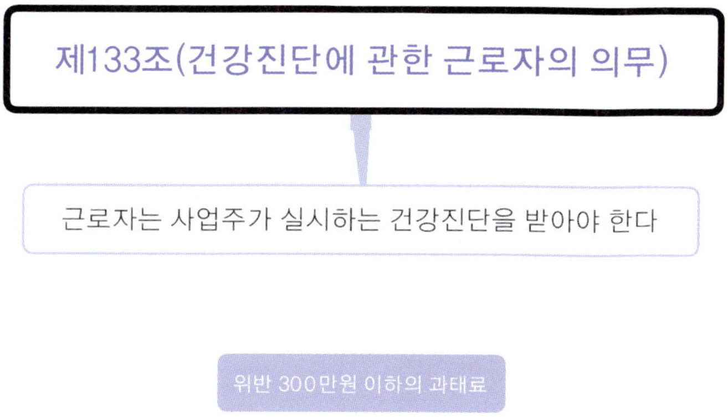


### 4.2.6 건강진단기관 등의 결과보고 의무

건강진단기관은 제129조부터 제131조까지의 규정에 따른 건강진단을 실시한 때에는 고용노동부령으로 정하는 바에 따라 그 결과를 근로자 및 사업주에게 통보하고 고용노동부장관에게 보고하여야 한다고 규정되어 있다. 제129조 제1항 단서에 따라 건강진단을 실시한 기관은 사업주가 근로자의 건강보호를 위하여 그 결과를 요청하는 경우 고용노동부령으로 정하는 바에 따라 그 결과를 사업주에게 통보하여야 한다.

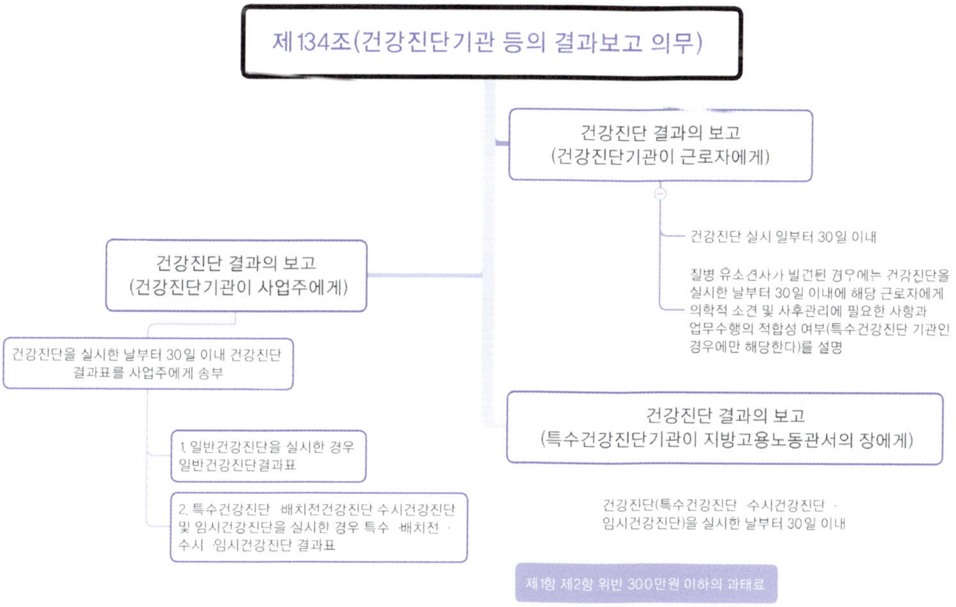

### 4.2.7 특수건강진단기관

「의료법」 제3조에 따른 의료기관이 특수건강진단, 배치 전 건강진단 또는 수시건강진단을 수행하려는 경우에는 고용노동부장관으로부터 건강진단을 할 수 있는 기관(이하 "특수건강진단기관"이라 한다)으로 지정받아야 하고 특수건강진단기관으로 지정받으려는 자는 대통령령으로 정하는 요건을 갖추어 고용노동부장관에게 신청하여야 한다.

또한 고용노동부장관은 제1항에 따른 특수건강진단기관의 진단·분석 결과에 대한 정확성과 정밀도를 확보하기 위하여 특수건강진단기관의 진단·분석능력을 확인하고, 특수건강진단기관을 지도하거나 교육할 수 있다. 이 경우 진단·분석능력의 확인, 특수건강진단기관에 대한 지도 및 교육의 방법, 절차, 그 밖에 필요한 사항은 고용노동부장관이 정하여 고시하고 특수건강진단기관을 평가하고 그 결과를 공개할 수 있다. 이 경우 평가 기준·방법 및 결과의 공개, 그 밖에 필요한 사항은 고용노동부령으로 정한다.

그리고 특수건강진단기관의 지정 신청 절차, 업무 수행에 관한 사항, 업무를 수행할 수 있는 지역, 그 밖에 필요한 사항은 고용노동부령으로 정하며 특수건강진단기관에 관하여는 제21조 제4항 및 제5항을 준용한다. 이 경우 "안전관리전문기관 또는 보건관리전문기관"은 "특수건강진단기관"으로 본다.

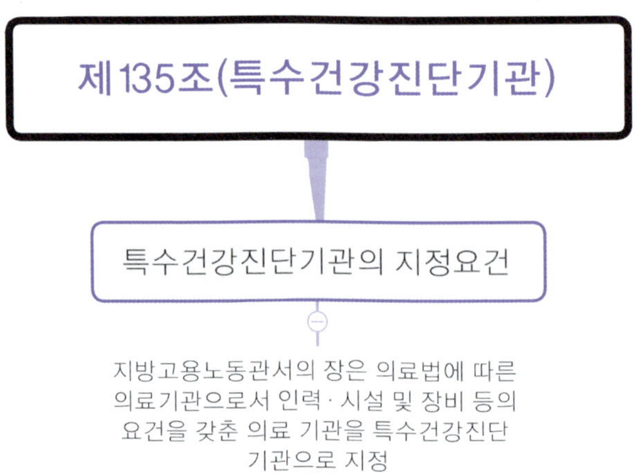

### 4.2.8 유해인자별 특수건강진단 전문연구기관의 지정

고용노동부장관은 작업장의 유해인자에 관한 전문연구를 촉진하기 위하여 유해인자별 특수건강진단 전문연구기관을 지정하여 예산의 범위에서 필요한 지원을 할 수 있고 제1항에 따른 유해인자별 특수건강진단 전문연구기관의 지정 기준 및 절차, 그 밖에 필요한 사항은 고용노동부장관이 정하여 고시한다.

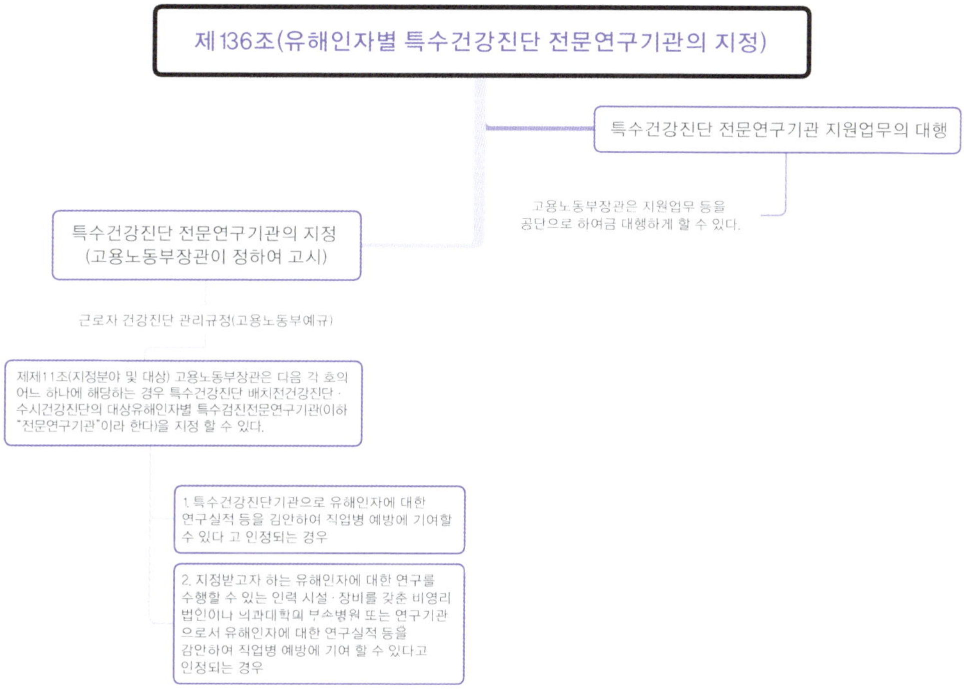


### 4.2.9 건강관리카드

고용노동부장관은 고용노동부령으로 정하는 건강장해가 발생할 우려가 있는 업무에 종사하였거나 종사하고 있는 사람 중 고용노동부령으로 정하는 요건을 갖춘 사람의 직업병 조기발견 및 지속적인 건강관리를 위하여 건강관리카드를 발급하여야 하며 건강관리카드를 발급받은 사람이 「산업재해보상보험법」 제41조에 따라 요양급여를 신청하는 경우에는 건강관리카드를 제출함으로써 해당 재해에 관한 의학적 소견을 적은 서류의 제출을 대신할 수 있다.

그리고 건강관리카드를 발급받은 사람은 그 건강관리카드를 타인에게 양도하거나 대여해서는 아니 되며 건강관리카드를 발급받은 사람 중 제1항에 따라 건강관리카드를 발급받은 업무에 종사하지 아니하는 사람은 고용노동부령으로 정하는 바에 따라 특수건강진단에 준하는 건강진단을 받을 수 있다. 또한 건강관리카드의 서식, 발급 절차, 그 밖에 필요한 사항은 고용노동부령으로 정한다.

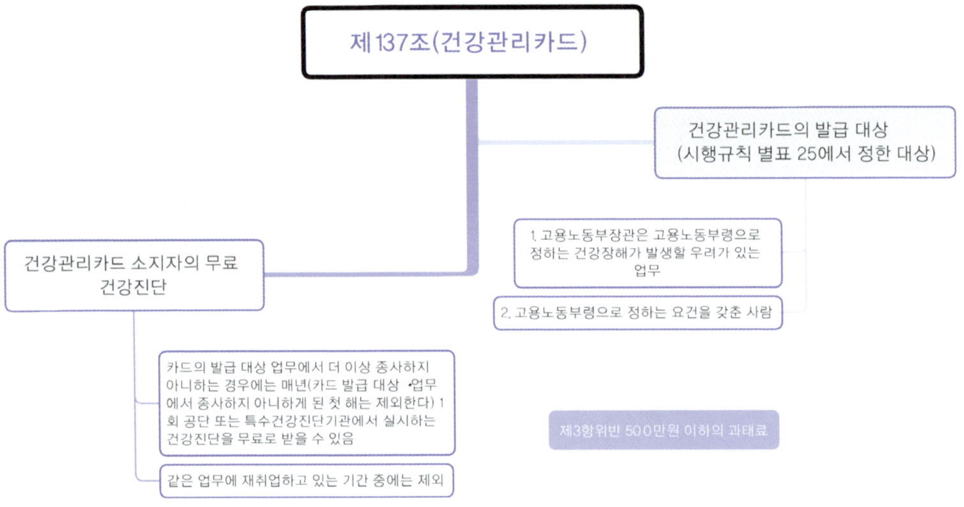


### 4.2.10 질병자의 근로 금지 · 제한

사업주는 감염병, 정신질환 또는 근로로 인하여 병세가 크게 악화될 우려가 있는 질병으로서 고용노동부령으로 정하는 질병에 걸린 사람에게는 「의료법」 제2조에 따른 의사의 진단에 따라 근로를 금지하거나 제한하여야 한다. 그리고 제1항에 따라 근로가 금지되거나 제한된 근로자가 건강을 회복하였을 때에는 지체 없이 근로를 할 수 있도록 하여야 한다.

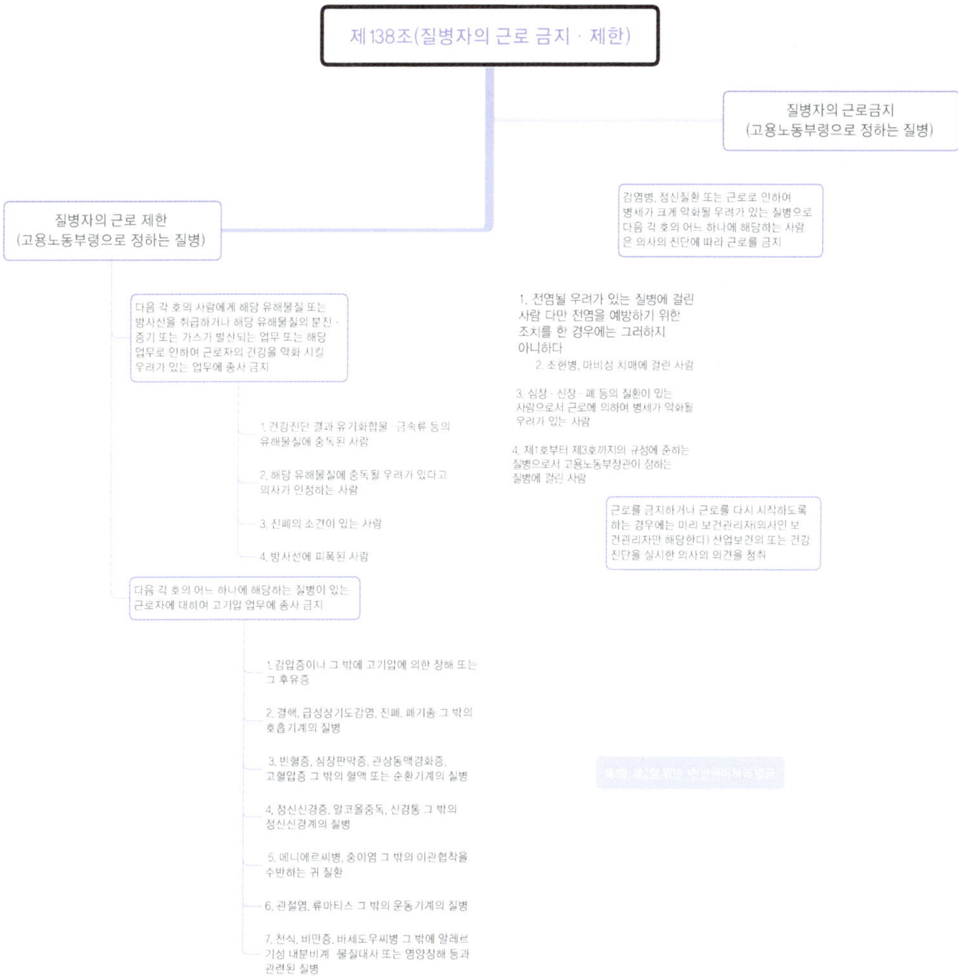


## 4.2.11 유해 · 위험작업에 대한 근로시간 제한 등

사업주는 유해하거나 위험한 작업으로서 높은 기압에서 하는 작업 등 대통령령으로 정하는 작업에 종사하는 근로자에게는 1일 6시간, 1주 34시간을 초과하여 근로하게 해서는 아니 된다. 또한 대통령령으로 정하는 유해하거나 위험한 작업에 종사하는 근로자에게 필요한 안전조치 및 보건조치 외에 작업과 휴식의 적정한 배분 및 근로시간과 관련된 근로조건의 개선을 통하여 근로자의 건강 보호를 위한 조치를 하여야 한다.

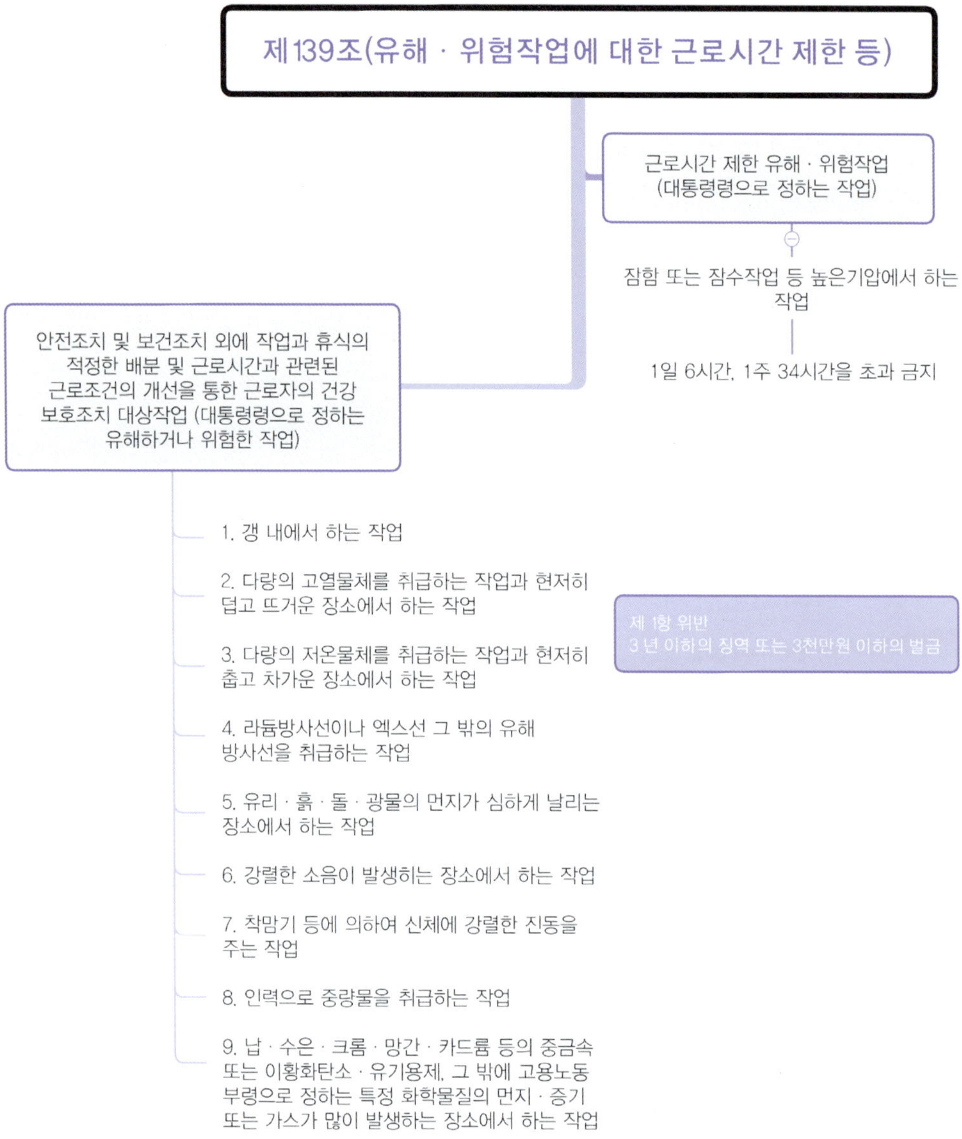


### 4.2.12 자격 등에 의한 취업 제한 등

사업주는 유해하거나 위험한 작업으로서 상당한 지식이나 숙련도가 요구되는 고용노동부령으로 정하는 작업의 경우 그 작업에 필요한 자격 · 면허 · 경험 또는 기능을 가진 근로자가 아닌 사람에게 그 작업을 하게 해서는 아니되며 고용노동부장관은 제1항에 따른 자격 · 면허의 취득 또는 근로자의 기능 습득을 위하여 교육기관을 지정할 수 있다.

또한 자격·면허·경험·기능, 교육기관의 지정 요건 및 지정 절차, 그 밖에 필요한 사항은 고용노동부령으로 정하며 교육기관에 관하여는 제21조 제4항 및 제5항을 준용한다. 이 경우 "안전관리전문기관 또는 보건관리전문기관"은 "제2항에 따른 교육기관"으로 본다.

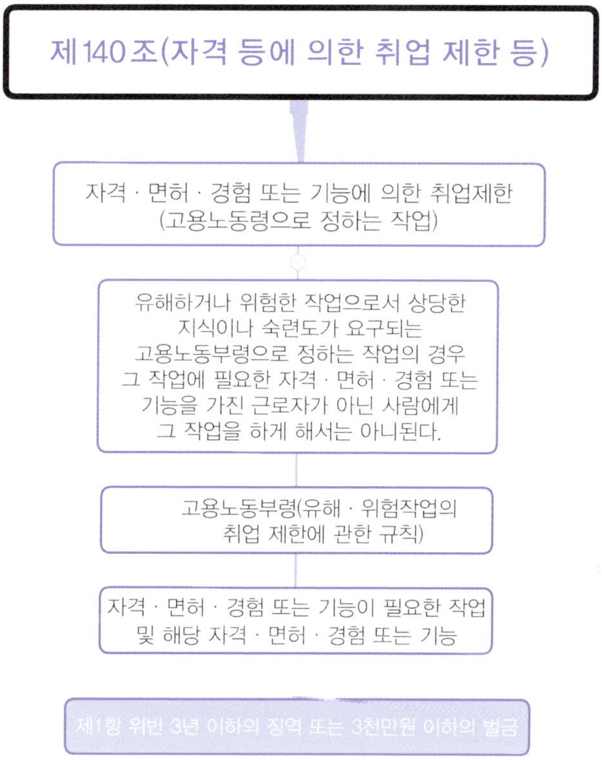


### 4.2.13 역학조사

고용노동부장관은 직업성 질환의 진단 및 예방, 발생 원인의 규명을 위하여 필요하다고 인정할 때에는 근로자의 질환과 작업장의 유해요인의 상관관계에 관한 역학조사를 할 수 있다. 이 경우 사업주 또는 근로자대표, 그 밖에 고용노동부령으로 정하는 사람이 요구할 때 고용노동부령으로 정하는 바에 따라 역학조사에 참석하게 할 수 있으며, 사업주 및 근로자는 고용노동부장관이 역학조사를 실시하는 경우 적극 협조하여야 하며, 정당한 사유 없이 역학조사를 거부·방해하거나 기피해서는 아니 된다.

또한 누구든지 제1항 후단에 따라 역학조사 참석이 허용된 사람의 역학조사 참석을 거부하거나 방해해서는 아니 되며 역학조사에 참석하는 사람은 역학조사 참석과정에서 알게 된 비밀을 누설하거나 도용해서는 아니 된다.

그리고 고용노동부장관은 역학조사를 위하여 필요하면 제129조부터 제131조까지의 규정에 따른 근로자의 건강진단 결과, 「국민건강보험법」에 따른 요양급여기록 및 건강검진 결과, 「고용보험법」에 따른 고용정보, 「암관리법」에 따른 질병정보 및 사망원인 정보 등을 관련 기관에 요청할 수 있다. 이 경우 자료의 제출을 요청받은 기관은 특별한 사유가 없으면 이에 따라야 한다. 역학조사의 방법・대상・절차, 그 밖에 필요한 사항은 고용노동부령으로 정한다.

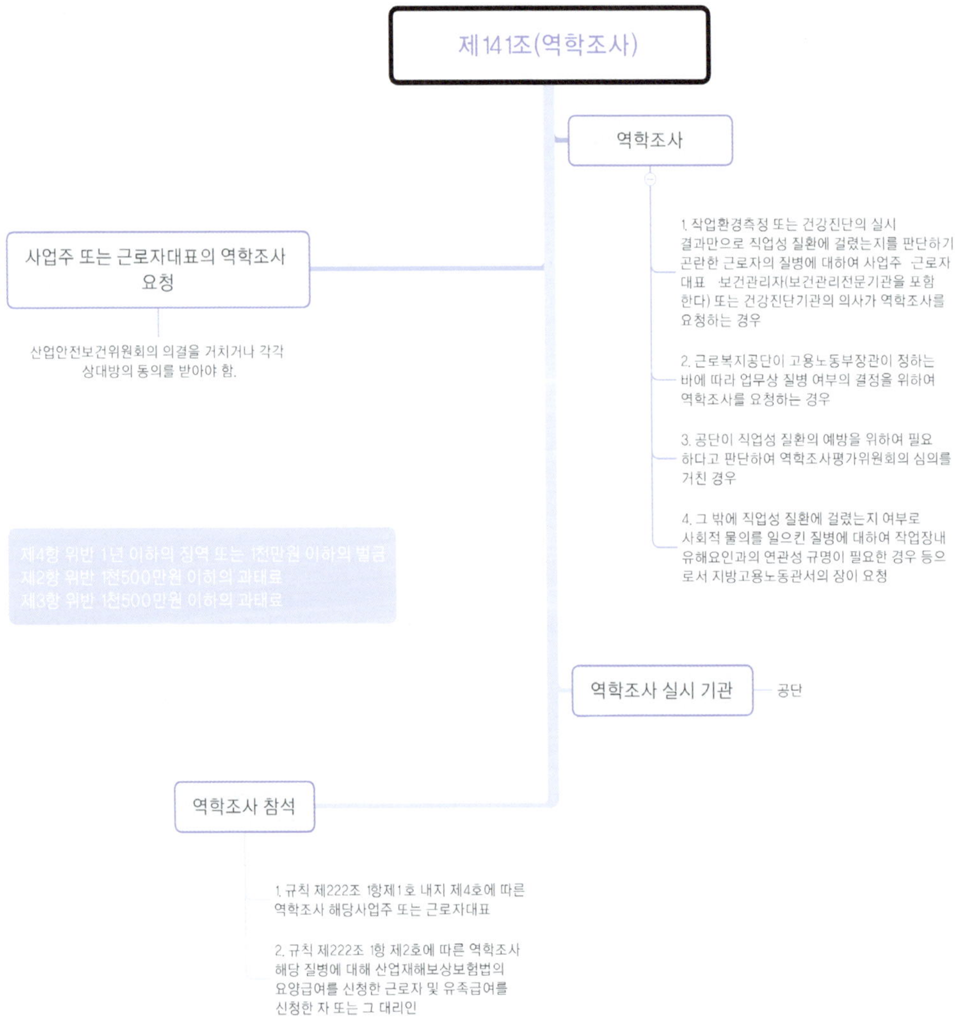

# 참고문헌




고동환, 정병용, 이동경(2018). 초, 중, 고등학교 근로자의 산업재해 특성. **대한인간공학회지**, 37(3), 219-227.

국토교통부 항공정책실(2014). 국가항공안전프로그램-국토교통부 고시 제2014-135호. p.1.

국토교통부 항공정책실(2011). 항공안전관리시스템 승인 및 운영지침. p.2.

김규형(2015). 항공사 안전관리시스템이 안전인식과 안전행동에 미치는 영향. 경기대학교대학원 박사학위논문.

노태우, 박재찬(2014). 우리나라 국적항공사의 항공사고사례분석과 항공안전 개선전략에 관한 탐색적 연구 -대한항공과 아시아나항공을 중심으로-. **한국항공경영학회지**, 12(4).

서병관(2020). 건설업 안전보건경영시스템 인증기업과 미인증기업 비교분석을 통한 재해예방효과에 관한 연구. 한경대학교 대학원 석사학위논문.

송창섭(2014). 전문건설업체의 안전보건경영시스템개선방안에 관한 실증적 연구. 명지대학교 대학원 박사학위논문.

송창섭(2014). 전문건설업체의 안전보건경영시스템개선방안에 관한 실증적 연구, 명지대학교 박사학위논문.

안전보건공단(http://kosha.or.kr/kosha/index.do).

연진석(2021). 작업장 안전문화의 운영실태 및 개선방안에 관한 연구-제조업 작업장을 중심으로-. 서울과학기술대학교 대학원 박사학위논문.

고용노동부(2020.12). 2020년 산업재해사고.

안전저널(2020.12.24). (http://www.anjunj.com).

이승복(2020). ISO 45001 국제표준 제정에 따른 안전보건경영시스템 구축 활성화 연구. 명지대학교 대학원 박사학위논문.

이용희(2016). 인적오류 3.0의 특징과 과제: 인적오류 후의 인적오류. **대한인간공학회 학술대회논문집**, 142-147.

이주갑(2020). 산업안전보건교육 현업적용도에 영향을 미치는 요인에 관한 연구. 울산대학교 대학원 석사학위논문.

우용하(2018). 산업안전보건교육의 교육효과 및 교육만족도 분석에 관한 연구. 울산대학교 대학원 석사학위논문.

임예신(2020). 기업교육공학으로서의 관리감독자 산업안전보건교육 프로그램 성과 영향요인 규명 및 영향력 분석. 연세대학교 교육대학원 석사학위논문.

정승래(2016). 한국과 주요 외국의 안전보건교육제도에 관한 비교 연구. **한국안전학회지**, 31(5), 117-123.

한돈희 외(2020). **산업보건위생**. 서울: 신광문화사.

갈원모 외(2018). **안전보건교육론**. 서울: 동화기술.

박경실 외(2013). **평생교육론**. 서울: 학지사.

정진우(2020). **안전관리론**. 서울: 청문각.

지준석(2018). 건설업 안전관리자의 효과적인 직무교육을 위한 교육과정 개선에 관한 실증적 연구. 명지대학교 대학원 박사학위논문.

이명구 외(2018). 사업주 및 관리감독자의 실효성 있는 교육방안에 관한 연구. 한국산업안전보건연구원.

이승호(2011). 산업재해예방을 위한 안전교육실태 분석과 산업안전보건교육의 개선방안. 강원대학교 방재전문대학원 박사학위논문.

최철준(2020). 근로자 정기안전보건교육의 실효성 제고 방안. 인천대학교 공학대학원 석사학위논문.

법제처(2021).

Diaz, R. I. & Cabrera, D. D.(1997). Op.cit. pp.643-650.

Fundamentals,p.2-2.

Ghetmiri, S. A., Du, W., Margetis, J., Mosleh, A., Cousar, L., Conley, B. R., ... & Yu, S. Q.(2014). Direct-bandgap GeSn grown on silicon with 2230 nm photoluminescence. *Applied Physics Letters, 105*(15), 151109.

IATA(2015). *Reference Manual for Audit Programs*(IRM) 6th Ed. Glossary of terms, p.85.

ICAO(2013). Safety Management Manual(SMM) Doc9859, 3rdEd i.,,Chapter2, Safety Management of safety science in the information age. *J. Clean. Prod. 252*, 119852, 2020.

Ramos, P. X., Schindfessel, L., Pêgo, J. P., & De Mulder, T.(2019). Influence of bed elevation discordance on flow patterns and head losses in an open-channel confluence. *Water Science and Engineering, 12*(3), 235-243.

Reason, J.(1990). *Human error*. Cambridge university press.

Robbiani, D. F., Gaebler, C., Muecksch, F., Lorenzi, J. C., Wang, Z., Cho, A., ... & Nussenzweig, M. C. (2020). Convergent antibody responses to SARS-CoV-2 in convalescent individuals. *Nature, 584*(7821), 437-442.

Thieme, H., Morkisch, N., Mehrholz, J., Pohl, M., Behrens, J., Borgetto, B., & Dohle, C.(2018). Mirror therapy for improving motor function after stroke. *Cochrane database of systematic reviews*, (7).

Transport Canada(2002). Safety Management System Operator for Flight Operations and Aircraft Maintenance Organization, TP13881E, p.6

Utne, I. B., Rokseth, B., Sørensen, A. J., & Vinnem, J. E.(2020). Towards supervisory risk control of autonomous ships. *Reliability Engineering & System Safety, 196*, 106757.

Vagia, M., & Rødseth, Ø. J. (2019, October). A taxonomy for autonomous vehicles for different transportation modes. In *Journal of Physics: Conference Series* (Vol. 1357, No. 1, 012-022). IOP Publishing.

Wang, B.(2020). Safety intelligence as an essential perspective for safety management in the era of Safety 4.0: From a theoretical to a practical framework. *Process Safety and Environmental Protection, 148*, 189-199.

Wang, B., Wu, C.(2020a). *Safety informatics as a new*. promising and sustainable area.

www.cbsnews.com. Gas leak at LG Polymers plant in India leaves at least 13 people dead

## 저자소개


■ **위국환**

동아대학교 법학박사(재난안전)
부경대학교 안전공학과 졸업(공학석사)
현) CAROLINE UNIVERSITY(USA) 재난사회복지학과 교수

■ **방원석**

경상국립대학교 경영학박사(마케팅)
서강대학교 경영학석사(인사조직)
공군사관학교 산업공학 졸업
현) 경상국립대학교 연구교수

■ **장소은**

부산대학교 교육학박사
현) 경성대학교 교육학과 교수

■ **김선화**

CANADA CHRISTIAN COLLEGE 상담학박사(코칭)
동아대학교 법학박사 수료
경성대학교 교육학박사 수료
현) 한국해양대학교 겸임교수

■ **염미숙**

경성대학교 교육학박사(평생교육)
CANADA CHRISTIAN COLLEGE 상담학박사(코칭)
현) CAROLINE UNIVERSITY(USA) 재난사회복지학과 교수

■ **최보경**

부경대학교 이학박사(수학)
부경대학교 체육학박사 수료
현) CAROLINE UNIVERSITY(USA) 재난사회복지학과 교수

■ **권시언**

대구한의학대학교 교육학석사(평생교육)
현) 대구공업대학교 겸임교수

■ **이현정**

경남대학교 교육학석사(평생교육)
현) 거창도립대학교 겸임교수

■ **김희영**

동서대학교 사회복지학석사(사회복지)
현) CAROLINE UNIVERSITY(USA) 재난사회복지학과 교수

■ **홍영숙**

대구교육대학교 교육학석사(윤리인성)
현) 대구교육대학교 외래교수

■ **민윤경**

기업재난관리사
산업위생관리사
현) 한국인재뱅크 수석연구원

# 안전보건관리론

**초판 1쇄 인쇄** / 2021년 11월 01일
**초판 1쇄 발행** / 2021년 11월 05일

•

**공저자** / 위국환 · 방원석 · 장소은
김선화 · 염미숙 · 최보경
권시언 · 이현정 · 김희영
홍영숙 · 민윤경
**발행인** / 이 중 수
**발행처** / **동 문 사**

•

서울특별시 서대문구 홍제원 1길 12
(홍제동 137-8)
Tel: 02)736-3718(대), 736-3710, 3720
Fax: 02)736-3719
**등록번호:** 1974.04.27 제9-17호
**가격:** 30,000원

•

ISBN: 979-11-6328-354-6(93530)
E-mail: dong736@naver.com